国家级一流专业建设配套教材
普通高等教育机械类专业基础课系列教材

机械制造技术基础

主　编　刘文萍　冯进成　丁　雨
副主编　冯　磊　赵书强　邹德志

北京理工大学出版社
BEIJING INSTITUTE OF TECHNOLOGY PRESS

内容简介

本书是围绕高等院校机械工程专业的人才培养目标，贯彻“原理内容重结论，工装设备重使用，制造工艺重规范，质量控制重方法”的改革思路，基于校企合作课程建设而编写的。本书以轴承产品的生产制造为引例，以机械加工工艺为主线，对有关机械制造技术的基础知识、基本理论、基本方法等内容进行有机整合。本书力求理论联系实际，更多地引用生产中的典型实例进行分析，以加深学生对所述内容的理解。本书在内容编排上，除传统制造技术的基本知识外，还增加了“知识拓展”和“制造故事”栏目。

本书可作为普通高等院校机械类专业教材，也可作为高等职业学校、高等专科学校、成人高校机械类专业教材，还可供机械制造企业工程技术人员和管理人员学习参考。

图书在版编目（CIP）数据

机械制造技术基础／刘文萍，冯进成，丁雨主编．北京：北京理工大学出版社，2024.11（2025.1 重印）．
ISBN 978-7-5763-4205-5

Ⅰ．TH16

中国国家版本馆 CIP 数据核字第 20249N9Y83 号

责任编辑：张荣君　　**文案编辑**：李　硕
责任校对：刘亚男　　**责任印制**：李志强

出版发行／北京理工大学出版社有限责任公司
社　　址／北京市丰台区四合庄路 6 号
邮　　编／100070
电　　话／（010）68914026（教材售后服务热线）
（010）63726648（课件资源服务热线）
网　　址／http://www.bitpress.com.cn

版 印 次／2025 年 1 月第 1 版第 2 次印刷
印　　刷／涿州市新华印刷有限公司
开　　本／787 mm×1092 mm　1/16
印　　张／20
字　　数／462 千字
定　　价／54.00 元

前 言

在新一轮工业革命和产业转型升级时期，我国高等院校专业教学逐步突出特色化和错位发展，未来新兴产业和新经济需要实践能力强、创新能力强、具备国际竞争力的高素质复合型新工科人才。为适应应用型机械工程专业人才的培养目标对高校人才专业知识的要求，编者总结了多年的教学实践经验，基于新工科建设要求，结合院校在专业基础实训条件、课程与知识体系上的要求，以及校企合作的项目建设，参考传统课程内容与学生毕业出口的专业岗位能力需求编写了此书。

本书从培养机械工程专业应用型人才的需求出发，全面梳理了现有的知识体系，构建了包含金属切削基础知识、金属切削机床与加工方法、机械加工工艺规程的制订、机床夹具设计、机械装配工艺基础、机械加工精度及其控制、机械加工表面质量及其控制、现代制造技术的发展等内容的完整知识链结构。

本书具有以下主要特点。

1. 基于校企合作项目而编写，以轴承的生产制造为引例展开编写，并根据企业实际生产需求对内容做适当删减，增加了新理论、新技术和新方法。

2. 对经典内容尽可能地提炼，列出条文，便于学习和总结，并在各章章前有简单的要点提示，章后以知识结构思维导图形式对本章内容进行梳理总结，方便学习者的知识建构。

3. 注重工程应用能力的培养，用尽可能多的图、表对典型实例进行分析，弥补部分院校因实训条件限制在金工实习环节留下的欠缺；注重理论联系实际，尽量做到以较少的篇幅介绍更多的内容。

4. 本书增加了“制造故事”栏目，讲述我国近年来机械制造的先进人物或事例，厚植家国情怀，落实立德树人的根本任务。

本书由大连海洋大学应用技术学院刘文萍、冯进成、丁雨、冯磊、赵书强及校企合作单位大连光扬轴承制造有限公司邹德志共同编写，全书由刘文萍统稿审定。具体编写分工如下：第1、2章及第3章的知识拓展、制造故事由邹德志编写，第3章（不包括3.9小节、知识拓展、制造故事）由刘文萍编写，第4章由冯进成编写，第5章及第3章的3.9小节由冯磊编写，第6、7章由丁雨编写，第8章由赵书强编写。

本书编写过程中，瓦房店轴承集团有限责任公司戴一凡、大连光扬轴承制造有限公司李亭亭等企业技术人员多次参与研讨制订编写大纲，并对各章的理论内容及典型案例进行指导和修正。此外，我校工匠实验室带头人、大连科锐达机械制造有限公司王琼波工程师对本书内容进行审阅并提出宝贵意见，在此一并致谢。

尽管我们在教改方面做出了很多努力，也探索出了高等教育的一些特点，但由于水平有限，书中难免存在一些疏漏和不妥之处，恳请广大读者在使用时提出宝贵意见和建议，以便更正。

编　者

2024 年 5 月

目　录

第1章 金属切削基础知识

本章导读

金属切削过程是指在机床上通过刀具与工件的相对运动，利用刀具从工件上切下多余金属层，形成切屑和已加工表面的过程。在这个过程中将产生切削变形，形成切屑，产生切削力、切削热与切削温度、刀具磨损等诸多现象。本章主要介绍这些现象的成因、作用和变化规律，以及切削运动、切削用量等基本知识。了解与掌握这些基本规律，为合理选用刀具材料和刀具几何参数、解决切削加工质量、降低成本以及提高生产率等方面问题打下基础。

本章知识目标

(1)了解切削运动的分类，掌握切削用量参数的概念和计算。

(2)掌握刀具的几何参数及各类刀具材料的性能特点。

(3)理解并掌握金属切削过程中产生的各种物理现象(包括切削变形、切削力、切削热与切削温度、刀具磨损与刀具寿命等)的变化规律及影响因素。

(4)了解刀具几何参数、切削用量参数的选择原则。

(5)掌握已加工工件的表面粗糙度的成因及影响因素。

(6)了解切削液的作用和选用原则。

本章能力目标

(1)根据所学基本理论、基本规律，会合理选择刀具材料、刀具几何参数与切削用量参数，以改善切削加工条件，保证加工精度，提高金属切削效益。

(2)具备解决和优化机械加工过程中问题的初步能力。

引　例

滚动轴承是将运转的轴与轴座之间的滑动摩擦变为滚动摩擦，从而减少摩擦损失的一种精密的机械元件。

除了有特殊设计与工艺性能要求，对大多数滚动轴承来说，其基本结构如图1-1所示，一般由内圈、外圈、滚动体和保持架四部分组成，俗称“四大件”。

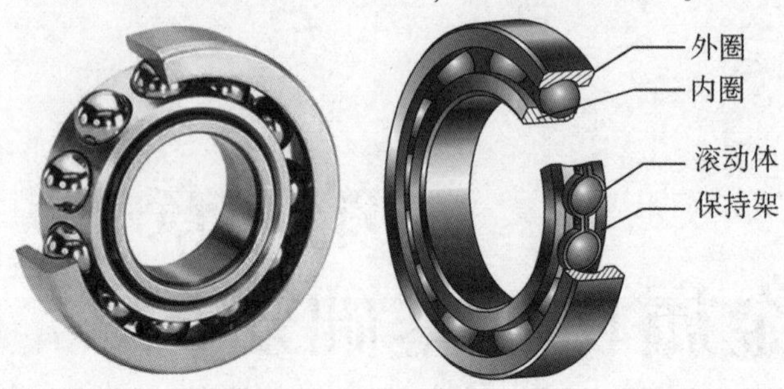

图 1-1　滚动轴承的基本结构

内圈装在轴颈上，与轴相配合并与轴一起旋转；外圈装在轴承座孔内，一般不转动，与轴承座相配合，起支撑作用；滚动体包括钢球和滚子，是滚动轴承的核心元件，借助保持架均匀地分布在内圈和外圈之间，其形状、大小和数量直接影响着滚动轴承的使用性能和寿命；保持架能使滚动体均匀分布，防止它们脱落，避免摩擦，并引导滚动体旋转。

随着对轴承产品寿命、可靠性等要求的逐步提高，国内外许多轴承设计和制造专家及学者们都认为润滑剂也是滚动轴承的一大件，即滚动轴承由“五大件”组成。这是一种新的观点。

有时对轴承性能要求不同，其结构也有很多差异。有的轴承无内圈或无外圈或同时无内、外圈；有的轴承还有防尘盖、密封圈，以及安装调整时用的止动垫圈、紧定套和螺钉等零件。

1.1　切削加工基本概念

1.1.1　零件的制造工艺

在机械制造过程中，通常是把原材料或毛坯制造成合格零件，并根据加工前后零件质量的变化(即质量增量 Δm)将制造工艺划分为以下 3 种类型。

(1) $\Delta m<0$：在机械制造过程中，通过材料被逐渐切除而获得需要的几何形状的制造工艺，即材料切除法，如车削、铣削、刨削、磨削、钻削等。

(2) $\Delta m=0$：在零件成形前后，材料主要发生形状变化而质量基本不变的制造工艺，即变形法，如铸造、锻造及磨具成形(冲压、注塑)等。

(3) $\Delta m>0$：在零件成形过程中，通过材料累加而获得需要的几何形状的制造工艺，即材料累积法，如焊接、3D 打印等。这一制造工艺的优点是可以成形任意复杂形状的零件，而无须刀具、夹具等生产准备活动。

1.1.2　切削运动

金属切削加工(即 $\Delta m<0$)是通过刀具与工件之间的相互作用和相对运动，从毛坯上切除多余金属，使工件达到要求的几何形状、尺寸精度和表面质量，从而获得合格零件的一种制造工艺。在切削过程中，刀具和工件之间必须要有一定的相对运动，按刀具和工件在运动中

所起作用不同，切削运动可分为主运动和进给运动。

1. 主运动

主运动是由机床或人力提供的主要运动，它使刀具和工件之间产生相对运动以进行切削。主运动特点是运动速度最高，消耗功率最大，且只有一个。如图 1-2 所示，外圆车削时，工件的回转运动为主运动；刨削时，刀具的直线往复运动为主运动。

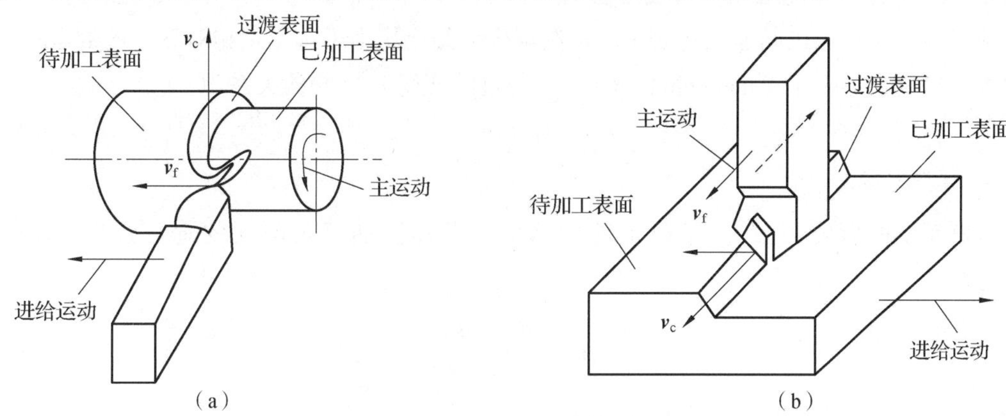

图 1-2　外圆车削和刨削的切削运动与加工表面

(a)外圆车削；(b)刨削

2. 进给运动

进给运动是新的金属不断投入切削，使切削能持续进行以形成所需表面的运动。进给运动的特点是运动速度较低，消耗功率较少。进给运动可以有几个，可以是连续运动，也可以是间歇运动。如图 1-2(a)所示的外圆车削中，刀具沿工件轴线方向的直线运动为进给运动。

3. 合成切削运动

主运动和进给运动合成后的运动称为合成切削运动。外圆车削时，合成切削运动速度 $\boldsymbol{v}_e$ 为

$$\boldsymbol{v}_e = \boldsymbol{v}_c + \boldsymbol{v}_f \tag{1-1}$$

如图 1-2 所示，在切削过程中，工件上有以下 3 个变化着的表面：待加工表面是指工件上即将被切除的表面；已加工表面是指切去材料后形成的新的工件表面；过渡表面是指加工时主切削刃正在切削的表面，它处于已加工表面和待加工表面之间。

1.1.3　切削用量

切削用量是指切削过程中切削速度 v_c 、进给量 f 和背吃刀量 a_p 三者总称。它表示主运动及进给运动量，是用于调整机床的重要参数。

1. 切削速度 v_c

v_c 指切削刃上选定点相对于工件主运动的瞬时速度，单位为 m/s 或 m/min。计算切削速度时，应选取切削刃上速度最高的点进行计算。主运动为旋转运动时，切削速度计算公式为

$$v_c = \frac{\pi d n}{1\ 000} \tag{1-2}$$

式中，d——完成主运动的工件或刀具的最大直径(mm)；

n——工件或刀具的转速(r/s 或 r/min)。

2. 进给量 f

工件或刀具每转一转(或每往复一个行程)，两者在进给运动方向上的相对位移量称为进给量，单位为 mm/r(或 mm/往复行程)。

进给运动还可用进给速度 v_f 表示，进给速度 v_f 是指切削刃选定点相对工件进给运动的瞬时速度，单位为 mm/s 或 mm/min。进给量 f 与进给速度 v_f 之间的关系为

$$v_f = nf \tag{1-3}$$

3. 背吃刀量 a_p

外圆车削的背吃刀量 a_p 是指工件已加工表面和待加工表面间的垂直距离，单位为 mm，即

$$a_p = \frac{d_w - d_m}{2} \tag{1-4}$$

式中，d_w——工件上待加工表面直径(mm)；

d_m——工件上已加工表面直径(mm)。

1.1.4 切削层参数

切削时，沿进给运动方向移动一个进给量所切除的金属层称为切削层。切削层的截面尺寸参数称为切削层参数。切削层参数通常在与主运动方向相垂直的平面内观察和度量，如图 1-3 所示。

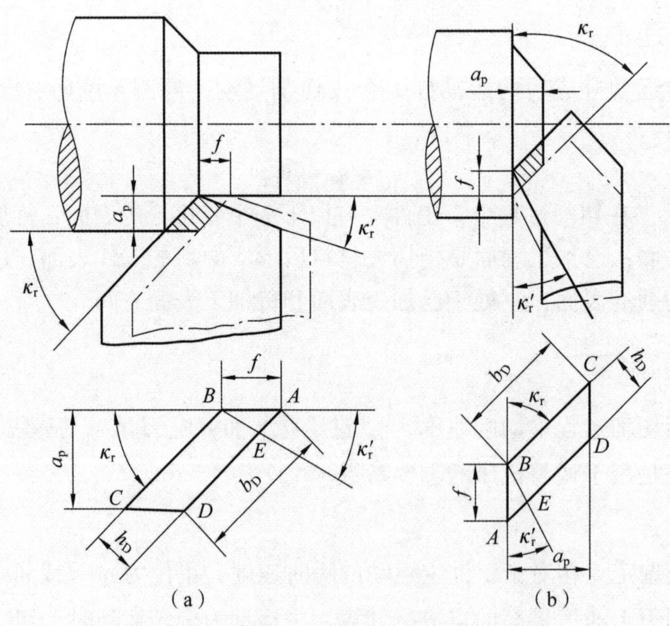

图 1-3 切削层参数

(a)车外圆切削层；(b)车端面切削层

1. 切削层公称厚度 h_D

垂直于过渡表面所度量的切削层尺寸称为切削层公称厚度 h_D（以下简称为切削厚度）。车外圆时[图 1-3(a)]，若主切削刃为直线，则

$$h_D = f\sin \kappa_r \tag{1-5}$$

切削厚度 h_D 反映了切削刃单位长度上的切削负荷，单位为 mm。

2. 切削层公称宽度 b_D

沿过渡表面所度量的切削层尺寸称为切削层公称宽度 b_D（以下简称为切削宽度）。车外圆时[图 1-3(a)]，若主切削刃为直线，则

$$b_D = \frac{a_p}{\sin \kappa_r} \tag{1-6}$$

切削宽度 b_D 反映了切削刃参加切削的工作长度，单位为 mm。

3. 切削层公称横截面积 A_D

切削层的横截面积称为切削层公称横截面积 A_D（以下简称为切削面积），单位为 mm^2。对于车削，有

$$A_D = h_D \cdot b_D = a_p \cdot f \tag{1-7}$$

1.2 刀具切削部分几何参数

切削刀具的种类繁多，形状各异，但从切削部分的几何特征上看，却具有共性。外圆车刀切削部分的形态，可作为其他各类刀具切削部分的基本形态。其他各类刀具是在此基本形态上，按各自的切削特点演变而来的。另外，切削加工是依靠刀具的切削刃进行的，若以切削刃为单元，各类刀具都是切削刃的不同组合。

1.2.1 车刀切削部分的组成

图 1-4 所示是常见的直头外圆车刀，它由刀头(切削部分)、刀体两部分组成。刀头用于切削，刀体用于装夹。切削部分包括以下部分。

1. 刀面

(1)前刀面 A_γ：是指刀具上切屑流过的表面。

(2)后刀面 A_α：是指刀具上与过渡表面相对的表面。前刀面与后刀面之间所包含的刀具实体部分称刀楔。

(3)副后刀面 A'_α：是指刀具上与已加工表面相对的表面。

2. 切削刃

(1)主切削刃 S：是指前、后刀面汇交的边缘，它完成主要的切削工作。

(2)副切削刃 S'：是指切削刃上除主切削刃以外的切削刃。它配合主切削刃完成切削工

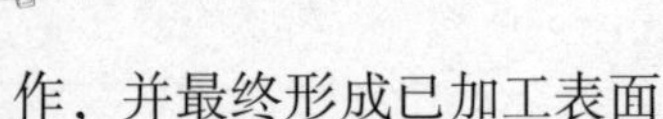

作，并最终形成已加工表面。

3. 刀尖

主、副切削刃汇交的一小段切削刃称为刀尖。由于切削刃不可能刃磨得很锋利，总有一些刃口圆弧，为了改善刀尖的切削性能，常将刀尖做成修圆刀尖或倒角刀尖，如图 1-5 所示。r_ε 为刀尖圆弧半径，b_ε 为倒角刀尖长度，κ_{r1} 为刀尖倒角偏角。

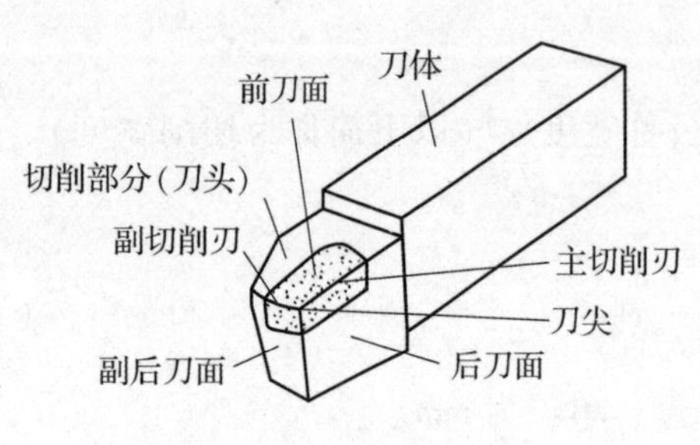

图 1-4　直头外圆车刀组成

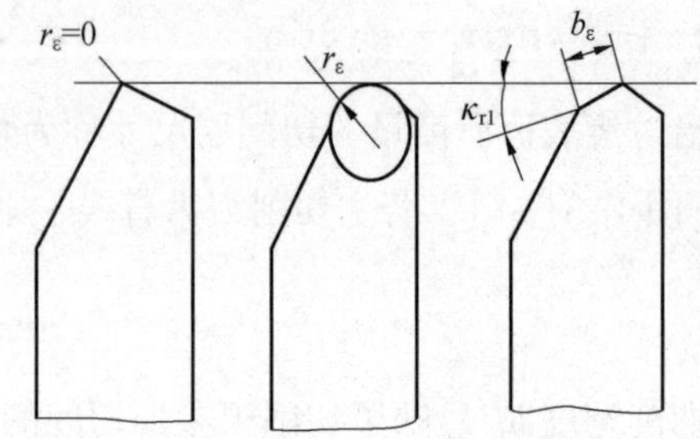

图 1-5　刀尖形状

1.2.2　刀具角度参考系

刀具要从工件上切下金属，就必须具备一定的切削角度。刀具角度是确定刀具切削部分几何形状的重要参数。用于定义刀具角度的各基准坐标平面称为参考系，参考系中的投影面称为刀具角度参考平面。

用来确定刀具角度的参考系有两类：一类为刀具静止角度参考系，用它定义的刀具角度称为刀具标注角度；另一类为刀具工作角度参考系，用它定义的刀具角度称为刀具工作角度。

刀具静止角度参考系是在假定条件下建立的，假定条件是：一是只考虑主运动，忽略进给运动；二是假定刀具安装基准面平行于基面，三是假定刀刃选定点与工件中心等高。

1. 刀具角度参考平面

(1)基面 p_r：过切削刃选定点，垂直于主运动方向的平面。通常，它平行(或垂直)于刀具上的安装面(或轴线)的平面。例如，普通车刀的基面 p_r 可理解为平行于刀具的底面。

(2)切削平面 p_s：过切削刃选定点，与切削刃相切，并垂直于基面 p_r 的平面。它也是切削刃与切削速度方向构成的平面。

(3)正交平面 p_o：过切削刃选定点，同时垂直于基面 P_r 与切削平面 p_s 的平面。

(4)法平面 p_n：过切削刃选定点，并垂直于切削刃的平面。

(5)假定工作平面 p_f：过切削刃选定点，平行于假定进给运动方向，并垂直于基面 p_r 的平面。

(6)背平面 p_p：过切削刃选定点，同时垂直于假定工作平面 p_f 与基面 p_r 的平面。

2. 刀具标注角度参考系

刀具标注角度参考系即刀具静止角度参考系，是刀具设计时标注、刃磨和测量的基准，主要有 3 种：正交平面参考系、法平面参考系和假定工作平面参考系。

(1) 正交平面参考系：由基面 p_r、切削平面 p_s 和正交平面 p_o 构成的空间三面投影体系，如图 1-6 所示。由于该参考系中 3 个投影面均相互垂直，符合空间三维平面直角坐标系的条件，所以，该参考系是刀具标注角度最常选用的参考系。

(2) 法平面参考系：由基面 p_r、切削平面 p_s 和法平面 p_n 构成的空间三面投影体系，如图 1-7 所示。

(3) 假定工作平面参考系：由基面 p_r、假定工作平面 p_f 和背平面 p_p 构成的空间三面投影体系，如图 1-8 所示。

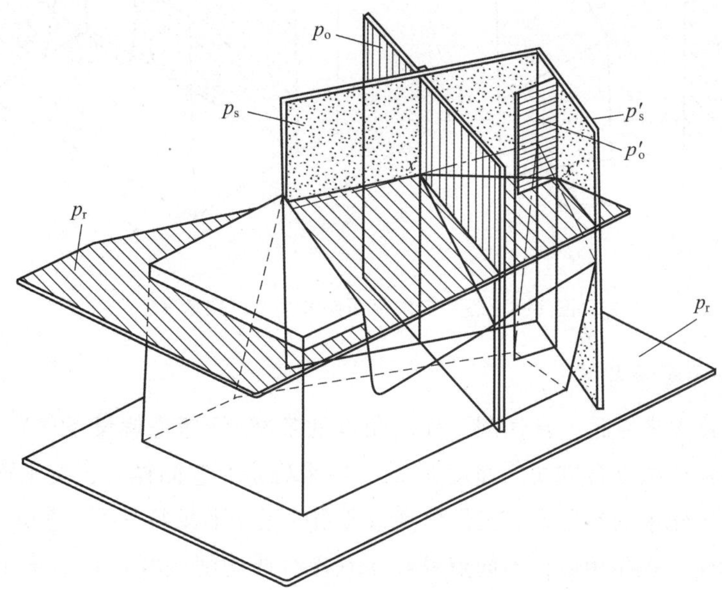

图 1-6　正交平面参考系

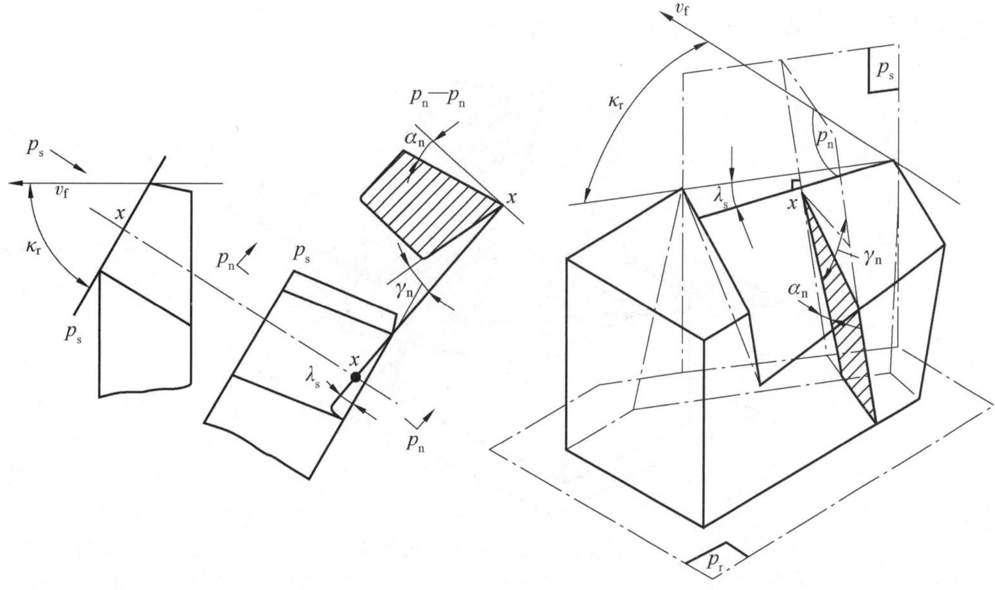

图 1-7　法平面参考系及刀具角度

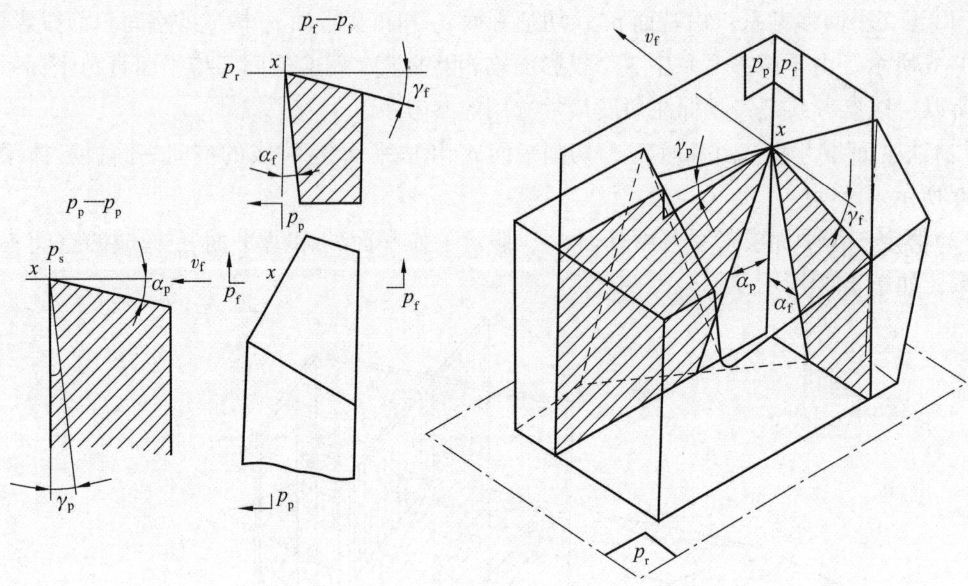

图 1-8　假定工作平面参考系及刀具角度

3. 刀具工作角度参考系

刀具工作角度参考系是刀具切削工作时角度的基准(不考虑假设条件)，刀具工作角度参考系的参考平面应根据合成切削速度 v_e 的方向来确定。它同样有正交平面参考系、法平面参考系和假定工作平面参考系。工作角度参考系的正交平面参考系与静态系统中正交平面参考系的定义和建立程序相似，不同点就在于它以合成切削速度 v_e 的方向或刀具安装位置条件来确定工作参考系的基面 p_{re} 。由于工作基面的变化，将带来工作切削平面 p_{se} 的变化，如图 1-9 所示，从而导致工作前角 γ_{oe} 、工作后角 α_{oe} 的变化。刀具工作角度参考系中的参考平面和刀具几何角度，其符号应加注下标“e”。

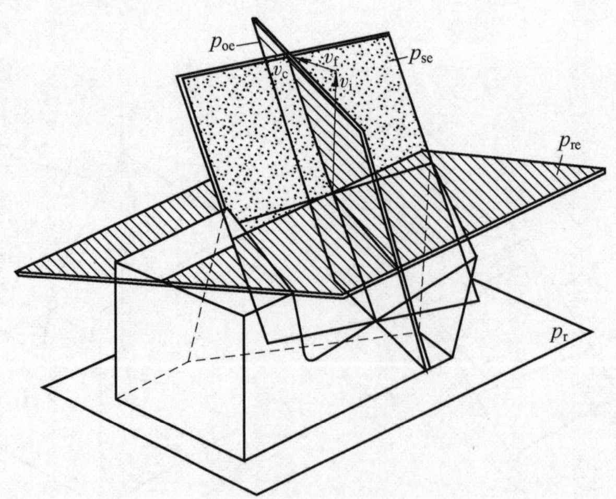

图 1-9　刀具工作角度参考系

1.2.3 刀具标注角度

刀具角度是表达刀具表面在空间方位的参数。刀具标注角度主要有5个，即主偏角 κ_r、副偏角 κ'_r、前角 γ_o、后角 α_o 和刃倾角 λ_s，如图1-10所示。

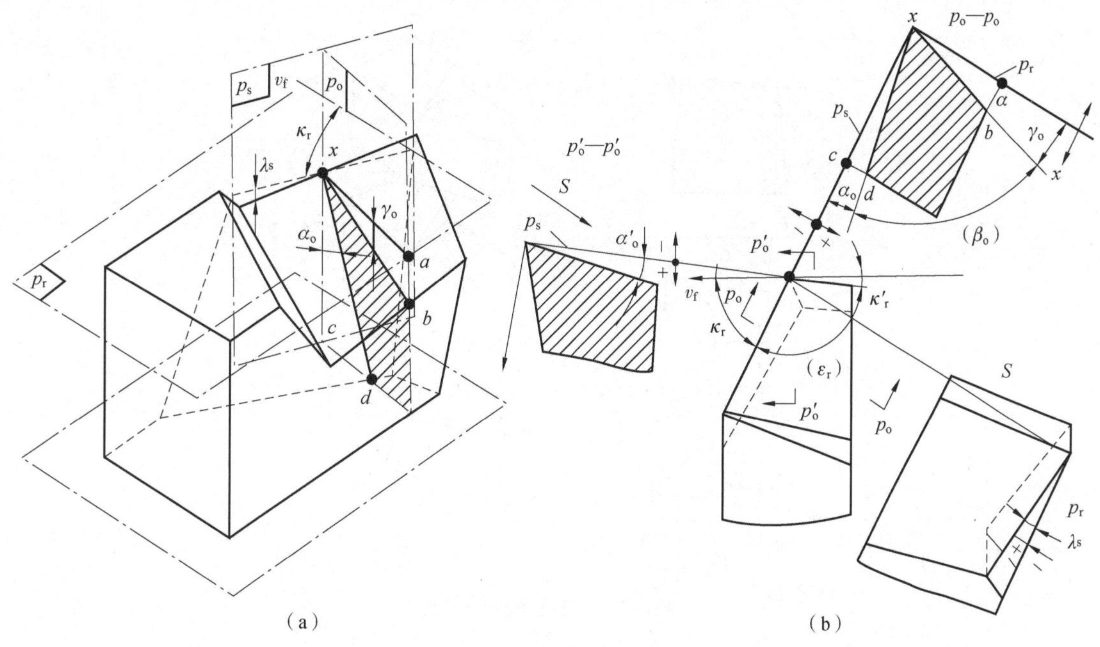

图1-10 车刀的几何角度

1. 正交平面参考系中的刀具标注角度

(1)主偏角 κ_r：主切削刃 S 在基面 p_r 上的投影与进给运动方向间的夹角。

主偏角的大小影响主切削刃参加切削的长度和刀具寿命，以及径向切削力的大小和工件的表面粗糙度。主偏角越小，主切削刃参加切削的长度越长，切屑宽而薄，因而散热较好，对延长刀具总寿命有利。小的主偏角会使刀具作用在工件上的径向力增大，在加工刚度不足的工件时，易产生弯曲和振动。另外，主偏角越小，工件表面的表面粗糙度值也越小。

(2)副偏角 κ'_r：副切削刃 S'在基面 p_r 上的投影与进给运动反方向的夹角。

副偏角越小，切削刀痕的理论残留面积的高度也越小，可以有效地减小已加工表面的表面粗糙度值，同时，还加强了刀尖强度，改善了散热条件。但是，副偏角过小会增加副切削刃的工作长度，增大副后刀面与已加工表面的摩擦，易引起系统振动，反而增大表面粗糙度值。

刀尖角(派生角度) ε_r：主切削刃和副切削刃在基面上的投影之间的夹角。

主偏角、副偏角和刀尖角的关系如下：

$$\varepsilon_r = 180° - (\kappa_r + \kappa'_r) \tag{1-8}$$

(3)前角 γ_o：基面 p_r 与前刀面 A_γ 之间的夹角。前角越大，主切削刃越锋利。但是，如果前角过大的话，又会削弱切削刃的强度，造成刀具崩坏。

前角 γ_o 有正负之分。如图1-11(a)所示，前刀面在基面 p_r 之上为负；前刀面在基面 p_r

之下为正。

(4)后角 α_o：切削平面 p_s 与后刀面 A_α 之间的夹角。后角越大，后刀面与工件之间的摩擦越小。

楔角(派生角度) β_o：前刀面 A_γ 与后刀面 A_α 间的夹角。

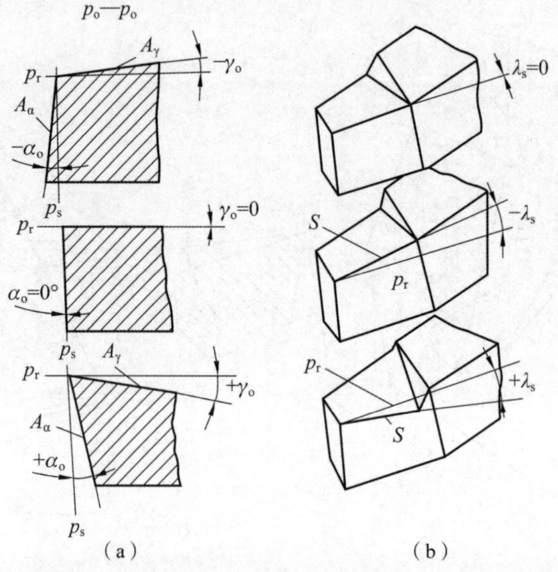

图 1-11　刀具角度的正负

前角、后角与楔角之间的关系如下：

$$\beta_o = 90° - (\gamma_o + \alpha_o) \tag{1-9}$$

(5)刃倾角 λ_s：主切削刃 S 与基面 p_r 的夹角。其作用主要是控制切屑的流动方向，同时能影响刀头的强度。如图 1-11(b)所示，主切削刃与基面平行时，$\lambda_s = 0$；刀尖处于主切削刃的最低点时，$\lambda_s < 0$，刀尖强度增大，切屑流向已加工表面，用于粗加工；刀尖处于主切削刃的最高点时，$\lambda_s > 0$，刀尖强度削弱，切屑流向待加工表面，用于精加工。

同理，对副切削刃，也可建立副基面、副切削平面和副正交平面，以定出其相应的角度。由于副切削刃和主切削刃共处于同一前刀面内，当切削刃的前角 γ_o 和刃倾角 λ_s 确定后，副切削刃的前角和刃倾角也同时被确定。因此，副切削刃通常只确定副偏角 κ_r' 和副后角 α_o'。

(6)副后角 α_o'：在副正交平面内，副后刀面与副切削平面间的夹角。它表示副后刀面的倾斜程度，一般情况下为正值，且 $\alpha_o' = \alpha_o$。

这样，外圆车刀在正交平面系中有 6 个独立角度，2 个派生角度。

2. 其他参考系刀具标注角度

在法平面测量的前、后角称法前角 γ_n、法后角 α_n，如图 1-7 所示。

在假定工作平面测量的前、后角称侧前角 γ_f、侧后角 α_f，在背平面测量的前、后角称为背前角 γ_p、背后角 α_p，如图 1-8 所示。

上述各参考系平面及角度的定义归纳在表 1-1 中。

表 1-1　刀具各参考系平面与刀具角度定义

刀具组成		标注参考系		刀具角度定义			
切削刃	相关刀面	名称	组成平面及特征	符号	名称	构成平面	测量平面
主切削刃 S	前刀面 A_γ 后刀面 A_α	正交平面参考系	p_r：$\perp v_c$ p_s：$\perp p_r$ 且与 S 相切 p_o：$\perp p_r \perp p_s$	γ_o	前角	A_γ、p_r	p_o
				α_o	后角	A_α、p_s	
				κ_r	主偏角	p_s、p_f	p_r
				λ_s	刃倾角	S、p_r	p_s
		法平面参考系	p_r：$\perp v_c$ p_s：$\perp p_r$ 且与 S 相切 p_n：$\perp p_s$	γ_n	法前角	A_γ、p_r	p_n
				α_n	法后角	A_α、p_s	
				κ_r	主偏角	同 p_o 系	
				λ_s	刃倾角		
		假定工作平面参考系	p_r：$\perp v_c$ p_f：$/\!/ v_f \perp p_r$ p_p：$\perp p_r \perp p_f$	γ_f	侧前角	A_γ、p_r	p_f
				γ_p	背前角		p_p
				α_f	侧后角	A_α、p_s	p_f
				α_p	背后角		p_p

空间任意一个平面的方位只需要两个定向角度就可以确定，所以判断刀具切削部分需要标注的几何角度数量可用一面两角分析法确定。也就是说，刀具需要标注的几何角度数量是刀面数量的 2 倍。

分析任何一种刀具，都可以把复杂的刃形分为一个个切削刃，每个切削刃应有前、后两个刀面，每个刀面应标注两个独立角度。例如，用 γ_o 和 λ_s 两个角可确定前刀面的方位，用 α_o 和 κ_r 两个角可确定后刀面的方位，用 κ_r 和 λ_s 两个角可确定主切削刃的方位。

1.2.4　刀具工作角度

刀具标注角度是在刀具静止角度参考系中确定的，建立刀具静止角度参考系时我们提出了要符合 3 个假设。然而，在实际工作中，刀具与工件间的相对运动、刀具的安装位置都会发生变化，这时就要由刀具工作角度起作用了。研究刀具工作角度的变化趋势，对刀具的设计、改进、革新有重要的指导意义。

刀具在工作角度参考系中确定的角度称为刀具工作角度。刀具工作角度与标注角度的唯一区别：用合成运动方向（v_e）取代主运动方向（v_c），用实际进给运动方向取代假设进给运动方向。

影响刀具工作角度的主要因素：横向和纵向进给量增大时，都会使工作前角增大，工作后角减小；外圆刀具安装高度不与工件中心线对齐时，工作前角、后角将发生变化；刀杆中心线与进给方向不垂直时，工作的主、副偏角将增大或减小。

1. 进给量对工作角度的影响

车削时由于进给运动的存在，车外圆及车螺纹的加工表面实际上是一个螺旋面。

1)横向进给运动对工作角度的影响

如图 1-12 所示，轨迹为螺旋线，其切线角度差为 η，计算公式为

$$\tan\eta = f/(\pi d) \tag{1-10}$$

使工作前角增加，即

$$\gamma_{oe} = \gamma_o + \eta \tag{1-11}$$

工作后角减小，即

$$\alpha_{oe} = \alpha_o - \eta \tag{1-12}$$

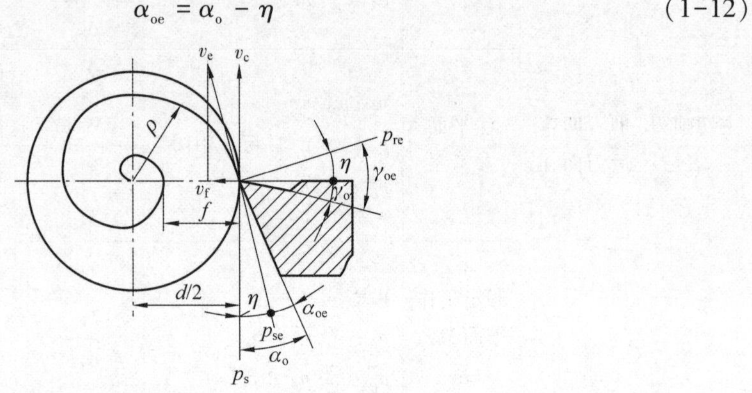

图 1-12 横向进给运动对工作角度的影响

2)纵向进给运动对工作角度的影响

纵向进给车外圆时切削合成运动产生的加工表面为阿基米德螺旋线，如图 1-13 所示。过主切削刃选定点 A 的加工螺旋升角为 η，因此工作中后角减小了 η 角，前角增加了 η 角。

例如，图 1-14 所示梯形螺纹车刀，由于车螺纹合成切削速度方向变化，加工表面倾斜了螺旋面螺纹升角 η。但是，若到头安装时绕刀柄轴线转动 τ 角，并调正到 $\eta=\tau$，则这两项对工作前、后角的影响正好抵消。工作前、后角仍相当于刃磨的前、后角。这就是车削梯形螺纹使用的可转动刀架的设计原理。

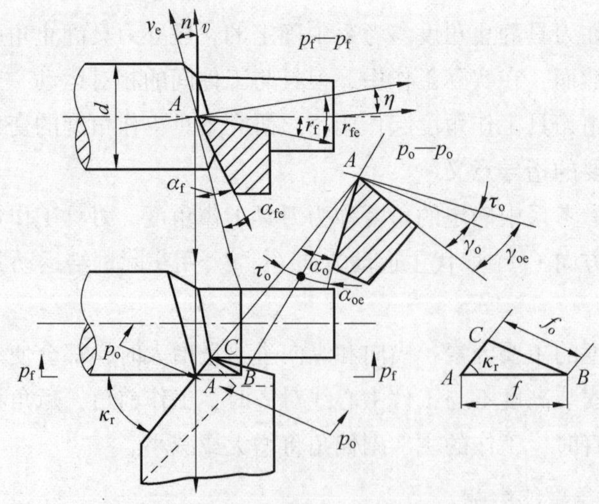

图 1-13 纵向进给运动对工作角度的影响

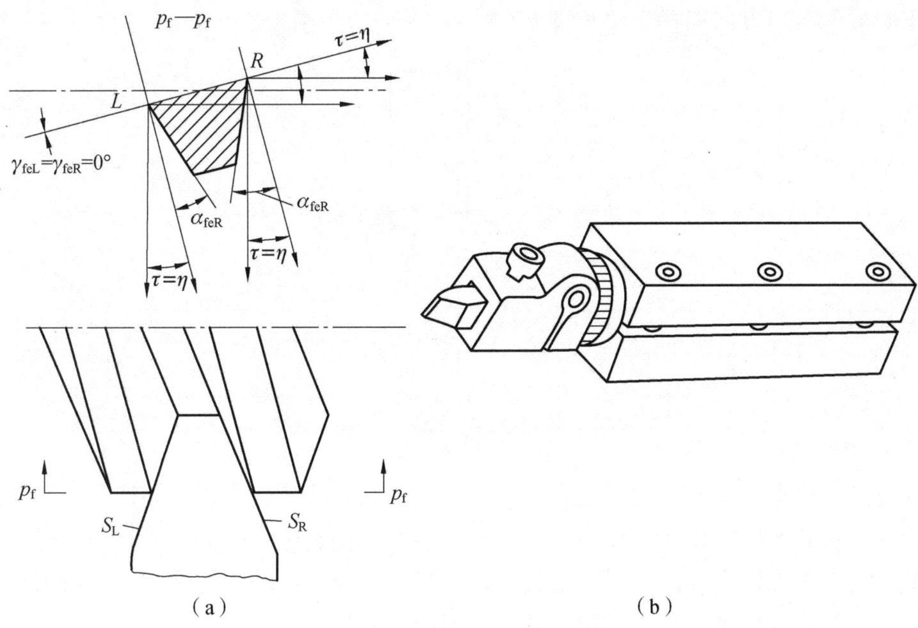

图 1-14　梯形螺纹车刀工作前后角及可转位刀架

(a)工作角度分析；(b)可转位刀架

2. 刀尖安装高度对工作角度的影响

如图 1-15 所示，当刀尖安装高度高于工件中心线时，工作前角 γ_{oe} 增大，α_{oe} 减小，即

$$\gamma_{oe} = \gamma_o + \varepsilon \tag{1-13}$$

$$\alpha_{oe} = \alpha_o + \varepsilon \tag{1-14}$$

$$\sin \varepsilon = \frac{2h}{d} \tag{1-15}$$

反之，当刀尖安装高度低于工件中心线时，工作角度 γ_{oe} 减小，α_{oe} 增大。

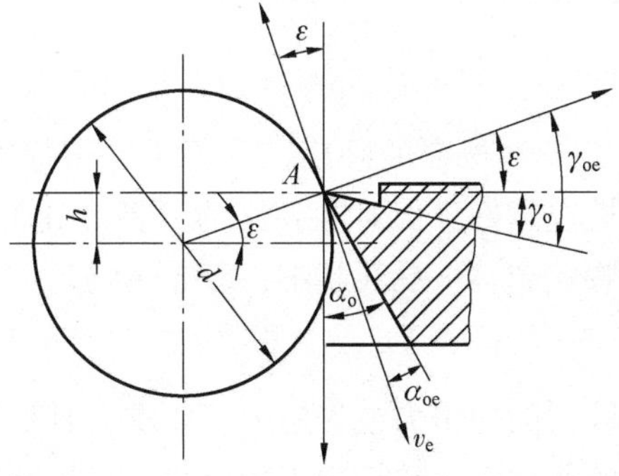

图 1-15　切断时切削刃安装高度高于工件中心线对工作角度的影响

3. 刀杆中心线与进给方向不垂直对工作角度的影响

如图 1-16 所示，当刀杆中心沿逆时针方向偏移一个角度 θ 后，κ_{re} 增大，κ'_{re} 减小，即

$$\kappa_{re} = \kappa_r + \theta \tag{1-16}$$

$$\kappa'_{re} = \kappa'_r - \theta \tag{1-17}$$

当刀杆中心沿顺时针方向偏移一个角度 θ，则 κ_{re} 减小，κ'_{re} 增大。

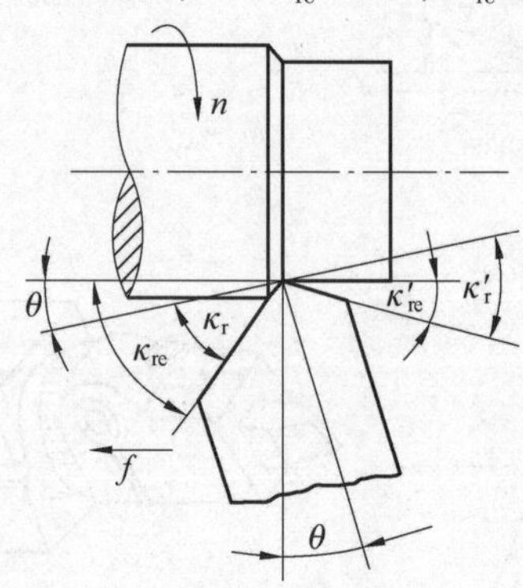

图 1-16　刀杆中心线与进给方向不垂直对工作角度的影响

根据刀具工作角度的受刀尖安装高度、刀杆中心线安装偏斜的影响规律及刀具几何角度的作用，我们将其运用到实际工作中，使刀具性能发挥得更好。例如，粗车外圆时，可将刀具安装成刀尖高于工件中心的位置，增大前角，降低切削力；精车外圆时，可将刀具安装成刀尖低于工件中心的位置，增大后角，减少后刀面的磨损。

1.3　刀具材料

刀具材料一般是指刀具切削部分的材料。它的性能是影响加工表面质量、切削效率、刀具寿命的重要因素。选用新型刀具材料不但能有效地提高切削效率、加工质量和降低成本，而且往往是解决某些难加工材料的工艺关键。本节主要介绍常用刀具材料牌号、性能与选用方法，同时介绍几种新型刀具材料的性能与应用特点。

1.3.1　刀具材料应具备的性能

1. 高的硬度和耐磨性

刀具材料的硬度必须高于工件材料的硬度，常温下一般应在 60HRC 以上。一般来说，刀具材料的硬度越高，耐磨性也越好，但对同硬度的刀具，其耐磨性还取决于其显微组织。耐磨性越好的材料，碳化物颗粒越多，晶粒越细，分布越均匀。

2. 足够的强度和韧性

刀具切削过程中要承受较大的冲击力或切削力，要求刀具材料必须要具有足够的强度和韧性。强度是指抵抗切削力的作用而不致切削刃崩碎与刀杆折断所应具备的性能，一般用抗弯强度来表示。韧性是指刀具材料在间断切削或有冲击的工作条件下保证不崩刃的能力，一般硬度越高，韧性越低，材料越脆。只有具备足够的强度和韧性，刀具才能承受切削力和切削时产生的振动，以防脆性断裂和崩刃。

3. 高的耐热性

刀具材料的耐热性，又称热硬性或红硬性，是指在高温下仍能保持其硬度和强度的性能，一般用保持刀具切削性的最高温度来表示。它是衡量刀具材料切削性能的重要指标。耐热性越好，刀具材料在高温时抗塑性变形的能力、抗磨损的能力也越强，所允许的切削速度就越高。

4. 良好的工艺性与经济性

为了便于制造，刀具切削部分材料应具有良好的锻造、焊接、热处理和磨削加工等性能，同时，应尽可能满足资源丰富和价格低廉的要求。

1.3.2　常用刀具材料

当前使用的刀具材料可分为四大类：工具钢(包括碳素工具钢、合金工具钢和高速工具钢)，硬质合金，陶瓷，超硬材料(包括金刚石和立方氮化硼)。一般机加工使用最多的是高速工具钢和硬质合金。碳素工具钢和合金工具钢，因耐热性很差，只适合作手工刀具。各类刀具材料的基本性能及用途见表 1-2。

表 1-2　各类刀具材料的基本性能及用途

种类		常用牌号	硬度	抗弯强度/GPa	耐热性/℃	用途
工具钢	碳素工具钢	T8A T10A T12A	60~64HRC (81~83HRA)	2.16~2.45	200~250	用于手动工具，如锉刀、锯条、錾子等
	合金工具钢	9SiCr	60~65HRC (81~84HRA)	2.45~2.75	300~400	用于低速成形刀具，如丝锥、板牙、铰刀等
	高速工具钢	W18Cr4V W6Mo5Cr4V2	62~69HRC (82~87HRA)	1.96~4.41	600~700	用于机动复杂的中速刀具，如钻头、铣刀、齿轮刀具等
硬质合金		钨钴 YG 类(K 类) 钨钛钴 YT 类(P 类) 含钽铌 YW 类(M 类)	69~82HRC (89~93HRA)	1.08~2.16	800~1 100	用于机动简单的高速切削刀具或结构复杂的装配式刀具，如车刀、刨刀、铣刀刀片
陶瓷		氧化铝陶瓷	91~95HRA	0.44~0.88	1 200	多用于高速切削刀具，适合精加工连续切削
		氮化硅陶瓷	5 000HV	0.735~0.83	1 300	
超硬材料		立方氮化硼 (CBN)	8 000~ 9 000HV	0.294	1 400~1 500	用于加工高硬度、高强度材料(特别是铁族材料)
		人造金刚石	10 000HV	0.21~0.48	700~800	用于非铁金属材料的高精度切削，也用于非金属精密加工，不切削铁族金属

1. 高速工具钢

高速工具钢又称为锋钢，是在合金工具钢中加入较多的钨(W)、钼(Mo)、铬(Cr)、钒

(V)等合金元素的高合金工具钢。

高速工具钢是综合性能好、应用较广的一种刀具材料，热处理后硬度达62~66HRC，抗弯强度约3.3 GPa，韧性好；具有较高的耐热性，温度达600 ℃时，仍能正常切削，其许用切削速度一般不高于50~60 m/min；此外，还有热处理变形小、能锻造、易磨出较锋利的刃口等优点；广泛用于制造中速切削及结构复杂的成形刀具，如麻花钻、铣刀、拉刀、螺纹刀具及各种齿轮加工刀具，可以加工从非铁金属材料到高温合金的各种材料。

高速工具钢按性能不同，可分为普通高速工具钢和高性能高速工具钢。

普通高速工具钢常用牌号有W18Cr4V(钨系高速工具钢，简称W18)、W6Mo5Cr4V2(钨钼系高速工具钢，简称W6或6542)。表1-2中列出了常用高速工具钢的牌号与性能。

高性能高速工具钢在普通高速工具钢中加入一些钒(V)、钴(Co)、铝(Al)等元素，同时增加一些碳含量，从而得到耐热性、耐磨性更高的新钢种——高性能高速工具钢。其加热到630~650 ℃时仍能保持60HRC的硬度，因此切削性能优于普通高速工具钢，寿命是普通高速工具钢的1.5~3倍，但这类钢的综合性能不如普通高速工具钢。

2. 硬质合金

硬质合金是由高硬度、高熔点金属碳化物(如WC、TiC、TaC、NbC等)和金属黏结剂(如Co、Mo、Ni等)经粉末冶金工艺制成的。由于硬质合金中所含难熔金属碳化物远远超过了高速工具钢，因此，其硬度特别是高温硬度、耐磨性、耐热性都高于高速工具钢。硬质合金的常温硬度可达89~94HRA，耐热温度可达800~1 000 ℃。切削钢时，切削速度可达120 m/min左右，是高速切削的主要刀具材料。但是，硬质合金较脆，抗弯强度低(仅是高速工具钢的1/3左右)，韧性差，因此很少做成整体式刀具。目前，硬质合金主要应用在刚性好、刃形简单或者装配式的高速切削刀具上，随着技术的进步，复杂刀具也在逐步扩大其应用。

硬质合金按其化学成分与使用性能分为以下三类。

K类：钨钴类(WC+Co)，相当于我国牌号YG类。

P类：钨钴钛类(WC+TiC+Co)，相当于我国牌号YT类。

M类：添加稀有金属碳化物类(WC+TiC+TaC/NbC+Co)，相当于我国牌号YW类。

1)K类(冶金部标准YG类)

K类硬质合金硬度为89~91.5HRA，抗弯强度为1.1~1.5 GPa，耐热温度达800~900 ℃。K类硬质合金抗弯强度和韧性比P类硬质合金好，能承受对刀具的冲击，但硬度和耐磨性比P类硬质合金差，适用于加工铸铁、非铁材料与非金属材料，也适用于加工非铁金属材料。常用的牌号有：YG8、YG6、YG3，它们制造的刀具依次适用于粗加工、半精加工和精加工。其中，数字表示Co含量的百分数，如YG6表示含Co为6%。含Co越多，则韧性越好。

2)P类(冶金部标准YT类)

P类硬质合金硬度为89.5~92.5HRA，抗弯强度为0.9~1.4 GPa，耐热温度达900~1 000 ℃。P类硬质合金有较高的硬度，特别是有较好的耐热性、抗黏结性、抗氧化能力，刀具磨损慢，寿命高，但韧性较差，适用于加工以钢料为代表的塑性材料。常用的牌号有：YT5、YT15、YT30等，其中的数字表示碳化钛含量的百分数，碳化钛的含量越高，则耐磨性越好、韧性越差。这三种牌号的硬质合金制造的刀具依次适用于粗加工、半精加工和精加工。

加工含钛的不锈钢及钛合金时，不宜选用 YT 类合金。

3) M 类(冶金部标准 YW 类)

M 类硬质合金中加入了少量的稀有金属碳化物(TaC 或 NbC)，它具备了前两类硬质合金的优点，提高了常温、高温硬度和强度、抗热冲击性和耐磨性，既能加工脆性材料，又能加工塑性材料，还能加工高温合金、耐热合金及合金铸铁等难加工材料。但是，M 类硬质合金价格较贵，主要用于加工难加工材料。常用牌号有 YW1、YW2。

3. 陶瓷

陶瓷是在氧化铝或氮化硅中添加少量金属，将其置于高压高温下结烧所得到的材料。陶瓷刀具材料具有很高的硬度及耐磨性，硬度可达 91~95HRA；具有高的耐热性，耐热温度可达 1 200~1 300 ℃，故能承受较高的切削速度；化学稳定性好，抗氧化、抗黏结性能好，摩擦系数低，不易生成积屑瘤；但脆性大，抗弯强度低，韧性差，易崩刃破损。用作刀具的陶瓷材料按其化学成分可分为高纯氧化物陶瓷和复合陶瓷，主要用于钢、铸铁、高硬度材料及高精度零件的精加工。

4. 超硬材料

1) 金刚石

金刚石是碳的同素异形体，是目前最硬的物质，显微硬度可达 10 000 HV(硬质合金仅为 1 300~1 800 HV)。金刚石分人造和天然两种。做切削刀具的材料，大多数是人造金刚石，其主要优点是：硬度极高，因此具有很好的耐磨性；有很好的导热性，较低的热膨胀系数，因此切削加工时不会产生很大的热变形，有利于精密加工；刀面粗糙度较小，刃口非常锋利，因此能胜任薄层切削，用于超精密加工。

金刚石刀具主要用于非铁材料，如铝硅合金的精加工、超精加工；高硬度的非金属材料，如压缩木材、陶瓷、刚玉、玻璃等的精加工；以及难加工的复合材料的加工。但金刚石耐热温度只有 700~800℃，其工作温度不能过高，又易与碳亲和，因此一般不宜加工含碳的黑色金属。

2) 立方氮化硼(CBN)

立方氮化硼是人工合成的超硬材料，其硬度可达 7 300~9 000HV，仅次于金刚石的硬度；热稳定性好，能耐 1 400~1 500 ℃高温，与铁族材料亲和力小；但强度低，焊接性差。目前，其主要用于加工淬火钢、冷硬铸铁、高温合金和一些难加工材料。

1.3.3　其他刀具材料

除以上材料外，还有一种涂层刀具材料。这种材料是采用化学气相沉积法或物理气相沉积法在韧性、强度较好的硬质合金基体上或高速工具钢基体上涂覆一层或多层极薄的高硬度和高耐磨性的难熔金属化合物而得到的，一般厚度为 2~8 μm，对刀具尺寸精度影响不大。涂层刀具材料是一种复合材料，基体是强度、韧性较好的合金，而表层是高硬度、高耐磨性、高温、低摩擦的材料，有效地提高了合金的综合性能，因此发展很快。其广泛适用于较高精度的可转位刀片、车刀、铣刀、钻头、刀等，常用的涂层材料有 TiC、TiN、Al_2O_3 等。其中，TiC 的韧性和耐磨性好；TiN 的抗氧化、抗黏结性好，呈金黄色；Al_2O_3 的耐热性好。

使用时可根据不同的需要选择涂层材料。目前单涂层刀片已很少应用，大多采用 TiC-TiN 复合涂层或 TiC-Al_2O_3-TiN 三复合涂层。

1.4 金属切削过程基本规律

金属切削过程是指通过切削运动，刀具从工件上切下多余的金属层而形成切屑和已加工表面的过程，在这个过程中会产生切削变形，形成切屑，产生切削力、切削热与切削温度、刀具磨损等诸多现象。本节主要介绍这些现象的成因、作用及变化规律。了解与掌握这些基本规律，为合理使用与设计刀具、解决切削加工质量、降低成本和提高生产率等方面问题打下基础。

1.4.1 金属切削变形分析

1. 金属切削变形过程

切削变形实质上是工件受到刀具挤压作用后，切削层内部产生剪应力，剪应力达到金属材料的屈服极限 σ_s 后产生塑性变形，使切削层与母体金属分离形成切屑的过程。

为了进一步分析切削层变形的规律，通常把切削区的金属层划分为 3 个变形区，如图 1-17 所示。

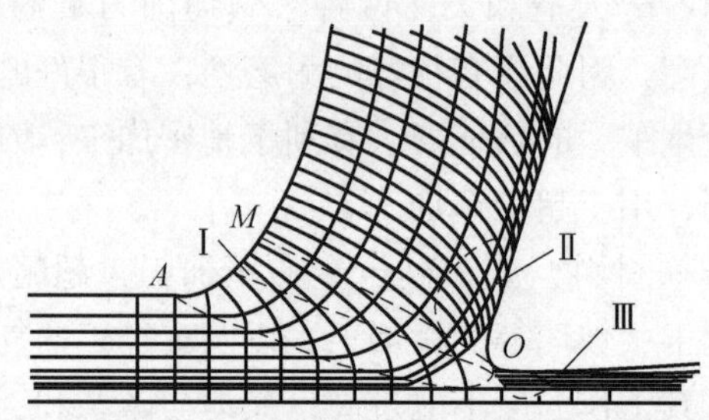

图 1-17 金属切削过程中的剪切滑移线和三个变形区

1) 第一变形区

第一变形区是从 *OA* 线开始发生塑性变形，到 *OM* 线金属晶粒的剪切滑移基本完成所包含的 *AOM* 区域(图 1-17 中Ⅰ区)，这是形成切屑的区域。当切削刃处于起始切削点 *O* 时，在切削层面上受刀具切削力作用后使 *OA* 面上产生的切应力达到材料屈服强度，引起了金属材料组织中晶格在晶面上剪切滑移。

为了更好地说明这一变形区的变形特点，如图 1-18(a)所示，现假设有一质点 *P* 以速度 v_c 向前移动，当到达滑移面 *OA* 上的点 1 时，切应力达到材料的屈服极限，开始剪切滑移，其合成运动使点 1 流动到滑移面 *OB* 上的点 2，22′就是滑移量。以此类推，33′、44′等均为滑移量。当到达终滑移面 *OM* 上的点 4 时，滑移结束，切削层即被刀具切离而变成了切屑。此时由于变形强化，切应力达到最大值。因此，*OA* 面称始滑移面、*OM* 面称终滑移面。实验证明，在一般切削速度下，它们之间是个很窄的塑性变形区域，仅为 0.02～0.2 mm，切削速度越快，其宽度越小。为研究问题方便，可简化为一个面 *OM* 来表示，称为剪切面。如图 1-18(b)所示，滑移面 *OM* 与切削速度 v_c 方向间夹角称为剪切角，用 φ 表示。这种单一的剪切面切削模型虽不能完全反映塑性变形的本质，但简单实用，因而在切削理论研究和实践中应用较广。

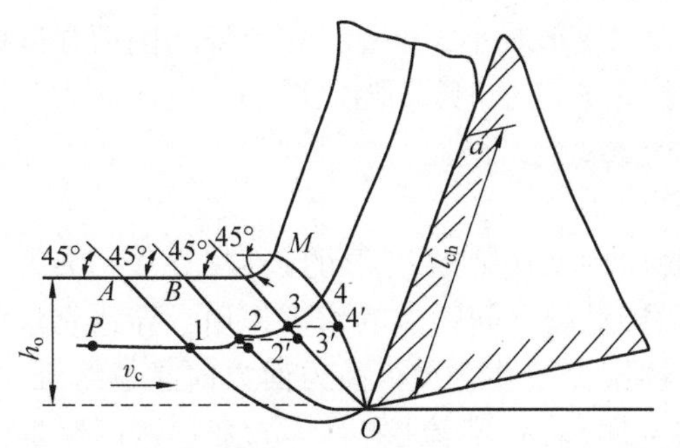

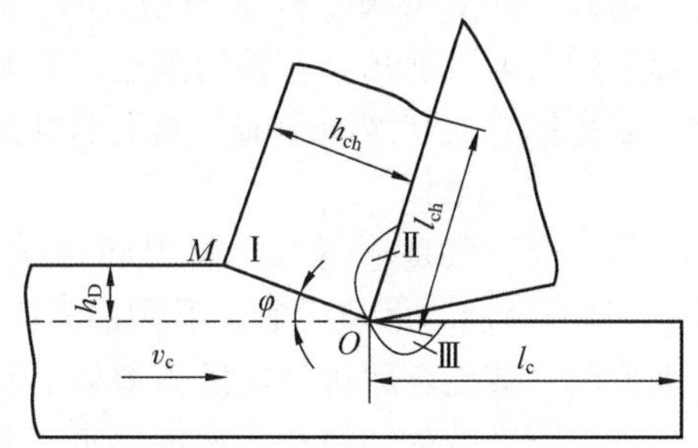

图 1-18　第一变形区变形特点及剪切面与剪切角

(a)第一变形区变形示意图；(b)剪切面与剪切角

下面说明切屑厚度压缩比 Λ_h 与切削变形的关系。

如图 1-19(a)所示，切削层经过剪切滑移后形成的切屑，在流出时又受到前刀面摩擦作用，使其外形尺寸相对于切削层的尺寸产生了变化，即切屑厚度增加($h_{ch}>h_D$)、切屑长度缩短($l_{ch}<l_D$)、切屑宽度接近不变。切屑厚度压缩比 Λ_h 的计算公式为

$$\Lambda_h = \frac{l_D}{l_{ch}} = \frac{h_{ch}}{h_D} \tag{1-18}$$

式中，l_D——切削层的长度；

h_D——切削层的厚度；

l_{ch}——切屑的长度；

h_{ch}——切屑的厚度。

利用 Λ_h 来表示切削变形程度有一定局限性，因为它是根据纯剪切理论提出的，忽略了摩擦、挤压和温度等作用。此外，在切削某些材料，如钛合金时，Λ_h 接近 1，这就不能正确反映切削变形的实际情况，但用 Λ_h 表示切屑及切削层尺寸的变化及相互关系比较直观，并易测定和计算。如图 1-19(b)所示，根据纯剪切理论，可以推导出剪切角的计算公式：

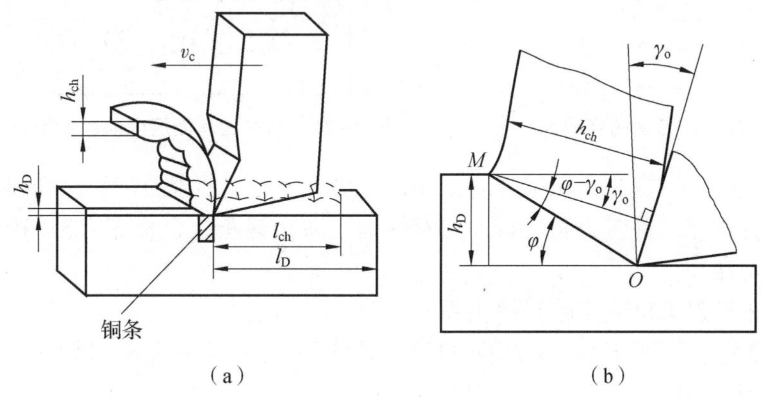

图 1-19　切削变形程度表示

(a)切削层尺寸与切屑尺寸；(b)前角、剪切角与切削变形关系

$$\varphi = \frac{\pi}{4} - \beta + \gamma_o \tag{1-19}$$

式中，β——由刀具前刀面上摩擦系数 μ 决定的摩擦角，即 $\tan\beta=\mu$。

由式(1-19)可知，当前角增大时，φ 随之增大，变形减小。可见，在保证切削刃强度的前提下增大刀具前角对改善切削过程有利；当摩擦角 β 增加时，φ 随之减小，变形增大。因此，采用优质切削液减小前刀面上的摩擦系数是很重要的。

2)第二变形区

第二变形区是指与刀具前刀面接触的切屑底层内产生塑性变形的区域(图 1-17 中Ⅱ区)。切屑沿前刀面流出时又受到前刀面的挤压和接触面之间强烈的摩擦作用，导致靠近前刀面处的一薄层金属再一次发生剪切滑移，使晶粒拉长，并在平行前刀面方向晶粒纤维化。接近前刀面部分的切屑流动速度降低，把这一层金属称为“滞流层”。第二变形区因摩擦性质不同，分为黏结区 l_{fi} 和滑动区 l_{fo} 两部分，如图 1-20 所示。黏结区的摩擦现象发生在滞流层内部，即滞流层内部金属材料发生剪切滑移，这种摩擦又称内摩擦。滑动区的摩擦就是切屑与前刀面的接触面之间相对滑动，这种摩擦又称外摩擦。前刀面的摩擦特性应以内摩擦为主。

3)第三变形区

第三变形区是指靠近切削刃处已加工表面层内产生的变形区域(图 1-17 中Ⅲ区)。由于刀具的切削刃都很难磨得绝对锋利，而且刀具后刀面会发生磨损，所以这一区域金属受到切削刃钝圆部分和后刀面的挤压、摩擦与回弹，使已加工表面层内的金属晶粒产生扭曲、挤紧和破碎，如图 1-21 所示。经过严重塑性变形而使表面层硬度增高的现象称为加工硬化，也称冷硬，这一层金属称为变质层。

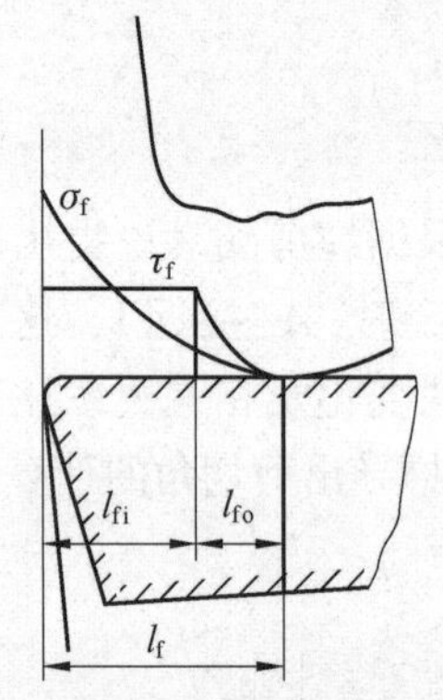

图 1-20　前刀面的摩擦区

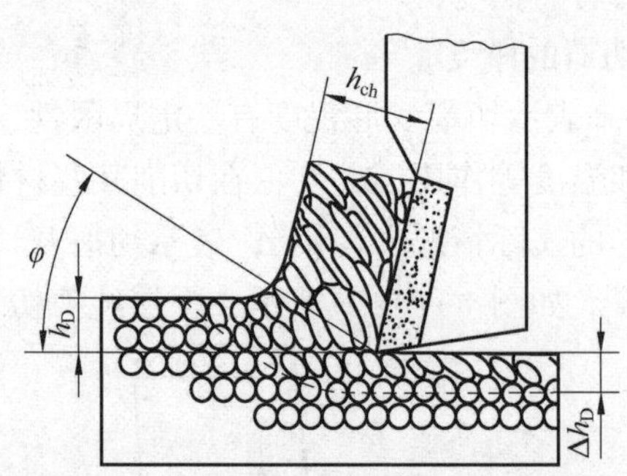

图 1-21　已加工表面层内晶粒的变化

金属材料经硬化后提高了屈服强度，并在已加工表面上出现显微裂纹和残余应力，从而降低了材料疲劳强度。许多金属材料，如不锈钢、高锰钢及钛合金等由于切削后硬化严重，故影响刀具的寿命。

生产中常采取以下措施来减轻硬化程度。

(1)磨出锋利的切削刃。若在刃磨时切削刃钝圆半径 r_n 由 0.5 mm 减小到 0.005 mm，则可使硬化程度降低 40%。

(2)增大刀具前角或后角。前角增大，减小切削力和切削变形；后角增大，减轻后刀面与加工表面的摩擦。此外，将前角和后角适当加大可减小切削刃钝圆半径。

(3)减少背吃刀量 a_p。适当减少切入深度，可使切削力减小，硬化程度减轻，如背吃刀量由 1.2 mm 减小到 0.1 mm，可降低硬化程度 17%。

(4)合理选用切削液。浇注切削液能减轻刀具后刀面与切削表面的摩擦，从而能减轻硬化程度。例如，采用切削速度 v_c = 35 m/min 车削中碳钢，选用乳化油使硬化深度 Δh_D(图 1-21)减小 20%；若改用润滑性良好的切削液，则硬化深度 Δh_D 减小 30%。

2. 切屑类型

由于工件材料、切削条件不同，变形情况各异，根据剪切滑移后形成切屑的外形不同，切屑分为四种类型，如图 1-22 所示。

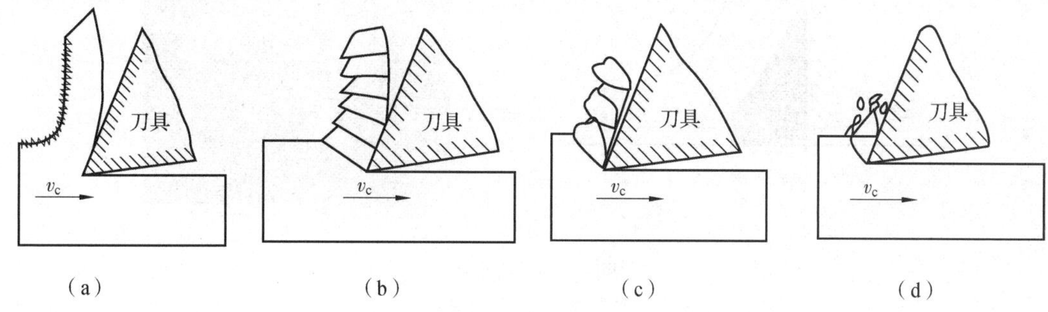

图 1-22　切屑类型

(a)带状切屑；(b)节状切屑；(c)粒状切屑；(d)崩碎切屑

1)带状切屑

切削层经塑性变形后被刀具切离，其外形呈延绵不断的带状，内表面是光滑的，外表面呈较小锯齿形，如图 1-22(a)所示。一般加工塑性金属材料，当切削厚度较小，切削速度较高，刀具前角较大时，会得到这类切屑。

2)节状切屑

切削层在塑性变形过程中，剪切面上局部位置处切应力达到材料强度极限而产生断裂，使切屑顶面开裂形成节状，如图 1-22(b)所示。这种切屑大都在切削速度较低，切削厚度较大，刀具前角较小时产生。

3)粒状切屑

若在剪切面上产生的切应力超过材料强度极限，裂纹就扩展到整个剪切面上，形成的切屑被剪切断裂成颗粒状，如图 1-22(c)所示。

4)崩碎切屑

如图 1-22(d)所示，在切削铸铁类脆性金属时，切屑层未经塑性变形，材料所受应力超过它的抗拉极限，则在材料组织中的石墨与铁素体之间疏松界面上产生断裂，而形成形状不规则的崩碎切屑。

实践表明，形成带状切屑时产生的切削力较小，切削平稳，加工后工件的表面粗糙度值小；形成节状、粒状切屑时的切削力变化较大，加工后工件的表面粗糙度值也增大；形成崩碎切屑时产生的切削力虽小，但具有较大的冲击振动，切屑在加工表面上不规则崩落，加工后工件的表面较粗糙。

由于切削层变形程度不同，形成了不同形状的切屑，生产中可改变加工条件，以得到有利的屑形。例如，切削塑性金属，随着切削速度提高、进给量减小和前角增大，可由粒状或节状切屑转化为带状切屑。

3. 积屑瘤

在中等切削速度范围内，加工塑性金属时，常在前刀面靠近切削刃处黏着一块断面呈三角状的硬块，这块金属称为积屑瘤，如图 1-23 所示。它是在第二变形区内，由摩擦和变形形成的物理现象。

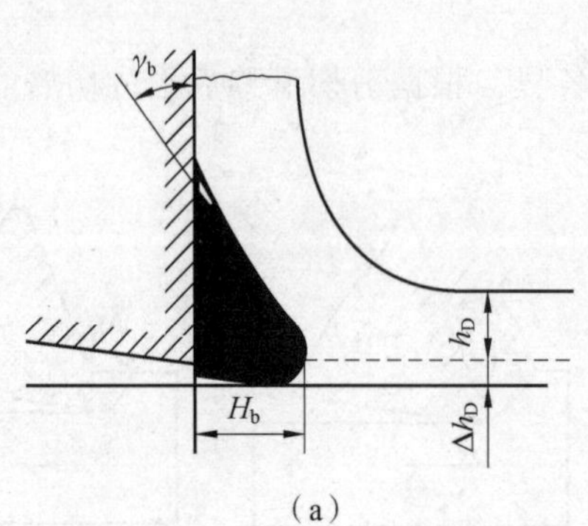

（a）

（b）

图 1-23　积屑瘤

（a）外形参数；（b）外形

积屑瘤对切削加工的影响：由于它的硬度高于工件 2～3 倍，故堆积在切削刃上能代替切削刃进行切削，并保护切削刃；增大实际工作前角（见图 1-22），减小切削变形和切削力；堆积成的钝圆弧刃口造成挤压和过切现象（见图 1-22），降低加工精度；积屑瘤脱落后黏附在已加工表面上使表面粗糙不平。因此，在精加工时应避免积屑瘤产生。

在切削试验和生产实践中均表明：在中温情况下，如切削中碳钢，温度为 300～380 ℃时，积屑瘤高度为最大，温度超过 600 ℃时积屑瘤消失。

在生产中常采取以下措施抑制或消除积屑瘤。

（1）采用低速或高速切削。当背吃刀量和进给量一定时，积屑瘤高度 h 与切削速度 v_c 有密切关系，因为随着速度的提高温度不断升高。以切削 45 钢为例，如图 1-24 所示，在低速（v_c <3 m/min）和较高速度（v_c ≥50 m/min）范围内，摩擦系数都较小，故不易形成积屑瘤。在切削速度 20 m/min 左右，切削温度约为 300℃，产生积屑瘤的高度达到最大值。

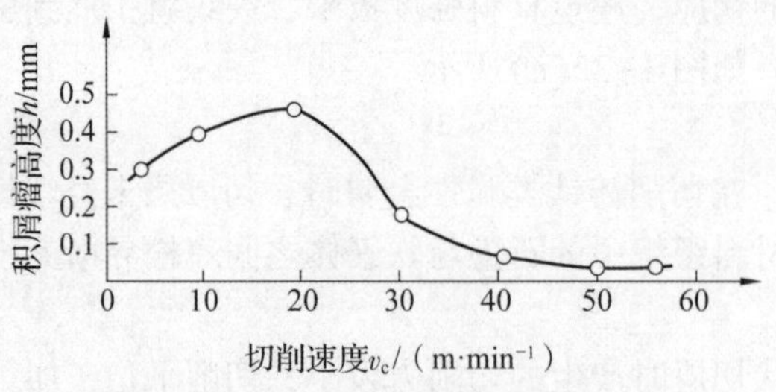

图 1-24　切削速度对积屑瘤影响

（2）减小进给量、增大刀具前角、提高刀具刃磨质量，使用润滑性能好的切削液，以减小切屑底层材料与刀具前刀面间的压力和摩擦，避免黏结现象产生，可达到抑制积屑瘤的作用。

（3）适当提高工件材料硬度，降低材料延展性，减小变形和冷硬现象。

1.4.2　切削力

切削力是工件材料抵抗刀具切削所产生的阻力。它是影响工艺系统强度、刚性和加工工件质量的重要因素，也是设计机床、刀具、夹具和计算切削动力消耗的主要依据。

1. 切削力来源

如图 1-25 所示，切削力来源于以下两个方面：一方面是切削层、切屑和已加工表面上产生的弹性变形和塑性变形抗力；另一方面是切屑与工件对刀具产生的摩擦阻力。

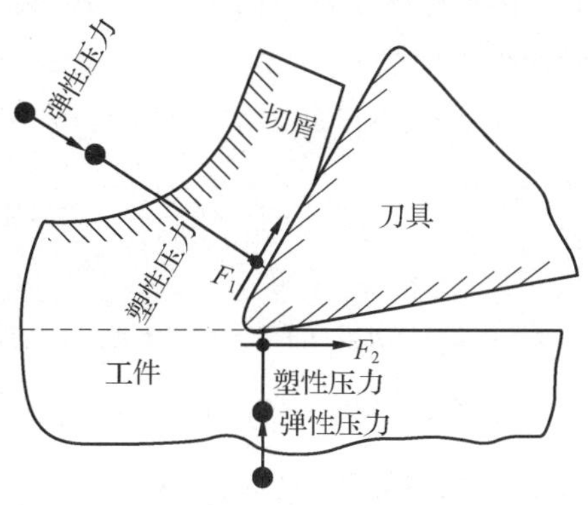

图 1-25　切削力来源

2. 切削合力、分力及作用

上述两者作用在刀具上的切削合力 F 作用在切削刃工作空间某方向，如图 1-26 所示，由于大小与方向都不易确定，因此，为便于测量、计算和反映实际作用的需要，可将切削合力 F 分解为以下三个分力。

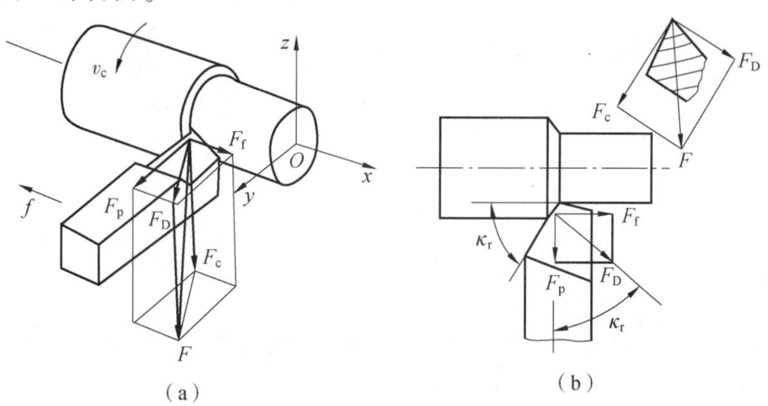

图 1-26　切削力的合力及其分力

主切削力 F_c：是切削合力 F 在切削速度方向上的分力，也是消耗功率最大的分力。F_c 作用在工件上并通过卡盘传递到机床主轴箱，是计算切削功率、校验和设计机床主运动机构、刀具和夹具强度及刚度的重要依据。因此，通常也称主切削力 F_c 为切削力。

背向力 F_p：作用在背吃刀量 a_p 方向(垂直于工作平面)的分力，也称为径向力。车外圆时，F_p 虽不做功，但会使工件发生弯曲变形，还会引起系统振动，是影响加工精度、表面质量的主要原因。

进给力 F_f：在进给运动方向上的分力。F_f 作用在进给机构上，是计算和检验进给机构薄弱环节零件强度的主要依据。F_f 所消耗的功率是总功率的 1%~5%。

背向力 F_p 与进给力 F_f 也是推力 F_D 的分力，推力 F_D 是在某面上且垂直于主切削刃的合力。切削合力 F、推力 F_D 与各分力之间关系：

$$\begin{aligned} F &= \sqrt{F_D^2 + F_c^2} = \sqrt{F_c^2 + F_p^2 + F_f^2} \\ F_p &= F_D\cos\kappa_r,\ F_f = F_D\sin\kappa_r \end{aligned} \quad (1-20)$$

上式表明，主偏角 κ_r 的大小影响各分力间比例。例如，实验时取 $\kappa_r = 45°$，前角 $\gamma_o = 15°$，切削 45 钢，则各分力间比例近似为

$$F_c : F_p : F_f = 1 : (0.4 \sim 0.5) : (0.3 \sim 0.4) \quad (1-21)$$

3. 切削力与切削功率的计算

1) 切削力实验公式

$$\left.\begin{aligned} F_c &= C_{F_c} \cdot a_p^{x_{F_c}} \cdot f^{y_{F_c}} \cdot v_c^{n_{F_c}} \cdot K_{F_c} \\ F_p &= C_{F_p} \cdot a_p^{x_{F_p}} \cdot f^{y_{F_p}} \cdot v_c^{n_{F_p}} \cdot K_{F_p} \\ F_f &= C_{F_f} \cdot a_p^{x_{F_f}} \cdot f^{y_{F_f}} \cdot v_c^{n_{F_f}} \cdot K_{F_f} \end{aligned}\right\} \quad (1-22)$$

式中，C_{F_c}、C_{F_p}、C_{F_f}——与工件材料及切削条件有关的系数(查表 1-3)；

x_{F_c}、y_{F_c}、n_{F_c}、x_{F_p}、y_{F_p}、n_{F_p}、x_{F_f}、y_{F_f}、n_{F_f}——切削用量三参数对切削力的影响指数(查表 1-3)；

K_{F_c}、K_{F_p}、K_{F_f}——实际切削条件与所求得实验公式条件不符合时，各种因素对切削力的修正系数之积。

表 1-3　硬质合金车刀切削力公式中的系数和指数

加工材料	加工形式	公式中的系数及指数											
		主切削力 F_c				背向力 F_p				进给力 F_f			
		C_{F_c}	x_{F_c}	y_{F_c}	n_{F_c}	C_{F_p}	x_{F_p}	y_{F_p}	n_{F_p}	C_{F_f}	x_{F_f}	y_{F_f}	n_{F_f}
结构钢及铸钢 σ_b = 650 MPa	外圆纵车、横车及镗孔	2 795	1.0	0.75	-0.15	1 940	0.9	0.6	-0.3	2 880	1.0	0.5	-0.4
	切槽及切断	3 600	0.72	0.8	0	1 390	0.73	0.67	0	—	—	—	—
不锈钢 1Cr18Ni9Ti 硬度 141HBW	外圆纵车、横车及镗孔	2 000	1.0	0.75	0	—	—	—	—	—	—	—	—
灰铸铁 硬度 190HBW	外圆纵车、横车及镗孔	900	1.0	0.75	0	530	0.9	0.75	0	450	1.0	0.4	0
	切槽及切断	1 550	1.0	1.0	0	—	—	—	—	—	—	—	—
可锻铸铁 硬度 150HBW	外圆纵车、横车及镗孔	795	1.0	0.75	0	420	0.9	0.75	0	375	1.0	0.4	0
	切槽及切断	1 375	1.0	1.0	0	—	—	—	—	—	—	—	—

注：刀具切削部分几何参数：硬合金车刀 $\kappa_r = 45°$、$\gamma_o = 10°$、$\lambda_s = 0°$。

2）单位切削力

目前国内外许多资料中都利用单位切削力 k_c 来计算主切削力 F_c 和切削功率 P，这是较为实用和简便的方法。

单位切削力是切削单位切削层面积所产生的作用力，单位为 N/mm^2，可表示为

$$k_c = \frac{F_c}{A_D} = \frac{F_c}{a_p \cdot f} \tag{1-23}$$

式中，A_D——切削层面积（mm^2）。

若已知单位切削力 k_c、背吃刀量 a_p 和进给量 f，则可求主切削力 F_c。

3）切削功率

鉴于切削时主运动消耗功率的比例约占 95%，因此，常用它核算加工成本、计算能量消耗和选择机床主电动机功率。

主运动消耗的切削功率 P_c（单位为 kW）按下式计算：

$$P_c = \frac{F_c v_c \times 10^{-3}}{60} \tag{1-24}$$

式中，F_c——主切削力（N）；

v_c——切削速度（m/min）。

由此可确定机床功率 P_E，即

$$P_E = \frac{P_c}{\eta} \tag{1-25}$$

式中，η——机床传动效率，一般为 0.75 ~ 0.9。

因此，在一定切削条件下，校验机床功率的公式为

$$P_E \cdot \eta \geqslant P_c \tag{1-26}$$

满足式（1-26），则说明机床功率能满足加工要求，切削加工过程可顺利进行。

4. 影响切削力的因素

凡影响切削变形和摩擦的因素都影响切削力，现介绍主要因素对切削力的影响规律。

1）工件材料的影响

工件材料的硬度和强度越高，其剪切屈服强度 $\sigma_{0.2}$ 就越高，产生的切削力就越大。例如，加工 60 钢的切削力 F_c 比加工 45 钢增大了 4%。

工件材料的塑性和韧性越高，则切削变形越大，切削与刀具间的摩擦加剧，故切削力越大。例如，不锈钢 1Cr18Ni9Ti 的伸长率是 45 钢的 4 倍，产生的切削力 F_c 比加工 45 钢增大 25%。

切削铸铁时变形小，摩擦力小，故产生的切削力也小。例如，灰铸铁 HT200 与 45 钢的硬度较接近，但在切削灰铸铁时的切削力 F_c 比切削 45 钢减小 40%。

2）切削用量的影响

背吃刀量 a_p 与进给量 f 增大，使切削力 F_c 增大，但两者影响程度是不同的。若进给量 f 不变，使 a_p 增加 1 倍，相应的切削宽度 b_D 和切削层横截面积也随之增大 1 倍，使切削力增

加 1 倍；若进给量 f 增大 1 倍，变形系数有所下降，则切削力不成正比增大，实验表明增加 70%~80%。

a_p 和 f 对 F_c 的影响规律对于指导产生实践具有重要作用。例如，相同的切削层面积和切削效率，增大进给量与增大背吃刀量比较，前者既减小了切削力又省了功率的消耗；如果消耗相等的机床功率，则在表面粗糙度允许的情况下选用更大的进给量切削，可切除更多的金属层和获得更高的生产率。

切削速度 v_c 对切削力的影响如同对切削变形的影响。如图 1-27 所示，在积屑瘤产生区域内的切削速度增大，则前角增大、切削变形减小，故切削力下降；待积屑瘤消失，切削力又上升；在中速后进一步提高切削速度，切削力逐渐减小。加工脆性金属时，因变形和摩擦均较小，故切削速度对切削力影响不大。

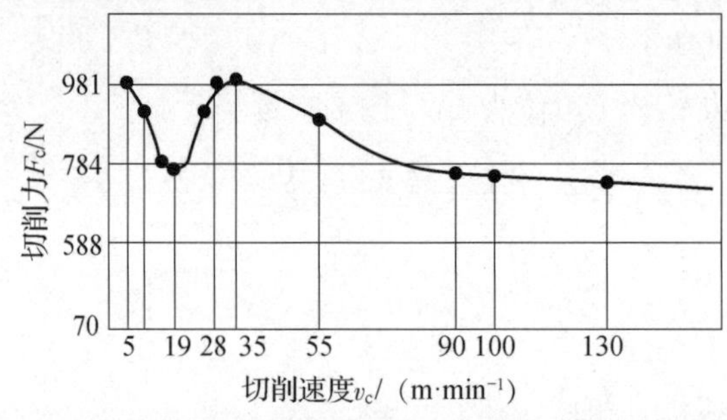

图 1-27　切削速度对切削力的影响

3) 刀具几何参数的影响

(1) 前角 γ_o 的影响。图 1-28 所示为前角对各切削分力的影响，前角增大，切削变形减小，故各切削分力均减小。切削塑性材料时，γ_o 对切削力的影响较大；切削脆性材料时，由于切削变形很小，γ_o 对切削力的影响不显著。

(2) 主偏角 κ_r 的影响。如图 1-29 所示，主偏角 κ_r 在 30°~60°范围内增大，因切削厚度 h_D 增大，故切削变形减小，切削力 F_c 减小。主偏角为 60°~75°时，切削力 F_c 最小；当主偏角继续增大时，因切削层形状变化使刀尖圆弧所占的切削宽度比例增大，故切屑流出时挤压加剧，造成切削力逐渐增大。

由式(1-20)和图 1-29 可知，主偏角增大，使 F_p 减小、F_f 增大。

由于主偏角 κ_r =60°~75°时能减小 F_c 和 F_p，因此，这一范围的主偏角在生产中应用广泛。

(3) 刃倾角 λ_s 的影响。刃倾角负值（$-\lambda_s$）增大，作用于工件的背向力 F_p 增大，在车削轴类零件时易被顶弯并引起振动。一般 $-\lambda_s$ 增大 1°，使 F_p 增加 2%~3%。

(4) 刀尖圆弧半径 r_ε 的影响。刀尖圆弧半径 r_ε 增大，切削变形增大，使切削力增大。此外，在圆弧切削刃上各点主偏角 κ_r 的平均值减小，背向力 F_p 增大。实验表明：r_ε 由 0.25 mm 增大到 1 mm 时，F_p 增加 20%。

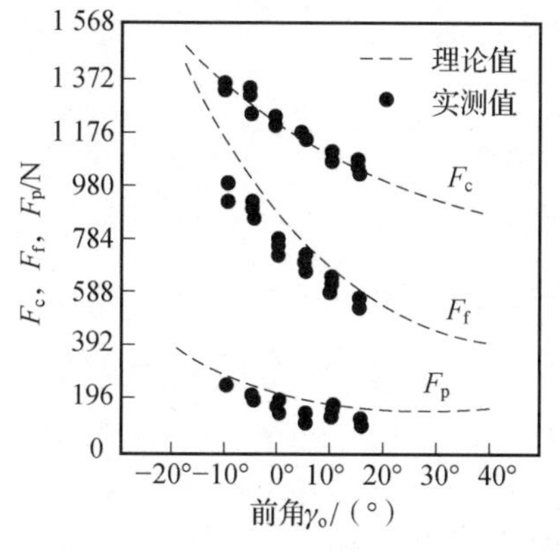

图 1-28　前角对各切削分力的影响

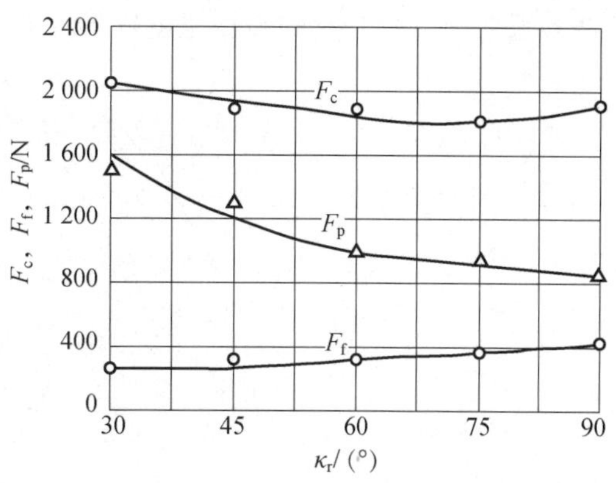

图 1-29　主偏角对切削力的影响

刀具的切削刃及后刀面产生磨损后，会使切削时的摩擦和挤压加剧，使 F_c 和 F_p 增大。

合理选用切削液，会产生良好的冷却与润滑作用，能减小刀具与工件间的摩擦和黏结，使切削力减小。高效的切削液比干切削时减小切削力 10%~20%。

1.4.3　切削热与切削温度

在切削过程中产生的另一个重要物理现象是切削热与切削温度。由于切削热引起切削温度升高，使工件和机床产生热变形，降低了零件的加工精度和表面质量，切削温度又是影响刀具寿命的主要因素，因此研究切削热和切削温度具有重要的实用意义。

1. 切削热的产生与传散

在切削加工中，由于切削变形和摩擦而产生热量，其切削热 Q（单位为 J/s）可从下式求得：

$$Q = F_c v_c \tag{1-27}$$

切削热 Q 向切屑、刀具、工件和周围介质中传散。例如，在车削钢时，干切削的传热比例大体为：切屑 6%~50%、刀具 10%~40%、工件 3%~9%、介质(如空气)1%。

热量传散的比例与切削速度有关，切削速度越高，切屑带走的热量增多，传入工件和刀具的热量减小。因此，在高速切削时，切屑的温度很高，工件和刀具的温度较低，这对切削加工较为有利。

2. 切削温度分布

切削温度是指切削过程中切削区域的平均温度。在生产中，切削热对切削过程的影响是通过切削温度起作用的。切削温度的确定以及切削温度在切屑-工件-刀具中的分布可利用热传导和温度场的理论计算确定，但较为简便和常用的是利用实验方法来测定。

图 1-30 为刀具前刀面的温度分布。从图中看出温度分布规律如下。

(1)刀-屑接触面间摩擦大，热量不易传散，故温度值最高。

(2)切削区域的最高温度点在前刀面上距离切削刃 1 mm 处，因为在该处热量集中，压力高。

(3)切屑带走热量最多，切屑上平均温度高于刀具和工件上的平均温度，因切屑剪切面上塑性变形严重，其上各点剪切变形功大致相同，各点温度值也较接近。工件切削层中最高温度在靠近切削刃处，它的平均温度较刀具上最高点低 2~3 倍。

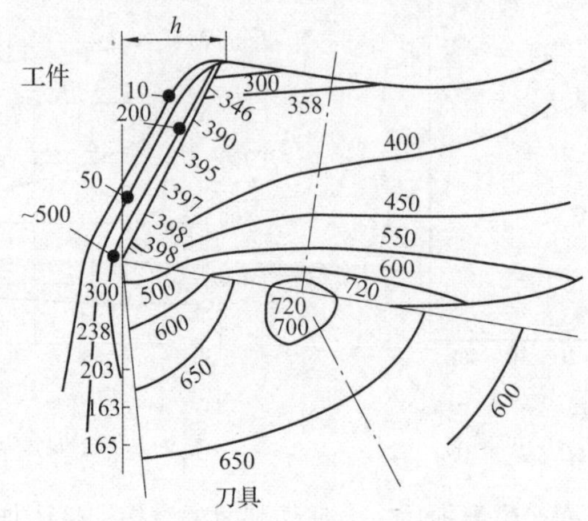

图 1-30　刀具前刀面的温度分布(单位为℃)

3. 影响切削温度的因素

切削温度取决于产生热量和传散热量两个方面因素。如果生热少、散热快，则切削温度低，或者两者之一占主导作用，也会降低切削温度。

1) 工件材料的影响

工件材料主要是通过硬度、强度和热导率不同而影响切削温度的。

高碳钢的强度和硬度高，热导率低，故产生的切削温度高。例如，加工合金工具钢产生的切削温度较加工 45 钢高 30%；不锈钢的热导率较 45 钢小 1/3，故切削时产生的切削温度高于 45 钢 40%；加工脆性金属材料产生的变形和摩擦均较小，故切削时产生的切削温度较 45 钢低 20%。

2) 切削用量的影响

切削用量对切削温度影响的基本规律是，切削用量增加均使切削温度升高，但其中切削速度 v_c 影响最大，其次是进给量 f，影响最小的是背吃刀量 a_p， 这是因为切削用量增加后，使切削变形功和摩擦功增大。v_c 增加 1 倍，切削温度约升高 32%；进给量增加 1 倍，切削温度升高 18%；背吃刀量增加 1 倍，切削温度升高 7%。

切削用量对切削温度的影响规律在切削加工中具有重要的实用意义。例如，在普通切削加工中分别增加 v_c、f 和 a_p 均能使切削效率按比例提高。但是，为了减少刀具磨损，保持高的刀具寿命，减小对工件加工精度的影响，首先应增大背吃刀量 a_p，其次增大进给量 f。目前，在先进的数控机床上选用高性能刀具切削加工，提高切削速度已成为首选，因为提高切削速度 v_c，能较显著地提高生产率和加工表面质量。

3) 刀具几何参数的影响

在刀具几何参数中，影响切削温度最为明显的因素是前角 γ_o 和主偏角 κ_r，其次是刀尖圆弧半径 r_ε。

如图 1-31 所示，前角增大，切削变形和摩擦产生的热量均较少，故切削温度下降。但是，前角过大，散热条件差，使切削温度升高。因此，在一定条件下，均有一个产生最低温度的最佳前角 γ_o。

如图1-32所示，主偏角κ_r减小使切削变形和摩擦增加，切削热增加；但κ_r减小后，刀头体积和切削宽度都增大，有利于热量传散，由于散热起主导作用，因此切削温度下降。

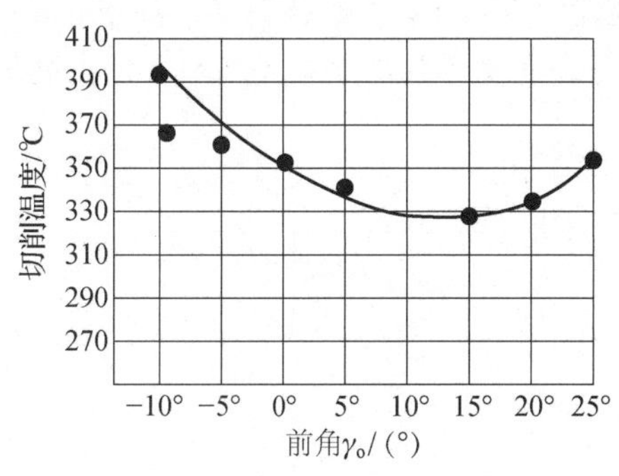

图1-31 前角对切削温度影响

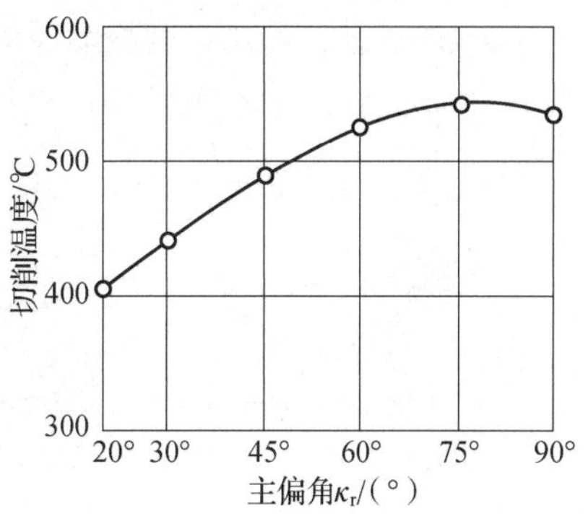

图1-32 主偏角对切削温度影响

4) 切削液

浇注切削液可以带走大量热量，从而显著降低切削温度，提高刀具寿命。

1.4.4 刀具磨损与刀具寿命

切削时刀具在高温条件下，受到工件、切屑的摩擦作用，使刀具材料逐渐被磨耗或出现破损。刀具磨损影响生产率、加工成本和加工质量。

1. 刀具磨损形式

刀具磨损可分为正常磨损和非正常磨损两类。正常磨损是指随着切削时间增加磨损逐渐扩大的磨损形式。图1-33为正常磨损形式。

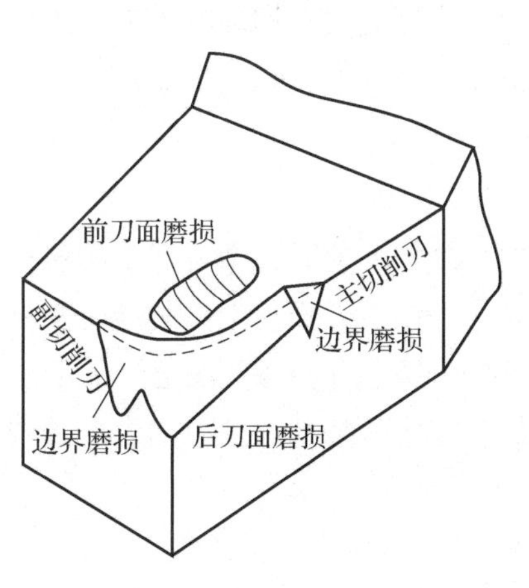

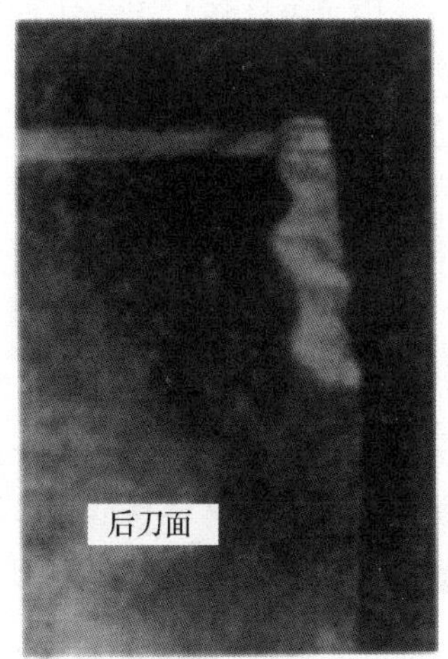

图1-33 正常磨损形式

(1) 前刀面磨损。切削塑性材料时，若切削速度和切削厚度较大，前刀面上就会出现一个月牙洼磨损，这种磨损形式称作前刀面磨损。月牙洼的深度为KT、宽度为KB，这是由切屑流出时产生摩擦和高温高压作用形成的[图1-34(a)]，出现月牙洼的部位就是切削温度最高的部位。

(2) 后刀面磨损。切削铸铁和以较小的切削厚度、较低的切削速度切削塑性材料时，在后刀面靠近切削刃部位会出现一段后角为零的小棱面，这种磨损形式称作后刀面磨损。后刀面磨损分为3个区域：刀尖磨损C区，磨损量VC是由靠近刀尖处强度低、温度集中造成的；中间磨损B区，除均匀磨损量VB外，在其磨损严重处的最大磨损量为VB_{max}，这是由摩擦和散热差所致；边界磨损N区，切削刃与待加工表面交界处的磨损量VN，是由高温氧化和表面硬化层作用引起的，如图1-34(b)所示。

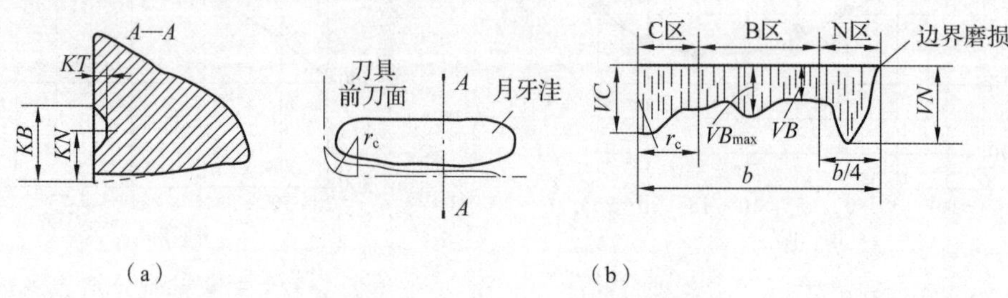

图1-34 前、后刀面磨损量示意图

(a)前刀面磨损量；(b)后刀面磨损量

(3)边界磨损。切削钢料时常在主切削刃靠近工件外皮处(图1-33)和副切削刃靠近刀尖处的后刀面上磨出较深的沟纹，这种磨损形式称作边界磨损。沟纹的位置在主切削刃与工件待加工表面、副切削刃与已加工表面接触的部位。在切削过程中因副后角α'_o及副偏角κ'_r过小，致使副后刀面受到严重摩擦而产生磨损。

2. 刀具磨损的原因

1)磨粒磨损

由于工件材料中存在着氧化物、碳化物和氮化物等硬质点；在铸、锻工件表面上存在着硬的夹物质，在切屑、加工表面上黏附着硬的积屑瘤残片，这些硬质点在切削时对刀具表面造成摩擦和刻划作用致使刀具磨损。磨粒磨损在各种切削速度下都存在，它是低速切削刀具(如拉刀、板牙)产生磨损的主要原因。

2)黏结磨损

切削时，在高温高压作用下，切屑底层材料与前刀面发生黏结现象时，两者产生相对运动对黏结点产生剪切破坏，将刀具材料黏结颗粒带走造成黏结磨损。刀面与工件间产生黏结是由刀面上存在着微观不平度，并在一定温度条件下，刀具前刀面上黏附着积屑瘤，刀面硬度降低与工件材料黏结，以及工件与刀具元素间亲和造成的。在中等切削速度范围内，黏结磨损是刀具的主要磨损原因。

3)扩散磨损

扩散磨损是在切削过程中的高温作用下，工件材料与刀具材料中化学元素相互扩散置换造成的磨损，随着温度的升高而加剧。例如，碳化钨类硬质合金在800~900 ℃的切削温度时，钨原子和碳原子向切屑中扩散，切屑中铁、碳原子向刀具中扩散，经原子间相互置换后，降低了刀具中原子间结合强度和耐磨性而形成了扩散磨损。碳化钛类硬质合金，由于钨原子扩散的速度快，而留在的碳化钛、碳化钽等仍较耐磨，因此它的扩散温度高(900~1 000 ℃)，较不易形成扩散磨损。

4) 氧化磨损

在一定温度作用下，刀具材料与周围介质（如空气中的氧，切削液中的硫、氯等）起化学作用，在刀具表面形成硬度较低的化合物而被切屑带走，造成刀具磨损。例如，当硬质合金刀具的切削温度达到 700～800 ℃时，硬质合金材料中碳化钨、碳化钛和钴与空气中的氧起化合作用，形成硬度和强度较低的氧化膜。由于空气不易进入切削区域，所以易在靠近工件待加工表面的刀具后刀面位置处形成氧化膜。在切削时受工件表层中氧化皮、冷硬层和硬质杂质点对氧化膜连续摩擦，造成了在待加工表面处的刀面上产生氧化磨损，即边界磨损。氧化磨损是高速切削时刀具主要磨损原因。

5) 相变磨损

切削温度升高达到相变温度时，刀具表层金相组织发生变化，硬度显著降低，从而造成刀具迅速磨损，这种磨损称为相变磨损。例如，高速钢刀具在切削温度达到 550～600 ℃时，就会发生相变，使回火马氏体组织变为贝氏体、托氏体或索氏体等组织，硬度降低，磨损加快。

由上可知，切削速度的变化，会出现不同性质的磨损，如在低速和中速范围，高速工具钢刀具产生磨粒磨损、黏结磨损和相变磨损，硬质合金刀具在中速和高速范围产生黏结磨损、扩散磨损、氧化磨损。总的来看，切削温度对刀具磨损起主导作用。

因此，合理选择刀具材料、刀具几何参数和切削速度都可提高刀具的耐磨性、延长刀具寿命。此外，提高刀具的强度和刀具的刃磨质量、改善散热条件、合理使用切削液，均能有效地防止刀具过早磨损和破损。

3. 磨损过程和磨钝标准

刀具磨损实验结果表明刀具磨损过程分为以下 3 个阶段，如图 1-35 所示。

（1）初期磨损阶段Ⅰ：开始磨损时，将刀面上的不平度很快磨去。

（2）正常磨损阶段Ⅱ：随着切削时间增长，磨损量 VB 逐渐增大。

（3）急剧磨损阶段Ⅲ：温度升高使刀具切削性能下降，磨损量 VB 急剧增大，如再继续切削，引起切削刃损坏。

在生产中可通过磨损过程或磨损曲线来控制刀具使用时间和衡量、比较刀具切削性能好坏以及刀具寿命高低。

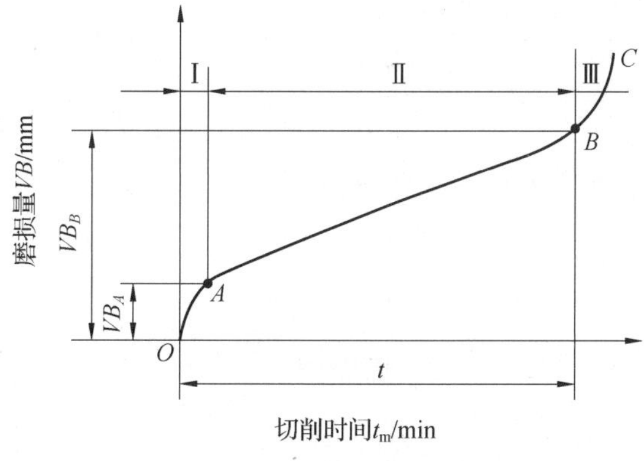

图 1-35　刀具后刀面磨损过程曲线

刀具磨损到一定程度就不能继续使用了，这个磨损程度称为磨钝标准。

国家标准规定的磨钝标准是：对于正常磨损形式，规定在后刀面 B 区内的磨损带宽度 $VB=0.3$ mm；对于非正常磨损，取磨损带最大宽度 $VB_{max}=0.6$ mm。

如果在硬质合金刀具的前刀面上产生月牙洼磨损，则规定它的深度 KT 为前刀面磨损标准，$KT=(0.06+0.3f)$ mm，式中 f 单位为 mm/r.

在生产实践中，刀具磨损标准常根据具体条件，如粗加工、精加工、刀具材料和工件材料等确定。

4. 刀具寿命

1）刀具寿命的概念

新刃磨的刀具自开始切削直至达到磨钝标准所经历的时间，称为刀具寿命（单位为 min），用 T 表示。刀具寿命是刀具磨损的另一种表示方法，寿命越长，表示刀具磨损越慢。一把刀具要经历多次刃磨才会报废，刀具寿命指的是两次刃磨之间所经历的时间。刀具寿命乘以刃磨次数就是刀具总寿命。

2）刀具寿命经验公式

由前面分析已知，切削速度对切削温度影响最大，所以切削速度对刀具寿命的影响最大。切削速度对刀具寿命的影响程度可通过切削实验求得。

作出不同切削速度 $v_{c1}>v_{c2}>v_{c3}>v_{c4}\cdots$ 时的切削时间 t_m 与磨损量 VB 关系的磨损曲线，如图 1-36（a）所示。

图 1-36（b）为双对数坐标中，达到规定 $VB=0.3$ mm 时的切削速度 v_c 对刀具寿命 T 的影响，它们之间的函数关系式为

$$v_c T^m = C \tag{1-28}$$

式中，v_c——切削速度（m/min）；

T——刀具寿命（min）；

m——v_c 对 T 的影响程度指数，m 值越大，切削速度对刀具寿命影响越小，刀具耐热性越好。

在 v_c-T 曲线中，$m=\tan\alpha$。高速工具钢车刀 $m=0.1$；硬质合金焊接车刀 $m=0.2$；硬质合金可转位车刀 $m=0.25\sim0.3$；陶瓷车刀 $m=0.4$。

同样用实验法可求出背吃刀量 a_p、进给量 f 对刀具寿命的影响，得到与 v_c-T 类似的方程式：

$$\begin{aligned} fT^{m_1} &= C_f \\ a_p T^{m_2} &= C_{a_p} \end{aligned} \tag{1-29}$$

与式（1-28）综合，可得刀具寿命计算式：

$$T = \frac{C_T}{v_c^{\frac{1}{m}} \cdot f^{\frac{1}{m_1}} \cdot a_p^{\frac{1}{m_2}}} \tag{1-30}$$

若用 YT15 刀具切削 $\sigma_b=0.637$ GPa 的碳钢，则上式为

$$T = \frac{C_T}{v_c^{5} \cdot f^{2.25} \cdot a_p^{0.75}} \tag{1-31}$$

可见，切削速度 v_c 对 T 影响最大，f 次之，而 a_p 最小。这与之前讨论切削用量对切削温度影响的结论完全一致，表明切削温度与刀具寿命之间有着紧密的内在联系。

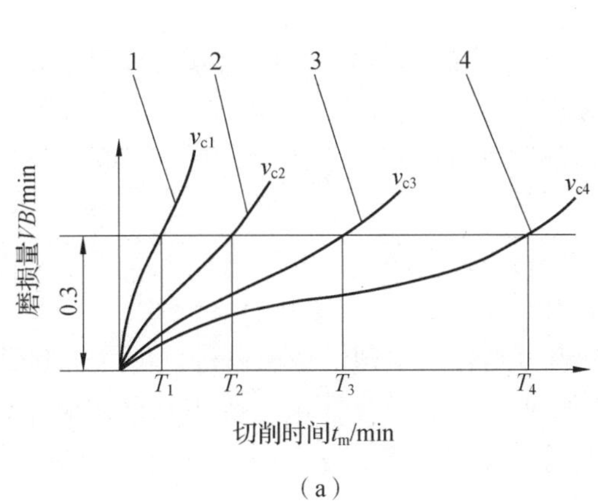

(a)

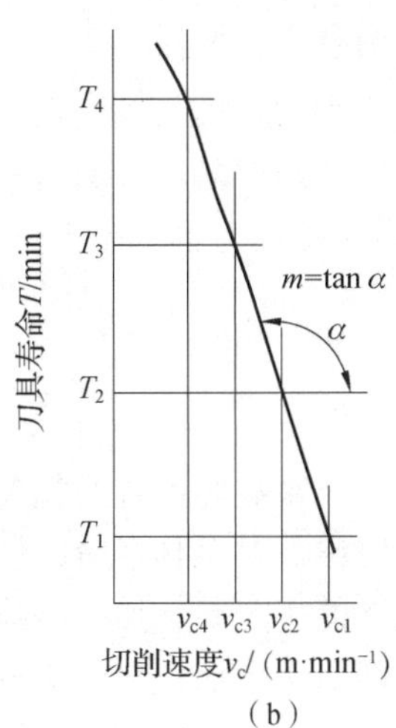

(b)

图 1-36　切削速度对刀具寿命的影响

(a)不同切削速度下刀具磨损过程曲线；(b)在双对数坐标上的 v_c-T 曲线

3)刀具寿命确定原则

切削用量与刀具寿命密切相关，刀具寿命 T 定得高，切削用量就要取得低，虽然换刀次数少，刀具消耗变少，但切削效率下降，经济效益未必好；刀具寿命 T 定得低，切削用量可以取得高，切削效率提高，但换刀次数多，刀具消耗变大，经济效益也未必好。

在生产中，确定刀具寿命有两种截然不同的原则，一种叫最大生产率刀具寿命，另一种叫最小成本刀具寿命。一般情况下，应采用最小成本刀具寿命。在生产任务紧迫或生产中出现节拍不平衡时，可选用最高生产率刀具寿命。制订刀具寿命时，还应具体考虑以下几点。

(1)刀具构造复杂、制造和磨刀费用高时，刀具寿命应规定得高些。

(2)多刀车床上的车刀，组合机床上的钻头、丝锥和铣刀，自动机及自动线上的刀具，因为调整复杂，刀具寿命应规定得高些。

(3)某工序的生产成为生产线上的瓶颈时，刀具寿命应定得低些，这样可以选用较大的切削用量，以加快该工序生产节拍；某工序单位时间的生产成本较高时，刀具寿命应规定得低些，这样可以选用较大的切削用量，缩短加工时间。

(4)精加工大型工件时，刀具寿命应规定得高些，至少保证在一次走刀中不换刀。

表 1-4 列举了部分刀具的寿命值，供参考选用。

表 1-4　刀具寿命参考值

刀具类型	寿命/min	刀具类型	寿命/min
车、刨、镗刀	60	齿轮刀具	200~300
硬质合金可转位车刀	15~45	仿形车刀	120~180
钻头	80~120	组合钻床刀具	200~300
硬质合金面铣刀	90~180	多轴铣床刀具	400~800

目前，数控机床和加工中心所使用的数控刀具，由于它使用高性能刀具材料和良好的刀具结构，能大大提高切削速度和缩短辅助时间，对于提高生产率和生产效益起着重要作用。此外，在刀具上消耗的成本也很低，仅占生产成本的 3%~4%，为此，目前数控刀具的寿命

均低于其他刀具。

4) 刀具寿命允许的切削速度

在生产中使用刀具时，首先是确定一个合理的刀具寿命 T，然后再确定背吃刀量 a_p、进给量 f，最后根据刀具寿命 T 选择切削速度 v_c，该 v_c 称为刀具寿命允许的切削速度，用 v_T 表示(单位为 m/min)，它是生产中选用切削速度的依据。由式(1-30)可换算出 v_T 为

$$v_T = \frac{C_T}{T^m \cdot a_p^{x_v} \cdot f^{y_v}} K_{v_T} \tag{1-32}$$

式中，各指数、系数等可查阅相关资料得到。

刀具几何参数对刀具寿命的影响，读者可结合所学理论知识自行分析。切削用量三参数对于切削加工的生产率、加工质量和生产成本都具有重要影响。提高切削用量中任意参数，都会使材料切除率增加，生产率提高，但是会使刀具寿命 T 下降，而且切削速度 v_c 对刀具寿命影响最大，其次为进给量 f，影响最小是背吃刀量 a_p。

1.5 切削条件的合理选择

1.5.1 刀具几何角度的选择

刀具的切削性能主要是由刀具材料的性能和刀具几何参数两方面决定的。刀具几何参数的选择对切削力、切削温度及刀具磨损有显著影响。选择刀具的几何参数要综合考虑工件材料、刀具材料、刀具类型及其他加工条件(如切削用量、工艺系统刚性及机床功率等)的影响。

1. 前角 γ_o

增大前角可以减小切削变形，降低切削力和切削温度，减少刀具磨损，提高刀具寿命，改善加工质量，抑制积屑瘤等。但是，过大的前角会使刀具楔角减小，切削刃强度下降，刀头散热体积减小，反而导致刀具温度上升、刀具寿命下降。

因此，前角主要影响刀具的坚固性和锋利性。在一定的加工条件下，存在一个刀具寿命为最大的前角——合理前角。刀具前角的选择原则如下。

1) 根据被加工材料选择

加工塑性材料、软材料时，前角应大些；加工脆性材料、硬材料时，前角应小些。表 1-5 为加工不同材料的前角推荐值。

表 1-5 加工不同材料的前角推荐值

工件材料	碳钢 σ_b/GPa			40Cr	灰铸铁	高锰钢	钛合金	淬硬刚	铝及铝合金
	≤0.045	≤0.558	≤0.784						
前角	25°~30°	15°~20°	12°~15°	13°~18°	8°~12°	-3°~3°	5°~10°	-8°~0	25°~30°

2) 根据加工要求选择

精加工的前角应较大；粗加工和断续切削的前角应较小；加工成形面的前角应较小，这是为了减小刀具的刃形误差对零件加工精度的影响。

3）根据刀具材料选择

高速工具钢刀具的抗弯强度高、韧性好，可选取较大前角；硬质合金刀具的抗弯强度低，前角应较小；陶瓷刀具的抗弯强度是高速工具钢刀具的1/3~1/2，故前角应更小。例如，加工碳钢时，高速工具钢刀具前角取20°~25°，硬质合金刀具前角取10°~15°，陶瓷刀具前角取5°~10°。

2. 后角 α_o

后角的主要功用是减小切削过程中刀具后刀面与工件之间的摩擦。较大的后角可减轻刀具后刀面上的摩擦，提高已加工表面质量，延长刀具寿命。但是，后角过大就会使刀具楔角显著减小，削弱切削刃的强度，使刀头散热体积减小，从而降低刀具寿命。选择后角的原则是在摩擦不严重的情况下，选取较小后角。具体考虑加工条件时，后角的选择原则如下。

（1）精加工时为了减小摩擦，后角取较大值（$\alpha_o=8°\sim12°$）。

（2）粗加工时，为保证刀具的强度，宜取较小后角（$\alpha_o=6°\sim8°$）。

（3）工件材料硬度、强度较高时，宜取较小的后角；工件材料较软、塑性较大时，宜取较大后角；切削脆性材料，宜取较小后角；对尺寸精度要求高的刀具，宜取较小的后角。

副后角 α_o' 的选择原则与主后角基本相同。

3. 主偏角 κ_r、副偏角 κ_r'

减小主偏角和副偏角，可以减小工件表面的表面粗糙度值，同时又可以提高刀尖强度，改善散热条件，提高刀具寿命。减小主偏角还可使切削厚度减小，切削宽度增加，切削刃单位长度上的负荷下降。另外，主偏角的取值还影响各切削分力的大小和比例的分配。

工件材料硬度、强度较高时，宜取较小主偏角，以提高刀具寿命。工艺系统刚性较差时，宜取较大的主偏角（甚至 $\kappa_r\geqslant90°$）；工艺系统刚性较好时，则宜取较小主偏角，以提高刀具寿命。

精加工时，宜取较小副偏角，以减小表面粗糙度值；工件强度、硬度较高或刀具作断续切削时，宜取较小副偏角，以增加刀尖强度。在不会产生振动的情况下，一般刀具的副偏角均可选较小值（$\kappa_r'=5°\sim15°$）。表1-6为硬质合金车刀合理主偏角和副偏角的参考值。

表1-6　硬质合金车刀合理主偏角和副偏角的参考值

加工情况		参考值/(°)	
		主偏角 κ_r	副偏角 κ_r'
粗车	工艺系统刚性好	45、60、75	5~10
	工艺系统刚性差	60、75、90	10~15
车细长轴、薄壁零件		90、93	6~10
精车	工艺系统刚性好	45	0~5
	工艺系统刚性差	60、75	0~5
车削冷硬铸铁、淬火钢		10~30	4~10
从工件中间切入		45~60	30~45
切断刀、切槽刀		60~90	1~2

4. 刃倾角 λ_s

刃倾角可以控制切屑流出的方向。刃倾角为负值的刀具刀头强度高，散热条件也好；刃倾角绝对值较大的刀具，切削刃的实际钝圆半径较小，较锋利；刃倾角不为零时，切削刃是逐渐切入和切出工件的，可以减小刀具受到的冲击，提高切削的平稳性。刃倾角的参考取值如表 1-7 所示。

表 1-7　刃倾角的参考取值

λ_s 值/(°)	0~5	5~10	-5~0	-10~-5	-15~-10	-45~-10
应用范围	精车钢和细长轴	精车非铁金属	粗车钢和灰铸铁	粗车余量不均匀钢	断续车削钢和灰铸铁	带冲击切削淬硬钢

1.5.2　切削用量的选择

切削用量的选择，对加工质量、生产率和刀具寿命有着重要的意义。合理地组合切削用量能够提高产品的技术经济效益。

在切削用量中，切削速度 v_c 对刀具寿命影响最大，其次为进给量 f，影响最小的是背吃刀量 a_p。因此，为提高切削效率选择切削用量的原则是：首先选择尽可能大的 a_p，其次选择较大的进给量 f，最后根据式(1-32)确定切削速度 v_c 。

1. 选择背吃刀量 a_p

背吃刀量 a_p 一般是根据加工余量确定的。

粗加工(表面粗糙度为 Ra 50~12.5 μm)时，一次走刀应尽可能切除全部余量，在中等功率机床上，取 a_p=8~10 mm；如果余量太大或不均匀、工艺系统刚性不足、断续切削，则可分几次走刀。

半精加工(表面粗糙度为 Ra 6.3~3.2 μm)时，取 a_p =0.5~2 mm。

精加工(表面粗糙度为 Ra 1.6~0.8 μm)时，取 a_p =0.1~0.4 mm。

2. 选择进给量 f

粗加工时，对表面质量没有太高的要求，但其切削力往往较大，合理的进给量应是工艺系统(包括机床进给机构强度、刀杆强度和刚度、刀片的强度、工件装夹刚度等)所能承受的最大进给量。生产中，进给量常根据工件材料材质、形状尺寸、刀杆截面尺寸和已定的背吃刀量从切削用量手册中查得。一般情况下，当刀杆尺寸、工件直径增大时，f 可选较大值；若 a_p 增大，因切削力增大，则 f 选择较小值；加工铸铁时，由于切削力较小，所以 f 可大些。

精加工或半精加工时，进给量主要受加工表面的表面粗糙度值限制，一般取较小值。但是，进给量过小、背吃刀量过小、刀尖处应力集中、散热不良等会使刀具磨损加快，反而使表面粗糙度值加大，所以进给量也不宜过小。

3. 选择切削速度 v_c

粗车时，a_p、f 均较大，故 v_c 宜取较小值；精车时，a_p、f 均较小，故 v_c 宜取较大值。

工件材料强度、硬度较高时，应选较小的 v_c 值；反之，则宜选较大的 v_c 值。材料加工性较差时，选较小的 v_c 值；反之，选较大的 v_c 值。在同等条件下，加工灰铸铁的 v_c 值低于加工碳钢的 v_c 值；加工铝合金、铜合金的 v_c 值高于加工钢的 v_c 值。

此外，在选择 v_c 时，还应注意以下几点。

(1)加工时，应尽量避开容易产生积屑瘤和鳞刺的速度值域。精加工时，一般硬质合金车刀采用高速切削，其速度为 80～100 m/min；高速工具钢车刀一般采用低速切削，其速度为 3～8 m/min。

(2)断续切削时，为减小冲击和热应力，应适当降低 v_c。

(3)在易发生振动的情况下，v_c 应避开自激振动的临界速度。

(4)加工大件、细长件、薄壁件及带硬皮的工件时，应选较小的 v_c。

1.5.3　切削液的选择

合理选择切削液能有效地减小切削力、降低切削温度、减小加工系统热变形、延长刀具寿命和改善已加工表面质量，是提高金属切削效益的有效方法。

1. 切削液的作用

1)冷却作用

切削液浇注在切削区域内，利用热传导、对流和汽化等方式，降低切削温度和减小切削系统热变形。

2)润滑作用

切削液渗透到刀具、切屑与加工表面之间，减轻了各接触面间的摩擦，其中带油脂的极性分子吸附在刀具的前、后刀面上，形成物理性吸附膜；若在切削液中添加化学物质产生化学反应，则形成化学性吸附膜，可在高温时减小接触面间的摩擦，并减少黏结。上述吸附膜起到了减小刀具磨损和提高加工表面质量的作用。

3)排屑和洗涤作用

在磨削、钻削、深孔加工和自动化生产中利用浇注或高压喷射方法排除切屑或引导切屑流向，并冲洗散落在机床及工具上的细屑与磨粒。

4)防锈作用

切削液中加入防锈添加剂，使之与金属表面发生化学反应形成保护膜，起到防锈、防蚀作用。

此外，切削液应具有抗泡沫性、抗霉变质性、无变质嗅味、排放时不污染环境、对人体无害和使用经济性等要求。

2. 切削液的种类及其应用

生产中常用的切削液有以冷却为主的水溶性切削液和以润滑为主的油溶性切削液。

1)水溶性切削液

水溶性切削液主要有水溶液、乳化液和合成切削液。

(1)水溶液是以软水为主，加入防锈剂、防霉剂等形成的切削液，具有较好的冷却效果。有的水溶液添加油性添加剂、表面活性剂，以增强润滑性和清洗性。此外，若添加极压抗磨剂，可达到在高温、高压下增加润滑膜的强度。水溶液常用于粗加工和普通磨削加工中。

(2)乳化液是水和乳化油混合后再经搅拌，形成的乳白色液体。乳化油是一种油膏，它由矿物油、脂肪酸、皂及表面活性乳化剂(石油磺酸钠、硫化蓖麻油)配制而成。表面活性剂的分子带极性的一头与水亲和，不带极性的一头与油亲和，从而起到水油均匀混合作用。同时，再添加乳化稳定剂(乙醇、乙二醇等)防止乳化液中水、油分离。

乳化液的用途很广，含较少乳化油的乳化液称为低浓度乳化液，它主要起冷却作用，适

用于粗加工和普通磨削；高浓度乳化液主要起润滑作用，适用于精加工和复杂刀具加工。表1-8列出了加工碳钢时，不同浓度乳化液的用途。

表1-8　加工碳钢时，不同浓度乳化液的用途

加工要求	粗车、普通磨削	切割	粗铣	铰孔	拉削	齿轮加工
浓度/(%)	3~5	10~20	5	10~15	10~20	15~25

(3)合成切削液是国内外推广使用的高性能切削液，由水、各种表面活性剂和化学添加剂组成，具有良好的冷却、润滑、清洗和防锈作用，热稳定性好，使用周期长。合成切削液中不含油，可节省能源，有利环保，在国内外使用率很高。例如，高速磨削合成切削液适用于磨削速度80 m/s，用它能提高磨削用量和砂轮寿命；H1L2不锈钢合成切削液适用对不锈钢(1Cr18Ni9Ti)和钛合金等难加工材料的钻孔、铣削和攻螺纹，它能减小切削力和提高刀具寿命，并可获得较小的加工表面粗糙度值。

2)油溶性切削液

油溶性切削液主要有油基切削液和极压切削液。

(1)油基切削液的主要成分是矿物油。矿物油的润滑能力差，不能形成牢固吸附膜，因而须加入油性添加剂。油性添加剂是指含有极性分子(COOH)的动植物油(豆油、菜籽油)、脂肪酸、醇类等。它可降低切削液与金属的表面张力，使切削液很快地渗透到切削区，并形成物理吸附膜，减少摩擦。但是，其熔点低，温度高时容易挥发，所以适用于低速条件下润滑。

(2)极压切削液是在矿物油中添加极压添加剂配制而成。极压添加剂是指含有硫、氯、磷等的有机化合物，这些化合物能在高温时与金属表面起化学反应，而生成硫化铁、氯化铁、磷化铁等化学吸附膜，比物理吸附膜耐高温、高压，所以极压切削液在高速切削、重切削及难加工材料的切削中广为应用。

3. 固体润滑剂

固体润滑剂中使用最多的是二硫化钼(MoS_2)。由MoS_2形成的润滑膜具有0.05~0.09很小的摩擦系数和很高的熔点(1 185 ℃)，因此，在高温下不易改变润滑性能，且具有很强的抗压性能(3.1 GPa)和牢固的附着能力。使用时可将MoS_2涂刷在刀面上和工作表面上，也可添加在切削液中。

使用MoS_2能防止和抑制积屑瘤产生，减小切削力，可以显著延长刀具寿命、减小工件表面粗糙度值。已有使用表明，在极压液压缸内孔的压头上和圆孔推刀的表面上涂覆MoS_2，消除了加工表面波纹和压痕，并且刀具寿命能成倍提高。特别指出的是涂覆Mo类固体润滑剂是一种良好的环保型切削液。

4. 切削液的选择方法

1)按刀具材料选择

高速工具钢刀具红硬性差，需采用切削液。硬质合金刀具红硬性好，一般不加切削液；若硬质合金刀具使用切削液，则必须连续、充分地浇注，不能间断。

2)按工件材料选择

切削铸铁或铝合金时，一般不用切削液。如要使用切削液，选择煤油为宜。切削铜合金和非铁金属时，一般不宜选择含有极压添加剂的切削液。切削镁合金时，严禁使用乳化液作

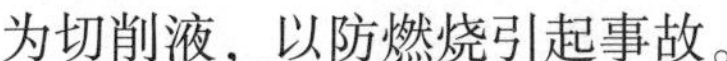

为切削液，以防燃烧引起事故。

3）按加工性质选择

粗加工时，主要以冷却为主，可选用水溶液或低浓度的乳化液；精加工时，主要以润滑为主，可选用油溶性切削液或浓度较高的乳化液。低速精加工时，可选用油性较好的油基切削液；重切削时，可选用极压切削液。粗磨时，可选用水溶液；精磨时，可选用乳化液或极压切削液。

1.6　表面粗糙度

已加工表面质量包含两方面：加工表面的几何特征和表面层的物理力学性能。加工表面的几何特征是由加工过程中的残留面积、积屑瘤和振动等因素综合作用在工件表面上形成的几何形状，包括表面粗糙度、表面波度、表面纹理和表面缺陷等。表面层的物理力学性能包括表面层的冷硬、表层残余应力、表层金相组织的变化。

1.6.1　表面粗糙度的形成

1. 理论表面粗糙度

如图 1-37(a)所示，若用未经修圆刀尖的车刀，即刀尖圆弧半径 $r_\varepsilon = 0$ 的车刀纵车外圆，其进给量为 f，在已加工表面上形成的理论表面粗糙度值是未被切除的金属残留面积 $\triangle abc$ 的高度 R_{max}，即

$$R_{max} = \frac{f}{\cot \kappa_r + \cot \kappa_r'} \tag{1-33}$$

如图 1-37(b)所示，刀尖圆弧半径 $r_\varepsilon > 0$ 时，形成的残留面积高度 R_{max} 为

$$R_{max} = r_\varepsilon - \sqrt{{r_\varepsilon}^2 - \left(\frac{f}{2}\right)^2} \approx \frac{f^2}{8r_\varepsilon} \tag{1-34}$$

由此可见，减小进给量 f，主、副偏角 κ_r、κ_r'，增大刀尖圆弧半径 r_ε 可减小理论表面粗糙度值。在实际生产中，由于切削刃刃磨缺陷，也将反映到已加工表面上。切削时，切屑与工件分离而产生撕裂的塑性变形，还会挤压残留面积。因此，实际残留面积高度大于理论残留面积高度。

2. 切削过程中不稳定因素引起的表面粗糙度

(1)积屑瘤。如前所述，积屑瘤不稳定，使切削刃形状变化，使工件的表面粗糙度值增大。脱落的积屑瘤碎片黏附在已加工表面上，也会影响表面粗糙度。

(2)鳞刺。在较低的切削速度、较大进给量下，切削中碳钢、铬钢(20Cr、40Cr)等塑性材料时，由于产生严重摩擦和挤压情况，在工件表面上常会呈现一种鳞片状毛刺，称为鳞刺。例如，在拉削、螺纹车削中，会出现这种现象，鳞刺使已加工表面粗糙度严重恶化。

(3)振动影响。切削时工艺系统的振动，不仅明显加大工件的表面粗糙度值，严重时还会影响机床的精度和损坏刀具。

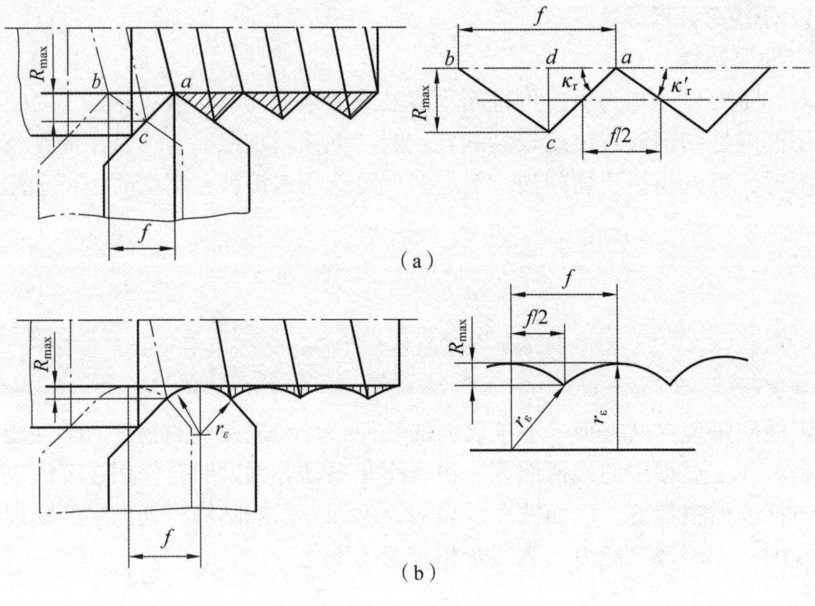

图 1-37 残留面积

(a) $r_\varepsilon=0$；(b) $r_\varepsilon>0$

1.6.2 影响表面粗糙度的因素

1. 切削用量的影响

1) 切削速度 v_c

切削速度 v_c 是影响表面粗糙度的一个重要因素，如图 1-38 所示。在低速时切削变形大，易形成积屑瘤和鳞刺；在中速时积屑瘤的高度达到最大值，所以中、低速切削不易获得小的表面粗糙度值。通常在中、低速时，可选取较大前角 γ_o，减小进给量 f，采取提高刀具刃磨质量和合理选用切削液等措施，以抑制积屑瘤和鳞刺产生，确保已加工表面质量。在高速时，如果加工工艺性统刚性足够，刀具材料性能良好，可获得较小的表面粗糙度值。

2) 进给量 f

进给量 f 是影响表面粗糙度最为显著的一个因素，进给量 f 越小，残留面积高度 R_{max} 越小，而且不易产生鳞刺、积屑瘤和振动等，因此表面质量越高。但是进给量太小，使切削厚度 h_D 减薄，加剧了切削刃钝圆半径对加工表面的挤压，导致硬化严重。此外，减小进给量也会降低生产率，因而为了弥补这一不足，通常可利用提高切削速度 v_c 或选用较小副偏角 κ'_r 和磨出倒角刀尖 b_ε 或修圆刀尖 r_ε 的办法来改善。

2. 刀具几何参数的影响

1) 前角 γ_o

增大刀具前角 γ_o 使切削变形减小，刀-屑面间摩擦减小，故对积屑瘤、鳞刺、冷硬的影响较小。此外，增大前角 γ_o 使刀具刃口更锋利，有利于进行薄切削，能达到精密加工的要求。但是，前角太大会削弱刀具强度和减小散热体积，加速刀具磨损。因此，为提高加工表面质量，应在刀具强度和刀具寿命许可条件下，尽量选用大的前角 γ_o。图 1-39 所示为不同前角 γ_o 对表面粗糙度的影响。

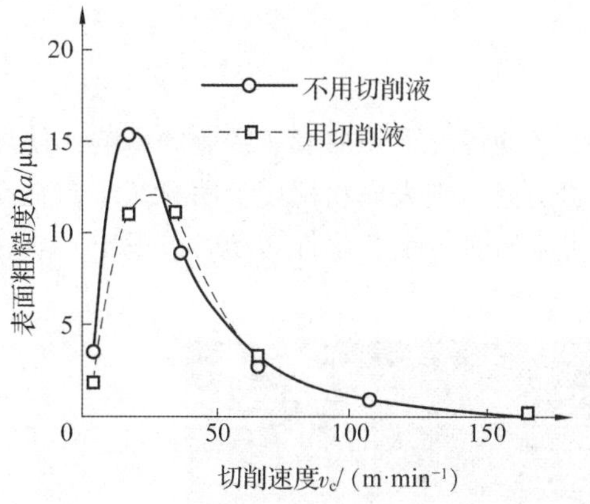

图 1-38　切削速度对表面粗糙度的影响

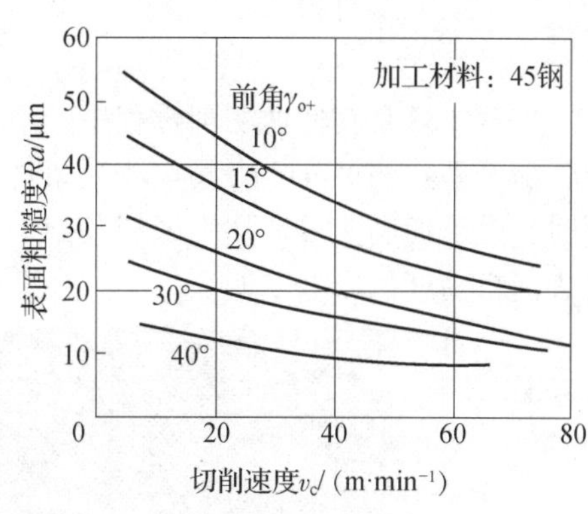

图 1-39　不同前角对表面粗糙度的影响

2) 主偏角 κ_r、副偏角 κ_r' 和刀尖圆弧半径 r_ε

如前分析，减小主偏角 κ_r，使残留面积 R_{max} 减小，但由于减小 κ_r 使背向力显著增大，故适用于加工工艺系统刚性允许条件下。生产中通常通过减小副偏角 κ_r' 和增大刀尖圆弧半径 r_ε 来减小残留面积高度 R_{max}。图 1-40 所示为副偏角 κ_r' 和刀尖圆弧半径 r_ε 对表面粗糙度的影响。

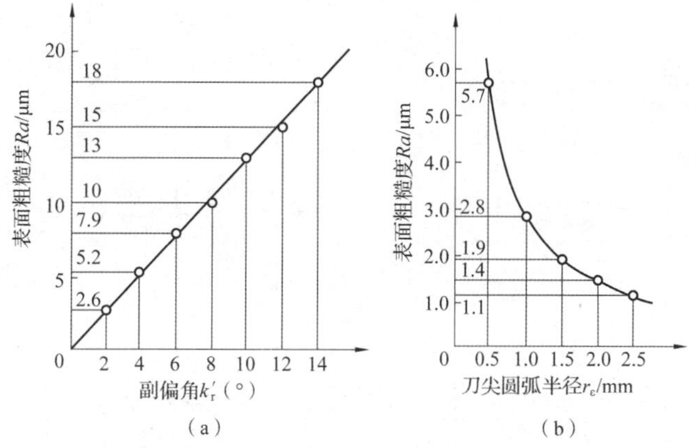

图 1-40　副偏角 κ_r' 和刀尖圆弧半径 r_ε 对表面粗糙度的影响

(a) 副偏角 κ_r' 的影响；(b) 刀尖圆弧半径 r_ε 的影响

3. 刀具材料的影响

刀具材料对加工表面质量的影响，主要取决于它们与加工材料间的摩擦系数、亲和程度、材料的耐磨性和可刃磨性。

高速工具钢刀具在刃磨时较易获得锋利切削刃和光整的刀面，因此在精车时，配合其他切削参数及切削液，表面粗糙度可达 Ra 2.5~0.125 μm；硬质合金刀具在高速车削时，切削变形小，在机床精度和工艺系统刚性等条件良好情况下，且不出现黏屑等，加工表面粗糙度达 Ra 0.80 μm；用陶瓷刀具切削，可选用很高切削速度，摩擦系数小，不形成黏屑，刀具不易磨损，故切削钢的表面粗糙度达 Ra 0.80~0.40 μm，切削铸铁的表面粗糙度达 Ra 0.16~0.80 μm；立方氮刀具耐磨性高，刀具经精细刃磨后，在高速切削时，加工表面粗糙度可达 Ra 0.10 μm；金刚刀具切削时产生的摩擦系数是陶瓷刀具的 1/3，刃口非常锋利、光洁及平直，极高的硬度和耐磨性，切削时背吃刀量小，用它对非铁材料加工可达到非常高的表面质量。

4. 切削液的影响

图 1-41(a)是在低速切削过程中，不浇注切削液的情况下积屑瘤、鳞刺的影响，使加工表面粗糙不平；图 1-41(b)是在相同条件下使用切削液，则表面粗糙度值明显减小。在高速切削时，由于切削液浸入切削区域较困难及被切屑流出时带走和零件转动时被甩出，故切削液对表面粗糙度的影响不明显。

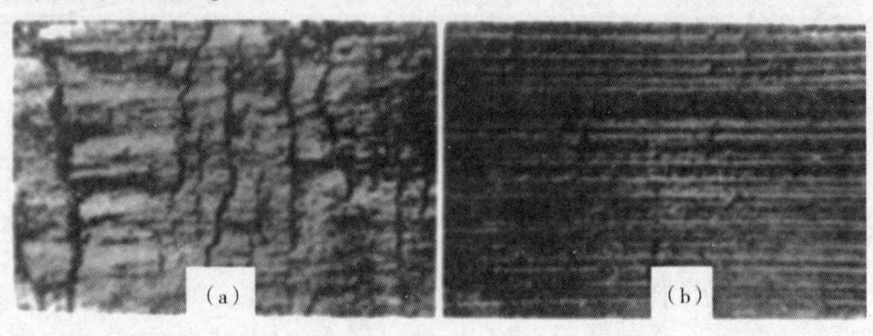

图 1-41　切削液对表面粗糙度的影响

(a)干切削时；(b)浇注切削液时

本章知识小结

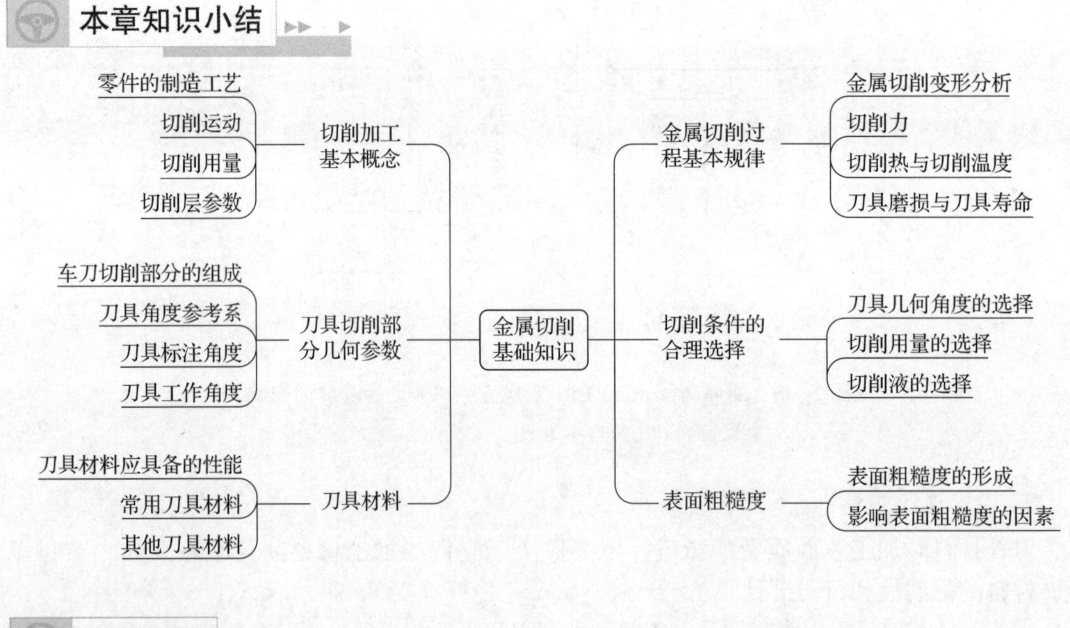

知识拓展

轴承套圈车削加工

在轴承套圈的整个制造过程中，车削加工既要受到上一道工序毛坯制造质量的影响，又要影响到下面的工序。车削加工质量如果不好，会造成热处理变形、裂纹等，磨削加工调整困难，生产率低，成本提高，加工质量不稳定，甚至出废品。

同时，还要注意到对轴承套圈的部分表面像倒角、油沟、密封槽、非工作表面的挡边、一般套圈的内外径和外内径等的车削加工就是终加工。可见，车削加工质量对成品轴承套圈质量也有影响。

轴承套圈的车削加工，主要目的就是为后续的打字、热处理、磨削加工打好其毛坯基础。总之，车削加工工序关系到材料利用率、生产率、加工成本，直接影响轴承成品质量和成本。

轴承套圈的车削加工具体内容就一般而论是指车削外径、内径、外内径、内外径、端面、滚道(沟道)、挡边、斜坡、圆倒角、45°倒角、止动槽和油沟等。依产品的结构类型和尺寸、毛坯的制造方法和形状，加工设备的类型、性能和精度，生产批量的大小和生产工艺能力等的不同，其车削加工的工作繁简程度是不同的。而加工方法的选择是十分重要的，大致分有两类，即集中工序车削法和分散工序车削法。

集中工序车削法，简单地说就是在一台车床上，采用多种刀具，自动按顺序同时用一种或几种刀具加工轴承套圈的一个或几个表面，在一次循环中加工好一个或几个轴承套圈的大部分或全部表面(包括切断面的内、外倒角)，如图1-42所示。

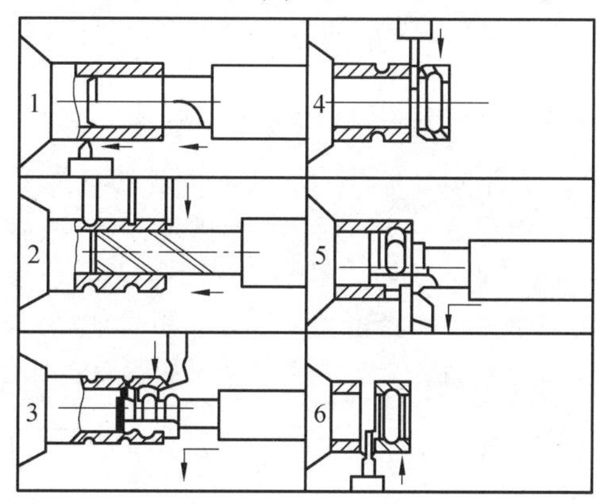

1—车外径、粗扩内径；2—外径成形、精扩内径；3—外沟、倒角成形、车端面；
4—切断(第一件)；5—外沟倒角成形、车端面；6—切断(第二件)。

图1-42　集中工序车削法

分散工序车削法就是在一台车床上，采用一种或少数几种刀具，一次装夹中，只加工一个轴承套圈的一个或少数的几个表面。轴承套圈的全部车削加工需要在几台车床上完成。

制造故事

从“中国制造”到“中国创造”，产业升级正当时

“加快建设制造强国。”“在产业链上不断由中低端迈向中高端。”自党的十八大以来，习近平总书记多次强调要大力发展制造业和实体经济，为我国从制造大国向制造强国迈进指明了方向、明确了路径。

重视科技创新，实现高端化。从低端制造到高端制造是大势所趋，科技创新是中国的政策指向。创新是制造业的核心，是一个国家、一个民族发展进步的不竭动力。我们要掌握核心技术，解决“卡脖子”难题，为建设科技强国而不懈努力。从“中国制造”到“中国创造”，是一个质的飞跃。道阻且长，唯有奋斗不息。

强化协同推动，实现智能化。随着《中国制造2025》的出台，我国制造业正式踏上了以智能制造为重要发展方向的转型升级之路，产业链智能化协同推动制造业转型升级；要以工艺、装备为核心，以数据为基础，依托制造单元、车间、工厂、供应链等载体，推动制造业实现数字化转型、网络化协同、智能化变革；企业应积极拥抱工业互联网，尽快推动数字化转型；加强自主供给，大力发展智能制造装备；以实现制造技术、信息技术和组织管理三者的深度融合，拉动企业自身新的数字增长引擎。5G时代的到来，将推动智能制造更上新台阶。

促进技术应用，实现绿色化。踩下刹车就能让车门自动闭合，夜间行驶时会在车辆前方投射示宽光毯……这是新能源技术的成果之一。重大技术装备取得新的技术突破，据工业和信息化部统计，2012年以来，全国环保装备制造业总产值年复合增长率超过10%。绿色制造由概念变成现实，绿色低碳技术产品已开始应用于能源生产、交通运输、城乡建设等各领域，将为制造业稳定发展作出越发重要的贡献，推动高质量发展，实现可持续发展。

策马扬鞭任驰骋，建功立业谱新篇。我们要明确目标，与时俱进，助力中国从制造大国向制造强国跨越，推动综合国力的提升，不断夺取全面建设社会主义现代化强国新胜利。

习 题

1-1 题1-1图为75°车刀加工外圆面。已知主轴转速500 r/min，工件每转一转刀具移动0.33 mm，根据图示参数，计算 a_p、v_f、v_c，以及切削层相关参数。

1-2 如题1-1图所示。指出主切削刃、副切削刃、刀尖；指出待加工表面、过渡表面、已加工表面；标注进给量、背吃刀量；图示表达刀具正交平面系内6个基本角度。

1-3 题1-3图为端面车刀加工图。指出主切削刃、副切削刃、刀尖；指出待加工表面、过渡表面、已加工表面；标注出刀具前角、后角、主偏角、副偏角；标注进给量、背吃刀量。

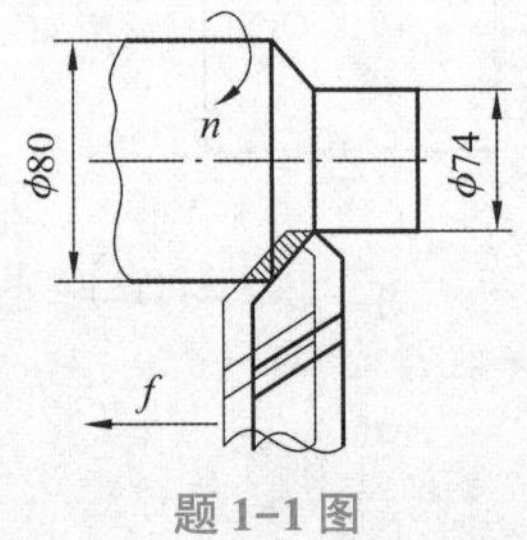

题1-1图

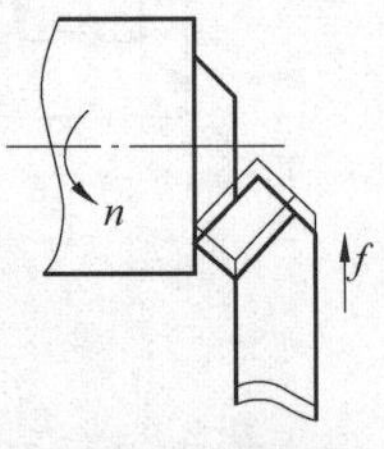

题1-3图

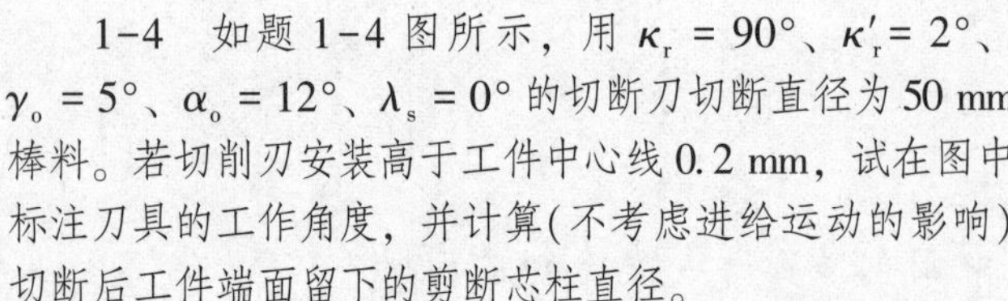

1-4 如题1-4图所示，用 $\kappa_r = 90°$、$\kappa'_r = 2°$、$\gamma_o = 5°$、$\alpha_o = 12°$、$\lambda_s = 0°$ 的切断刀切断直径为50 mm棒料。若切削刃安装高于工件中心线0.2 mm，试在图中标注刀具的工作角度，并计算(不考虑进给运动的影响)切断后工件端面留下的剪断芯柱直径。

提示：工件直径被切到较小时，工作后角减小。当工作后角减小到零度时，切削刃无切削作用，刀具断续进给时，后刀面推挤工件料芯，最终剪断。

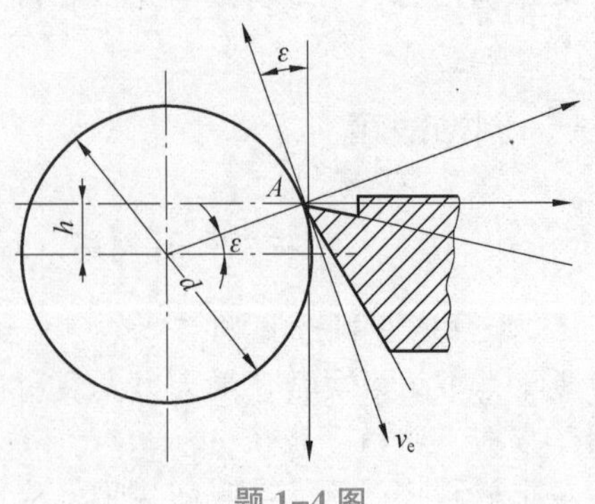

题1-4图

1-5 刀具切削部分材料应具备哪些性能？

1-6 普通高速工具钢常见有哪几种牌号？它们主要性能如何？适合做什么刀具？

1-7 硬质合金性能如何？适合做什么刀具？

1-8　常用硬质合金分几大类？各类有哪些牌号？它们的性能、用途如何？

1-9　陶瓷刀具有何特点？适用于什么场合？

1-10　金刚石与立方氮化硼各有何特点？适用于什么场合？

1-11　试述切削过程3个变形区的位置及变形特点？

1-12　简述前角、切削速度和进给量对切削变形的影响规律。

1-13　积屑瘤对加工过程有何影响？精加工时如何抑制积屑瘤的生成？

1-14　试述切削用量参数对切削力的影响。

1-15　用硬质合金车刀粗车外圆，加工材料为调质45钢，选取背吃刀量 $a_p=4$ mm，进给量 $f=0.41$ mm/r，切削速度 $v_c=90$ m/min。已知切削力 $F_c=2\ 420$ N，试计算消耗的切削功率 P_c。若机床额定功率 $P_E=7$ kW，传动效率 $\eta=0.85$，试校验机床功率能否满足要求，若不能满足，提出改进措施。

1-16　试述切削用量参数对切削温度影响规律。

1-17　什么叫刀具寿命？试述切削变形、切削力、切削温度、刀具磨损对刀具寿命的影响。

1-18　在下表中分别用“↑”(提高、上升)和“↓”(减小、下降)或用变化曲线表示各因素对切削规律的影响。

切削规律	切削因素						
	切削用量			工件材料硬度↑	刀具几何参数		加切削液
	a_p↑	f↑	v_c↑		γ_o↑	κ_r↑	
切削力 F_c							
切削温度 θ							
刀具磨损 VB							
刀具寿命 T							

1-19　试述前角 γ_o、后角 α_o 的作用和选择原则。

1-20　试述主偏角 κ_r、刃倾角 λ_s 的作用和选择原则。

1-21　试述选择切削用量三要素的原则，并分别说明它们的选择方法。

1-22　试述减小表面粗糙度值的措施。

1-23　切削液主要有哪些作用？常用有哪几类？各适用于什么场合？

第2章 金属切削机床与加工方法

 本章导读

机床是加工机械零件的主要设备。生产中，为了加工出不同结构和形状的机械零件，会采用各种机床，如车床、铣床和磨床等。不同类型的机床对应不同的加工方法，如车削、铣削等，以便完成各种表面的切削加工；同理，所使用的刀具也各不相同，如车刀、铣刀等。国际上一位切削加工方面的权威曾说过，“改进刀具对降低切削成本比其他任何单一过程的改变更具有潜力，合理地选择和应用切削刀具是降低生产成本的关键”。这充分说明了刀具在切削加工过程中的重要作用。因此，本章将学习金属切削机床的基础知识，同时学习各种加工方法及所用刀具的种类、结构和性能特点。熟练掌握各种加工方法、机床设备和常用刀具对实际生产有着非常重要的意义。

本章知识目标

(1) 了解机床的分类及其型号的编制，传动链等基础知识。

(2) 了解各类机床的结构特点、应用范围，掌握车削、铣削、钻削、磨削等各种加工方法的特点及所用刀具的种类、结构和性能特点。

本章能力目标

(1) 能正确识别机床型号、选择机床设备。

(2) 能根据加工表面的结构和形状合理选择加工方法。

(3) 能根据加工表面的精度要求合理选择刀具类型。

引　例

和一般机械零件相比较，轴承零件具有以下结构特点。

(1) 回转表面。轴承零件的工作表面大都是回转体表面。

(2) 短而薄。轴承零件的表面往往是短而薄的。

由于轴承零件大都是回转体，因此加工方法比较单一，绝大多数采用车削和磨削。在轴承制造中，车削加工通常是整个轴承套圈(图 2-1)切削过程的第一个环节，而不是最终环节。轴承套圈车削加工劳动量一般占轴承套圈全部加工劳动量的 25%~30%，车床占总机床数量的 40%左右，且多为高效率的自动化或半自动化车床，也有专用车床和车削自动线。

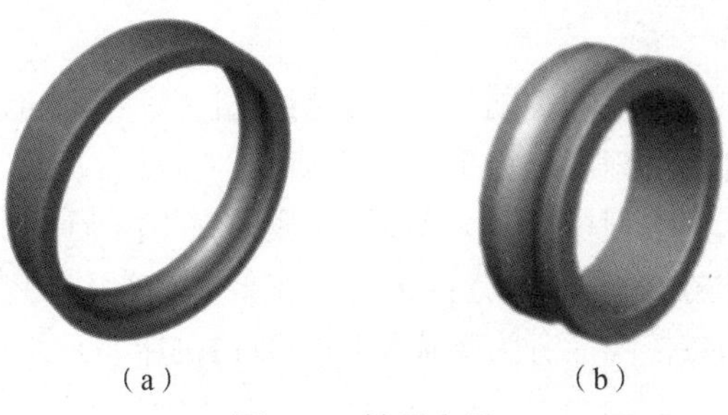

图 2-1　轴承套圈

(a)外圈；(b)内圈

2.1　金属切削机床的基本知识

机床是机械设备中很重要的一个分支，它是用切削、特种加工等方法加工金属工件，使之获得所需的几何形状、精度和表面质量的加工设备，是用以制造一切机械的机器，也是唯一能制造机床自身的机器，这是机床区别于其他机器的主要特征，因此，机床又称为“工作母机”或“工具机”。

广义的机床包括金属切削机床、特种加工机床、木工机床、锻压机械等，狭义的机床通常仅指金属切削机床。目前在一般机械制造工厂中，金属切削机床占有的比率一般在 50%以上，所担负的加工工作量占机器总制造工作量的 40%~60%。而机，床的拥有量、产量、品种和质量，更是衡量一个国家工业水平的重要标志之一。

2.1.1　金属切削机床的分类

1. 按加工方式、加工对象或主要用途分类

目前，我国机床划分为车床、钻床、镗床、磨床、齿轮加工机床、螺纹加工机床、铣床、刨插床、拉床、特种加工机床、锯床和其他机床共 12 类。这也是机床的主要分类方法。

2. 按适用范围分类

机床按适用范围可分为通用机床、专门化机床和专用机床。

(1)通用机床。这类机床可用于多种工件或多道工序加工，如卧式车床、万能升降台铣床、摇臂钻床等。其加工范围和应用范围都较广，通用性较好，但结构往往复杂，刚性较差，生产率不高，主要用于单件小批生产或机修车间使用。

(2)专门化机床。这类机床用于完成形状类似而尺寸不同的工件的特定工序加工，如精密丝杠车床、曲轴磨床、凸轮轴磨床等。其介于通用机床和专用机床之间，既有尺寸的通用性，又有加工工序的专用性，适用于成批生产。

(3)专用机床。这类机床只能完成某一零件的某一道特定零件的特定工序的加工，如汽车发动机气缸镗床、车床导轨磨床等。其工艺范围最窄，结构比普通机床简单，生产率高，

适用于大批大量生产。专用机床有一种以标准的通用部件为基础，配以少量按工件特定形状或加工工艺设计的专用部件组成的自动或半自动机床，称为组合机床，它能对一种或若干种工件预先确定的工序进行加工。

3. 按加工精度分类

同一种机床可根据加工精度的不同分为普通精度机床、精密机床和高精度机床。

此外，机床还可按自动化程度分为手动、机动、半自动、自动和程序控制机床；按质量和尺寸分类分为仪表机床、中型机床、大型机床(质量在 10 t 以上)、重型机床(质量在 30 t 以上)、超重型机床(质量在 100 t 以上)；按机床主要工作部件的多少分为单轴、多轴、单刀或多刀机床；按具有的数控功能分为普通机床、数控机床、加工中心。

2.1.2 机床型号及其编制方法

机床型号是为了方便管理和使用机床，而按一定规律赋予机床的代号(即型号)，用于表示机床的类型、通用和结构特性、主要技术参数等。

我国现行的金属切削机床型号是根据 GB/T15375—2008《金属切削机床 型号编制方法》编制的，本标准规定了金属切削机床和回转体加工自动线型号的表示方法，适用于新设计的各类通用及专用金属切削机床(以下简称机床)、自动线，不适用于组合机床、特种加工机床。此标准规定，型号由基本部分和辅助部分组成，中间用“/”隔开，读作“之”。前者需统一管理，后者纳入型号与否由企业自定。通用机床的型号表示方法如图 2-2 所示：

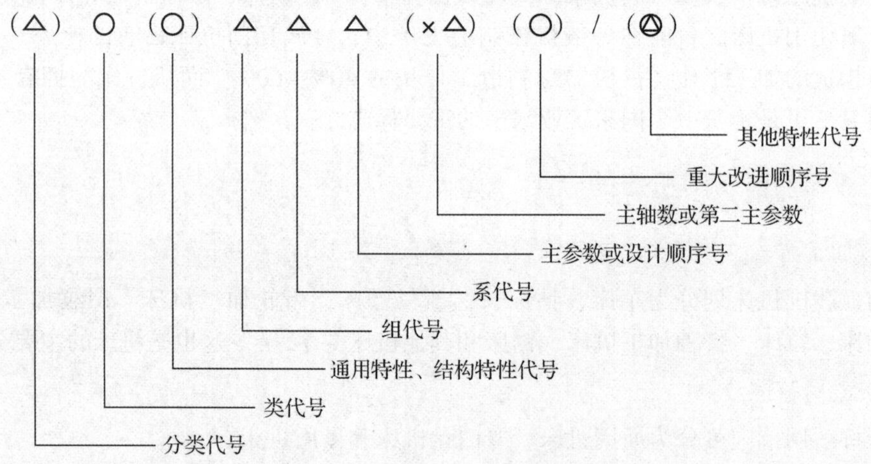

图 2-2 通用机床型号的构成

注 1：有“( )”的代号或数字，当无内容时，则不表示。若有内容则不带括号。

注 2：有“○”符号的，为大写的汉语拼音字母。

注 3：有“△”符号的，为阿拉伯数字。

注 4：有“◎”符号的，为大写的汉语拼音字母，或阿拉伯数字，或两者兼有之。

1. 机床的分类及代号

机床按其工作原理划分为车床、钻床、镗床、磨床、齿轮加工机床、螺纹加工机床、铣床、刨插床、拉床、锯床和其他机床等共 11 类。

机床的类代号，用大写的汉语拼音字母表示。必要时，每类可分为若干分类。分类代号在类代号之前，作为型号的首位，并用阿拉伯数字表示。第一分类代号前的“1”省略，第“2”“3”分类代号则应予以表示。机床的类别代号、分类代号及其读音见表 2–1。

表 2–1　机床的类别代号、分类代号及其读音

类别	车床	钻床	镗床	磨床			齿轮加工机床	螺纹加工机床	铣床	刨插床	拉床	锯床	其他机床
代号	C	Z	T	M	2M	3M	Y	S	X	B	L	G	Q
读音	车	钻	镗	磨	2 磨	3 磨	牙	丝	铣	刨	拉	割	其

对于具有两类特性的机床编制时，主要特性应放在后面，次要特性应放在前面。例如铣镗床是以镗为主、铣为辅。

2. 通用特性代号、结构特性代号

这两种特性代号，用大写的汉语拼音字母表示，位于类代号之后。

(1)通用特性代号。通用特性代号有统一的规定含义，它在各类机床的型号中，表示的意义相同。当某类型机床，除有普通型外，还有下列某种通用特性时，则在类代号之后加通用特性代号予以区分。如果某类型机床仅有某种通用特性，而无普通型式者，则通用特性不予表示。例如 C2150×6 型六轴棒料自动车床，无普通型，故不用“Z”表示通用特性。当在一个型号中需要同时使用 2~3 个普通特性代号时，一般按重要程度排列顺序。通用特性代号，按其相应的汉字字意读音。机床的通用特性代号见表 2–2。

表 2–2　机床的通用特性代号

通用特性	高精度	精密	自动	半自动	数控	加工中心（自动换刀）	仿形	轻型	加重型	柔性加工单元	数显	高速
代号	G	M	Z	B	K	H	F	Q	C	R	X	S
读音	高	密	自	半	控	换	仿	轻	重	柔	显	速

(2)结构特性代号。对主参数值相同而结构、性能不同的机床，在型号中加结构特性代号予以区分。根据各类机床的具体情况，对某些结构特性代号，可以赋予一定含义。但是，结构特性代号与通用特性代号不同，它在型号中没有统一的含义，只在同类机床中起区分机床结构和性能不同的作用。当型号中有通用特性代号时，结构特性代号应排在通用特性代号之后。结构特性代号，用汉语拼音字母(通用特性代号已用的字母和“I”“O”两个字母不能用)A、B、C、D、E、L、N、P、T、Y 表示，当单个字母不够用时，可将两个字母组合起来使用，如 AD、AE 等，或 DA、EA 等。

3. 机床组、系的划分原则及其代号

1）机床组、系的划分原则

机床组、系代号用两位阿拉伯数字表示，位于类代号之后。每类机床划分为 10 个小组，每个小组又划分为 10 个系(系列)。组、系的划分原则是：在同一类机床中，主要布局或使用范围基本相同的机床，为同一组。在同一组机床中，主参数相同、主要结构及布局型式相

同的机床，为同一系。

2）机床的组、系代号

机床的组代号，用一位阿拉伯数字，位于类代号或通用特性代号、结构特性代号之后。

机床的系代号，用一位阿拉伯数字表示，位于组代号之后。

4. 机床的主参数和设计顺序号

主参数代表机床规格的大小，用折算值(折算后两位数字)表示，位于系代号之后。主参数的折算系数通常为1、1/10、1/100。当折算值大于1时，则取整数，前面不加“0”当折算小于1时，则取小数点后第一位数，并在前面加“0”。

某些通用机床，当无法用一个主参数表示时，则在型号中用设计顺序号表示。设计顺序号由1起始，当设计顺序号小于10时，由01开始编号。

机床类型不同，主参数意义不同，折算值也不同。例如，卧式车床主参数含义为床身上最大工件回转直径，折算值为1/10；摇臂钻床主参数为最大钻孔直径，折算值为1；升降台铣床主参数为工作台面宽度，折算值为1/10；齿轮加工机床主参数为最大工件直径，折算值1/10；外圆磨床主参数为最大棒料直径，折算值1/10；牛头刨床、插床主参数为最大刨削、插削长度，折算值为1/10，拉床主参数为额定拉力，折算值为1/10，等等。

金属切削机床的类、组、系的划分及型号中主参数的表示方法见GB/T 15375—2008。

5. 主轴数的表示方法

对于多轴车床、多轴钻床、排式钻床等机床，其主轴数应以实际数值列入型号，置于主参数之后，用“×”分开，读作“乘”。单轴可省略，不予表示。

6. 第二主参数的表示方法

第二主参数(多轴机床的主轴数除外)，一般不予表示，如有特殊情况，需在型号中表示。在型号中表示的第二主参数，一般以折算成两位数为宜，最多不超过三位数。以长度、深度值等表示的，其折算系数为1/100；以直径、宽度值表示的，其折算值为1/10；以厚度、最大模数值等表示的，其折算系数为1。当折算值大于1时，则取整数；当折算值小于1时，则取小数点后第一位数，并在前面加“0”。

7. 机床的重大改进顺序号

当机床的结构、性能有更高的要求，并需按新产品重新设计、试制和鉴定时，才按改进的先后顺序选用A、B、C等汉语拼音字母(但“I”“O”两个字母不得选用)，加在型号基本部分的尾部，以区别原机床型号。

重大改进设计不同于完全的新设计，它是在原有机床的基础上进行改进设计，因此，重大改进后的产品与原型号的产品，是一种取代关系。凡属局部的小改进，或增减某些附件、测量装置及改变装夹工件的方法等，因对原机床的结构、性能没有作重大的改变，故不属重大改进，其型号不变。

8. 通用机床型号示例

例1：工作台最大宽度为500 mm的精密卧式加工中心，其型号为：THM6350。

例2：工作台最大宽度为400 mm的5轴联动卧式加工中心，其型号为：TH6340/5L。

例 3：最大磨削直径为 400 mm 的高精度数控外圆磨床，其型号为：MKG1340。

例 4：经过第一次重大改进，其最大钻孔直径为 25 mm 的四轴立式排钻床，其型号为：Z5625X4A。

例 5：最大钻孔直径为 40 mm，最大跨距为 1 600 mm 的摇臂钻床，其型号为：Z3040X16。

2.1.3 机床及其传动系统的组成

1. 机床的组成

机床的切削加工是由刀具与工件之间的相对运动来实现的，其运动可分为表面形成运动和辅助运动两类。表面形成运动是使刀具切入工件表面一定深度的运动，其作用是在每一次切削行程中从工件表面切去一定厚度的材料，如车削外圆时刀架的横向切入运动。辅助运动主要包括刀具或工件的快速趋近和退出、机床部件位置的调整、工件分度、刀架转位、送料、启动、变速、换向、停止和自动换刀等运动。

各类机床结构通常由下列基本部分组成：支撑部件，用于安装和支撑其他部件与工件，承受其重力和切削力，如床身和立柱等；变速机构，用于改变主运动的速度；进给机构，用于改变进给量；主轴箱，用以安装机床主轴；还有刀架、刀库、控制和操纵系统、润滑系统、冷却系统等。

机床附属装置包括机床上下料装置、机械手、工业机器人等机床附加装置，以及卡盘、吸盘弹簧夹头、台虎钳、回转工作台和分度头等机床附件。

2. 机床传动系统的组成

为了实现加工过程中所需的各种运动，机床的传动系统必须具有执行件、运动源和传动装置三个基本部分。

(1)执行件：是执行机床运动的部件，如主轴、刀架、工作台等，用于装夹工件或刀具，并带动其完成旋转或直线运动。

(2)运动源：为执行件提供运动和动力的装置，如各种电动机、液压马达和伺服驱动系统等，可以几个运动共用一个运动源，也可以一个运动用一个运动源。

(3)传动装置：传递运动和动力的装置。通过它把动力源的运动和动力传给执行件，或把一个执行件的运动传给另一个执行件，传动装置还需完成变速、换向、改变运动形式等任务，使执行件获得所需的运动速度、运动方向和运动形式。

常见的传动装置有机械传动装置、液压传动装置、电气传动装置和气压传动装置。

①机械传动装置：应用齿轮、带轮、离合器、丝杠螺母、蜗轮蜗杆、齿轮齿条等机械元件传递运动和动力。其工作可靠、维修方便，在机床上广泛使用。

②液压传动装置：应用油液作介质，通过泵、阀和液压缸等液压元件传动运动和动力。其结构简单、传动平稳、易于实现自动化，应用日益广泛。

③电气传动装置：应用电能，通过电气装置传递运动和动力。其电气系统比较复杂、成本较高。主要用于大型和重型机床。

④气压传动装置：其以空气为介质，通过气动元件传递运动和动力。其动作迅速、易于

实现自动化、运动平稳性差、驱动力小，主要用于机床的某些辅助运动和小型机床的进给运动。

2.1.4 机床的传动链

1. 传动链的概念

连接动力源和执行件或连接一执行件和另一执行件，使它们之间保持确定运动联系的一系列传动元件，称为传动链。每一条传动链都有首端件和末端件。首端件可以是动力源，也可以是执行件，末端件是执行件。

2. 传动链的分类

通常，机床需要多少个运动，其传动系统就有多少条传动链。根据执行件的用途可将传动链分为主运动传动链、进给运动传动链、快速移动传动链等。根据运动性质，可将传动链分为外联系传动链和内联系传动链。

1) 外联系传动链

传动链两端件之间无须保持严格传动比要求的传动链，称为外联系传动链。它仅仅将运动和动力按一定的速度和方向传递到执行件上，传动误差比只影响生产率和工件的表面粗糙度，不影响成形表面的形成。例如，车外圆柱面的主轴的旋转运动和刀架的移动；车螺纹时主轴的转动。

2) 内联系传动链

传动链两端件之间必须保持严格传动比要求的传动链，称为内联系传动链。传动链中的传动比误差会直接影响成形表面的形状和精度。例如，车螺纹时主轴的转动和刀架的移动，就严格要求主轴转一转，刀架必须直线移动一个螺纹的导程。

内联系传动链的运动和动力必须由外联系传动链来传递，因此外联系传动链在机床的传动中是必不可少的。

2.2 车削加工

车削加工是金属切削加工中最基本的方法，在机械制造业应用十分广泛。在一般机器制造厂中，车床占金属切削机床总台数的20%~35%。

2.2.1 车削加工概述

1. 工艺范围

车削的工艺范围很宽，可用于加工机械零件上的各种回转表面，且特别适用于加工各种轴类、套筒类和盘类零件上的回转表面，如内圆柱面、圆锥面、环槽、成形回转表面、端面及各种常用螺纹；还可以进行钻孔、扩孔、铰孔和滚花等，如图 2-3 所示。车削中工件旋转，形成主切削运动。刀具沿平行旋转轴线运动时，就形成内、外圆柱面。刀具沿与轴线相交的斜线运动，就形成锥面。在仿形车床或数控车床上，可以控制刀具沿着一条曲线进给，形成特定的旋转曲面。采用成形车刀横向进给时，可加工出旋转曲面。此外，车削还可以加工螺纹面、端平面及偏心轴等。

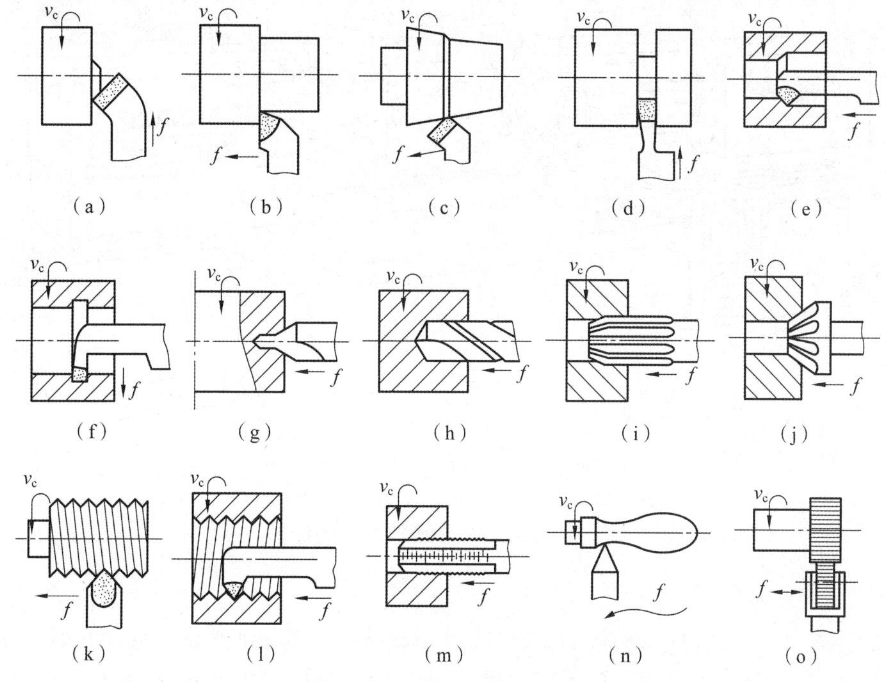

图 2-3　卧式车床加工的典型表面

(a) 车端面；(b) 车外圆；(c) 车外锥面；(d) 切槽（断）；(e) 车孔；(f) 切内槽；(g) 钻中心孔；(h) 钻孔；(i) 铰孔；(j) 锪锥孔；(k) 车外螺纹；(l) 车内螺纹；(m) 攻螺纹；(n) 车成形面；(o) 滚花

2. 车削加工工艺的特点

车削是在机械制造中使用最广泛的一种加工方法，主要用于加工各种内、外回转表面。车削加工的经济精度等级一般为 IT8～IT7，表面粗糙度为 *Ra* 12.5～0.8 μm。

车削加工是连续切削，切削过程较平稳，可采用较大的切削用量，生产率较高；刀具主要是单刃刀具，结构简单、容易制造，便于合理选择刀具几何参数，刃磨及装拆方便；一次装夹加工面较多，易于保证各加工表面间的相互位置精度；多用于粗加工和半精加工，也可用于非铁金属材料的精加工。

2.2.2　CA6140 型卧式车床

车床按用途和结构的不同，可以分为卧式车床、立式车床、仪表车床、转塔车床、自动车床、仿形车床、多刀车床、各种专门化车床，在企业中使用最多的是卧式车床。下面以 CA6140 型卧式车床为例介绍车床的结构。

CA6140 型卧式车床适用于加工各种轴类、套筒类和盘类零件上的回转表面。如图 2-4 所示，其主要结构有主轴箱、刀架、进给箱、溜板箱、光杠、丝杠、尾座和床身等。

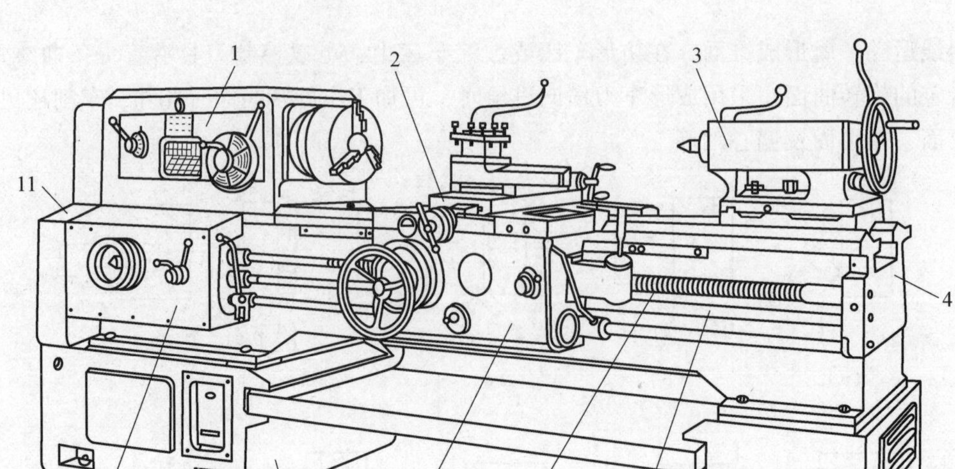

1—主轴箱；2—刀架；3—尾座；4—床身；5，9—床腿；6 —光杠；7—丝杠；
8—溜板箱；10—进给箱；11—挂轮变速机构。

图 2-4　CA6140 型卧式车床的结构

1. 组成及主要功用

(1)主轴箱。主轴箱固定在床身的左上部，内部装有主轴部件和主变速机构。其功用是支承并传动主轴，使主轴带动工件按照规定的转速转向旋转，以实现主运动。

(2)刀架。刀架装在床身的刀架导轨上，由床鞍、中滑板、转盘、小滑板和方刀架组成。刀架可通过机动或手动使夹持在方刀架上的刀具做纵向、横向或斜向进给。

(3)进给箱。进给箱固定在床身的左前侧，内部装有进给运动的变速机构，用于改变机动进给的进给量或改变被加工螺纹的导程。

(4)溜板箱。溜板箱固定在刀架的底部。它通过光杠或丝杠接受进给箱传来的运动，并将运动传给刀架，使刀架实现纵向进给、横向进给、快速移动或车螺纹运动。

(5)尾座。尾座安装在床身右端的尾座导轨上。尾座的功用是用后顶尖支撑长工件，还可以安装钻头等孔加工刀具以进行孔加工。尾座可沿床身导轨纵向调整位置并锁定在床身上的任何位置，以适应不同长度的工件加工。

(6)床身。床身通过螺栓固定在左右床腿上，它是车床的基本支撑件，用以支撑其他部件，并使它们保持准确的相对位置或运动轨迹。

2. 机床的主要技术性能

(1)床身上最大工件回转直径：400 mm。

(2)最大工件长度：750 mm；1 000 mm；1 500 mm；2 000 mm。

(3)刀架上最大工件回转直径：210 mm。

(4)主轴转速：正转 24 级，10~1 400 r/min；反转 12 级，14~1 580 r/min。

(5)进给量：纵向 64 级，0. 028~6. 33 mm/r；横向 64 级，0. 014~3. 16 mm/r。

(6)车削螺纹范围：米制螺纹 44 种；英制螺纹 20 种；模数螺纹 39 种；径节螺纹 37 种。

(7)主电动机功率：7. 5 kW。

3. 车削加工常用工装选用

在机械加工中，机床夹具的作用就是确保工件夹紧，保证工件的加工精度。下面介绍常用车床夹具。

1) 自定心卡盘

自定心卡盘是车床上应用最广泛的通用夹具，适用于安装短棒料或盘类工件，如图 2-5 所示。自定心卡盘能自动定心，因此装夹很方便，但其定心精度受本身制造精度和使用后磨损的影响，故工件上同轴度要求较高的表面，应尽可能在一次装夹中车出。此外，自定心卡片的夹紧力较小，一般适用于夹持表面光滑的圆柱形或六角形等工件。

2) 顶尖

常用顶尖(图 2-6)有死顶尖(普通顶尖)和活顶尖两种。死顶尖刚性好，定心准确，但与工件中心孔之间因产生滑动摩擦而发热过多，容易将中心孔或顶尖烧坏。因此，尾架上若是死顶尖，则轴的右中心孔应涂上黄油，以减小摩擦。死顶尖适用于低速加工精度要求较高的工件。活顶尖将其与工件中心孔之间的滑动摩擦改成自身内部轴承的滚动摩擦，能在很高的转速下正常地工作；但存在一定的装配积累误差，以及当轴承磨损后，会产生径向摆动，从而降低了加工精度，故一般用于轴的粗车或半精车。

顶尖的安装与校正：顶尖尾端锥面的圆锥角较小，所以前、后顶尖是利用尾部锥面分别与主轴锥孔和尾架套筒锥孔的配合而装紧的。因此，安装顶尖时必须先擦净顶尖锥面和锥孔，然后用力推紧；否则，装不正也装不牢。校正时，将尾架移向主轴箱，使前、后两顶尖接近，检查其轴线是否重合。如不重合，需将尾架体作横向调节，使之符合要求；否则，车削的外圆将成锥面。在两顶尖上安装轴件，两端是锥面定位，安装工件方便，不需校正，定位精度较高，经过多次调头或装卸，工件的旋转轴线不变，仍是两端 60°锥孔的连线，因此可保证在多次调头或安装中所加工的各个外圆有较高的同轴度。

图 2-5　自定心卡盘

图 2-6　顶尖

3) 中心架和跟刀架

当工件长度与直径之比大于 25($L/d>25$)时，由于工件本身的刚性变差，在切削时，工件受背向力、自重和旋转时离心力的作用，以及受热伸长，会产生弯曲变形、振动，严重影响其圆柱度和表面粗糙度，并使车削很难进行，甚至导致工件在顶尖间卡住。此时，需要用中心架或跟刀架来辅助支承工件，以增加工件刚性。

(1) 中心架固定在床身导轨上使用，有 3 个独立移动的支承爪，并可用紧固螺钉予以固定。使用时，将工件安装在前、后顶尖上，先在工件支承部位精车一段光滑表面，再将中心架固紧于导轨的适当位置，最后调整 3 个支承爪，使之与工件支承面接触，并调整至松紧

适宜。

一般在车削细长轴时，用中心架来增加工件的刚性。当工件可以进行分段切削时，中心架支承在工件中间。在工件装上中心架之前，必须在毛坯中部车出一段支承中心架支承爪的沟槽，其表面粗糙度及圆柱度误差要小，并在支承爪与工件接触处经常加润滑油。为提高工件精度，车削前应将工件轴线调整到与机床主轴回转中心同轴。

(2)跟刀架是固定在大拖板侧面上，随刀架纵向运动，如图 2-7 所示。跟刀架有两个支承爪，紧跟在车刀后面起辅助支承作用。因此，跟刀架主要用于细长光轴的加工。使用跟刀架，需先在工件右端车削一段外圆，根据外圆调整两支承爪的位置和松紧，再车削光轴的全长。

使用中心架和跟刀架时，工件转速不宜过高，并需对支承爪加注润滑油。

对不适宜调头车削的细长轴，不能用中心架支承，而要用跟刀架支承进行车削，以增加工件的刚性。跟刀架固定在床鞍上，一般有两个支持爪，它可以跟随车刀移动，抵消径向切削力，提高车削细长轴的形状精度和减小表面粗糙度。

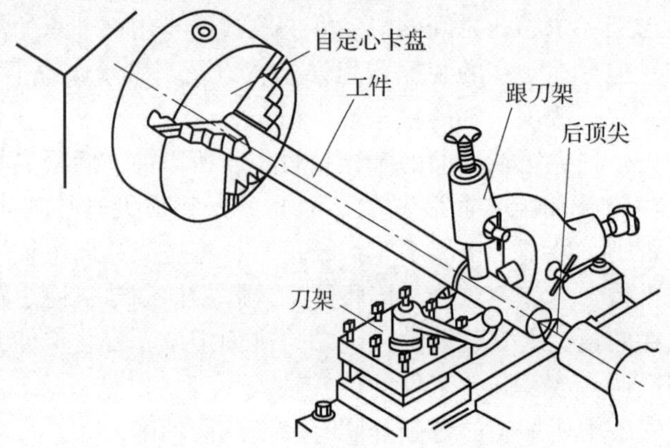

图 2-7　用跟刀架加工工件

2.2.3　车削刀具

车削加工使用的刀具简称车刀。按加工表面特征可分为外圆车刀、端面车刀、切断车刀、螺纹车刀和内孔车刀等；按结构可分为整体式车刀、焊接式车刀、机夹式车刀和可转位式车刀等，如图 2-8 所示。

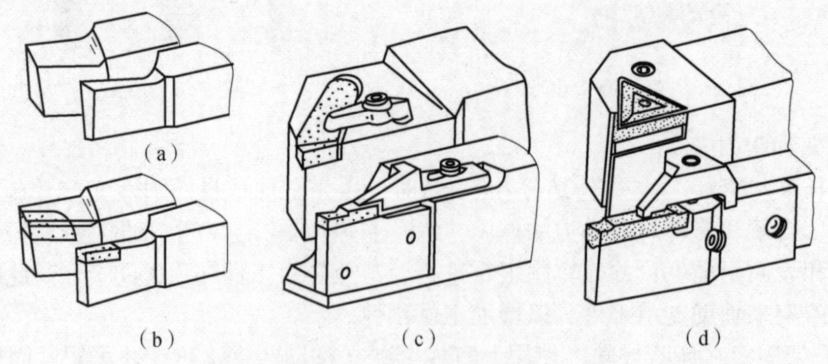

图 2-8　常用车刀结构形式

(a)整体式车刀；(b)焊接式车刀；(c)机夹式车刀；(d)可转位式车刀

1. 整体式车刀

整体式车刀的切削部分是在刀头上直接磨出来的，其材料多选用高速工具钢，切削刃锋利，刚性好，一般用于小型车刀，低速切削。

2. 焊接式车刀

焊接式车刀将硬质合金刀片焊在刀头上，可根据需要刃磨几何形状，结构紧凑，制造方便，用于高速切削。

3. 机夹式车刀

机夹式车刀是采用机械夹固方法将预先加工好，但不能转位使用的刀片夹紧在刀杆上的车刀，使用中切削刃磨损后可进行多次重磨继续使用。目前，常用机夹式车刀主要有切断车刀、螺纹车刀、金刚石车刀等。

4. 可转位式车刀

可转位式车刀是用机械夹固方法，将可转位刀片夹紧在刀杆上的车刀。如图 2-9 所示，可转位式车刀主要由刀片、刀垫、杠杆、螺钉和刀柄等组成。当一条切削刃用钝后可以迅速转位将相邻的新切削刃换成主切削刃继续工作，直到全部切削刃用钝后才取下刀片，换上新的刀片继续工作。与焊接式车刀相比，其避免了焊接、刃磨时高温所引起的缺陷，切削刃磨钝后能快速更换，提高了生产率。可转位式车刀和刀片已标准化，能实现一刀多用，简化刀具管理，比较常用的刀片形状有三角形、正方形、圆形等。

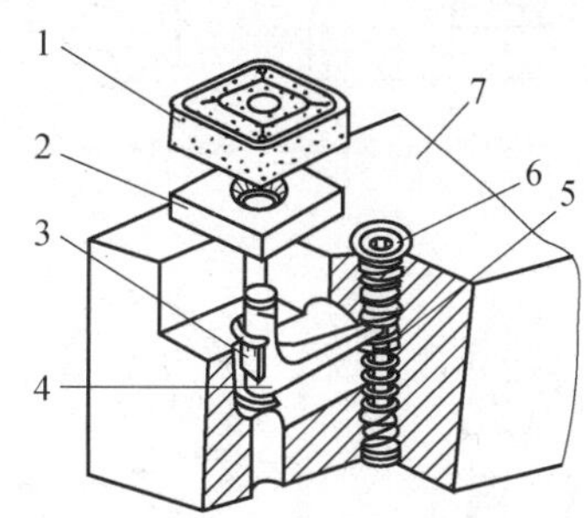

1—刀片；2—刀垫；3—卡簧；4—杠杆；5—弹簧；6—螺钉；7—刀柄。

图 2-9　可转位式车刀的结构

2.3　铣削加工

2.3.1　铣削加工的特点及应用

1. 铣削加工的特点

1) 生产率较高

铣刀是多刃刀具，铣削时有多个切削刃同时进行切削，总的切削宽度较大。铣削的主运动是铣刀的旋转，便于采用高速铣削，无空回程，所以铣削的生产率较高。

2）铣削过程不平稳

铣刀的切削刃切入和切出会产生切削力冲击，并引起同时工作切削刃数的变化，每个切削刃的切削厚度是变化的，这将使切削力发生波动。因此，铣削过程不平稳，易产生振动。为保证铣削加工质量，要求铣床在结构上有较高的刚度和抗振性。

3）散热条件较好

切削刃间歇切削，有一定的冷却，因而散热条件较好。但是，切入和切出时可能引起硬质合金刀片的碎裂。此外，铣床结构比较复杂，铣刀的制造和刃磨比较困难。

2. 铣削加工的应用

铣削是在铣床上利用多刃铣刀旋转对工件进行切削加工的方法，它用于加工平面、台阶、斜面、沟槽、成形表面、齿轮和切断等，如图 2-10 所示。因此，铣削加工在机械制造业被广泛使用。

一般情况下，铣削时铣刀的旋转为主运动，工件的移动为进给运动。铣削可以完成对工件的粗加工、半精加工和精加工，其加工精度等级可达 IT9~IT7，表面粗糙度可达 Ra 3.2~1.6 μm。

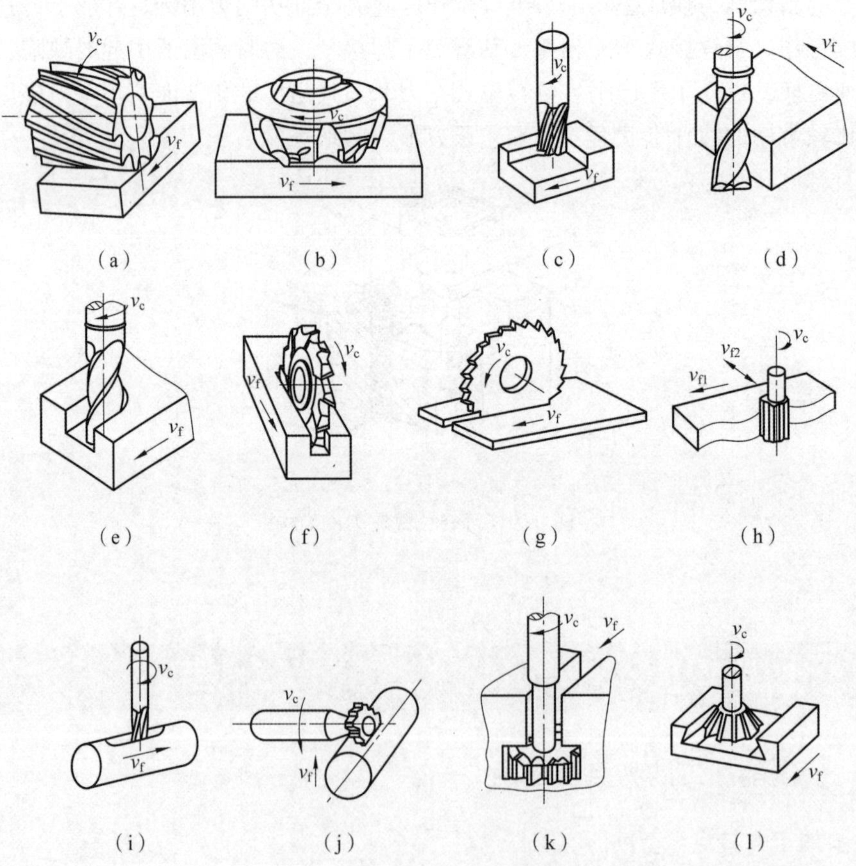

图 2-10　铣削加工的典型表面

(a)铣平面；(b)铣平面；(c)铣台阶面；(d)铣平面；(e)铣沟槽；(f)铣沟槽；(g)切断；(h)铣曲面；(i)铣键槽；(j)铣键槽；(k)铣 T 形槽；(l)铣燕尾槽

2.3.2　铣床的结构

铣床种类很多，一般是按布局形式和适用范围加以区分，主要有卧式铣床、龙门铣床、单柱铣床、仪表铣床和工具铣床等。卧式铣床是铣床中应用最广泛的一种，简称万能铣床，下面以 X6132 型卧式铣床为例介绍铣床的结构。

卧式铣床的主轴是水平布置的，如图 2-11 所示。其由底座、床身、铣刀轴(刀杆)、悬梁、悬梁支架、升降工作台、滑座及工作台等组成。床身固定在底座上，用于安装和支撑机床的各个部件。床身内装有主轴部件、主传动装置和变速操纵机构等，其顶部的燕尾形导轨上装有悬梁，可以沿水平方向调整其位置。在悬梁的下面装有悬梁支架，用以支撑铣刀轴的悬伸端，以提高铣刀轴的刚度。升降工作台安装在床身的导轨上，可做竖直方向运动，其内部装有进给运动和快速移动装置及操纵机构等。升降工作台上面的水平导轨上装有滑座，滑座可带着其上的工作台和工件做横向移动。工作台装在滑座的导轨上，可做纵向移动。固定在工作台上的工件通过工作台、滑座和升降工作台可以在互相垂直的 3 个方向实现任一方向的调整或进给。铣刀装在铣刀轴上，做旋转主运动。

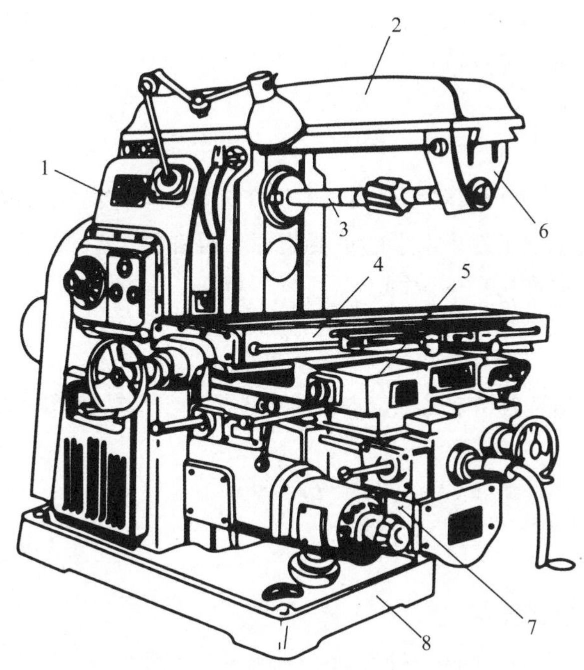

1—床身；2—悬梁；3—铣刀轴(刀杆)；4—工作台；5—滑座；6—悬梁支架；7—升降工作台；8—底座。

图 2-11　卧式铣床的结构

2.3.3　铣削用量

如图 2-12 所示，铣削用量中包括以下几个参数。

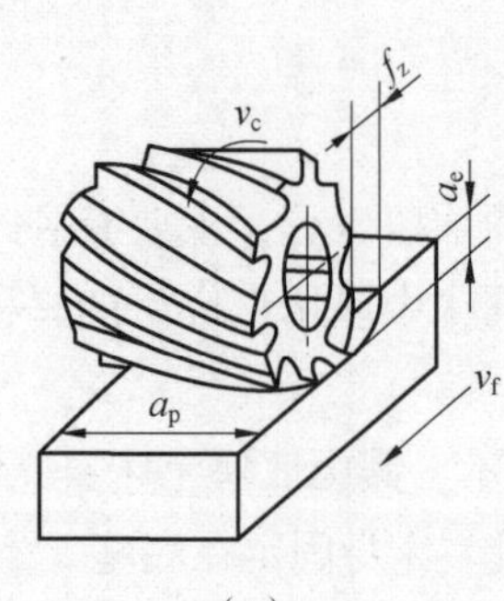

(a)

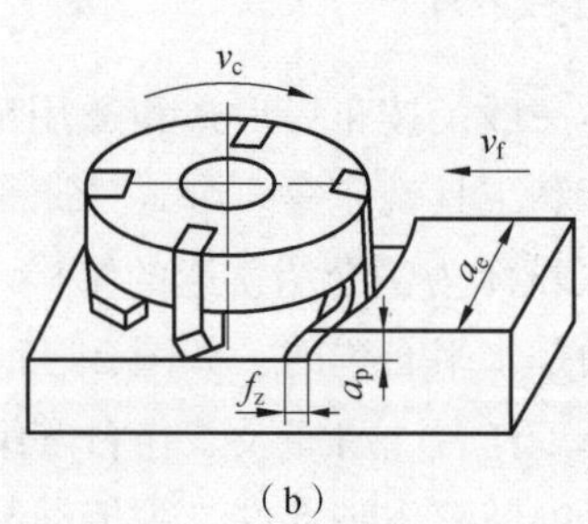

(b)

图 2-12 铣削用量

(a)圆周铣；(b)端铣

1. 铣削速度 v_c

铣削时的主运动由铣刀完成，铣刀的切削刃线速度为铣削速度。

$$v_c = \frac{\pi d n}{1\ 000}$$

式中，v_c ——铣削速度(m/min 或 m/s)；

n——铣刀转速(r/min 或 r/s)；

d——铣刀直径(mm)。

2. 进给运动参数

(1)每齿进给量 f_z：指铣刀每转一齿相对工件在进给运动方向上的位移量，单位为 mm/z。每齿进给量 f_z 是衡量铣削加工效率水平的重要指标。粗铣时，f_z 主要受切削力的限制，半精铣和精铣时，f_z 主要受表面粗糙度限制。

(2)每转进给量 f：指铣刀每转一转相对工件在进给运动方向上的位移量，单位为 mm/r。

(3)进给速度 v_f：指铣刀切削刃选定点相对工件的进给运动的瞬时速度，单位为 mm/min。

三者之间的关系：

$$v_f = fn = zf_z n$$

式中，v_f ——进给速度；

z——铣刀齿数。

3. 铣削深度 a_p 和铣削宽度 a_e

(1)铣削深度 a_p：在平行于铣刀轴线方向上测得的铣削层尺寸。端铣时，a_p 为切削层深度；圆轴铣时，a_p 为加工表面的宽度。

(2)铣削宽度 a_e：在垂直于铣刀轴线和工件进给方向上测得的铣削层尺寸。端铣时，a_e 为加工表面的宽度；圆周铣时，a_e 为切削层深度。

2.3.4 圆周铣

圆周铣有顺铣与逆铣两种方式。铣刀旋转方向和工件进给方向相反时称为逆铣，相同时称为顺铣，如图 2-13 所示。

逆铣时刀齿切入工件的切削厚度从零逐渐增大。因为铣刀有一钝圆半径 r_n，造成开始切削时前角为负值，刀齿在过渡表面上挤压、滑行，使工件表面产生严重冷硬层，刀具磨损加剧，工件已加工表面的表面粗糙度值增大。此外，当瞬时接触角大于一定数值后，铣刀给予被切削层的作用力 F_{fn} 是向上的。有抬起工件的趋势，要注意工件夹紧牢靠。

顺铣时，刀齿切入工件的切削厚度从最大开始，避免了挤压、滑行现象；铣刀磨损较小，寿命比逆铣时高 2~3 倍，已加工表面质量高。并且，F_{fn} 始终压向工作台，有利于工件夹紧，安全可靠。

若工作台采用有间隙的丝杠螺母副传动，顺铣时铣刀作用于工件上的进给分力 F_f 与工件进给方向相同，当进给分力 F_f 大于工作台与导轨间的摩擦力时，可能推动工件"自动"进给；而当 F_f 小于工作台与导轨间的摩擦力时，又"停止"进给，仍靠螺母回转推动丝杠(丝杠与工作台相连)前进，这样丝杠时而靠紧螺母齿面的左侧，时而靠紧螺母齿面的右侧，造成进给不均匀。而逆铣时，由于进给分力 F_f 作用，丝杠与螺母传动面始终贴紧，故铣削过程平稳。

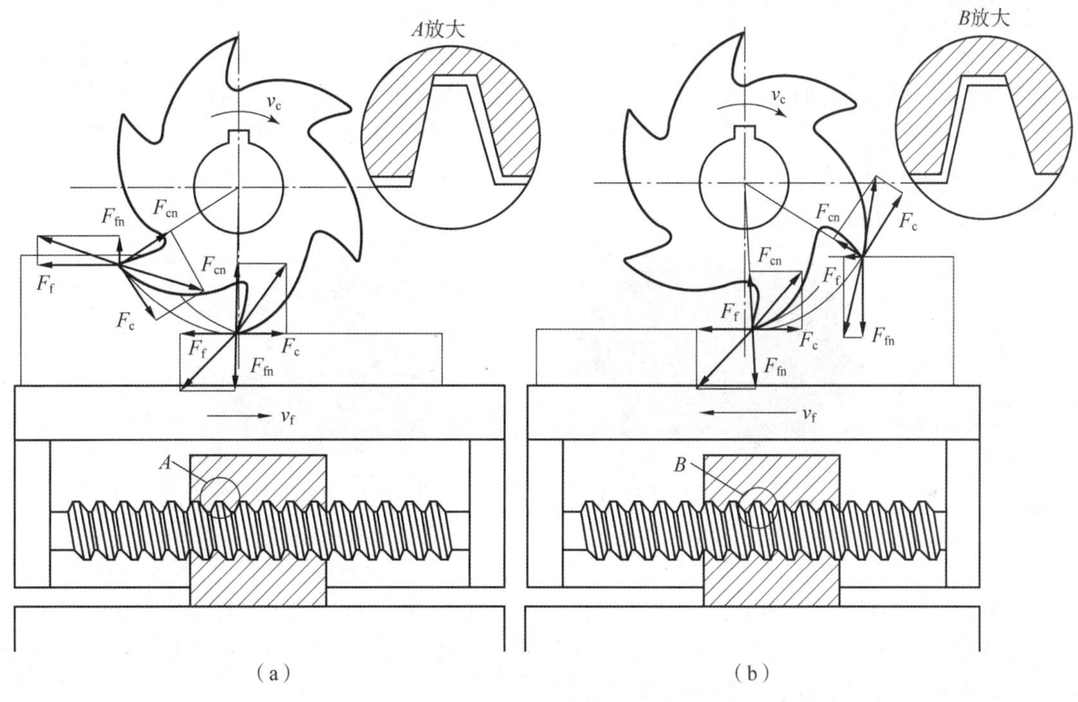

图 2-13　顺铣与逆铣

(a)逆铣；(b)顺铣

2.3.5　端铣

端铣时，根据铣刀与工件加工面相对位置的不同，可分为对称铣、不对称逆铣和不对称顺铣 3 种铣削方式。

(1)对称铣。铣刀轴线位于铣削弧长的对称中心位置，或者说铣刀露出工件加工面两侧的距离相等，称为对称铣。

(2)不对称逆铣。铣刀切离工件一侧露出加工面的距离大于切入工件一侧露出加工面的距离，称为不对称逆铣。

(3)不对称顺铣。铣刀切离工件一侧露出加工面的距离小于切入工件一侧露出加工面的距离，称为不对称顺铣。

2.3.6 常用尖齿铣刀的结构特点与应用

铣刀的种类很多，其分类方法也很多。按齿背形式分为两类：一类是尖齿铣刀，齿背经铣制而成，后刀面形状简单，这种刀具加工质量好，切削效率高，应用广泛；另一类是铲齿铣刀，齿背经铲制而成，重磨时刃磨前刀面(通常不能刃磨后刀面)，重磨后可保持切削刃形状不变，主要用于加工成形表面。下面介绍几种常用的尖齿铣刀。

1. 圆柱形铣刀

圆柱形铣刀如图 2-14 所示，用于卧式铣床上加工平面，刀齿分布在铣刀的圆周上，按齿形分为直齿和螺旋齿两种；按齿数分为疏齿和密齿两种，疏齿铣刀的齿数少，刀齿强度高，容屑空间大，适用于粗加工，而密齿铣刀适用于精加工。

2. 面铣刀

如图 2-15 所示，面铣刀的主切削刃分布在圆柱或圆锥表面，端部切削刃为副切削刃，用于立式或卧式铣床上加工台阶面和平面，特别适合较大平面的加工。面铣刀多制成套式镶齿结构，刀齿材料为高速工具钢或硬质合金，刀体材料为 40Cr。硬质合金面铣刀与高速工具钢铣刀相比，铣削速度较高，加工生产率高，加工表面质量也较好，并可加工带有硬皮和淬硬的工件，故得到广泛应用。

图 2-14 圆柱形铣刀

图 2-15 面铣刀

3. 立铣刀

如图 2-16、图 2-17 所示，立铣刀的圆柱表面和端面上都有切削刃，主要用于加工凹槽、台阶面、平面，以及利用靠模加工成形表面。一般，工作时不能沿轴向进给；当立铣刀的端面切削刃通过中心时，可轴向进给。

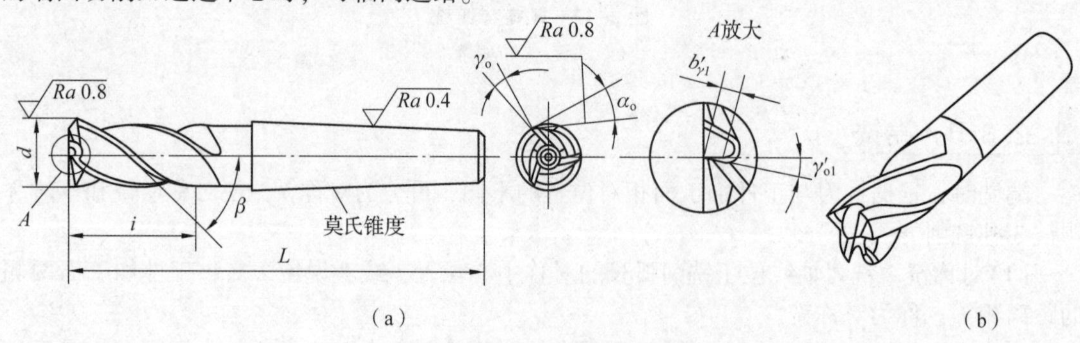

图 2-16 高速工具钢立铣刀的结构

(a)端面切削刃不通过中心；(b)端面切削刃通过中心

图 2-17　可转位螺旋立铣刀

4. 键槽铣刀

键槽铣刀主要用于加工圆头封闭键槽。如图 2-18 所示，它有两个刀齿，圆柱面和端面都有切削刃，端面刃延至中心，既像立铣刀又像钻头，加工时先轴向进给达到槽深，然后沿键槽方向铣出键槽全长。按国家标准规定，直柄键槽铣刀直径 $d=2\sim22$ mm，锥柄键槽铣刀直径 $d=14\sim50$ mm。键槽铣刀的直径偏差有 e8 和 d8 两种。键槽铣刀的圆周切削刃仅在靠近端面的一小段长度内发生磨损。重磨时，只需刃磨端面切削刃，因此重磨后铣刀直径不变。

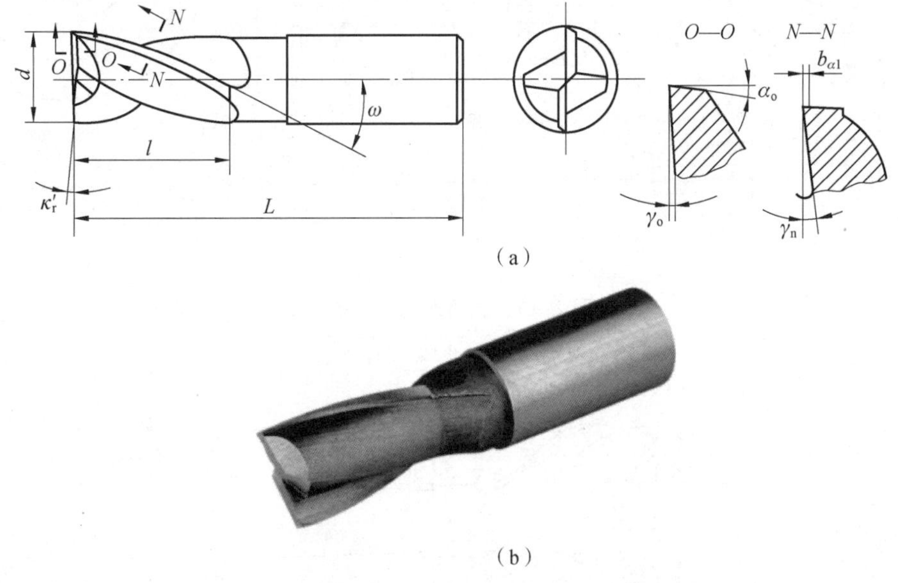

（a）

（b）

图 2-18　键槽铣刀

（a）结构；（b）实物

5. 三面刃铣刀

三面刃铣刀用于加工各种沟槽和台阶面，除其圆周具有主切削刃外，两侧面也有副切削刃，从而改善了切削条件，提高了切削效率，减小了加工表面的表面粗糙度值，但重磨后宽度尺寸变化较大。三面刃铣刀可分为直齿三面刃铣刀[图 2-19(a)]和错齿三面刃铣刀[图 2-19(b)]，主要用于加工凹槽和台阶面。直齿三面刃铣刀两侧面副切削刃的前角为 0°，切削条件较差。为了改善侧面切削刃的条件，可以采用斜齿结构，使每个刃齿上只有两条切削刃并交错地左斜或右斜，即错齿三面刃铣刀。错齿三面刃铣刀比直齿三面刃铣刀切削平稳，切削力小，容屑槽大，排屑容易。

6. 模具铣刀

模具铣刀用于加工模具型腔或凸模成形表面。模具铣刀是由立铣刀演变而成的，按工作部分外形可分为圆锥形平头铣刀、圆柱形球头铣刀、圆锥形球头铣刀 3 种，如图 2-20 所示。硬质合金模具铣刀用途非常广泛，除可铣削各种模具型腔外，还可代替手用锉刀和砂轮磨头清理铸、锻、焊工件的飞边，以及对某些成形表面进行光整加工等。该铣刀可装在风动或电动工具上使用，生产率和寿命比砂轮和锉刀提高数十倍。

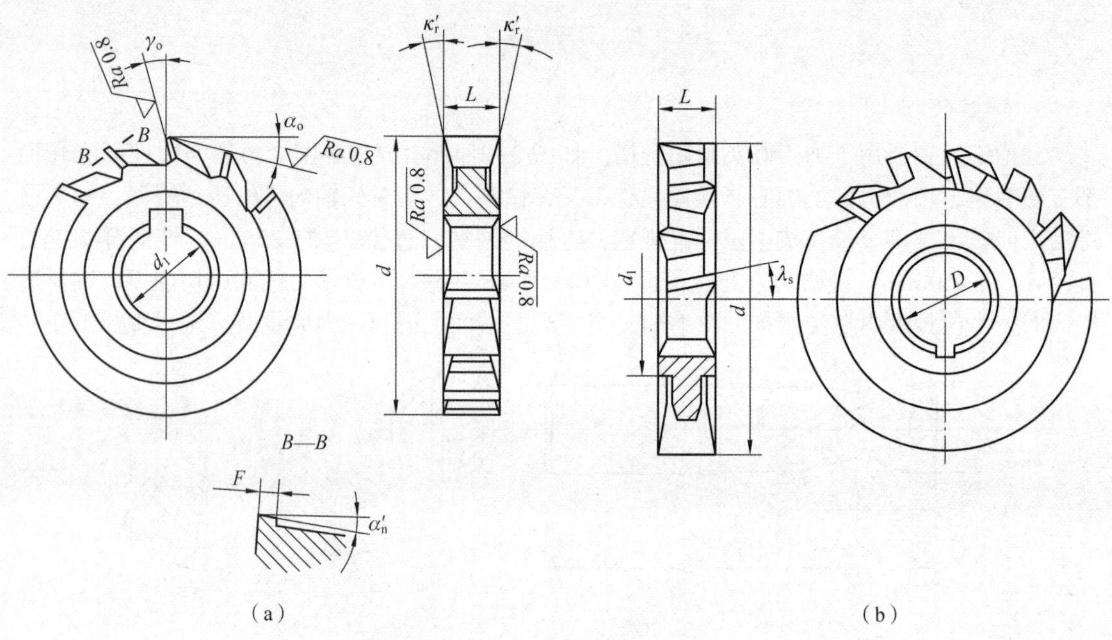

图 2-19　三面刃铣刀的结构

(a) 直齿三面刃铣刀；(b) 错齿三面刃铣刀

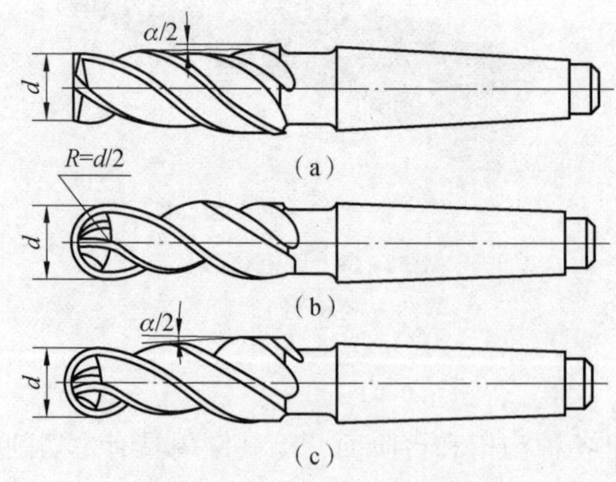

图 2-20　模具铣刀的结构

(a) 圆锥形平头铣刀；(b) 圆柱形球头铣刀；(c) 圆锥形球头铣刀

目前我国已可批量生产硬质合金模具铣刀，它是实现钳工机械化的重要工具，用途极为广泛，可以取代金刚石锉刀和磨头来加工淬火后硬度小于 65HRC 的各种模具，清理铸、锻、焊工件的飞边和毛刺，加工各种叶轮成形表面等。

7. 锯片铣刀和角度铣刀

锯片铣刀用于加工深槽和切断工件，其圆周上有较多的刀齿。为了减少铣削时的摩擦，刀齿两侧有 15′~1°的副偏角。

角度铣刀用于铣削成一定角度的沟槽，有单角铣刀[图 2-21(a)]和双角铣刀[图 2-21(b)]两种。

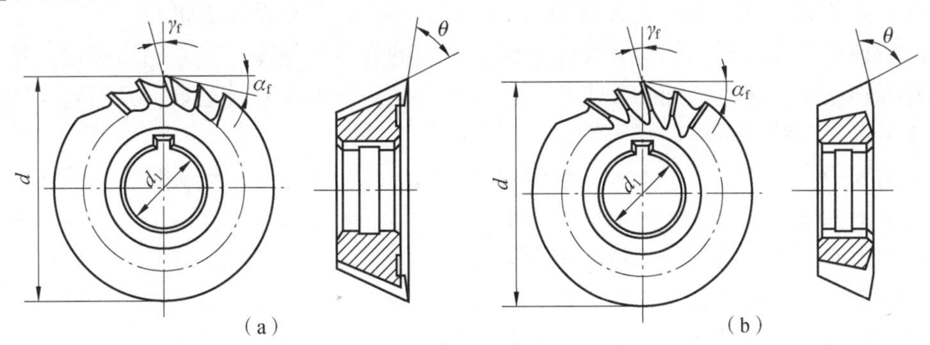

图 2-21　角度铣刀

(a)单角铣刀；(b)双角铣刀

2.4　孔加工

孔是各种机器零件上出现最多的几何表面之一，按照它和其他零件之间的连接关系来区分，可分为非配合孔和配合孔。前者一般在毛坯上直接钻、扩出来；而后者则必须在钻孔、扩孔等粗加工的基础上，根据不同的精度和表面质量的要求，以及零件的材料、尺寸、结构等具体情况做进一步的加工。无论后续的半精加工和精加工采用何种方法，总的来说，在加工条件相同的情况下，加工一个孔的难度要比加工外圆大得多，这主要是由于孔加工刀具有以下一些特点。

(1)大部分孔加工刀具为定尺寸刀具，刀具本身的尺寸精度和形状精度不可避免地对孔的加工精度有着重要的影响。

(2)孔加工刀具切削部分和夹持部分的有关尺寸受被加工孔尺寸的限制，致使刀具的刚性差，容易产生弯曲变形和对正确位置的偏离，也容易引起振动。孔的直径越小，深径比(孔的深度与直径之比的值)越大，这种“先天性”的消极影响越显著。

(3)孔加工时，刀具一般是被封闭或半封闭在一个窄小的空间内进行的，切削液难以被输送到切削区域，切屑的折断和及时排出也较困难，散热条件不佳，对加工质量和刀具寿命都产生不利的影响。此外，在加工过程中对加工情况的观察、测量和控制，都比外圆和平面加工麻烦得多。

孔加工的方法很多，常用的有钻孔、扩孔、铰孔、锪孔、镗孔、拉孔、磨孔，还有金刚镗、珩磨、挤压加工等。

2.4.1 钻削加工

用钻头做回转运动，并使其与工件做相对轴向进给运动，在实体工件上加工孔的方法称为钻孔。用扩孔钻扩大已有孔（铸孔、锻孔、预钻孔）孔径的加工称为扩孔。钻孔和扩孔统称为钻削，两者的加工精度等级分别为IT13~IT12和IT11~IT9，表面粗糙度 *Ra* 的范围分别为 *Ra* 12.5~6.3 μm和 *Ra* 6.3~3.2 μm。

钻削可以在各种钻床上进行，也可以在车床、镗床、铣床、组合机床和加工中心上进行，但在大多数情况下，尤其是大批大量生产时，主要还是在钻床上进行。

钻床的种类很多，根据结构和用途不同，常用的有台式钻床、立式钻床和摇臂钻床等。

无论哪种钻床，它们共同的特点是工件固定不动，刀具作旋转运动，并沿着主轴方向进给，操作可以是手动，也可以是机动。

钻床主要用于加工尺寸不太大、精度要求不高的孔。工作时，钻头随主轴旋转，为主运动；钻头沿主轴轴线移动，为进给运动。加工前工件安装在被加工孔的中心位置，使它对准旋转钻头的中心。加工过程中工件固定不动。

在钻床上可以进行钻孔、扩孔、铰孔、攻螺纹和锪孔等加工，如图2-22所示。常用的钻床是立式钻床和摇臂钻床，它们的主参数均为最大钻孔直径。

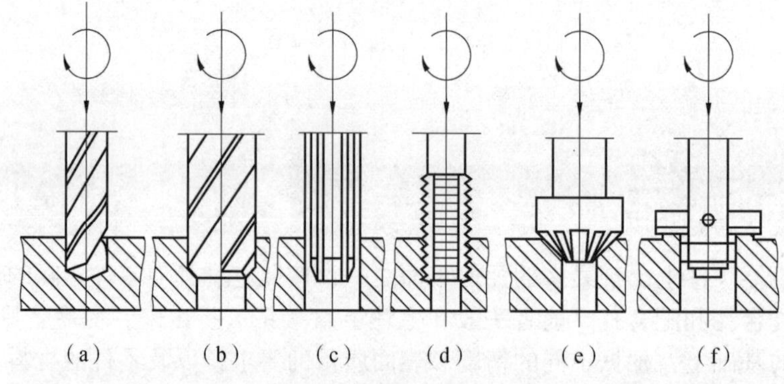

图2-22 钻床的钻削运动及主要功用

(a)钻孔；(b)扩孔；(c)铰孔；(d)攻螺纹；(e)锪孔的沉头面；(f)锪孔的端面

1. 立式钻床

立式钻床是主轴箱和工作台安置在立柱上、主轴垂直布置的钻床，主要钻削中型零件，最大钻孔直径有25、35、40、50 mm等多种规格。

图2-23为方柱立式钻床的结构，它由工作台、主轴、进给箱、主轴箱、电动机、底座和立柱等组成。加工时，工件安装在工作台上，由电动机经轴箱实现主轴的转动、变速；进给箱传来的运动使主轴做轴向进给运动。

立式钻床的中心位置不能调整，加工完一个孔后若再加工同一工件的另一个孔，必须调整工件的位置，这对大型工件操作很不方便。但是，立式钻床的变速范围和进给量范围较大，且可以实现机动进给，借助专用夹具，适合批量加工单孔的中、小型工件。

2. 摇臂钻床

摇臂钻床是主轴箱在摇臂上水平移动、摇臂绕立柱回转和升降的钻床，主要由底座、内立柱、外立柱、摇臂、主轴箱、主轴等组成，如图2-24所示。它和立式钻床的区别就在于它有一个能绕固定立柱回转的摇臂。主轴箱可以沿摇臂的导轨横向调整位置。摇臂既可绕立柱转动任一角度，又可通过丝杠上下调整位置。调整好以后，通过锁紧机构迅速将摇臂和主轴箱锁紧。

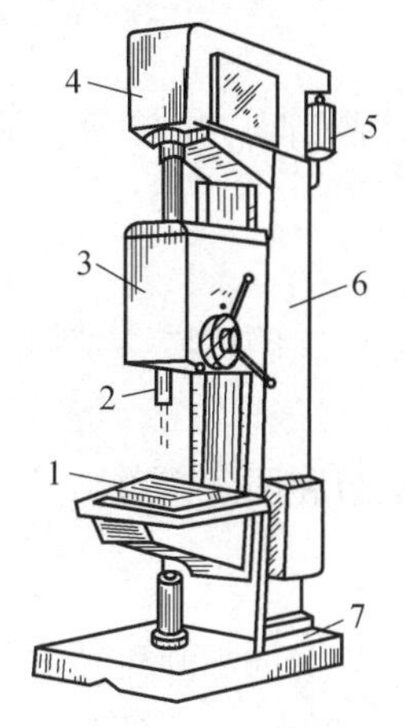

1—工作台；2—主轴；3—进给箱；4—主轴箱；5—电动机；6—立柱；7—底座。

图 2-23 方柱立式钻床的结构

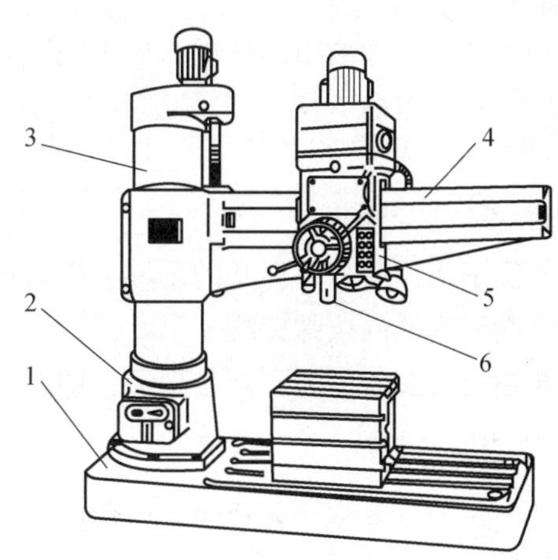

1—底座；2—内立柱；3—外立柱；4—摇臂；5—主轴箱；6—主轴。

图 2-24 摇臂钻床的结构

对于体积和质量都比较大的工件，若用移动工件的方式来调整其在机床上的位置，则非常困难，此时可选用摇臂钻床进行加工。该钻床主要用于单件小批生产的大中型工件及多孔工件的钻削。钻孔的直径为 ϕ 25～100。

2.4.2 麻花钻

麻花钻目前是孔加工中应用最广泛的刀具。它主要用来在实体材料上钻削中小尺寸、加工精度较低和表面较粗糙的孔，或者对加工质量要求较高的孔进行预加工，有时也将它代替扩孔钻使用。麻花钻的结构如图 2-25 所示。

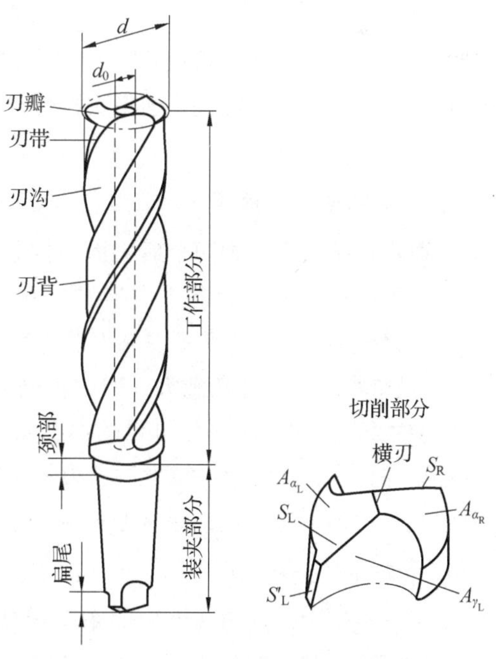

图 2-25 麻花钻的结构

1. 麻花钻组成

(1) 装夹部分。装夹部分用于与机床的连接并传递动力，包括钻柄与颈部。小直径钻头用圆柱柄，直径在 12 mm 以上的均做成莫氏锥柄。锥柄端部制出扁尾，插到钻套中的腰形孔中，可用斜楔将钻头从钻套中击出。颈部直径略小，上面印有厂标、规格等标记。

(2) 工作部分。工作部分用于导向、排屑，也是切削部分的后备。外圆柱上两条螺旋形棱边也称韧带，可用于保持孔形尺寸和钻头进给时的导向。两条螺旋刃沟是排屑的通道。

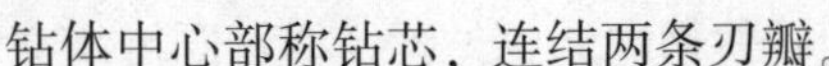

钻体中心部称钻芯，连结两条刃瓣。

(3)切削部分。切削部分指钻头前端有切削刃的区域，由两个前刀面、两个后刀面和两个副后刀面组成。

前刀面是两条螺旋沟槽中以切削刃为母线形成的螺旋面。

后刀面的形状由刃磨方法与机床或夹具的运动决定，有圆锥面、螺旋面、平面和特殊曲面。

副后刀面就是韧带棱面。

主切削刃位于前、后刀面汇交的区域，横刃位于两后刀面汇交的区域，副切削刃是两条刃沟与刃带棱面汇交的两条螺旋线。

普通麻花钻共有 3 条主刃，两条副刃，即左右切削刃、横刃和两条棱边。

2. 麻花钻的结构参数

麻花钻的结构参数是指钻头在制造中控制的尺寸或角度，它们都是确定钻头几何形状的独立参数，包括以下几项。

(1)直径 d。直径 d 指切削部分测量的两刃带间距离，选用标准系列尺寸。

(2)直径倒锥。倒锥指远离切削部分的直径逐渐做小，以减少刃带与孔壁的摩擦，相当于副偏角。钻头倒锥量为(0.03~0.12 mm)/100 mm，直径大的倒锥量也大。

(3)钻芯直径 d_0。d_0 是两刃沟底相切圆的直径。它影响钻头的刚性与容屑截面。直径大于 13 mm 的钻头，$d_0=(0.125\sim0.15)d$。钻芯做成(1.4~2 mm)/100 mm 的正锥度，以提高钻头的刚度。

(4)螺旋角 ω。ω 角是钻头刃带棱边螺旋线展开成直线与钻头轴线的夹角，如图 2-26 所示。

钻头愈近中心处螺旋角愈小。刃带处螺旋角 ω 一般为 25°~32°。增大螺旋角使前角增大，有利排屑，使切削轻快，但钻头刚性变差。小直径钻头为提高钻头刚性，螺旋角做得略小一些。

3. 麻花钻的刃磨角度

普通麻花钻只需刃磨两个后刀面，控制 3 个角度，如图 2-27 所示。

(1)顶角 2φ 。顶角是两主切削刃在中剖面投影中的夹角。普通麻花钻 $2\varphi=116°\sim118°$。

(2)外缘后角 α_f 。主切削刃靠刃带转角处在柱剖面中表示的后角。中等直径钻头 $\alpha_f=8°\sim20°$。直径愈小，钻头后角愈大，以改善横刃的锋利程度。

(3)横刃斜角 ψ。端平面测量的中剖面与横刃的钝夹角。普通麻花钻 $\psi=125°\sim133°$，其中直径小的钻头，ψ 角允许较大。横刃斜角 ψ 数值与钻头近中心处切削刃后角密切相关，由于近中心处后角不易测量，通常通过测量 ψ 角来控制中心刃后角。

4. 麻花钻的结构缺陷

由于麻花钻主切削刃各点的前角变化悬殊，由外缘到钻心前角为-54°~30°，切削条件差；横刃太长，其前角约为-54°，切削条件更差；且抗力大，定心困难，排屑不顺利。麻花钻在结构上存在以下缺陷。

(1)横刃及其附近的前角比较小，是负值。

(2)横刃长，钻孔时的定心条件差，钻头易摆动。

(3)主切削刃全部参加切削，切削刃上各点的切屑流速差别较大，切屑卷成较宽的螺旋形，使排屑不利、散热情况不好。

上述缺陷可按不同加工要求对横刃，主切削刃，前、后刀面进行附加的刃磨。

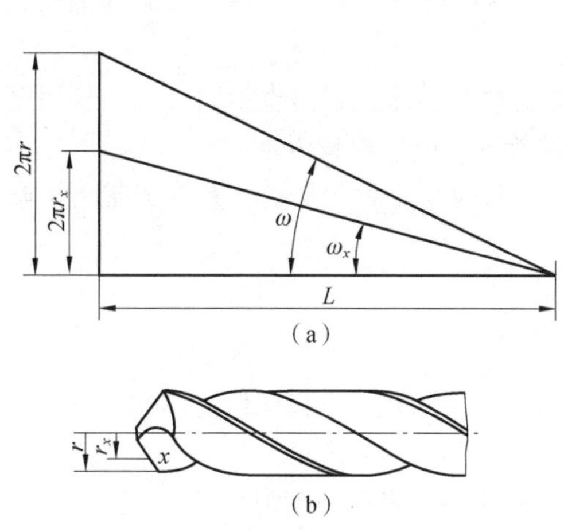

图 2-26 麻花钻的螺旋角

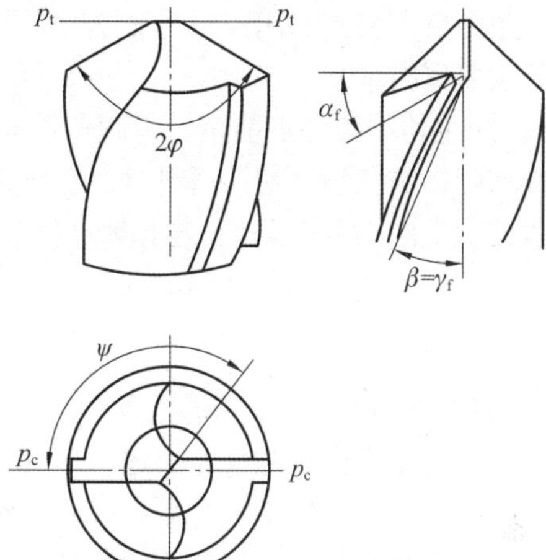

图 2-27 麻花钻的刃磨角度

2.4.3 钻削原理

1. 钻削用量与切削层参数

如图 2-28 所示，钻削用量包括背吃刀量(钻削深度) a_p、进给量 f、切削速度 v_c 三要素。由于钻头有两条切削刃，所以钻削深度 $a_p = d/2$，单位为 mm；每刃进给量 $f_z = f/2$，单位为 mm/z；切削速度 $v_c = \pi dn/1\,000$，单位为 m/min。

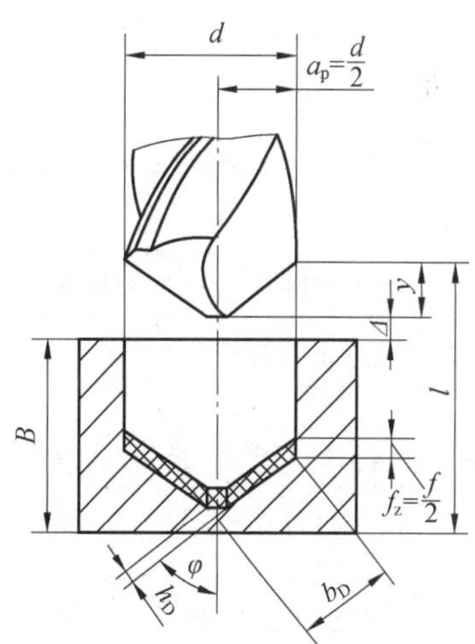

图 2-28 钻削用量与切削层参数

钻孔时切削层参数包括：

切削厚度

$$h_D = f\sin\varphi/2\ \text{mm} \tag{2-1}$$

切削宽度

$$b_D = d/2\sin\varphi\ \text{mm} \tag{2-2}$$

每刃切削层公称横截面积

$$A_D = \frac{df}{4}\ \text{mm}^2 \tag{2-3}$$

材料切除率

$$Q = \frac{f\pi d^2 n}{4} \approx 250 v_c df\ \text{mm}^3/\text{min} \tag{2-4}$$

2. 钻削过程特点

钻削过程的变形规律与车削相似，但钻孔是在半封闭空间内进行的，横刃的切削角度又不甚合理，使得钻削变形更为复杂，主要表现在以下几点。

(1)钻心处切削刃前角为负，特别是横刃区，切削时产生刮削挤压，切屑呈粒状并被压碎。钻心区域直径几乎为零，切削速度也接近为零，但仍有进给运动，使得钻心横刃区域工作后角为负，相当于用楔角为 β_o 的凿子劈入工件，称作楔劈挤压。这是导致钻削轴向力增大的主要原因。

(2)主切削刃各点前角、刃倾角不同，使切屑变形、卷曲、流向也不同。又因排屑受到螺旋槽的影响，切削塑性材料时，切屑卷成圆锥螺旋形，断屑比较困难。

(3)钻头刃带无后角，与孔壁摩擦。加工塑性材料时易产生积屑瘤，黏在刃带上影响钻孔质量。

3. 钻削用量选择

1)钻头直径

钻头直径应由工艺尺寸决定，尽可能一次钻出所要求的孔。当机床性能不能胜任时，才采用先钻孔再扩孔的工艺。需扩孔者，钻孔直径取孔径的50%~70%。

合理刃磨与修磨，可有效地降低进给力，扩大机床钻孔直径的范围。

2)进给量

一般，钻头进给量受钻头的刚性与强度限制，大直径钻头进给量受机床走刀机构动力与工艺系统刚性限制。

普通钻头进给量可按以下经验公式估算：

$$f=(0.01\sim 0.02)d \tag{2-5}$$

合理修磨的钻头可选用 $f=0.03d$。直径小于3~5 mm的钻头，常用手动进给。

3)钻削速度

高速工具钢钻头的切削速度推荐按表2-3数值选用，也可参考有关手册、资料选取。

表2-3　高速工具钢钻头的切削速度

加工材料	低碳钢	中高碳钢	合金钢不锈钢	铸铁	铝合金	铜合金
钻削速度/($m\cdot min^{-1}$)	25~30	20~25	15~20	20~25	40~70	20~40

2.4.4 其他孔加工方法

1. 扩孔

扩孔是对已有的孔进行扩大，多半是用于纠正钻孔时发生的偏斜。精度要求较高或直径较大的孔，应采用扩孔。扩孔前的毛坯孔可以是钻出的底孔，也可以是铸出或锻出的孔。扩孔尺寸公差等级为IT10~IT9，表面粗糙度为 Ra 6.3~3.2 μm。

一般的扩孔工作，可以用麻花钻完成。对精度要求高的孔，应采用扩孔钻(图2-29)来完成。扩孔钻有3~4个切削刃，没有横刃，切削时导向好，轴向力小，切削平稳，所以加工精度较高、加工表面的表面粗糙度值较小。此外，通过扩孔钻还可以修正毛坯孔的轴线位置误差和孔径形状误差。

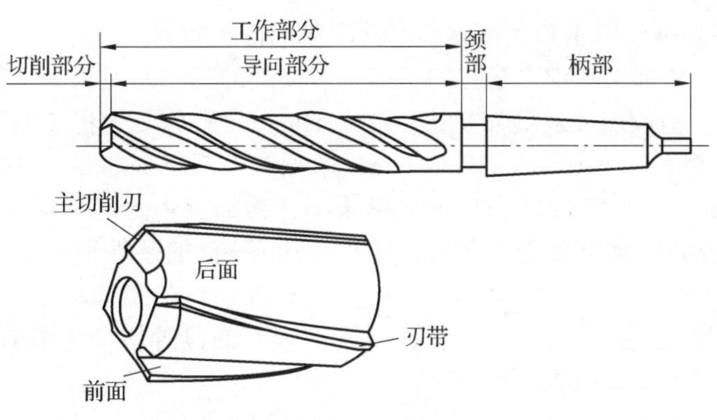

图 2-29　扩孔钻的结构

2. 铰孔

铰孔，是用铰刀从工件孔壁上切除微量金属层，以提高其尺寸精度和减小其表面粗糙度值的精加工方法。它的加工精度等级为 IT7~IT6，表面粗糙度为 Ra 1.6~0.4 μm。它可以加工圆柱孔、圆锥孔、通孔和盲孔，也可以在钻床、车床、组合机床、数控机床、加工中心等多种机床上进行加工，还可以用手工铰削，主要用于中小直径孔的精加工，是一种应用非常广泛的孔加工方法。

图 2-30 所示为铰刀的结构。

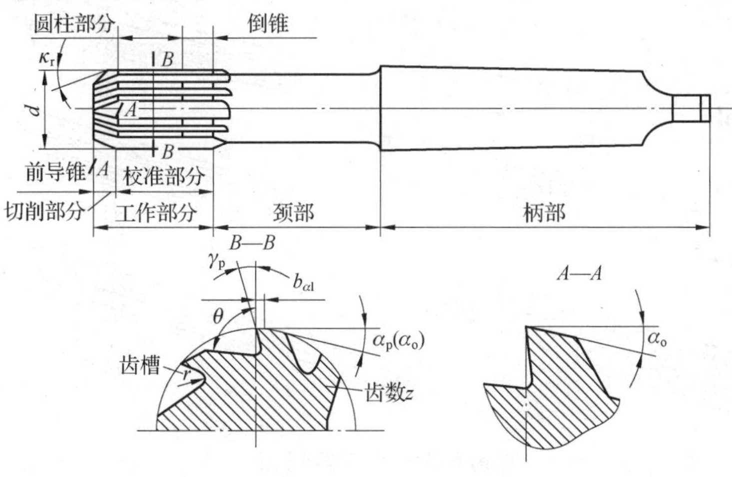

图 2-30　铰刀的结构

铰刀由工作部分、颈部和柄部组成。工作部分又分为切削部分和校准部分，切削部分最前端有一小段前导锥，前导锥对手用铰刀仅起便于铰刀引入预制孔的作用，对于机用铰刀，前导锥亦起切削作用，一般把它作为切削刃的一部分。校准部分包括圆柱部分和倒锥，圆柱部分主要起导向、校准和修光的作用，倒锥主要起减少与孔壁的摩擦和防止孔径扩大的作用。

按使用方法不同，铰刀分为手用铰刀和机用铰刀。手用铰刀工作部分较长，齿数较多；机用铰刀工作部分较短。按结构不同，铰刀分为整体式(锥炳和直柄)和套式。铰刀基本类型如图 2-31 所示。

铰削加工余量一般为 0.05~0.2 mm，铰刀的主偏角 κ_r 一般小于 15°，因此铰削时切削厚度 h_D 很小(0.01~0.03 mm)。主切削刃除正常的切削作用外，还对工件产生挤刮作用。铰削过程是个复杂的切削、挤压和摩擦过程。铰削工艺特点如下。

(1)铰孔是在半精加工基础上进行的精加工。铰削的加工余量很小，粗铰加工余量一般为0.15~0.25 mm，精铰加工余量为0.05~0.15 mm。为避免产生积屑瘤和振动，铰削的切削速度一般较低，粗铰时一般取4~10 m/min，精铰取1.5~5 m/min。机铰时进给量可以大些，f=0.5~1.5 mm/r。由于铰削的切削变形很小，再加上本身有导向、校准和修光作用，因此在合理使用切削液(钢件采用乳化液，铸铁件用煤油)的条件下，铰削可以获得较高的加工质量。

(2)铰孔不能校正底孔的轴线偏斜，孔与其他表面的位置精度应由前面的工序来保证。因此，机铰时铰刀采用浮动连接。

(3)铰孔生产率高，但适应性差。一把铰刀只能用于加工一种尺寸的孔，对于非标准尺寸的孔、台阶孔和盲孔，不适于用铰削加工。

(4)由于铰孔精度主要取决于铰刀精度，而不是靠机床的精度来保证。因此，铰孔不需要精密机床。

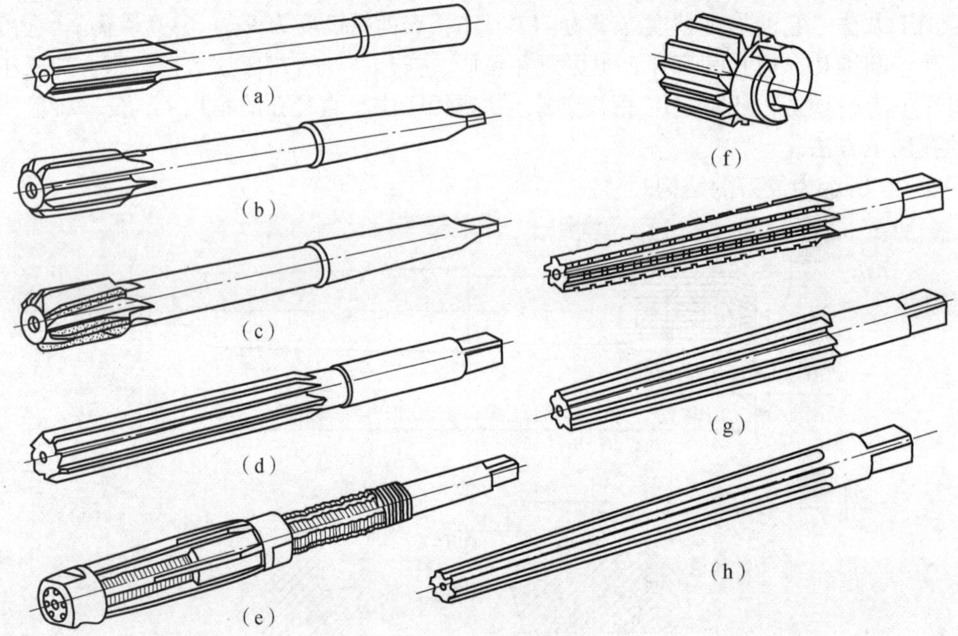

图2-31　铰刀基本类型

(a)直柄机用铰刀；(b)锥柄机用铰刀；(c)硬质合金锥柄机用铰刀；(d)手用铰刀；(e)可调节手用铰刀；(f)套式机用铰刀；(g)直柄莫氏锥度铰刀；(h)手用1∶50锥度销子铰刀

3. 镗削加工

镗削是一种用镗刀对已有孔进行精加工的方法之一，加工精度等级可达IT7级，适用于加工机座、箱体、支架等外形复杂的大型零件上的大直径的孔，特别是有位置精度要求的孔和孔系。在镗床上利用坐标装置和镗模较容易保证加工精度。

1)镗削加工的特点

(1)镗削加工灵活性大，适应性强，加工尺寸可大也可小，对于不同的生产类型和精度要求的孔都可以采用这种加工方法。

(2)镗削加工操作技术要求高，生产率低。加工工件的尺寸精度和表面粗糙度，除取决于所用的设备外，更主要的是工人的技术水平，同时机床、刀具调整时间较多。镗削加工时参加工作的切削刃少，所以一般情况下，镗削加工生产率较低。使用镗模可以提高生产率，但使成本增加，一般用于大批大量生产。

(3) 镗孔和钻孔、扩孔、铰孔相比，孔径尺寸不受刀具尺寸的限制，而且能使所镗孔与定位表面保持较高的位置精度。镗孔与车外圆相比，由于刀杆系统的刚性差、变形大，散热排屑条件不好，工件和刀具的热变形比较大。因此，孔的加工质量与生产率不如车外圆高。

(4) 镗孔的加工范围广，可以加工不同尺寸和不同精度要求的孔。对于孔径较大、尺寸和位置精度要求较高的孔和孔系，镗孔几乎是唯一的加工方法。

(5) 镗孔可以在镗床、车床、铣床等机床上进行，具有机动灵活的优点，生产中应用十分广泛。在大批大量生产中，为提高镗孔效率，常使用镗模。

2) 镗刀

镗刀是在镗床或车床及其他专用机床上用以镗孔的刀具，可分为单刃镗刀和双刃镗刀。图 2-32 所示为单刃镗刀。

双刃镗刀是定尺寸的镗孔刀具，通过改变两切削刃之间距离，实现对不同直径孔的加工。常用的双刃镗刀有固定式双刃镗刀和浮动镗刀两种。图 2-33 所示为固定式双刃镗刀。

图 2-32　单刃镗刀

图 2-33　固定式双刃镗刀

浮动镗刀是一种尺寸可调，并可自动定心的双刃镗刀，如图 2-34 所示。

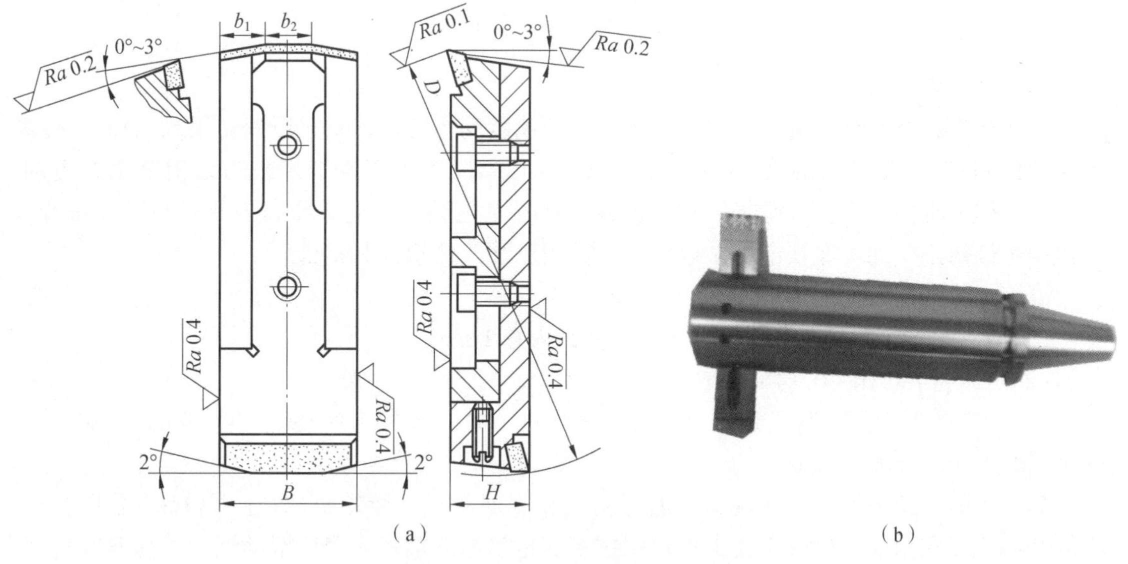

图 2-34　浮动镗刀的结构与实物

(a) 结构；(b) 实物

浮动镗刀的特点是镗刀块自由地装入镗杆的方孔中，不需夹紧，镗刀块与镗杆浮动连接。通过作用在两个切削刃上的切削力来自动平衡其切削位置，因此它能自动补偿由刀具安装误差、机床主轴偏差造成的加工误差，能获得较高的孔的直径尺寸精度等级(IT7~IT6)，表面粗糙度可达 *Ra* 0.8~0.4 μm。但是，它无法纠正孔的直线度误差和位置误差，因而要求预加工孔的直线性好，表面粗糙度不大于 *Ra* 3.2 μm。浮动镗刀结构简单，刃磨方便，加工孔径不能太小，镗杆上方孔制造困难，切削效率低，主要适用于单件小批生产加工直径较大的孔。

3)镗床

镗床是一种主要用镗刀在工件上加工孔的机床，通常用于加工尺寸较大、精度要求较高的孔，特别是分布在不同表面上、孔距和位置精度要求较高的孔，如各种箱体、汽车发动机汽缸体等零件上的孔。一般，镗刀的旋转为主运动，刀或工件的移动为进给运动。常用的镗床有立式镗床、卧式铣镗床、坐标镗床及金刚镗床等。图 2-35 所示为卧式镗床。

图 2-35　卧式镗床

4)高速细镗(金刚镗)

高速细镗具有背吃刀量小、进给量小、切削速度高等特点，它可以获得很高的加工精度等级(IT7~IT5)和很光洁的表面 (*Ra* 0.63~0.08 μm)。由于高速细镗最初是用金刚石刀加工，故又称金刚镗，现在普遍采用硬质合金、立方氮化硼和人造金刚石刀具进行高速细镗。高速细镗最初用于加工非铁金属，现在也广泛用于加工铸铁件和钢件。

高速细镗常用的切削用量如下。

(1)背吃刀量：预镗为 0.2~0.6 mm，终镗为 0.1 mm。

(2)进给量：0.01~0.14 mm/r。

(3)切削速度：加工铸铁时为 100~250 m/min，加工钢件时为 150~300 m/min，加工非铁金属时为 300~800 m/min。

为了保证高速细镗能达到较高的加工精度和表面质量，所用机床(金刚镗床)需具有较高的几何精度和刚度，机床主轴支承常用精密的角接触球轴承或静压滑动轴承，高速旋转零件须经精确平衡。此外，进给机构的运动必须十分平稳，保证工作台能做低速进给运动。高速细镗加工质量好，生产率高，在大批大量生产中被广泛用于精密孔的最终加工。

4. 锪钻

锪钻如图 2-36 所示，用于加工各种埋头螺钉沉孔、锥孔和凸台面。

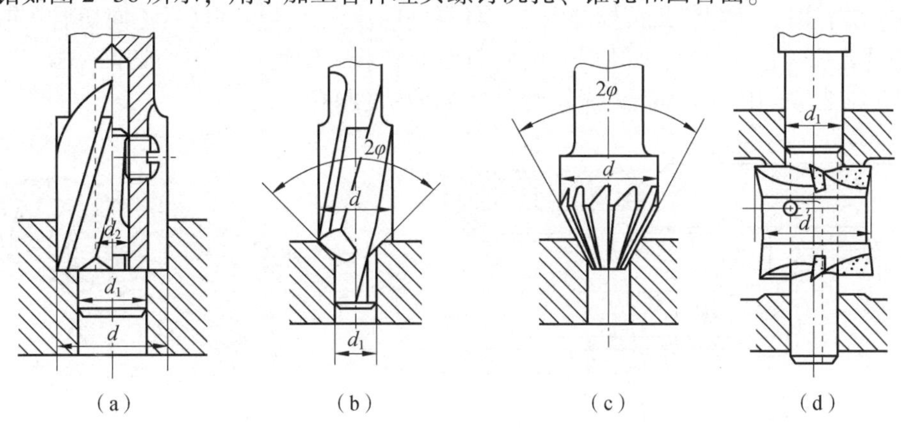

图 2-36　锪钻

(a)带导柱平底锪钻；(b)带导柱 90°锥面锪钻；(c)不带导柱锥面锪钻；(d)端面锪钻

5. 深孔钻

深孔指孔的深度与直径比 $L/D>5$ 的孔。一般 $L/D=5\sim10$ 深孔仍可用深孔麻花钻加工，但 $L/D>20$ 的深孔则必须用深孔刀具才能加工。

深孔加工有许多不利的条件，如不能观测到切削情况，只能通过听声音、看切屑、观测油压来判断排屑与刀具磨损的情况；切削热不易传散，须有效的冷却；孔易钻偏斜；刀柄细长，刚性差、易振动，影响孔的加工精度，排屑不良时易损坏刀具等。因此，深孔刀具的关键技术是要有较好的冷却装置、合理的排屑结构和合理的导向措施。下面介绍几种典型的深孔刀具。

1)枪孔钻

枪孔钻属于小直径深孔钻，如图 2-37 所示。它的切削部分用高速工具钢或硬质合金，工作部分用无缝钢管压制成形。工作时工件旋转，钻头进给，一定压力的切削液从钻杆尾端注入，冷却切削区后沿钻杆凹槽将切屑从孔内冲出，称为外排屑。排出的切削液经过过滤、冷却后再流回液池，可循环使用。枪孔钻可加工的直径为 2~20 mm、长径比达 100，对中等精度的小深孔甚为有效，常选用 $v_c=40$ m/min，$f=0.01\sim0.02$ mm/r，切削液在压力为6.3 MPa、流量为 20L/min 为宜。

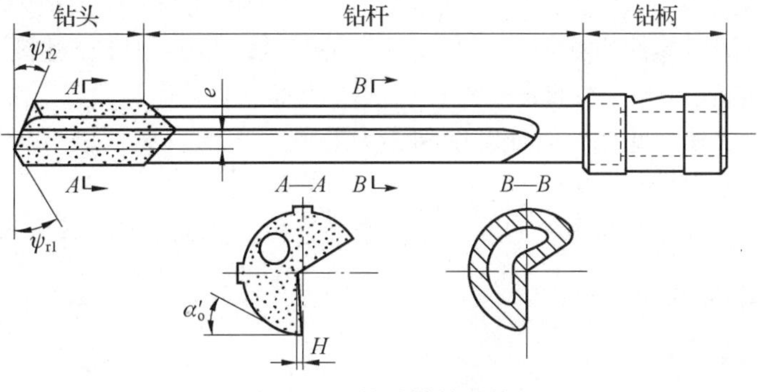

图 2-37　枪孔钻的结构

2) 错齿内排屑深孔钻(BTA 深孔钻)

BTA(Boring and Trepanning Association)深孔钻由钻头和钻杆组成，通过多头矩形螺纹连接成一体。钻孔时，切削液从钻杆外圆与工件孔壁间流入，经切削区后汇同切屑从钻杆内孔排出，如图 2-38 所示，称为内排屑。钻杆断面为管状，刚性好，因而切削率高于外排屑。它主要用于加工 $d=18\sim185$ mm、深径比在 100 以内的深孔。

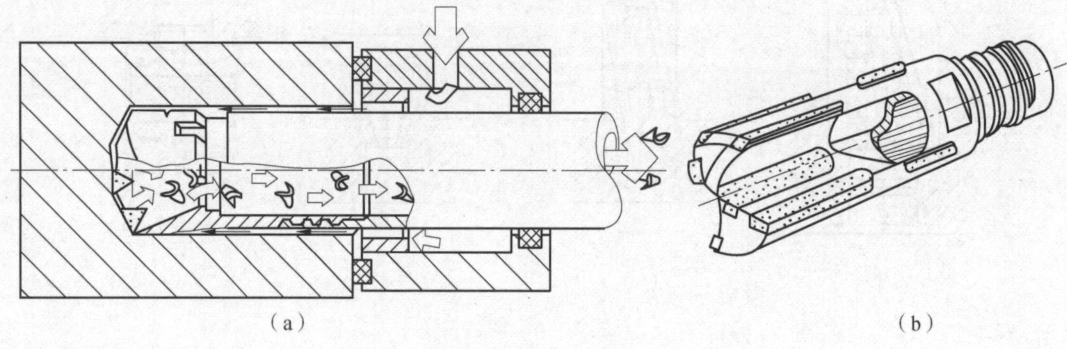

图 2-38　BTA 深孔钻

(a)加工示意；(b)结构

2.5　磨削加工

磨削是用于零件精加工和超精加工的切削加工方法。在磨床上应用各种类型的磨具为工具，可以完成内外圆柱面、平面、螺旋面、花键、齿轮、导轨和成形面等各种表面的精加工。它除能磨削普通材料外，尤其适用于一般刀具难以切削的高硬度材料的加工，如淬硬钢、硬质合金和各种宝石的加工等。根据加工精度的不同要求，通常将磨削加工分为普通磨削、精密磨削和超精密磨削，普通磨削能达到的表面粗糙度为 Ra 0. 8~0. 2 μm，尺寸精度等级为 IT6；精密磨削能达到的表面粗糙度为 Ra 0. 2~0. 05 μm，尺寸精度等级为 IT5；超精密磨削能达到的表面粗糙度为 Ra 0. 05~0. 01 μm，尺寸精度等级为 IT4~IT3。磨削加工容易实现自动化，因而应用越来越广。

2. 5. 1　磨床的功用和类型

用磨料或磨具(砂轮、砂带、油石和研磨料)作为切削工具进行切削加工的机床通称为磨床。磨床广泛应用于零件的精加工，尤其是淬硬钢件、高硬度特殊材料及非金属材料(如陶瓷)的精加工。随着科学技术的发展，特别是精密铸造与精密锻造工艺的进步，使得磨床可直接将毛坯磨成成品。此外，高速磨削和强力磨削工艺的发展，进一步提高了磨削效率。因此，磨床的应用范围日益扩大。

磨床的主要类型有外圆磨床、内圆磨床、平面磨床、工具磨床、专门化磨床等。

2. 5. 2　磨削原理

1. 磨屑形成过程

磨削过程是由磨具上的无数个磨粒的微切削刃对工件表面的微切削过程构成的。如图

2-39 所示，磨料磨粒的形状是很不规则的多面体，不同粒度号磨粒的顶尖角多为 90°~120°，并且尖端均带有半径为 r_β 的尖端圆角。经修整后的砂轮，磨粒负前角可达-85°~-80°。因此，磨削过程与其他切削方法相比具有自己的特点。

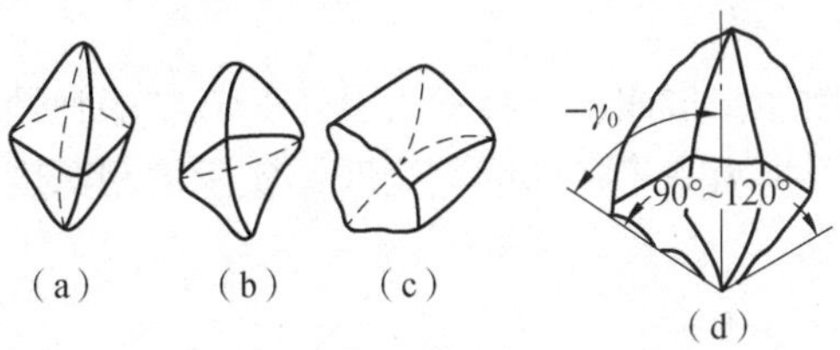

图 2-39　砂轮上磨粒的形状

单个磨粒的典型磨削过程可分为以下 3 个阶段。

1) 滑擦阶段

如图 2-40 所示，磨粒切削刃开始与工件接触，切削厚度由零开始逐渐增大，由于磨粒具有绝对值很大的实际负前角和相对较大的切削刃钝圆半径，所以磨粒并未切削工件，而只是在其表面滑擦而过，工件仅产生弹性变形。这一阶段称为滑擦阶段，特点是磨粒与工件之间的相互作用主要是摩擦作用，其结果是磨削区产生大量的热，使工件的温度升高。

2) 耕犁阶段

当磨粒继续切入工件，磨粒作用在工件上的径向力 F_p 增大到一定值时，工件表面产生塑性变形，使磨粒前方受挤压的金属向两边塑性流动，在工件表面上耕犁出沟槽，而沟槽的两侧微微隆起，如图 2-40 所示。此时，磨粒和工件间的挤压摩擦加剧，热应力增加。这一阶段称为耕犁阶段，也称刻划阶段，特点是工件表面层材料在磨粒的作用下，产生塑性变形，表层组织内产生变形强化。

3) 切削阶段

随着磨粒继续向工件切入，切削厚度不断增大，当其达到临界值时，被磨粒挤压的金属材料产生剪切滑移而形成切屑。这一阶段称为切削阶段，以切削作用为主，但由于磨粒刃口钝圆的影响，同时也伴随有表面层组织的塑性变形强化。

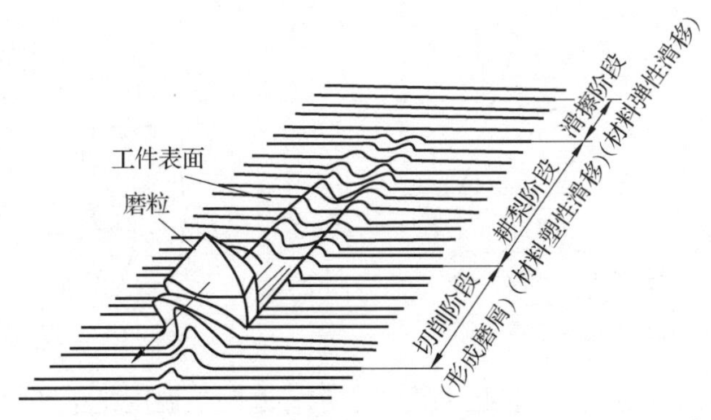

图 2-40　磨粒的切削过程

2. 磨削阶段

磨削时，由于径向力 F_p 的作用，使工艺系统在工件径向产生弹性变形，导致实际磨削深度与每次的径向进给量有所差别，因此实际磨削过程如图 2-41 所示，可分为以下 3 个阶段。

1) 初磨阶段

在砂轮的最初的几次径向进给中，由于工艺系统的弹性变形，实际磨削深度比磨床刻度所显示的径向进给量要小。工艺系统刚性越差，此阶段越长。

2) 稳定阶段

随着径向进给次数的增加，机床、工件、夹具工艺系统的弹性变形抗力也逐渐增大。直至上述工艺系统的弹性变形抗力等于径向磨削力时，实际磨削深度等于径向进给量，此时进入稳定阶段。

3) 光磨阶段

当磨削余量即将磨完时，径向进给运动停止。由于工艺系统的弹性变形逐渐恢复，实际径向进给量并不为零，而是逐渐减小。为此，在无切入情况下，增加进给次数，使磨削深度逐渐趋于零，磨削火花逐渐消失。与此同时，工件的精度和表面质量在逐渐提高。

因此，在开始磨削时，可采用较大的径向进给量，压缩初磨和稳定阶段以提高生产率；适当增长光磨时间，可更好地提高工件的表面质量。

3. 磨削力

如图 2-42 所示，磨削力可分解为互相垂直的 3 个分力：主切削力 F_c、背向力 F_p 和进给力 F_f。由于磨削时切削厚度很小，磨粒上的刃口钝圆半径相对较大，绝大多数磨粒均呈负前角，故 3 个分力中，背向力(径向力) F_p 最大，为 F_c 的 2~4 倍。各个磨削分力的大小随磨削过程的各个磨削阶段而变化。其中，背向力 F_p 对磨削工艺系统的变形和磨削加工精度有直接的影响。

4. 磨削热

磨削时，由于磨削速度很高，切削厚度很小，切削刃很钝，所以切除单位体积切削层所消耗的功率为车、铣等切削方法的 10~20 倍，磨削所消耗能量的大部分转变为热能，使磨削区形成高温。

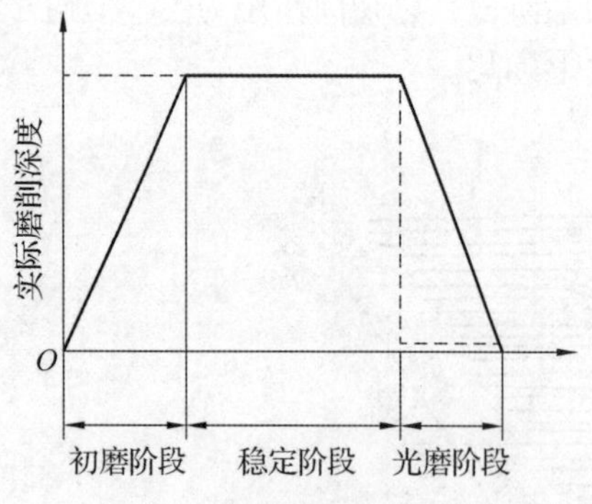

图 2-41　实际磨削过程的 3 个阶段

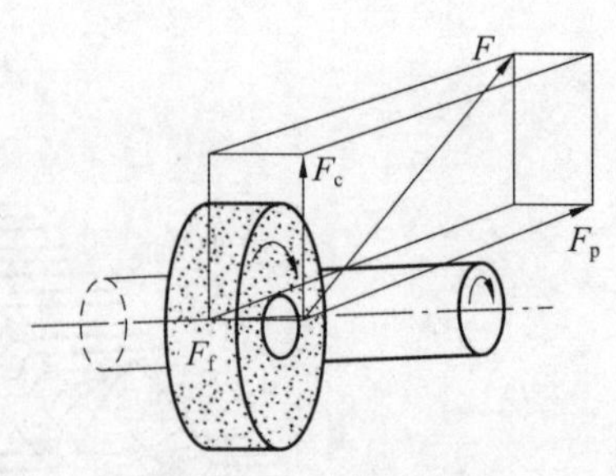

图 2-42　磨削力

磨削温度常用磨削点温度和磨削区温度来表示。磨削点温度是指磨削时磨粒切削刃与工件、磨屑接触点的温度。磨削点温度非常高(1 000~1 400 ℃)，它不但影响表面加工质量，而且对磨粒磨损及切屑熔着现象也有很大的影响。磨削区温度就是通常所说温度，是指砂轮与工件接触面上的平均温度，在 400~1 000 ℃之间，它是产生磨削表面烧伤、残余应力和表面裂纹的原因。

磨削过程中产生大量的热，使被磨削表面层金属在高温下产生相变，从而导致其硬度与塑性发生变化，这种表层变质现象称为表面烧伤。高温的磨削表面生成一层氧化膜，氧化膜的颜色取决于磨削温度和变质层深度，所以可以根据表面颜色来推断磨削温度和烧伤程度。例如，淡黄色为 400~500 ℃，烧伤深度较浅；紫色为 800~900 ℃，烧伤层较深。轻微的烧伤需经酸洗才会显示出来。

2.5.3　磨削类型

根据工件被加工表面的形状和砂轮与工件的相对运动的不同，磨削加工可分为外圆磨削、内圆磨削、平面磨削、无心磨削等主要加工类型。

1. 外圆磨削

外圆磨削一般在外圆磨床或无心外圆磨床上进行，也可采用砂带磨床磨削。磨削外圆柱面(图 2-43)所需运动有：

主运动：砂轮的旋转运动 n_s 。

进给运动：工作台带动工件的纵向进给运动 f_a ；工件旋转的周向进给运动 n_w ；砂轮架在工作台两端的间歇进刀运动，为横向进给运动 f_r 。

常用外圆磨削加工方法如下。

1)纵磨法[图 2-43(a)]

砂轮高速旋转为主运动，工件旋转为圆周进给运动，并和工作台一起做纵向往复直线进给运动。工作台每往复一次，砂轮沿磨削深度方向完成一次横向进给，每次进给(背吃刀量)都很小，全部磨削余量是在多次往复行程中完成的。磨削到终极尺寸时，应无横向进给光磨几次，直到火花消失为止。

由于每次磨削深度都很小，所以磨削力小，产生的热量少，散热条件较好。因此，纵磨法的加工精度和表面质量较高。此外，纵磨法具有很强的适应性，可以用一个砂轮加工不同长度的工件。但是，它的生产率较低，故广泛用于单件小批生产及精磨，特别适用于细长轴的磨削。

2)横磨法[图 2-43(b)]

横磨法又称切入磨法，工件不做纵向移动，而由砂轮以慢速做连续的横向进给，直至磨去全部磨削余量。

横磨法生产率高，适用于成批及大量生产中。但是，横磨时工件与砂轮接触面积大，磨削力较大，发热量多，磨削温度高，工件易发生变形和烧伤，故仅适用于加工表面不太宽且刚性较好的工件。此外，对工件上的成形表面，只要将砂轮修整成形，就可直接磨出，较为简便。

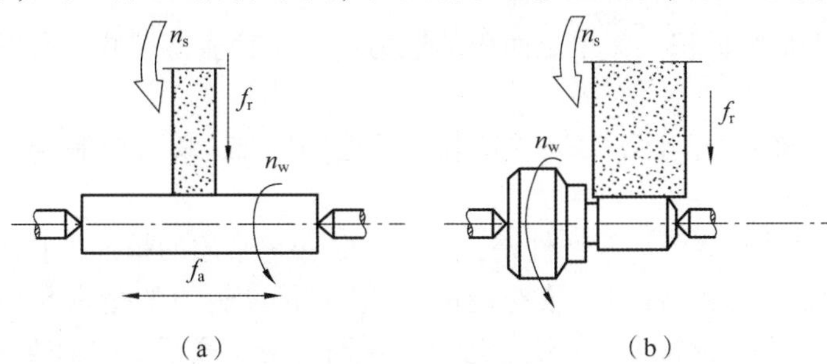

图 2-43　外圆磨削加工

(a)纵磨法磨外圆；(b)横磨法磨外圆

2. 内圆磨削

普通内圆磨削可以在内圆磨床上进行，也可以在万能外圆磨床上进行。内圆磨削一般分为两种：一种是工件和砂轮均回转；另一种是工件不回转，砂轮做行星式运动。前者用于一般孔加工；后者用于大型工件孔加工。图 2-44 为内圆磨削加工。

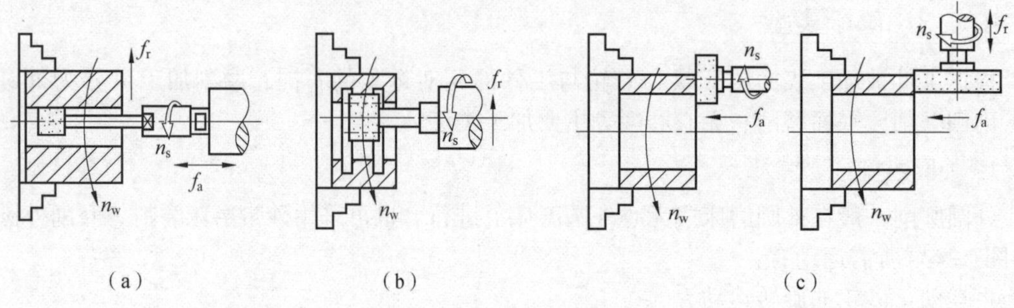

图 2-44　内圆磨削加工

(a)纵磨法磨内圆；(b)横磨法磨内圆；(c)磨端面

与外圆磨削类似，根据工件形状和尺寸的不同，普通内圆磨削可采用纵磨法[图 2-44(a)]或横磨法[图 2-44(b)]磨削。纵磨圆柱孔时，工件用卡盘等装夹在机床的头架主轴上，由主轴带动实现工件旋转的圆周进给运动，在其旋转的同时，沿轴向做往复直线运动(即纵向进给运动)。装在砂轮架上的砂轮高速旋转，并在工件往复行程终了时，做周期性的横向进给。鉴于砂轮轴的刚性很差，横磨法仅适用于磨削短孔及内成形面，更难以采用深磨法，所以多数情况下是采用纵磨法。有些内圆磨床上备有专门的端磨装置，可在工件一次装夹中完成内孔和端面的磨削[图 2-44(c)]，以保证孔和端面的垂直度，并提高了生产率。

内圆磨削与外圆磨削相比，加工条件比较差，且有以下一些特点。

(1)砂轮直径受到被加工孔径的限制，直径较小。砂轮很轻易磨钝，需要经常修整和更换，辅助时间增加，影响磨削生产率。

(2)磨削速度低。砂轮直径较小，即使砂轮转速高达每分钟几万转，要达到砂轮圆周速度 25~30 m/s 也是十分困难的。由于磨削速度低，因此内圆磨削速度要比外圆磨削低得多，磨削效率和加工表面质量也比较低。

(3)砂轮轴受到工件孔径与长度限制，直径尺寸较小，悬伸较长，刚性差，磨削时轻易发生弯曲和振动，从而影响加工精度和加工表面质量。内圆磨削精度等级可达 IT8~IT6，表面粗糙度可达 Ra 0.8~0.2 μm。

(4)砂轮与工件接触面积大，单位面积的压力小，砂轮显得硬些，易发生烧伤，故要采用较软的砂轮。

(5)切削液不易进入磨削区，磨屑排除较外圆磨削困难。脆性材料为了排屑方便有时采用干磨。

虽然内圆磨削比外圆磨削加工条件差，但仍然是一种常用的精加工孔的方法，特别适用于淬硬的孔、断续表面的孔(带键槽或花键槽的孔)和长度较短的精密孔加工。磨孔不仅能保证孔本身的尺寸精度和表面质量，还能进一步提高孔的位置精度和轴线的直线度，用同一砂轮，可以磨削不同直径的孔，灵活性大。

3. 平面磨削

与平面铣削类似，平面磨削也可以分为周磨和端磨两种方式，如图 2-45 所示。

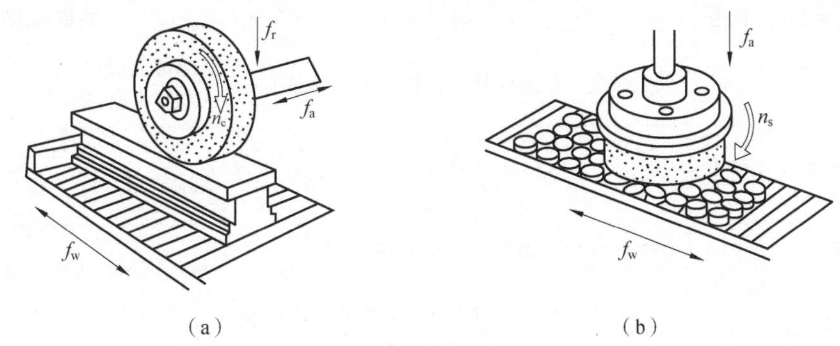

图 2-45　平面磨削加工

(a)周磨；(b)端磨

1)周磨

周磨是利用砂轮的外圆面进行磨削。这种磨削方式，砂轮与工件的接触面积小，磨削力小，磨削热小，散热、冷却和排屑条件较好，因此加工质量较高，而且砂轮磨损均匀。

2)端磨

端磨是利用砂轮的端面进行磨削。端磨平面时，磨头伸出长度较短，刚性较好，允许采用较大的磨削用量，故生产率较高。但是，砂轮与工件的接触面积较大，发热量多，冷却较困难，工件受热变形大，故加工质量较低。此外，由于砂轮端面径向各点的圆周速度不相等，砂轮磨损不均匀。

因此，周磨多用于加工质量要求较高的工件，而端磨适用于要求不很高的工件，或者代替铣削作为精磨前的预加工。

2.5.4　砂轮的选用

砂轮是由磨料和结合剂，经压缩再烧结而成的具有一定形状的多孔体，如图 2-46 所示。了解砂轮的切削性能，必须研究砂轮的各组成要素。

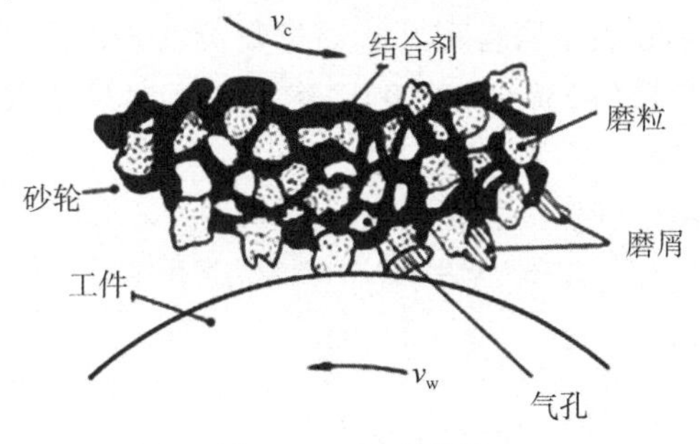

图 2-46　砂轮构造

1. 砂轮的组成要素

1)磨料

磨料起切削作用，分为天然磨料和人造磨料两大类，目前主要使用人造磨料。常用人造磨料的代号、性能与适用范围如表 2-4 所示。国家标准规定，磨料分为固结磨具磨料(F 系列)和涂附磨具磨料(P 系列)两种。

表 2-4 磨料代号、性能与适用范围

系列	磨料名称	代号	性能	适用范围
氧化物系	棕刚玉	A	棕褐色，硬度较低，韧性好，价格便宜	磨削碳素钢、合金钢、可锻铸铁、硬青铜
	白刚玉	WA	白色，较棕刚玉硬度高，磨粒锋利，韧性差	磨削淬火钢、高速工具钢、高碳钢及薄壁零件
	铬刚玉	PA	玫瑰红色，韧性比白刚玉好	磨削高速工具钢、不锈钢、成形磨削，刃磨刀具
碳化物系	黑碳化硅	C	黑色，有光泽，硬度比白刚玉高，性脆而锋利，导热性和导电性良好	磨削铸铁、黄铜、铝、耐火材料及非金属材料
	绿碳化硅	GC	绿色，硬度和脆性比黑碳化硅高，具有良好的导热性和导电性	磨削硬质合金、宝石、陶瓷、玉石、玻璃等材料
超硬磨料系	人造金刚石	MBD/RVD	无色透明或淡黄色、黄绿色、黑色，硬度最高，耐热性较差，比天然金刚石脆	磨削硬质合金、宝石、光学玻璃、花岗岩等材料
	立方氮化硼	CBN	黑色或淡白色，立方晶体，硬度仅次于金钢石，耐磨性高，韧性较人造金钢石好	磨削高性能高速工具钢、不锈钢、耐热钢等难加工材料

磨料按工件材料性能选择，使磨料本身的硬度与工件材料的硬度相对应。一般的选择原则是：工件材料为一般钢材，可选用棕刚玉；工件材料为淬火钢、高速工具钢，可选用白刚玉或铬刚玉；工件材料为硬质合金，则可选用人造金刚石或绿碳化硅；工件材料为铸铁、黄铜，则选用黑碳化硅。

2)粒度

粒度是指磨料颗粒的尺寸大小，分为 37 个粒度号，粒度号 F4~F220 称为磨粒，粒度号 F230~F1200 称为微粉。GB/T 2481. 1—1998《固结磨具用磨料　粒度组成的检测和标记　第 1 部分：粗磨粒 F4~F220》和 GB/T 2481. 2—2020《固结磨具用磨料　粒度组成的检测与标记　第 2 部分：微粉》规定，固结磨具用磨料粒度的表示方法用筛选法分级，以每英寸长度上筛网的孔数来表示粒度号，如 F46 表示磨粒正好能通过每英寸长度上 46 个孔眼的筛网。对磨粒直径小于或等于 40 μm 的微粉(F230~F1 200)，粒度以实际尺寸大小表示(用 X 射线重力沉降法区分)。

常用磨粒的粒度及适用范围参见表 2-5。

表 2-5 常用磨粒的粒度及适用范围

类别		粒度号	适用范围
磨粒	粗粒	F4，F5，F6，F8，F10，F12，F14，F16，F20，F22，F24	荒磨
	中粒	F30，F36，F40，F46	一般磨削
	细粒	F54，F60，F70，F80，F90，F100	半精磨，精磨，成形磨
	微粒	F120，F150，F180，F220	精磨，精密磨，超精磨，成形磨，珩磨

续表

类别	粒度号	适用范围
微粉	F230，F240，F280，F320，F360，F400，F500，F600，F800，F1000，F1200	精磨，精密磨，超精磨，螺纹磨，珩磨，镜面磨，精研

根据工件表面粗糙度和加工精度选择粒度。粗磨加工选用颗粒较粗的砂轮，以提高生产率；精磨加工选用颗粒较细的砂轮，以减小加工表面粗糙度。砂轮与工件接触面积大时，选用颗粒较粗的砂轮，防止烧伤工件。一般常用的粒度是 F46~F80。

3）结合剂

把磨粒固结成磨具的材料称为结合剂。结合剂的性能决定了磨具的强度、耐冲击性、耐磨性和耐热性。此外，它对磨削温度和磨削表面质量也有一定的影响。常用结合剂的性能及适用范围如表 2-6 所示。

表 2-6　常用结合剂的性能及适用范围

结合剂	代号	性能	适用范围
陶瓷	V	耐热，耐蚀，气孔率大，易保持廓形，弹性差	最常用，适用于各类磨削加工
树脂	B	强度较 V 高，弹性好，耐热性差	适用于高速磨削，切断，开槽等
橡胶	R	强度较高，更富有弹性，气孔率小，耐热性差	适用于切断，开槽及作无心磨的导轮
青铜	J	强度最高，型面保持性好，磨耗少，自锐性差	适用于金刚石砂轮

4）硬度

磨粒在磨削力作用下从磨具表面脱落的难易程度称为硬度。砂轮的硬度反映结合剂固结磨粒的牢固程度。砂轮硬就表示磨粒固结得牢，不易脱落；反之就容易脱落。砂轮的硬度合适，磨粒磨钝后因磨削力增大而自行脱落，使新的锋利的磨粒露出，这种特性称为砂轮的自锐性。砂轮自锐性好，磨削效率高，工件表面质量好，砂轮的损耗也小。砂轮硬度是衡量砂轮自锐性的指标。

砂轮的硬度对磨削生产率和磨削表面质量都有很大的影响。磨硬材料时，砂轮容易钝化，应选用软砂轮，以使磨钝磨粒及时脱落，保持砂轮锐利，避免烧伤；磨软材料时，砂轮不易钝化，应选用硬砂轮，以避免磨粒过早脱落损耗，从而提高磨削效率；磨削特别软而韧的材料时，砂轮易堵塞，可使用较软的砂轮。砂轮的硬度等级、代号及选用如表 2-7 所示。

表 2-7　砂轮的硬度等级、代号及选用

硬度等级	超软			软			中软		中		中硬			硬		超硬
代号	D	E	F	G	H	J	K	L	M	N	P	Q	R	S	T	Y
选用	磨未淬硬钢选用 L~M，磨淬火合金钢选用 H~K，高表面质量磨削选用 K~L，刃磨硬质合金刀具选用 H~J															

5)组织

组织表示砂轮中磨料、结合剂和气孔间的体积比例。磨粒在砂轮体积中所占的比例越大，则组织越紧密；反之，则组织越疏松。组织疏松的砂轮不易堵塞，切削液和空气容易进入磨削区域，可降低磨削温度，减少工件的变形和烧伤，也可提高磨削效率，不易保持砂轮的轮廓形状。砂轮的组织号及适用范围如表 2-8 所示。

表 2-8 砂轮的组织号及适用范围

组织号	0	1	2	3	4	5	6	7	8	9	10	11	12	13	14
磨料率/%	62	60	58	56	54	52	50	48	46	44	42	40	38	36	34
疏密程度	紧密				中等				疏松					大气孔	
适用范围	重负荷、成形、精密磨削，间断及自由磨削，或加工硬脆材料				外圆、内圆、无心磨及工具磨，淬火钢工件及刀具刃磨等				粗磨及磨削韧性大、硬度低的工件，适合磨削薄壁、细长工件，或砂轮与工件接触面大以及平面磨削等					非铁金属，塑料、橡胶等非金属及热敏性大的合金	

2. 砂轮的形状、尺寸和标志

为了适应在不同类型磨床上的各种使用需要，砂轮有许多形状。常用砂轮的形状、代号及主要用途如表 2-9（GB/T 2484—2023《固结磨具 形状类型、标记和标志》）所示。

表 2-9 常用砂轮的形状、代号及主要用途

砂轮名称	代号—尺寸标记	断面形状	主要用途
平形砂轮	1—D×T×H	D, T, H	主要用于磨外圆、内圆、平面、无心磨、工具磨
筒形砂轮	2—D×T—W	D, W, W≤0.17D, T	主要用于端磨平面
双斜边砂轮	4—D×T/U×H	D, T, U, H	主要用于磨齿轮齿面和磨单线螺纹
薄片砂轮	41—D×T×H	D, T, H	用于切断和开槽等
杯形砂轮	6—D×T×H—W，E	D, E>W, W, T, E, H	主要用其端面刃磨刀具，也可用其圆周面磨平面及内孔

续表

砂轮名称	代号—尺寸标记	断面形状	主要用途
碗形砂轮	11—D/J×T×H—W，E，K	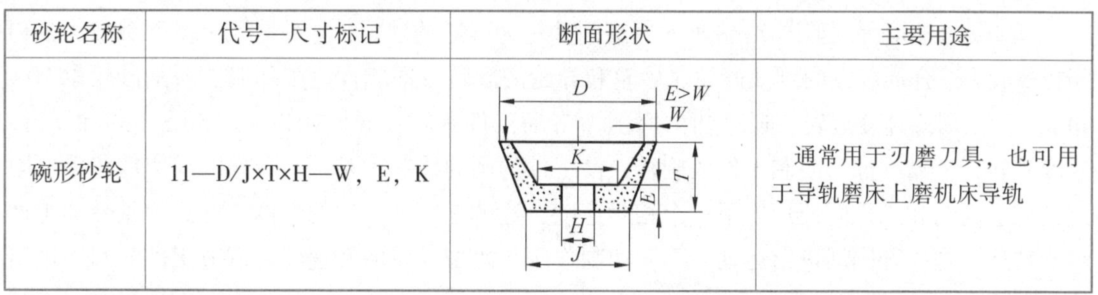	通常用于刃磨刀具，也可用于导轨磨床上磨机床导轨

根据普通磨具标准 GB/T 2484—2023 规定，砂轮(普通磨具)各特性参数以代号形式表示，其顺序是：砂轮形状形状代号、尺寸、磨料、粒度、硬度、组织、结合剂、最高工作速度。

例如：1-300×50×75-AF60 L5V—35 m/s，表示该砂轮为平形砂轮，外径为 300 mm，厚度为 50 mm，内径为 75 mm，磨料为棕刚玉，粒度号为 60，硬度为中软 2，组织号为 5，结合剂为陶瓷，最高圆周速度为 35 mm/s。

3. 砂轮的磨损与修整

砂轮磨钝的形式有磨粒的钝化、磨粒的脱落、砂轮的黏嵌和堵塞、砂轮轮廓失真 4 种。磨损的砂轮要及时修整，否则影响磨削效率，也影响加工表面的表面粗糙度。

修整砂轮常用的工具有大颗粒金刚石笔[图 2-47(a)]、多粒细碎金刚石笔[图 2-47(b)]和金刚石滚轮[图 2-47(c)]。多粒细碎金刚石笔修整效率较高，所修整的砂轮磨出的工件表面粗糙度值较小。金刚石滚轮修整效率更高，适用于修整成形砂轮。

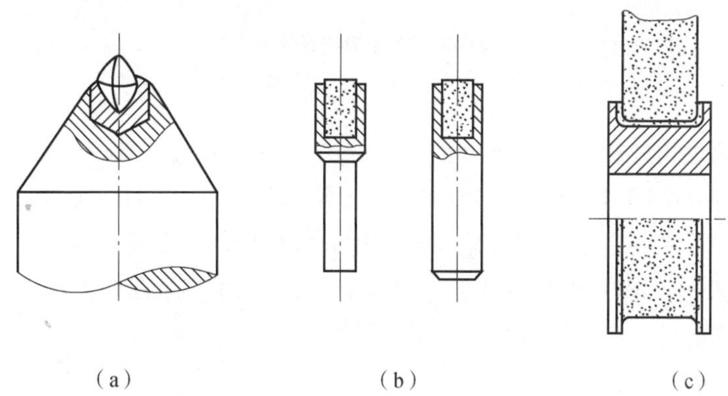

(a)　　(b)　　(c)

图 2-47　修整砂轮常用的工具

(a)大颗粒金刚石笔；(b)多粒细碎金刚石笔；(c)金刚石滚轮

大颗粒金刚石笔修整砂轮时，每次修整深度为 2~20 μm，轴向进给速度为 20~60 mm/min，一般砂轮的单边总修整量为 0.1~0.2 mm。

2.5.5　无心外圆磨削

无心外圆磨削是外圆磨削的一种特殊形式，磨削时，工件不需用顶尖定心和支承，而是直接将工件放在砂轮和导轮之间，由导轮驱动工件旋转，以工件的外圆面作定位基面(即自为基准)，由托板支承进行磨削。无心外圆磨削是一种高生产率的精加工方法，加工精度等级可达 IT6~IT5，表面粗糙度为 Ra 0. 32~0. 16 μm。

无心纵磨法磨外圆如图 2-48 所示，磨削砂轮为普通的砂轮，导轮是用摩擦系数较大的树脂或橡胶为结合剂制成的刚玉砂轮，砂轮和导轮的旋转方向相同。工作时，磨削砂轮以 20~40 m/s的圆周线速度旋转，通过切向磨削力带动工件旋转；导轮则以 10~50 m/min 的较慢速度旋转，依靠摩擦力限制工件的旋转，使工件的圆周线速度基本与导轮的线速度相等。因此，在磨削轮和工件间便形成了一个相对速度，这就是磨削工件的切削速度。导轮带动工件的旋转运动是一种圆周进给运动，不起切削作用，改变导轮的转速便可调节工件的圆周进给速度。

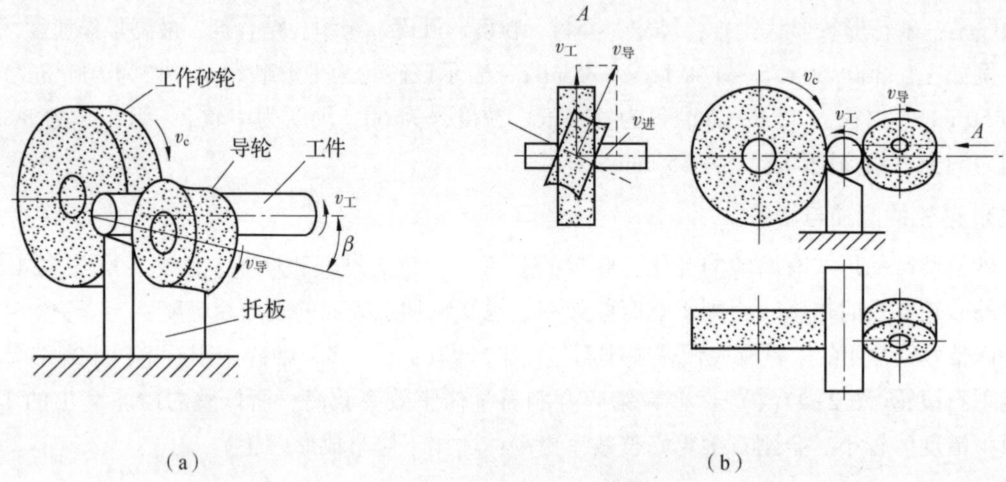

图 2-48　无心纵磨法磨外圆

(a)贯穿法；(b)切入法

为了加快成圆过程并提高工件圆度，工件的中心必须高于磨削砂轮和导轮的中心连线 h 距离，这样使工件与磨削砂轮和导轮间的接触点不可能对称，工件上某些凸起在多次转动中才能逐渐磨圆。工件中心高出磨削砂轮和导轮连心线的距离 h 不能太大，一般为被磨削工件直径的 0. 15~0. 25 倍。若工件中心过高，导轮对工件的向上垂直分力可能会引起工件的跳动，影响加工表面的质量。

2. 6　刨削与拉削加工

2. 6. 1　刨削加工

1. 刨削加工的应用

在刨床上使用刨刀对工件进行切削加工，称为刨削加工。刨削加工主要用于加工各种平面(如水平面、垂直面和斜面等)和沟槽(如 T 形槽、燕尾槽、V 形槽等)。刨削加工的典型表面如图 2-49 所示(图中的切削运动是按牛头刨床加工时标注的)。

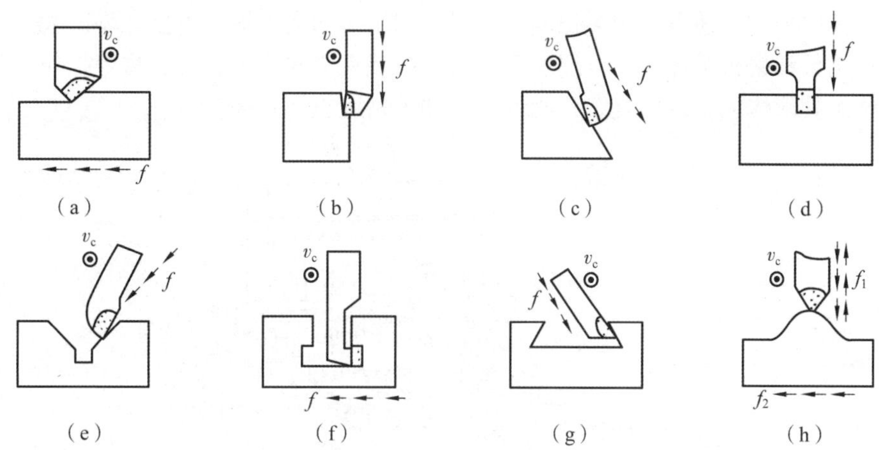

图 2-49　刨削加工的典型表面

(a)刨水平面；(b)刨垂直面；(c)刨斜面；(d)侧直槽；(e)刨 V 形槽；(f)刨 T 形槽；(g)刨燕尾槽；(h)刨成形面

2. 刨床

刨削加工是在刨床上进行的，刨床的主运动是刀具或零件所做的直线往复运动。它只在一个运动方向上进行切削，称为工作行程，返回时不进行切削，称为空行程。进给运动由刀具或工件完成，其方向与主运动方向相垂直，它是在空行程结束后的短时间内进行的，因而是一种间歇运动。

刨床类机床所用的刀具和夹具都比较简单，加工方便，且生产准备工作较为简单。但是，由于这类机床的进给运动是间歇进行的，所以在每次工作行程中，当刀具切入工件时要发生冲击，其主运动改变方向时还需克服较大的惯性力，这些因素限制了切削速度和空行程速度的提高。因此，在大多数情况下，其生产率较低。这类机床一般适用于单件小批生产，是机修和工具车间常用的设备。刨床类机床主要有牛头刨床、龙门刨床和插床 3 种类型，在大批大量生产中被铣床和拉床所代替。

(1)牛头刨床。牛头刨床主要用于加工小型零件，其结构如图 2-50 所示。

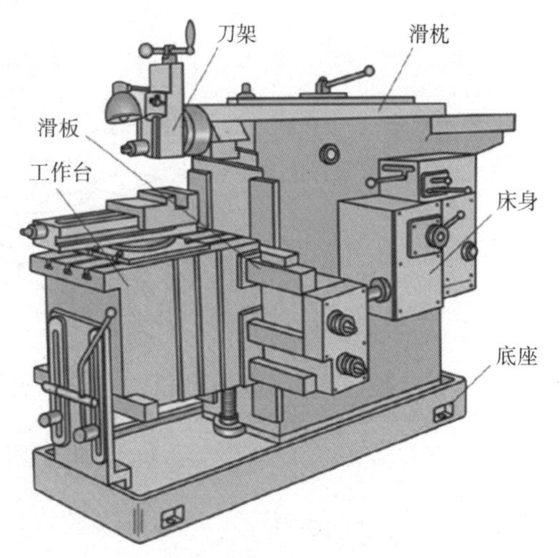

图 2-50　牛头刨床的结构

牛头刨床主运动的传动方式有机械和液压两种。机械传动常用曲柄摇杆机构，其结构简单工作可靠、调整维修方便。液压传动能传递较大的力，而且可以实现无级调速，运动平稳，但结构较复杂，成本较高，一般用于规格较大的牛头刨床。

牛头刨床的横向进给运动可由机械传动或液压传动实现。机械传动一般采用棘轮机构。

(2)龙门刨床。如图 2-51 所示，龙门刨床主要用于加工大型或重型零件上的各种平面、沟槽和各种导轨面。工件的长度可达十几米甚至几十米，也可在工作台上一次装夹数个中小型零件进行多件加工，还可以用多把刨刀同时刨削，从而大大提高了生产率。大型龙门刨床往往还附有铣头和磨头等部件，以便使工件在一次装夹中完成刨、铣、磨等工作。与普通牛头刨床相比，其形体大，结构复杂，刚性好，加工精度也比较高。

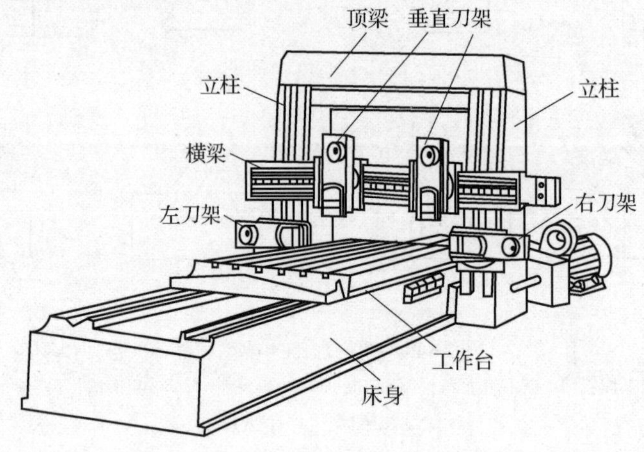

图 2-51　龙门刨床的结构

(3)插床。插床也称立式刨床，其主运动是滑枕带动插刀所做的上下往复直线运动，结构如图 2-52 所示。插床主要用于加工工件的内部表面，如多边形孔或孔内键槽等，有时候也用于加工成形内外表面。插床加工范围较广，加工费用也比较低，但其生产率不高，对工人的技术要求较高。因此，插床一般适用于在工具、模具、修理或试制车间等进行单件小批生产。

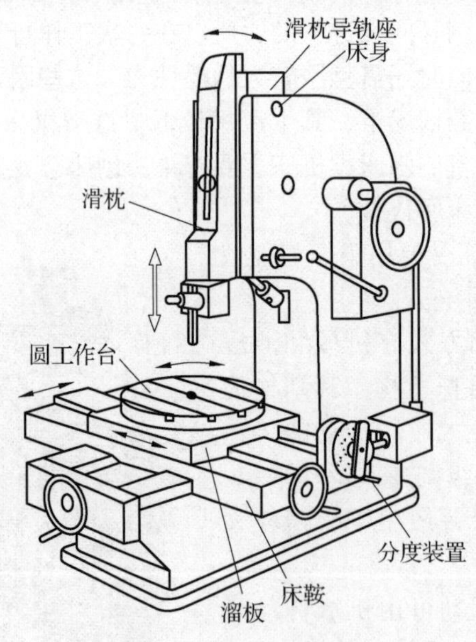

图 2-52　插床的结构

3. 刨削工艺特点

(1)刨床结构简单，调整、操作都较方便；刨刀的制造和刃磨较容易，价格低廉，所以刨削加工的生产成本较低。

(2)由于刨削的主运动是直线往复运动，刀具切入和切离零件时会产生冲击与振动，所以加工质量较低，也限制了切削速度的提高，加之一般只用一把刀具切削，以及空行程的影响，刨削的生产率较低。

(3)刨削的加工精度等级通常为 IT9~IT7，表面粗糙度为 *Ra* 12.5~3.2 μm；采用宽刃刀精刨时，加工精度等级可达 IT6，表面粗糙度为 *Ra* 1.6~0.4 μm。刨削加工能保证一定的位置精度。

(4)由于刨削过程是不连续的，切削速度又低，刀具在回程中可充分冷却，所以刨削时一般不用切削液。

2.6.2　拉削加工

拉削是一种高效率的加工方法，可以加工各种截面形状的内孔表面及一定形状的外表面，如图 2-53 所示。拉削的孔径一般为 8~125 mm，孔的深径比一般不超过 5 mm。但拉削不能加工台阶孔和盲孔。由于拉床工作的特点，复杂形状零件的孔(如箱体上的孔)也不宜进行拉削。

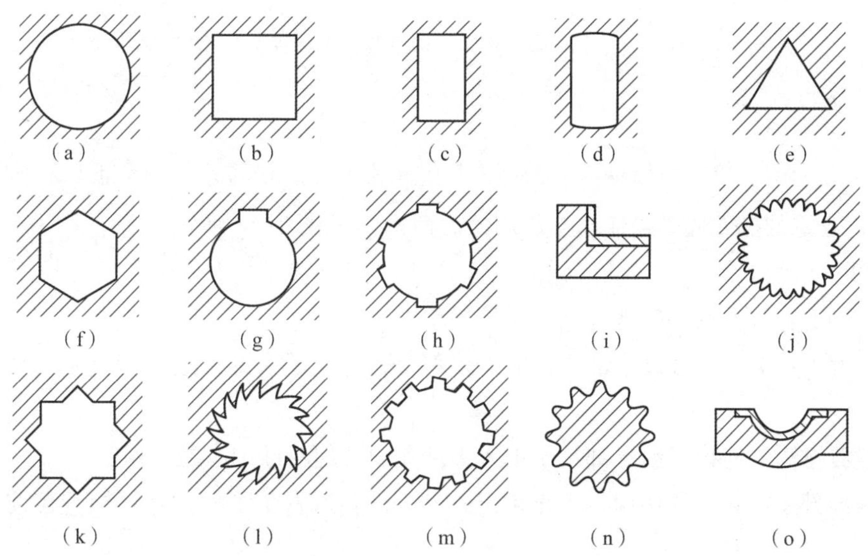

图 2-53　拉削加工的典型工件截面形状

(a)圆孔；(b)方孔；(c)长方孔；(d)鼓形孔；(e)三角孔；(f)六角孔；(g)键槽；(h)花键槽；(i)相互垂直平面；(j)齿纹孔；(k)多边形孔；(l)棘爪孔；(m)内齿轮孔；(n)外齿轮；(o)成形表面

1. 拉削过程

拉刀是加工内外表面的多齿高效刀具，它依靠刀齿尺寸或廓形变化切除加工余量，以达到要求的形状尺寸和表面粗糙度。如图 2-54 所示，拉削时，拉刀先穿过工件上已有的孔，将工件的端面靠在拉床的挡壁上，然后由机床的刀夹将拉刀前柄部夹住，并将拉刀从工件孔中拉过。由拉刀上一圈圈不同尺寸的刀齿，分别逐层地从工件孔壁上切除金属，而形成与拉刀最后的刀齿同形状的孔。拉刀刀齿的直径依次增大，形成齿升量 a_f。拉孔时，从孔壁切除的金属层的总厚度就等于通过工件孔表面的所有切削齿的齿升量之和。由此可见，拉削的主切削运动是拉刀的轴向移动，而进给是由拉刀各个刀齿的齿升量来完成的。因此，拉床只有主运动，没有进给运动。拉削时，拉刀做平稳的低速直线运动。拉刀的主运动通常由液压系统驱动。

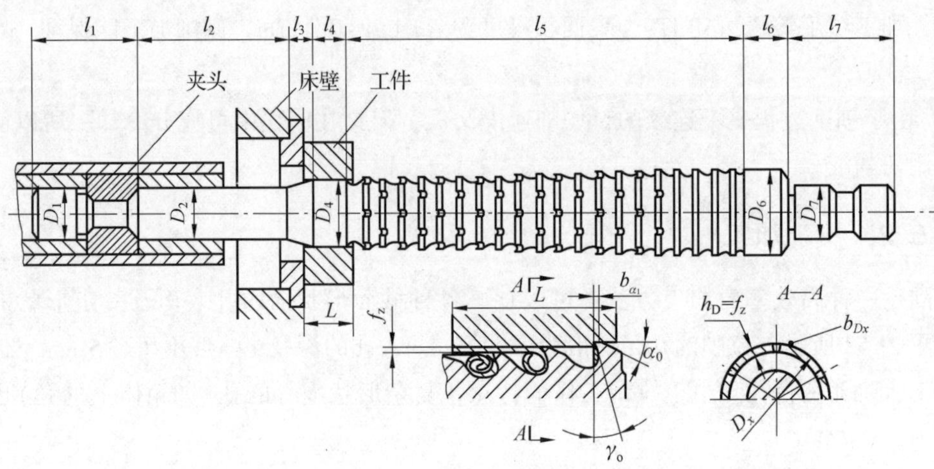

图 2-54　拉刀的组成及拉削过程

2. 拉刀的组成

以圆拉刀为例，拉刀由前柄 l_1、颈部 l_2、过渡锥 l_3、前导部 l_4、工作部 l_5 和后导部 l_6 组成，对于长或重的拉刀还必须作出支承用的后柄 l_7，如图 2-54 所示。

其各部分功用如下。

(1) 前柄 l_1：拉刀的夹持部分，用于传递动力。

(2) 颈部 l_2：头部与过渡锥部之间的连接部分，并便于头部穿过拉床挡壁，也是打标记的地方。

(3) 过渡锥 l_3：使拉刀前导部易于进入工件孔中，起对准中心的作用。

(4) 前导部 l_4：起引导作用，防止拉刀进入工件孔后发生歪斜，并可检查拉前孔径是否符合要求。

(5) 工作部 l_5：拉刀的切削工作部分，包括切削部和校准部。切削部担负切削工作，切除工件上所有余量，它由粗切齿、过渡齿与精切齿三部分组成；校准部只切去工件弹性恢复量，起提高工件加工精度和表面质量的作用，也作为精切齿的后备齿。

(6) 后导部 l_6：用于保证拉刀工作即将结束而离开工件时的正确位置，防止工件下垂而损坏已加工表面与刀齿。

(7) 后柄 l_7：只有当拉刀又长又重时才需要，用于支撑拉刀、防止拉刀下垂。

3. 拉刀的分类

拉刀的种类可按被加工表面部位、拉刀结构和使用方法不同来区分。

(1) 按被加工表面部位不同可分为内拉刀和外拉刀，如图 2-55 所示。

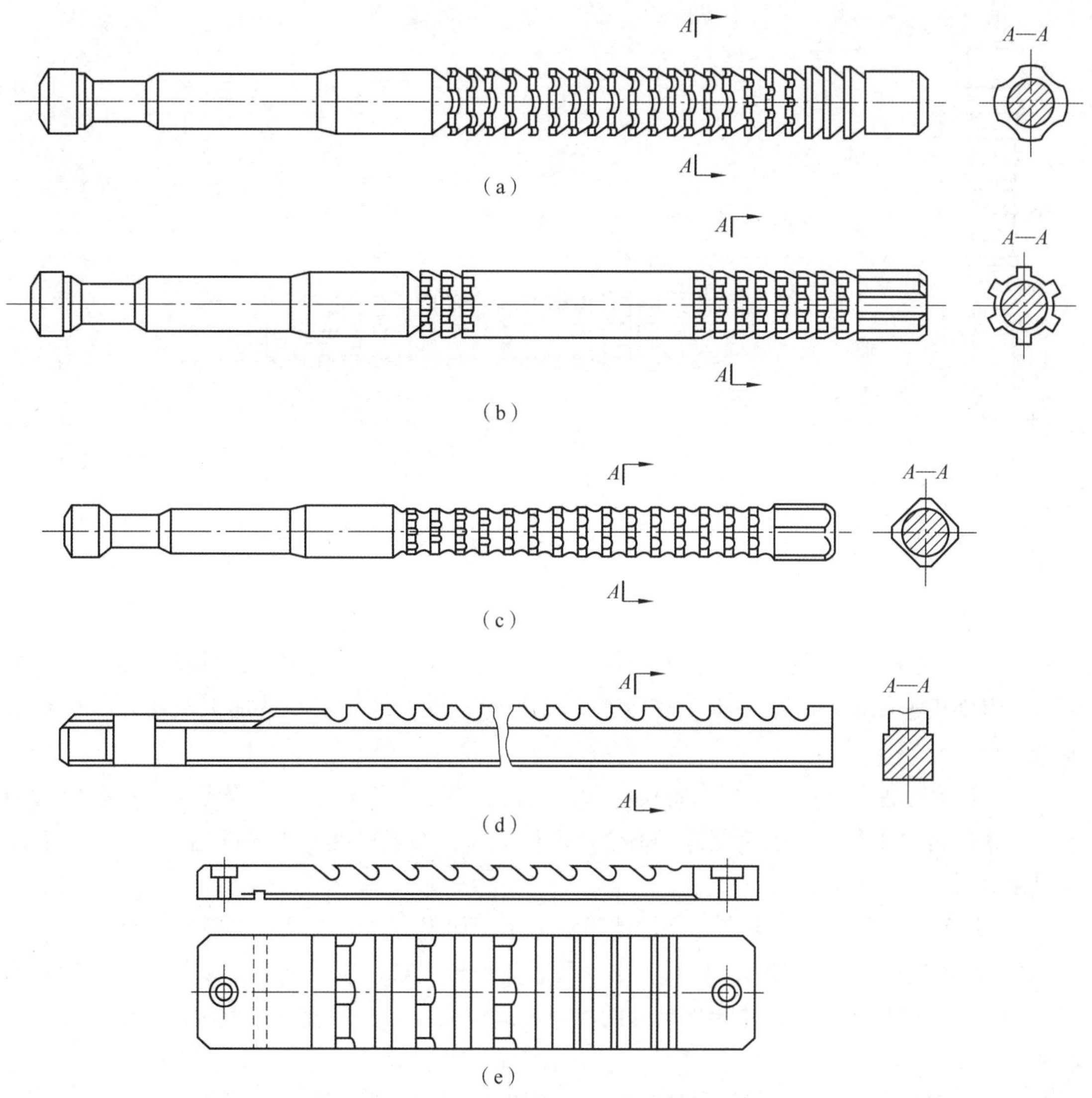

图 2-55　各种内拉刀和外拉刀

(a)圆孔拉刀；(b)花键拉刀；(c)四方拉刀；(d)键槽拉刀；(e)外平面拉刀

(2)按拉刀结构不同可分为整体式拉刀、焊接式拉刀、装配式拉刀和镶齿式拉刀。

加工中、小尺寸表面的拉刀用整体高速工具钢制成；加工大尺寸、复杂形状表面的拉刀制成组装式结构。

(3)按使用方法不同可分为拉刀、推刀和旋转拉刀。其中，推刀如图 2-56 所示，它是在推力作用下工作的，主要用于校正硬度小于 45HRC、变形量小于 0.1 mm 的已加工孔。推刀的结构与拉刀相似，但它的齿数少，长度短，前、后柄部较为简单。

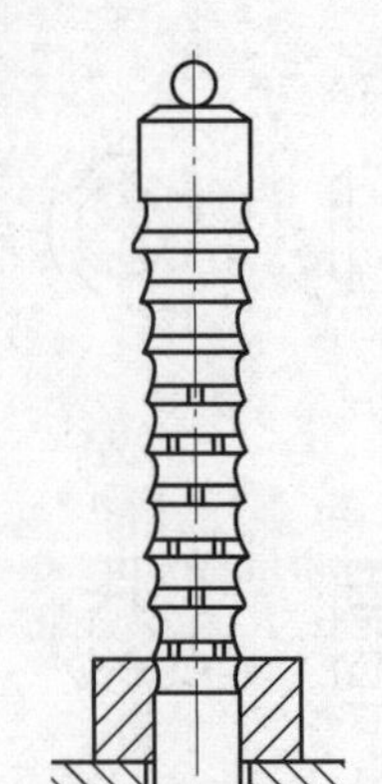

(a)

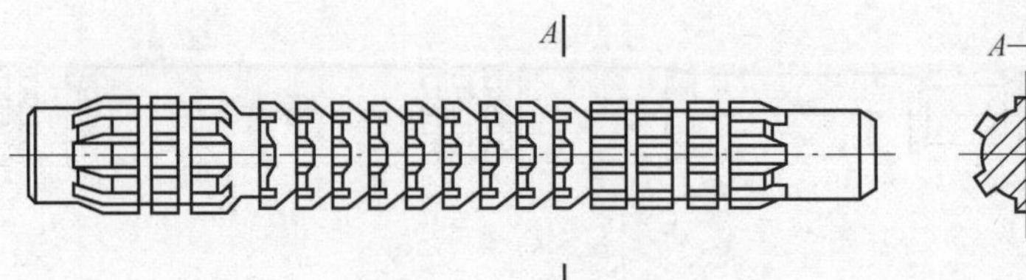

(b)

图 2-56　推刀

(a)圆推刀；(b)花键推刀

4. 拉削的特点

(1)生产率高。由于拉削时，拉刀同时工作的刀齿数多、切削刃长，且拉刀的刀齿分粗切齿、精切齿和校准齿，在一次工作行程中就能够完成工件的粗、精加工及修光，机动时间短。

(2)较高的加工质量。拉刀为定尺寸刀具，具有校准齿进行校准、修光工作；拉床采用液压系统，传动平稳；拉削速度低，不会产生积屑瘤，加工精度等级可以达 IT8~IT7，表面粗糙度为 Ra 1. 6~0. 4 μm。

(3)拉刀制造复杂，成本高。一把拉刀只适用于加工一种规格尺寸的型孔或槽。

(4)拉削属于封闭式切削，容屑、排屑和散热均较困难，应重视对切屑的妥善处理。通常在切削刃上磨出分屑槽，并给出足够的齿间容屑空间及合理的容屑槽形状，以便切屑自由卷曲。

(5)拉刀耐用度高，寿命长。拉削时，切削速度低、切削厚度小；在每次拉削过程中，每个刀齿只切削一次，工作时间短，拉刀磨损慢。另外，拉刀刀齿磨钝后，还可刃磨几次。

2. 7　齿轮加工

齿轮是机械传动中的重要零件，它具有传动比准确、传动力大、效率高、结构紧凑、可靠性好等优点，应用极为广泛。随着科学技术的发展，人们对齿轮的传动精度和圆周速度等方面的要求越来越高，因此齿轮加工在机械制造业中占有重要的地位。

2. 7. 1　齿轮加工方法

齿轮的加工方法有无切削加工和切削加工两类。

1. 无切削加工

齿轮的无切削加工方法有铸造、冷挤、注塑等。无切削加工具有生产率高、材料消耗小和成本低等优点。铸造齿轮的精度较低，常用于农业机械和矿山机械。近十几年来，随着铸造技术的发展，铸造精度有了很大的提高，某些铸造齿轮已经可以直接用于具有一定传动精度要求的机械中。冷挤法只适用于小模数齿轮的加工，但精度较高，尤其是近十年，齿轮的精锻技术在国内得到了较快的发展。对于用工程塑料制造的齿轮来说，注塑加工是成形的较好的方法。

2. 切削加工

对于有较高传动精度要求的齿轮来说，切削加工仍是目前主要的加工方法。通常，通过切削和磨削加工来获得所需的齿轮精度。根据所用的加工装备不同，齿轮的切削加工有铣齿、滚齿、插齿、刨齿、磨齿、剃齿、珩齿等多种方法。

按齿轮齿廓的成形原理不同，齿轮的切削加工又可分为成形法和展成法两种。

1) 成形法

成形法的特点是所用刀具的切削刃形状与被切削齿轮齿槽的形状相同。

常用的成形齿轮刀具有盘形齿轮铣刀和指形齿轮铣刀。盘形齿轮铣刀(图 2-57)是铲齿成形铣刀，结构简单，成本低廉，在一般铣床上就可加工齿轮，但其加工精度、生产率都比较低，适用于在单件生产及修配工作中加工直齿、斜齿圆柱齿轮和齿条等。指形齿轮铣刀(图 2-58)主要用于加工大模数($m = 10 \sim 100$ mm)直齿、圆柱齿轮、人字齿轮，且对于多于两列的人字齿轮，是主要的加工刀具。

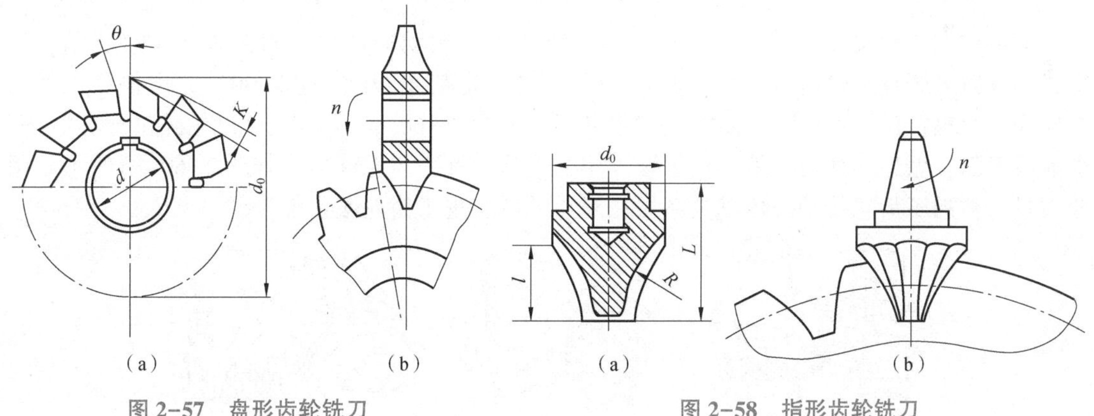

图 2-57　盘形齿轮铣刀　　图 2-58　指形齿轮铣刀

成形法铣齿的优点是可以在普通铣床上加工，但由于刀具的近似齿形误差和机床在分齿过程中的转角误差影响，加工精度等级一般较低(IT12 ~ IT9)，表面粗糙度为 Ra 6.3 ~ 3.2 μm；此外，加工过程中需多次不连续分度，生产率不高，一般用于单件小批生产及修配工作中加工直齿、斜齿和人字齿圆柱齿轮，或用于重型机器制造中加工大型齿轮。铣齿过程如图 2-59 所示。

图 2-59　铣齿过程

2)展成法

展成法是利用一对齿轮啮合的原理进行加工的。刀具相当于与被加工齿轮具有相同模数的特殊齿形的齿轮。加工时刀具与工件按照一对齿轮(或齿轮与齿条)的啮合传动关系(展成运动)做相对运动。在运动过程中，刀具齿形的运动轨迹逐步包络出工件的齿形。同一模数的刀具可以在不同的啮合运动关系下，加工出不同的工件齿形。展成法加工齿轮时，同一把刀具可加工模数相同而齿数不同的渐开线齿轮。展成法加工时能连续分度，具有较高的加工精度和生产率，刀具的通用性较广，是目前齿轮加工的主要方法。但是，这种加工方法一般需要有专门的齿轮加工机床。滚齿、插齿、剃齿、磨齿等都属于展成法加工。

2.7.2　展成法齿轮加工

1. 滚齿加工

滚齿加工过程实质上是一对交错轴螺旋齿轮啮合滚动的过程，如图 2-60(a)所示。其中，一个斜齿圆柱齿轮齿数较少(通常只有一个)，螺旋角很大(近似 90°)，齿很长，因而变成为一个蜗杆(称为滚刀的基本蜗杆)状齿轮，如图 2-60(b)所示。该齿轮经过开容屑槽、磨前后刀面，做出切削刃，就形成了滚齿用的刀具，称为齿轮滚刀，如图 2-60(c)所示。用该刀具与被加工齿轮按啮合传动关系做相对运动就实现了齿轮滚齿加工。

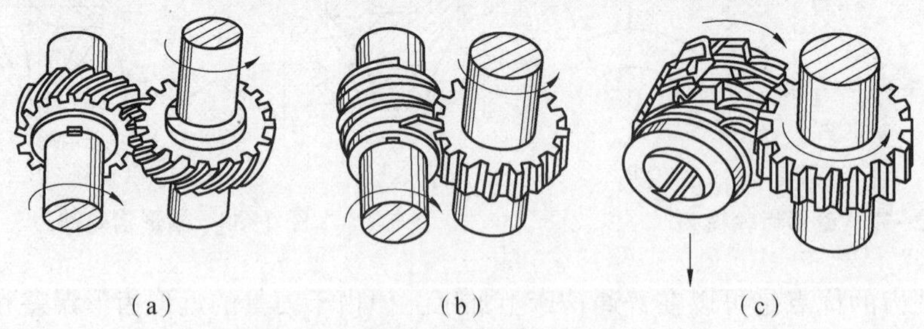

图 2-60　齿轮滚刀的形成及滚齿加工原理

滚齿加工时(图 2-61)，滚刀的旋转运动与工件的旋转运动之间是一个具有严格传动关系要求的内联系传动链。这一传动链是形成渐开线齿形的传动链，称为展成运动传动链。其中，滚刀的旋转运动是滚齿加工的主运动，工件的旋转运动是圆周进给运动。除此之外，还有切出全齿高所需的径向进给运动和切出全齿长所需的垂直进给运动。

滚齿加工采用展成原理，适应性好，解决了成形法铣齿时齿轮铣刀数量多的问题，并解决了由于刀号分组而产生的加工齿形误差和间断分度造成的齿距误差，精度比铣齿加工高；滚齿加工是连续分度、连续切削，无空行程损失，加工生产率高。由于滚刀结构的限制，容屑槽数量有限，滚刀每转切削的刀齿数有限，加工齿面的表面粗糙度值大于插齿加工，主要用于直齿、斜圆柱齿轮、蜗轮的加工，不能加工多联齿轮。

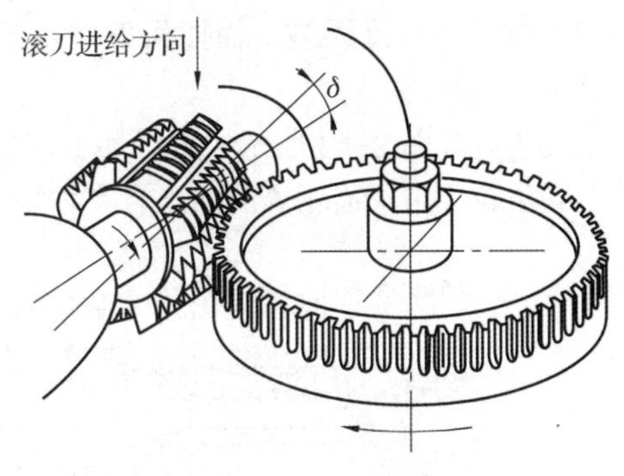

图 2-61　滚齿加工过程

齿轮滚刀是按滚齿加工齿轮的刀具，在齿轮制造中应用很广泛，可以用来加工外啮合的直齿轮、斜齿轮、标准齿轮和变位齿轮。滚齿加工齿轮的精度等级一般达 IT9～IT7，在使用超高精度滚刀和严格的工艺条件下也可以加工 IT5～IT6 级精度的齿轮。用一把滚刀可以加工模数相同的任意齿数的齿轮。

2. 插齿加工

如图 2-62 所示，插齿加工的原理相当于一对圆柱齿轮的啮合传动过程，其中一个是工件，而另一个是端面磨有前角，齿顶及齿侧均磨有后角的插齿刀。

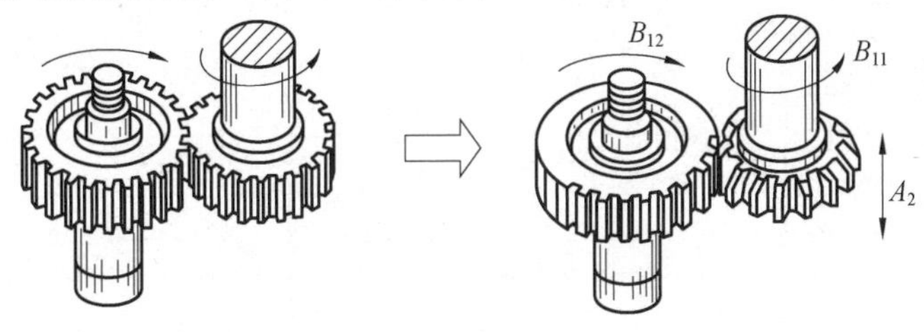

图 2-62　插齿刀的形成及插齿加工原理

插齿时，如图 2-63 所示，插齿刀沿工件轴向做直线往复运动以完成切削主运动，在刀具与齿坯做无间隙啮合运动的过程中，在齿坯上渐渐切出齿廓。在加工过程中，刀具每往复一次，切出工件齿槽的一小部分，齿廓曲线是在插齿刀切削刃多次相继切削中，由切削刃各瞬时位置的包络线所形成的。

插齿加工的特点如下。

(1) 由于插齿刀在设计时没有滚刀的近似齿形误差，在制造时可通过高精度磨齿机获得精确的渐开线齿形，所以插齿加工的齿形精度比滚齿加工高。

(2) 齿面的表面粗糙度值小。这主要是由于插齿过程中参与包络的切削刃数远比滚齿时多。

(3) 运动精度低于滚齿加工。由于插齿加工时，插齿刀上各个刀齿顺次切削工件的各个齿槽，所以刀具制造时产生的齿距累积误差将直接传递给被加工齿轮，从而影响被切齿轮的运动精度。

(4) 插齿可以加工内齿轮、双联或多联齿轮、齿条、扇形齿轮等滚齿无法完成的加工。

(5) 插齿加工的生产率比滚齿加工低。这是因为插齿刀的切削速度受往复运动惯性限制难以提高。此外，插齿加工有空行程损失。

(6) 齿向偏差比滚齿大。因为插齿加工的齿向偏差取决于插齿机主轴回转轴线与工作台回转轴线的平行度误差，而插齿刀往复运动频繁，主轴与套筒容易磨损，所以齿向偏差常比滚齿加工时要大。

插齿刀如图 2-64 所示，用于加工直齿内、外齿轮、斜齿圆柱轮和齿条，尤其是对于双联或多联齿轮、扇形齿轮等的加工有其独特的优越性。插齿刀有盘形、碗形、锥柄等标准形式。

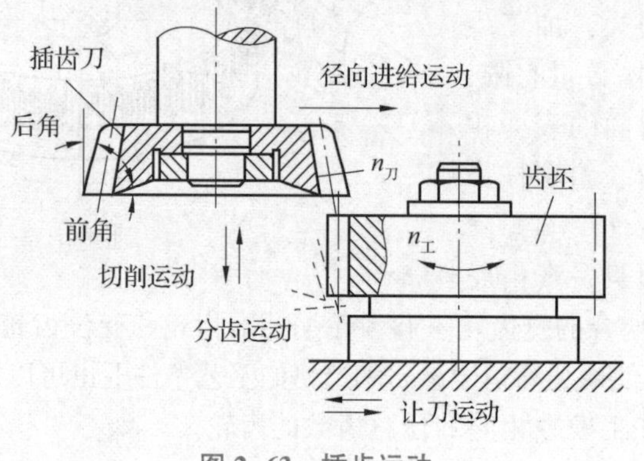

图 2-63　插齿运动

图 2-64　插齿刀

本章知识小结

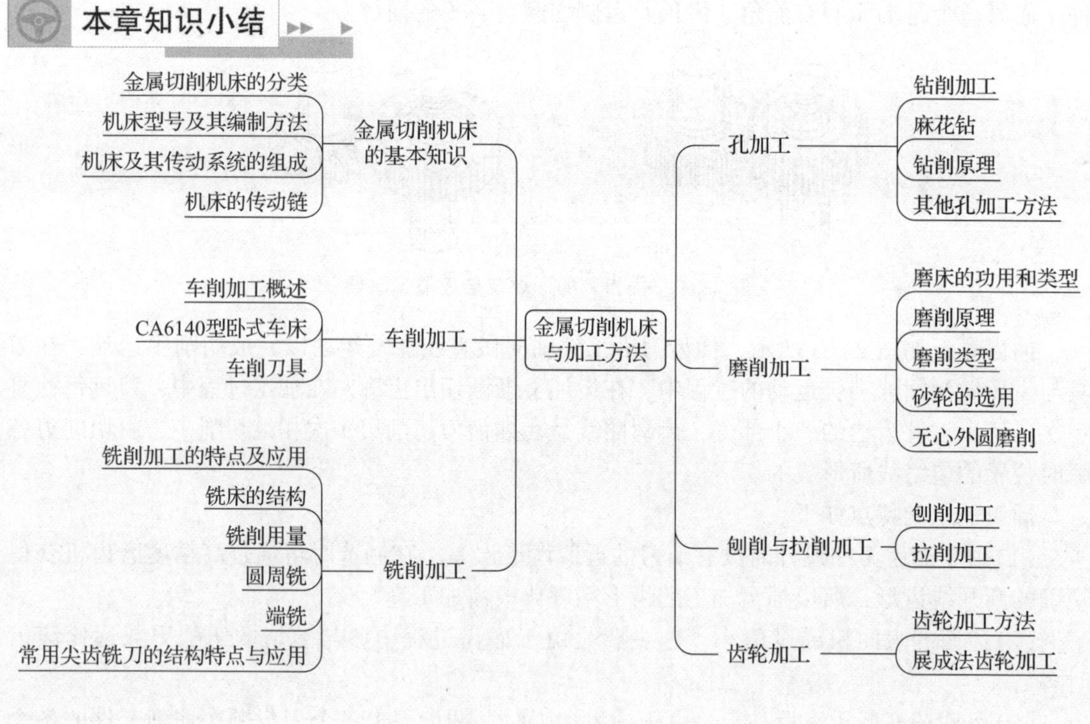

知识拓展

轴承内圆磨床

为了提高生产率，轴承内圆磨床多采用全自动的工作方式，它的运动部件多，结构复杂。内圆磨床的工作循环对加工质量影响很大，因此工作循环的设计在机床设计之初是经过周密考虑与整体布局同时进行的，它的优劣反映了机床功能和适应能力的强弱，也代表着机床设计技术水平的高低。最简单的内圆磨床工作循环如图2-65所示。

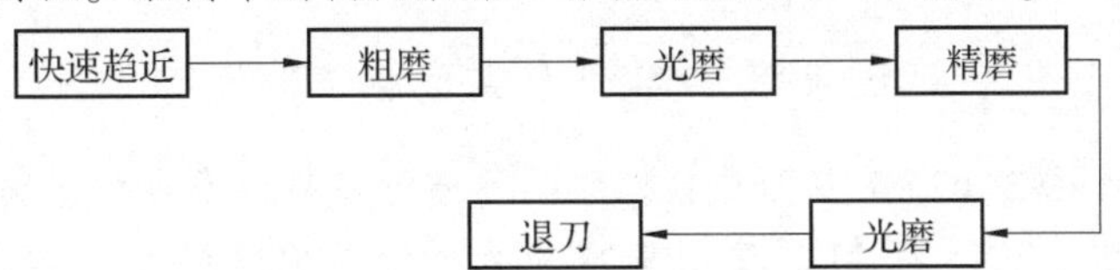

图2-65　最简单的内圆磨床工作循环

为了适应轴承的大批大量生产和高精度要求，现代的轴承内圆磨床应当具备高生产率和精度保持性，高可靠性和防止事故的安全装置，磨削循环可变，以达到最优磨削效果，同时要求操作调整方便，自动化程度高。轴承行业使用的内圆磨床的结构有以下特点。

(1)进给导轨和工作台导轨采用滚动导轨或静压导轨，以保证微量进给和补偿量的准确性，以及低速修整砂轮时工作台的工作性能。

(2)轴承内圆磨床总体布局基本上都采用图2-66所示布局。这种布局是径向进给由工件拖板实现，砂轮架做纵向往复运动，运动传动比较方便，拖板层次少，刚度较高；同时，工件拖板只做横向进给，其运动速度低，行程短，便于安放上下料机构；另外，砂轮架质量小，往复运动比较轻便，机床振动小。

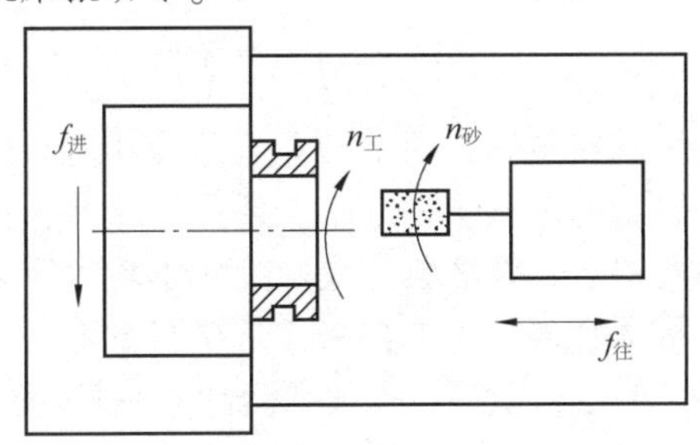

图2-66　轴承内圆磨床总体布局

(3)磨具采用高速电主轴，120 000 r/min以下采用滚动轴承支承，油脂或油雾润滑；120 000 r/min以上可采用静压或气动轴承。目前，滚动轴承支承寿命比较短，一般只有几百小时。电主轴的电源采用中频发电机组供电，一般可以变换两种频率。

(4)工件支承广泛采用电磁无心夹具，因此工件无夹紧变形，可以得到很高的几何精度，同时上下料方便，小规格机床可以满足全范围的调整要求，结构简单，工作可靠。

(5)进给机构一般采用刚性大、传动链短的斜楔-杠杆机构或凸轮-杠杆机构，进给运动用液压油缸或步进电动机驱动。这类机构的优点是机构刚性好，可以实现微量进给，补偿与进给分为两个系统，使修整砂轮和补偿同步，因此调整方便。

(6)装有接触式主动测量装置。常见的有定程塞规和自动测量仪，自动测量仪有气动式和电感式两种，双点测量，工件尺寸的变化经过处理后，用来控制各工步的转换及最终尺寸。

(7)机床的传动与控制电动机通过机械变速来实现，旋转运动如工件和砂轮由电动机通过机械变速来实现，部件的直线运动由液压油缸执行，整个机床的控制采用继动控制系统，因此动作顺序稳定可靠。

制造故事

起飞吧！国产大型客机 C919

C919 大型客机(图 2-67)是我国首款按照国际通行适航标准自行研制、具有自主知识产权的喷气式干线客机，2015 年 11 月 2 日完成总装下线，2023 年 5 月 28 日圆满完成首次商业飞行。这标志着 C919 大型客机走通设计、研制、取证、首航的完整历程，完成了“成人礼”，正式投入商业运营；也标志着中国的蓝天上，有了自己的大型客机。

图 2-67　C919 大型客机

什么是大型客机？在民用航空领域，通常指起飞质量 100 t 左右，载客超过 150 人的飞机，它的制造直接反映一个国家的工业体系水平。因为投入大、耗时长、风险高、不确定性强，一百多年来，真正能够研制出大型客机并成功投放市场的国家寥寥无几。

自 2007 年 C919 大型客机立项起，十几年来，从研制着力攻关、试验攻坚克难，到完成数百个试飞科目、上千项试验科目、数千个小时飞行的适航取证审定工作，再到 2023 年 5 月 28 日首次商业载客飞行……C919 大型客机一棒接着一棒跑，闯过了一道道难关。

终于，我们梦圆了。

习　题

2-1　解释下列机床型号含义：

X6132　Z3040　B2010A　MG1432　Y3150E　T6112

2-2　简述车削加工工艺的特点。

2-3　试述铣削过程的特点。

2-4　试分析比较圆周铣削时顺铣和逆铣的主要优缺点，及其使用场合。

2-5　试述常用各种铣刀的结构特点、使用场合。

2-6　试述钻削过程的特点。

2-7　试述常用孔加工刀具的种类、结构特点、使用场合。

2-8　何谓深孔？深孔钻有哪些类型？简述它们的结构特点与应用范围。

2-9　外圆磨削有哪些运动？

2-10　砂轮由哪些要素组成？说明下列代号的意义：

1—400×50×203WA F60K5V—35 m/s

2-11　试述平面的加工方法都有哪些？各有什么特点？适用什么场合？

2-12　什么是展成法加工？

2-13　试述滚齿加工的特点及适用范围。

2-14　试述插齿加工的特点及使用场合。

第3章 机械加工工艺规程的制订

本章导读

机械加工工艺就是指各种机器的制造方法和过程的总称，是生产中最活跃的因素，既是构思和想法，又是实际的方法和手段，并落实在由工件、刀具、机床、夹具所构成的工艺系统中。它涉及的范围很广，需要多门学科知识的支持，同时又和生产实际联系十分紧密。因此，机械加工工艺规程的制订是一项经验性和综合性很强的工作，除要密切联系生产实际外，还必须熟练掌握其基本理论知识，并综合运用。本章将阐述制订机械加工工艺规程的基本原则和主要问题。

本章知识目标

(1)掌握机械加工工艺过程的基本概念，了解制订机械加工工艺规程的步骤及常用格式。

(2)掌握零件的工艺分析方法和毛坯的选择原则。

(3)掌握工件的装夹方式及六点定位原理、定位基准的选择原则、工艺路线的拟订原理、工序尺寸的确定方法，解算工艺尺寸链的方法。

(4)了解工艺过程技术经济分析。

(5)熟悉典型零件的加工工艺特点。

本章能力目标

(1)能运用六定点定位原理初步分析、设计定位方案，会选择定位基准。

(2)能运用加工工艺基本理论和基本规律制订中复杂零件机械加工工艺规程。

(3)会做与工序内容相关的选择和计算。

(4)能提出提高生产率的工艺途径。

(5)会填写工艺文件。

滚动轴承零件虽然结构简单，但技术条件要求很高，与一般机械产品比较，主要有下列工艺特点。

(1)产量大：轴承生产是专业化的大批大量生产。绝大多数轴承都是标准化产品，同一型号的轴承需求量很大。为了提高生产率、降低成本、保证质量，以及广泛采用新技术，提高机械化与自动化水平，轴承厂一般按照轴承类型和品种进行大批大量轮番生产，即一次投入生产的品种较少，而每种产品批量较大。

(2)精度高：轴承零件的绝大部分表面都要经过磨削加工，磨削加工表面总面积与零件单件质量的比值，比一般零件要大得多，而且加工尺寸和几何精度都以微米为单位，尤其是套圈的沟道和滚动体的精度要求极高，一般最后都要经过超精加工或研磨加工。

(3)自动化：轴承零件结构简单、几何形状规则，便于机械化和自动化生产。在生产中除了采用全自动、半自动专用机床，还采用高度自动化外圆无心磨床、双端面磨床等专门化机床。

(4)工序多：轴承零件虽然结构简单，但由于精度要求高，所以生产工序较多。例如，套圈加工从锻造到装配有20~40道工序。特别是短圆柱滚子轴承、球面滚子等轴承加工工序更多，生产周期更长。因此，要集中工序进行生产，采用组合加工的方法，提高生产率。

3.1 基本概念

3.1.1 生产过程和工艺过程

1. 生产过程

机器的生产过程是指将原材料转变为成品的全过程。对于机器生产而言，它包括原材料的运输和保管、毛坯的制造、生产技术准备工作、零件的机械加工与热处理、产品的装配、调试、油漆和包装等。机器的生产过程一般比较复杂，为了便于组织生产和提高生产率，现代机械制造的发展趋势是组织专业化生产，即一种产品的生产(尤其是比较复杂的产品的生产)分散在若干个专业化工厂进行，最后集中在一个工厂里制造成完整的机器产品。

2. 工艺过程

在生产过程中，改变生产对象的形状、尺寸、相对位置和性质等，使其成为成品或半成品的过程，称为工艺过程。例如，毛坯的制造、零件的机械加工和热处理、产品的装配等，它们都是与原材料变为成品直接相关的过程。若采用机械加工的方法，直接改变毛坯的形状、尺寸和表面质量等，使其成为零件的过程，则称为机械加工工艺过程(以下简称工艺过程)。

3.1.2 工艺过程的组成

机械加工工艺过程按一定顺序由若干个工序组成，每一个工序又可依次细分为安装、工位、工步和走刀等。

1. 工序

一个(或一组)工人，在一个工作地对一个(或同时对几个)工件所连续完成的那一部分工艺过程，称为工序。划分工序的要点是工作地点、工件是否改变和加工是否连续完成。例如，图 3-1 所示的阶梯轴，共划分五道工序，如表 3-1 所示。

表 3-1　阶梯轴加工工序

工序号	工序名称	工作地点
1	铣端面、钻中心孔	专用机床
2	车外圆、车槽、倒角	车床
3	铣键槽	铣床
4	去毛刺	钳工台
5	磨外圆	外圆磨床

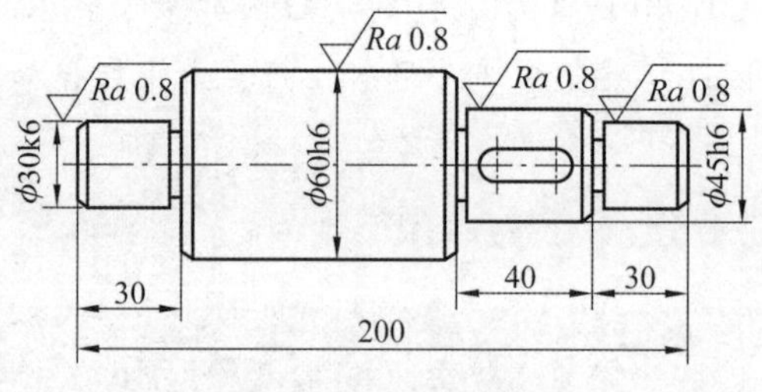

图 3-1　阶梯轴

在表 3-1 的工序 2 中，先车工件的一端，然后立即调头，再车另一端，此时为一个工序，因为整个加工过程是连续完成的；如果先车好一批工件的一端，再车这批工件的另一端，这中间就有了间断，整个加工过程不再连续，则即使是在同一台车床上加工，也是两道工序。

工序是组成工艺过程的基本单元，也是生产计划的基本单元，由零件加工的工序数就可以知道工作面积的大小、工人人数和设备数量。

2. 安装或工位

在一道工序中，有时工件需要在几次安装下或在几个位置上加工才能完成，因此一个工序中可能有几次安装或几个工位。

(1) 在一道工序中，工件在一次定位夹紧下所完成的加工，称为安装。例如，表 3-1 中的工序 2 就要进行两次安装：先夹一端，车外圆、车槽、倒角，称为安装 1；再调头装夹，车另一端，称为安装 2。

(2) 在一次安装后，工件(或装配单元)与夹具或设备的可动部分一起相对刀具或设备的固定部分所占据的每一个位置，称为工位。例如，表 3-1 中的工序 1 铣端面、钻中心孔就是两个工位。工件装夹后，先铣端面，然后移到另一个位置钻中心孔，如图 3-2 所示。

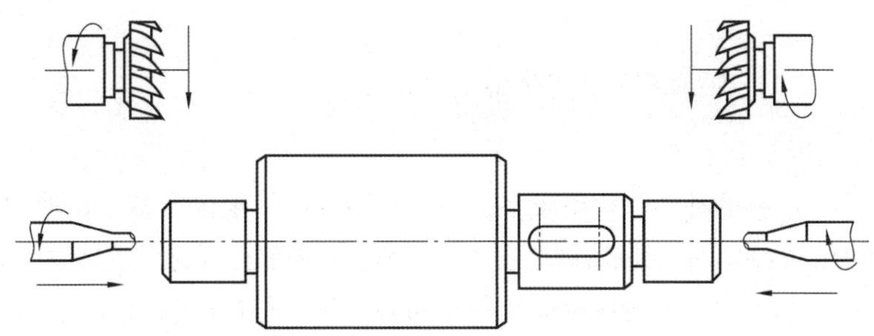

图 3-2　铣端面和钻中心孔示例

安装和工位的改变都是为了完成工件上不同部位的加工，不同之处在于改变安装需要松开工件重新定位夹紧，而工位则是在夹紧状态下改变位置的，所以利用改变工位的方法便于保证加工质量，提高生产率。

3. 工步

同一个工序中，在加工表面不变、切削工具不变、切削用量中的进给量和切削速度不变的情况下所完成的那部分工艺过程，称为工步。例如，表 3-1 中的工序 2，每个安装中都有车外圆、车槽、倒角等工步。当构成工步的任意因素改变后，就成为一个新的工步。

为了简化工艺文件，对于那些连续进行的若干个相同的工步，习惯上常常写成一个工步。例如，在摇臂钻床上连续钻 4 个 ϕ 15 mm 的孔，就可看作一个工步，在工艺文件可写成钻 4× ϕ 15 mm 孔。为了提高生产率，生产中常常采用复合刀具或多刀同时加工，这样的工步称为复合工步。复合工步也视为一个工步。

4. 走刀

加工表面由于被切去的金属层较厚，需要分几次切削。走刀是指在加工表面上切削一次所完成的那一部分工步，每切去一层材料称为一次走刀。一个工步可包括一次或几次走刀。

3.1.3　生产类型及其工艺特征

1. 生产纲领

生产纲领是指企业在计划期内应当完成的产品产量和进度计划。计划期一般定为一年，所以生产纲领也称为年产量。零件的年产量要计入备品和废品的数量，可按下式计算：

$$N = Qn(1 + \alpha)(1 + \beta)$$

式中，N ——零件的年产量(件/年)；

Q ——产品的年产量(台/年)；

n ——每台产品中包括该零件的数量(件/台)；

α ——该零件的备品率；

β ——该零件的废品率。

生产纲领是设计和修改工艺规程的重要依据，其大小决定了产品(或零件)的生产类型，而各种生产类型下又有不同的工艺特征，制订工艺规程必须符合其相应的工艺特征。

2. 生产类型

生产类型代表企业(或车间、工段、班组、工作地)生产的专业化程度，一般可分为单件生产、成批生产和大量生产。

(1)单件生产：产品的种类、规格较多，同一产品的产量很少，各工作地的加工对象经常变换，且很少重复。例如，重型机器制造、专用设备制造及新产品试制等即属于此种生产类型。

(2)成批生产：一年中分批轮流制造几种不同的产品，每种产品均有一定的数量，大部分工作地的加工对象周期性地进行轮换。例如，机床制造和机车制造等即属于此种生产类型。

成批生产中，每一次投入生产的同一产品(或零件)的数量称为生产批量。生产批量可根据生产纲领及一年中的生产批数计算确定。一年中的生产批数根据用户的需要、零件的特征、流动资金的周转、仓库容量等具体情况确定。在一定的范围内，各种生产类型之间并没有十分严格的界限。按批量的多少，成批生产又可分为小批、中批和大批生产 3 种。

(3)大量生产：同一产品的生产数量很大，其结构和规格比较固定，大多数工作地点经常按一定节拍进行一种零件的某一工序的加工。例如，汽车、拖拉机、轴承制造等即属于此种生产类型。

生产类型和生产纲领的关系随产品的大小和复杂程度而不同，如表 3-2 所示。

表 3-2 生产类型与生产纲领的关系　　单位：台/年或件/年

生产类型	生产纲领		
	重型机械或重型零件	中型机械或中型零件	小型机械或轻型零件
单件生产	≤5	≤20	≤100
小批生产	>5～100	>20～200	>100～500
中批生产	>100～300	>200～500	>500～5 000
大批生产	>300～1 000	>500～5 000	>5 000～50 000
大量生产	>1 000	>5 000	>50 000

3. 各种生产类型的工艺特征

各种生产类型具有不同的工艺特征。成批生产覆盖的面比较大，其特征比较分散，其中小批生产接近于单件生产，大批生产接近于大量生产，所以通常按照单件小批生产、中批生产和大批大量生产来划分生产类型。各种生产类型的工艺特征归纳在表 3-3 中。

表 3-3 各种生产类型的工艺特征

工艺特征	生产类型		
	单件小批生产	中批生产	大批大量生产
加工对象	经常变换	周期性交换	固定不变
毛坯的制造方法及加工余量	铸件用木模手工造型，锻件用自由锻。毛坯精度低，加工余量大	部分铸件用金属模，部分锻件用模锻。毛坯精度和加工余量中等	广泛采用金属模机器造型和模锻，以及其他高效率的毛坯制造方法。毛坯精度高，加工余量小

续表

工艺特征	生产类型		
	单件小批生产	中批生产	大批大量生产
机床设备及布置形式	采用通用机床、数控机床，按机床类别机群式布置	部分通用机床、部分高效专用机床，按零件类别分工段排列	广泛采用高效专用机床，按流水线布置
工艺装备	通用工装为主，必要时可采用专用夹具。靠划线和试切法达到精度要求	广泛采用专用夹具、可调夹具，部分靠找正装夹达到精度要求。部分采用专用刀、量具	广泛采用高效专用工装。靠调整法达到精度要求
装配方法	采用修配法，零件缺乏互换性	大多采用互换法	完全互换或分组互换
操作工人技术水平	需技术水平高的工人	需一定技术水平的工人	对调整工的技术水平要求高，对操作工技术水平要求较低
工艺文件	简单，一般为工艺过程卡片	有工艺过程卡，关键零件要工序卡	详细编制工艺过程卡、工序卡
生产率	低	一般	高
成本	高	一般	低

3.1.4 机械加工工艺规程

1. 机械加工工艺规程的概念

在许多情况下，工艺过程不是唯一的，但在一定的生产条件下，总会存在一个相对最佳的合理方案。通常将比较合理的工艺过程确定下来，按规定的形式书写成工艺文件，经审批后作为指导生产和进行技术准备的依据。这种规定产品或零部件制造工艺过程和操作方法等的工艺文件，称为工艺规程。

2. 工艺规程的作用

(1)工艺规程是指导生产的主要技术文件。工艺规程是在总结实践经验的基础上，依据工艺理论和必要工艺试验而制订的，是保证产品质量和正常生产秩序的指导性文件。

(2)工艺规程是生产组织和生产管理的基本依据。产品投产前，工艺装备的设计制造、原材料的准备、机床的组织安排及负荷的调整、作业计划的编排、生产成本的核算等，都是以工艺规程为主要依据的。

(3)工艺规程是新建或扩建工厂、车间的基本资料。在新建或扩建工厂、车间时，只有依据工艺规程和生产纲领才能正确地确定生产所需的机床类型和数量，车间或厂房的面积，工人的工种、等级和数量等。

(4)工艺规程是交流和推广先进经验的主要文件形式。

总之，工艺规程是工厂的主要技术文件之一，有关人员必须严格执行。但是，工艺规程也不是一成不变的，广大工艺人员应根据生产实际情况，及时吸取国内外先进的生产技术，对工艺规程不断予以改进和完善，以便工艺规程能更好地指导生产。

3. 工艺规程的格式

工艺规程的主要格式是卡片。最常用的工艺规程有工艺过程卡片、工艺卡片和工序卡片。

(1)工艺过程卡片是以工序为单位简要说明产品或零部件的加工(或装配)过程的一种工艺文件，如表 3-4 所示。它是编制其他工艺文件的基础，只有在单件小批生产中才用它来直接指导工人的操作。

表 3-4　机械加工工艺过程卡片

<table>
<tr><td colspan="2" rowspan="2">工厂</td><td colspan="4" rowspan="2"></td><td colspan="2">产品型号</td><td colspan="2"></td><td colspan="2">零件图号</td><td></td><td colspan="2">共　页</td></tr>
<tr><td colspan="2">产品名称</td><td colspan="2"></td><td colspan="2">零件名称</td><td></td><td colspan="2">第　页</td></tr>
<tr><td colspan="2">材料牌号</td><td></td><td>毛坯种类</td><td></td><td>毛坯外形尺寸</td><td></td><td>每毛坯件数</td><td></td><td>每台件数</td><td colspan="2"></td><td></td><td>备注</td><td></td></tr>
<tr><td rowspan="2">工序号</td><td rowspan="2">工序名称</td><td colspan="4" rowspan="2">工序内容</td><td rowspan="2">车间</td><td rowspan="2">工段</td><td rowspan="2">设备</td><td colspan="4" rowspan="2">工艺装备</td><td colspan="2">工时</td></tr>
<tr><td>准终</td><td>单件</td></tr>
<tr><td></td><td></td><td colspan="4"></td><td></td><td></td><td></td><td colspan="4"></td><td></td><td></td></tr>
<tr><td></td><td></td><td colspan="4"></td><td></td><td></td><td></td><td colspan="4"></td><td></td><td></td></tr>
<tr><td></td><td></td><td colspan="4"></td><td></td><td></td><td></td><td colspan="4"></td><td></td><td></td></tr>
<tr><td></td><td></td><td colspan="4"></td><td></td><td></td><td></td><td colspan="4"></td><td></td><td></td></tr>
<tr><td></td><td></td><td></td><td></td><td></td><td></td><td></td><td></td><td></td><td rowspan="2">编制
(日期)</td><td rowspan="2">审核
(日期)</td><td rowspan="2">会签
(日期)</td><td></td><td></td><td></td></tr>
<tr><td></td><td></td><td></td><td></td><td></td><td></td><td></td><td></td><td></td><td></td><td></td><td></td></tr>
<tr><td>标记</td><td>处数</td><td>更改文件号</td><td>签字</td><td>日期</td><td>处数</td><td>更改文件号</td><td>签字</td><td>日期</td><td></td><td></td><td></td><td></td><td></td><td></td></tr>
</table>

(2)工艺卡片是按产品或零、部件的某一工艺阶段编制的一种工艺文件。它以工序为单元，详细说明产品(或零、部件)在某一工艺阶段中的工序号、工序名称、工序内容、工艺参数、操作要求，以及采用的设备和工艺装备等。

(3)工序卡片是在工艺过程卡片或工艺卡片的基础上，按每道工序所编制的一种工艺文件，如表 3-5 所示。工序卡片一般具有工序图，并详细说明该工序的每个工步的加工内容、工艺参数、操作要求，以及所用设备和工艺装备等，多用于大批大量生产及重要零件的成批生产。

表 3–5　机械加工工序卡片

<table>
<tr><td rowspan="2" colspan="2">工厂</td><td rowspan="2" colspan="4"></td><td colspan="2">产品型号</td><td colspan="2"></td><td colspan="2">零件图号</td><td colspan="2"></td><td colspan="2">共　页</td></tr>
<tr><td colspan="2">产品名称</td><td colspan="2"></td><td colspan="2">零件名称</td><td colspan="2"></td><td colspan="2">第　页</td></tr>
<tr><td colspan="2">材料牌号</td><td></td><td>毛坯种类</td><td></td><td>毛坯外形尺寸</td><td></td><td>每毛坯件　数</td><td colspan="2"></td><td>每台件数</td><td colspan="2"></td><td>备注</td><td colspan="2"></td></tr>
<tr><td rowspan="12" colspan="6">（工序图）</td><td colspan="2">车间</td><td colspan="2">工序号</td><td colspan="3">工序名称</td><td colspan="3">材料牌号</td></tr>
<tr><td colspan="2"></td><td colspan="2"></td><td colspan="3"></td><td colspan="3"></td></tr>
<tr><td colspan="2">毛坯种类</td><td colspan="2">毛坯外形尺寸</td><td colspan="3">每坯件数</td><td colspan="3">每台件数</td></tr>
<tr><td colspan="2"></td><td colspan="2"></td><td colspan="3"></td><td colspan="3"></td></tr>
<tr><td colspan="2">设备名称</td><td colspan="2">设备型号</td><td colspan="3">设备编号</td><td colspan="3">同时加工件数</td></tr>
<tr><td colspan="2"></td><td colspan="2"></td><td colspan="3"></td><td colspan="3"></td></tr>
<tr><td colspan="3">夹具编号</td><td colspan="4">夹具名称</td><td colspan="3">切削液</td></tr>
<tr><td colspan="3" rowspan="5"></td><td colspan="4" rowspan="5"></td><td colspan="3"></td></tr>
<tr><td colspan="3">工序工时</td></tr>
<tr><td colspan="2">准终</td><td>单件</td></tr>
<tr><td colspan="2"></td><td></td></tr>
<tr><td colspan="3"></td></tr>
<tr><td rowspan="2" colspan="2">工步号</td><td rowspan="2" colspan="2">工步内容</td><td rowspan="2" colspan="2">工艺装备</td><td rowspan="2">主轴转速/（r・min^{-1}）</td><td rowspan="2">切削速度/（m・min^{-1}）</td><td rowspan="2" colspan="2">进给量/（mm・r^{-1}）</td><td rowspan="2" colspan="2">背吃刀量/mm</td><td rowspan="2">进给次数</td><td colspan="3">工时定额</td></tr>
<tr><td colspan="2">机动</td><td>辅助</td></tr>
<tr><td colspan="2"></td><td colspan="2"></td><td colspan="2"></td><td></td><td></td><td colspan="2"></td><td colspan="2"></td><td></td><td colspan="2"></td><td></td></tr>
<tr><td></td><td></td><td></td><td></td><td></td><td></td><td></td><td></td><td></td><td>编制（日期）</td><td>审核（日期）</td><td colspan="2">会签（日期）</td><td colspan="3"></td></tr>
<tr><td></td><td></td><td></td><td></td><td></td><td></td><td></td><td></td><td></td><td rowspan="2"></td><td rowspan="2"></td><td colspan="2" rowspan="2"></td><td colspan="3" rowspan="2"></td></tr>
<tr><td>标记</td><td>处数</td><td>更　改文件号</td><td>签字</td><td>日期</td><td>处数</td><td>更　改文件号</td><td>签字</td><td>日期</td></tr>
</table>

4. 制订工艺规程的基本原则与步骤

制订工艺规程的基本原则是，在保证质量的前提下，尽量提高生产率，降低加工成本，同时，还应在充分利用本企业现有生产条件的基础上，尽可能采用国内外先进的工艺技术和经验，并保证有良好的劳动条件。制订工艺规程的步骤大致如下。

(1) 分析研究零件图，了解该零件在产品或部件中的作用，找出要求较高的主要表面及主要技术要求，了解各项技术要求制订的依据，并进行零件的结构工艺性分析。

(2) 选择和确定毛坯。

(3) 拟订工艺路线。

(4) 详细拟订工序具体内容。

(5) 对工艺方案进行技术经济分析，选择最佳方案。

(6) 填写工艺文件。

3.2 零件的工艺分析

在制订机械加工工艺规程前，先要进行零件图的分析研究。零件图的分析研究工作通常主要包括零件的技术要求分析和零件的结构工艺性分析两方面内容。

3.2.1 零件的技术要求分析

零件的技术要求分析包括加工表面的尺寸精度、形状精度，各加工表面的相互位置精度，表面粗糙度值，热处理要求及其他如动平衡、配作等要求。通过分析零件的技术要求可初步确定达到这些要求所需的最后加工方法和中间工序的加工方法，还可确定各表面加工的先后顺序等。

3.2.2 零件的结构工艺性分析

零件的结构工艺性是指所设计的零件在满足使用要求的前提下，制造的可行性和经济性。结构工艺性问题比较复杂，它涉及毛坯制造、机械加工及装配等各个方面，归纳起来有以下要求。

(1)被加工表面的加工可能性。

(2)零件的结构要便于加工，从而在保证质量的前提下，提高生产率，降低加工成本。

(3)零件设计时应考虑有方便的定位基准。

(4)有位置精度要求的表面应尽量在一次安装下加工出来，这样就可以依靠机床本身精度达到所要求的位置精度。

(5)零件结构要有足够的刚性，以减小其在夹紧力或切削力作用下的变形，避免影响加工精度。此外，足够的刚度允许采用较大的切削用量，有利于提高生产率。

表 3-6 列举了生产中常见的零件结构工艺性分析实例。

表 3-6 生产中常见的零件结构工艺性分析实例

序号	结构工艺性不好	结构工艺性好	说明
1	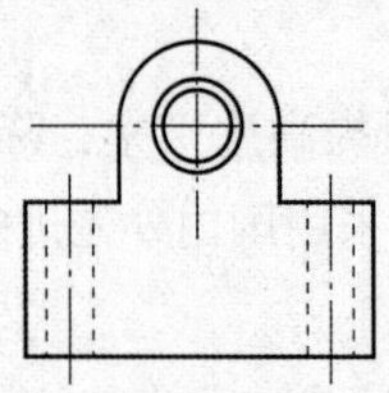	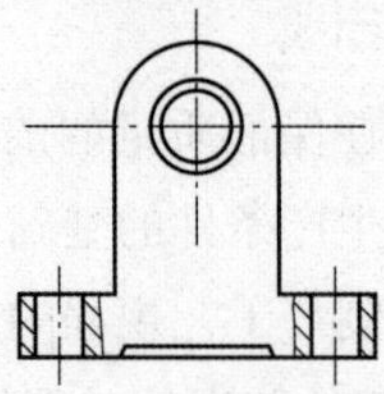	1. 尽量减少大平面加工 2. 尽量减少深孔加工
2	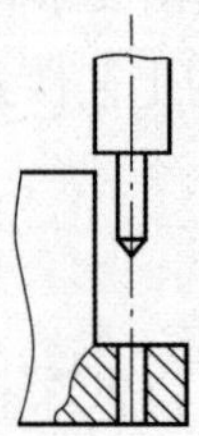	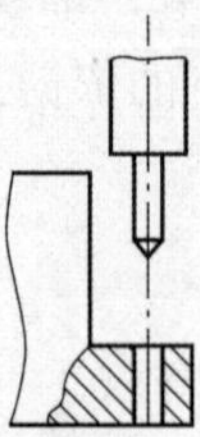	孔距离箱壁太近，不利于采用标准刀具和辅具

续表

序号	结构工艺性不好	结构工艺性好	说明
3	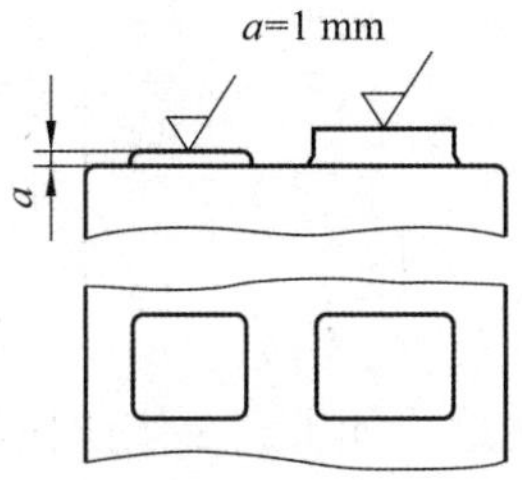 a=1 mm	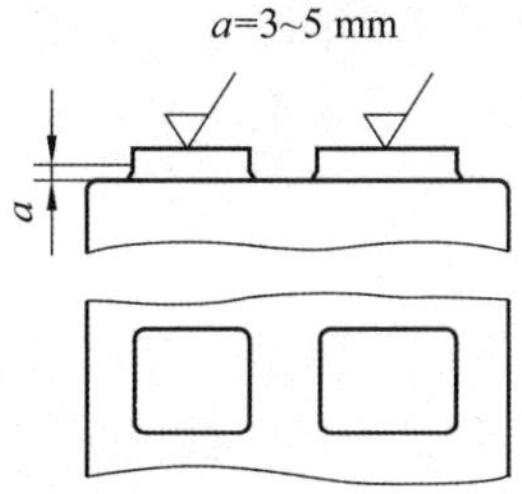 a=3~5 mm	1. 加工面与非加工面应明显分开 2. 凸台高度一致，可一次加工
4	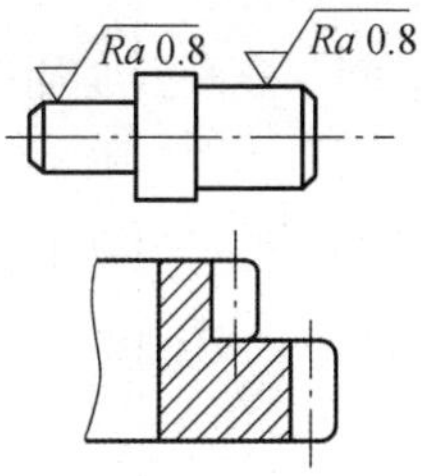 Ra 0.8　Ra 0.8	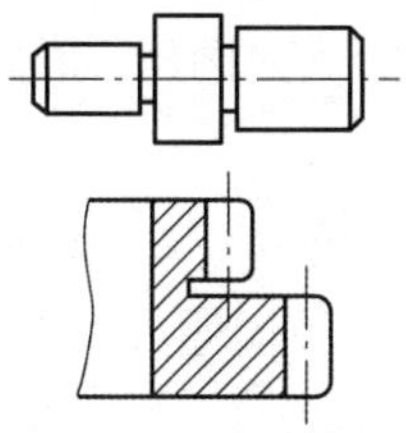	为避免刀具或砂轮与工件相碰，应留有足够的退刀槽
5	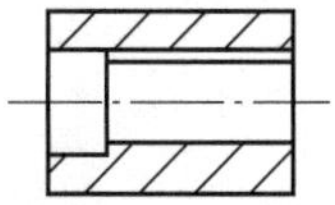	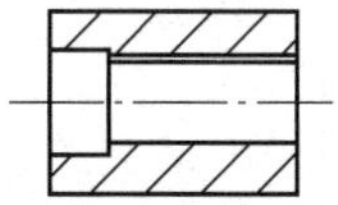	槽与沟的表面不应与其他加工面重合，易划伤
6	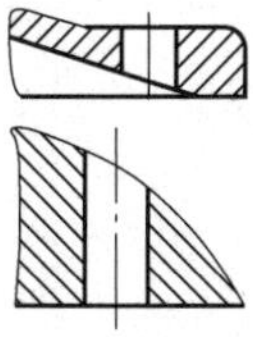	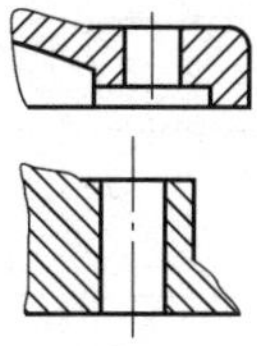	钻头的切入及切出表面最好是平面，否则钻头容易引偏甚至折断
7	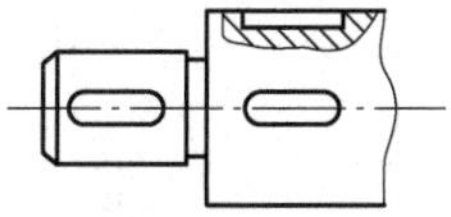	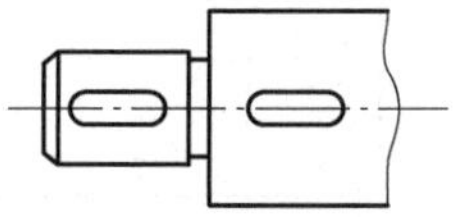	多个加工面的位向尽量一致，可减少调整次数
8	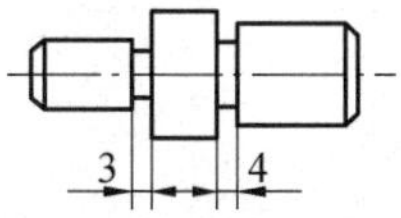 3　4	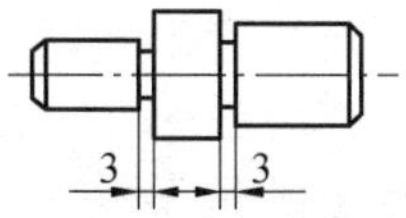 3　3	加工面的尺寸尽量一致，减少刀具品种

3.3 毛坯的选择

3.3.1 毛坯的选择方法

毛坯的选择包括选择毛坯的种类、确定毛坯的形状、尺寸和确定毛坯的制造方法等。

1. 选择毛坯的种类

常用毛坯种类有铸件、锻件、型材、焊接件、冲压件等。通常情况下，当零件材料确定下来后，毛坯的种类就基本确定。例如，铸铁材料毛坯均为铸件，钢材料毛坯一般为锻件或型材等。

2. 确定毛坯的形状、尺寸

毛坯的形状和尺寸主要依据零件的形状、各加工表面的总余量和毛坯的类型等的确定。从机械加工工艺角度考虑还应注意下列问题。

(1)为了工件加工时装夹方便，考虑毛坯是否需要做出工艺凸台，如图 3-3 所示。

(2)考虑某些零件结构的特殊性，可以将若干个零件做成一个整体毛坯，加工一定阶段后再切割分离。

(3)为了提高机械加工生产率，可将多个零件做成一个毛坯。例如，短小的轴套、垫圈和螺母等零件，在选择棒料、钢管等毛坯时就可采用这种方法，加工到一定阶段再切割分离成单个零件，也有利于保证加工质量。

(4)注意铸件分型面、拔模斜度及铸造圆角，锻件敷料、分模面、模段斜度及圆角半径等。

3. 确定毛坯的制造方法

各种毛坯的制造方法很多，概括地说，毛坯的制造方法越先进，毛坯精度越高，其形状和尺寸越接近于成品零件，零件材料的损耗量越少，则机械加工成本就越低，但是毛坯的制造成本却因采用了先进的设备而提高。

因此，在选择毛坯时应当综合考虑各方面因素。

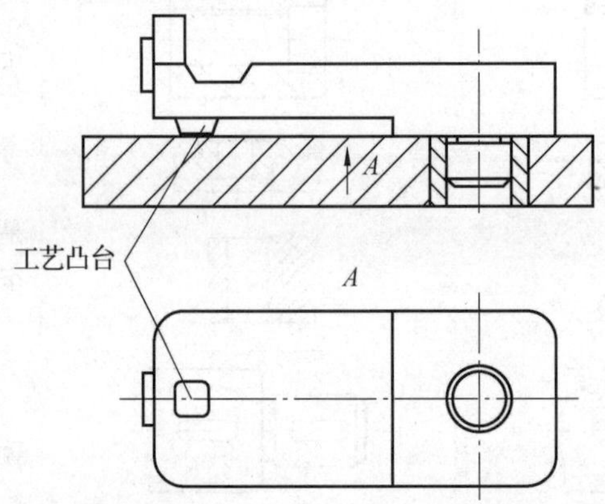

图 3-3　下刀架上的工艺凸台

3.3.2　选择毛坯时主要考虑的因素

1. 零件材料的工艺特性(如可铸性、可塑性等)及其力学性能

当材料具有良好的铸造性，如铸铁、青铜，应采用铸件毛坯；对力学性能要求较高的钢件，其毛坯最好采用锻件而不用型材。

2. 生产类型

不同的生产类型决定了不同的毛坯制造方法。大量生产应选精度和生产率都比较高的毛坯制造方法，用于毛坯制造的昂贵费用可用材料消耗的减少和机械加工费用的降低来补偿，如铸件应采用金属模及其造型，锻件应采用模锻；单件小批生产一般采用木模手工造型或自由锻。

3. 零件的结构形状和尺寸

一般用途的钢制阶梯轴，若各台阶直径相差不大时可用棒料，若各台阶直径相差很大时，宜用锻件，可节省材料。尺寸大的零件，因受设备限制一般用自由锻；中小型零件可用模锻。形状复杂的毛坯，一般采用铸造方法。

4. 具体生产条件

要考虑现场毛坯制造的实际水平和能力，毛坯车间近期的发展情况，以及组织专业化工厂生产毛坯的可能性。此外，还应充分考虑利用新工艺、新技术和新材料的可能性，如精铸、精锻、冷挤压、冷轧、粉末冶金和工程塑料等。

3.4　工件的装夹

机械加工时，为保证工件的被加工表面获得规定的尺寸和位置精度要求，使工件在机床或夹具上占有正确位置的过程，称为定位。在加工过程中，对工件施加一定的外力作用，使其已确定的位置在加工过程中始终保持不变，这就是夹紧。工件的装夹过程就是工件在机床上或夹具中定位和夹紧的过程。一般先定位、后夹紧，特殊情况下定位、夹紧同时实现，如自定心卡盘装夹工件。工件在机床上装夹好以后，才能进行机械加工。装夹是否正确、稳固、迅速和方便，对加工质量、生产率和经济性均有较大的影响，因此工件的装夹是制订工艺规程时必须认真考虑的重要问题之一。

3.4.1　基准的概念

工件装夹时必须依据一定的基准，下面先讨论基准的概念。

工件是一个几何实体，是由一些几何元素(点、线、面)构成的。用来确定生产对象(工件)上几何要素间的几何关系所依据的那些点、线、面称为基准。根据基准作用和应用场合的不同，基准又可分为设计基准和工艺基准两大类。

1. 设计基准

在零件图上用以确定其他点、线、面位置的(点、线、面)基准称为设计基准。例如，图3-4(a)中 A 面的设计尺寸是 20，其设计基准是 B 面；反之，B 面的设计基准是 A 面。图 3-4(b)中 $\phi 30$ 和 $\phi 50$ 外圆的设计基准是它们的轴心线，$\phi 50$ 外圆的轴心线是 $\phi 30$ 外圆同轴度的设计基准。图 3-4(c)中尺寸 45 是槽底 C 面的设计尺寸，外圆下母线 D 为 C 面的设计基准。

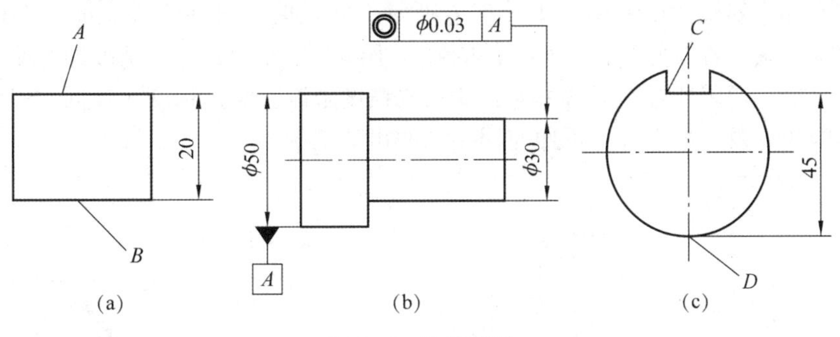

图 3-4　设计基准

对于整个零件来说，一般有很多位置尺寸和相互位置关系的要求，但在每个方向上往往只有一个主要设计基准，而这个主要设计基准又可能就是在装配时用来确定该零件在产品中的位置所依据的基准。

2. 工艺基准

在加工和装配过程中所使用的基准，称为工艺基准。按其用途不同，又可分为工序基准、定位基准、测量基准和装配基准。

(1)工序基准：在工件的加工工序图或其他工艺文件上用来确定被加工表面位置所使用的基准。工序基准是某一工序所要达到的加工尺寸的起始点。工序基准不同，工序尺寸也就因此不同。

(2)定位基准：加工时用来确定工件正确位置的基准。当工件在机床或夹具上定位时，它使工件在工序尺寸方向上相对刀具获得确定的位置。

(3)测量基准：用以测量已加工表面位置的某些点、线、面或其组合。

(4)装配基准：用来确定零件在部件或机器中正确位置的基准的那些点、线、面。

在分析基准问题时，必须注意：作为基准的点、线、面在工件上不一定存在，如孔的中心线、外圆的轴线及对称面等，但在实际应用中常由某些具体的表面来体现，这些表面就可称为基面。例如，在车床上用自定心卡盘夹持一个短圆柱，实际定位表面是外圆柱面，而它所体现的定位基准是圆柱的轴线。因此，选择定位基准就是选择恰当的定位基面。

3. 4. 2　工件的装夹方式

根据定位的特点不同，工件在机床上的装夹方式一般有 3 种：直接找正装夹、划线找正装夹和用夹具装夹。

1. 直接找正装夹

工件定位时，利用百分表、划针等仪器直接在机床上找正工件位置的装夹方法，称为直接找正装夹。如图 3-5 所示，在磨床上磨削一个与外圆表面有同轴度要求的内孔时，加工前将工件装在单动卡盘上，用百分表直接找正外圆表面，即可使工件获得正确的位置。其定位基准是被找正的面。此法特点是找正精度高，但效率低，对工人技术水平要求高，适用于单件小批生产或定位精度要求特别高的场合。

2. 划线找正装夹

先按照加工表面要求在工件上划线，加工时在机床上按所划的线找正工件的正确位置，这种装夹方式称为划线找正装夹，如图 3-6 所示。找正时，可在工件底面垫上适当的纸片或铜片以获得正确位置。此时，支承工件的底面不起定位作用，定位基准即为所划的线。此法所需设备简单，通用性好，但效率低，受划线精度限制，定位精度比较低，多用于批量较小、毛坯精度较低及大型零件等不便使用夹具的粗加工中。

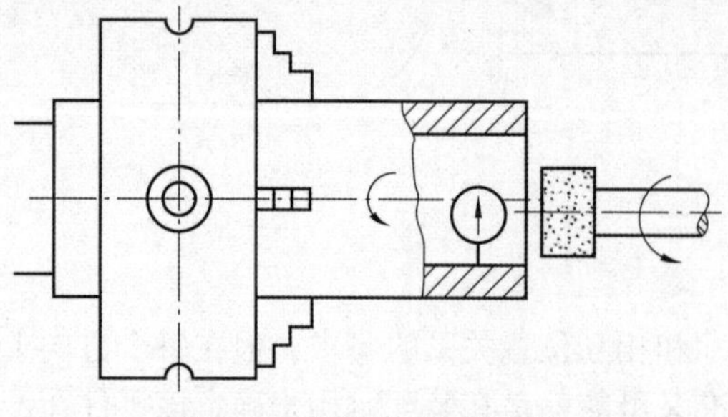

图 3-5　直接找正装夹示例

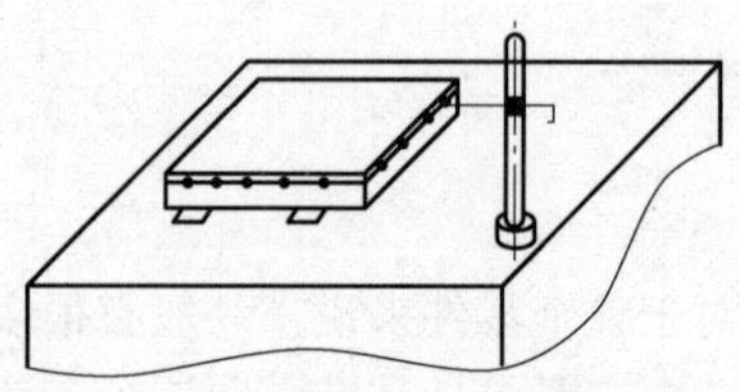

图 3-6　划线找正装夹示例

3. 用夹具装夹

工件依靠定位基准与夹具中的定位元件相接触，使其占有正确位置，然后夹紧，这种装夹方式就是用夹具装夹。用夹具装夹工件，定位精度高而且稳定，安装迅速、装卸方便，生产率高。常用的夹具有通用夹具和专用夹具两种类型。自定心卡盘和平口虎钳是最常用的通用夹具。如图 3-7 所示的钻模就是专用夹具，其设计、维修费用高，制造周期长，所以适用于成批或大批大量生产。

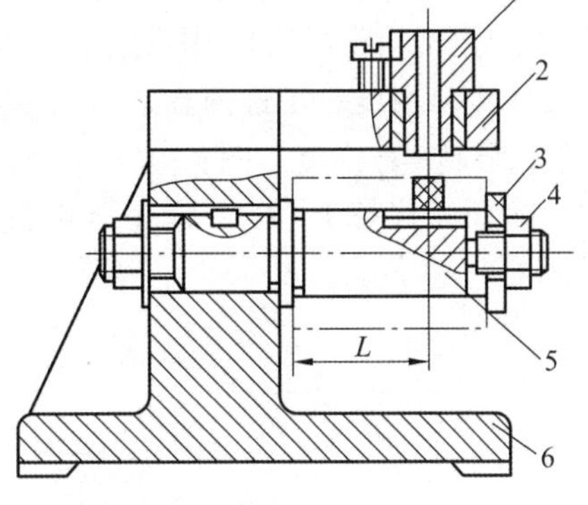

1—钻套；2—钻模板；3—开口垫圈；4—螺母；5—定位销；6—夹具体。

图 3-7　钻模

3.4.3　工件的定位原理

1. 六点定位原理

任何一个工件，在其位置没有确定前，均有 6 个自由度，即沿 3 个坐标轴 x、y、z 移动的自由度 $\vec{x}$、$\vec{y}$、$\vec{z}$，以及绕 3 个坐标轴转动的自由度 $\overset{\frown}{x}$、$\overset{\frown}{y}$、$\overset{\frown}{z}$，如图 3-8(a)所示。要使工件在机床上或夹具中完全定位，就必须对工件在空间的 6 个自由度进行必要的限制和约束。这里引入定位支承点的概念，即把具体的定位元件抽象为定位点，用这些点来限制工件的运动自由度。

如图 3-8(b)所示，在长方体工件底面上布置 3 个不共线支承点 1、2、3，限制了工件 $\vec{z}$、$\overset{\frown}{x}$、$\overset{\frown}{y}$ 3 个自由度，则底面为工件的主要定位基准。3 个支承点连接起来所形成的三角形越大，工件就放得越稳。因此，往往选择工件上最大的定位基准面作为主要定位基准面。在工件侧面上布置的 2 个支承点 4、5(此两点的连线不能与底面垂直)，限制了工件的 $\vec{x}$、$\overset{\frown}{z}$ 2 个自由度，该侧面为工件的导向定位基准。应尽量选择工件上的窄长表面作为导向定位基准面。在工件端面上的布置 1 个支承点 6 限制了工件的 $\vec{y}$ 自由度。此端面为止推定位基准。上述 6 个支承点限制了工件的 6 个自由度，实现了完全定位。在具体的夹具中，支承点是由定位元件来体现的。

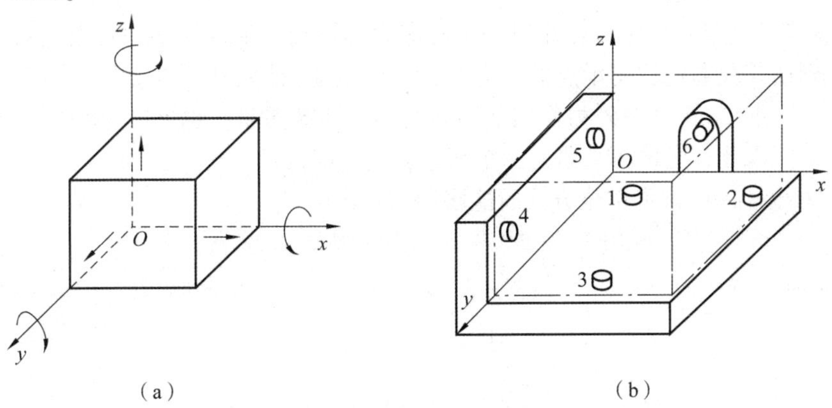

图 3-8　工件在空间中的自由度及定位

(a)工件的 6 个自由度；(b)工件的六点定位

工件定位时，用合理分布的 6 个定位支承点与工件定位基面相接触来限制工件的 6 个自由度，使工件的位置完全确定，称为六点定位原理，简称六点定位。

如图 3-9 所示的盘套类工件也可以采用类似的方法定位。图 3-9(a)所示为在工件上钻孔的工序图。图 3-9(b)中设置 6 个支承点，工件端面紧贴在支承点 1、2、3 上，限制 $\vec{y}$、$\overset{\frown}{x}$、$\overset{\frown}{z}$ 3 个自由度；工件内孔紧靠支承点 4、5，限制 $\vec{x}$、$\vec{z}$ 2 个自由度；键槽侧面靠在支承点 6 上，限制 $\overset{\frown}{y}$ 自由度。图 3-9(c)所示为图 3-9(b)中 6 个支承点所采用定位元件的具体结构，以台阶面 A 代替 1、2、3 这 3 个支承点；以短销 B 代替 4、5 这 2 个支承点；以键槽中的防转销 C 代替支承点 6。

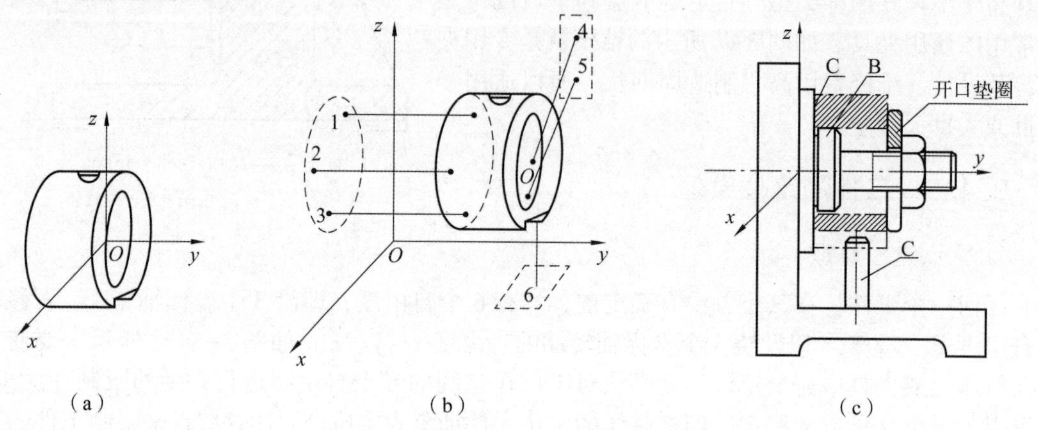

图 3-9　盘套类工件的定位分析

(a)钻孔工序；(b)工件定位原理；(c)定位元件结构

在应用六点定位原理分析工件的定位时，应注意以下几点。

(1)定位就是限制工件的自由度，它通过合理布置定位支承点的方法来实现。定位支承点是由定位元件抽象而来的，在夹具中，定位支承点总是通过具体的定位元件体现出来。

(2)支承点限制工件自由度的作用，应理解为定位支承点与工件定位基准面始终保持紧贴接触。若二者脱离，则失去定位作用。

(3)1 个定位支承点仅限制 1 个自由度，一个工件仅有 6 个自由度，故所设置的定位支承点数目原则上不应超过 6 个。

(4)分析定位支承点的定位作用时，不考虑力的影响。工件的某一自由度被限制，并非指工件在受到使其脱离定位支承点的外力时，不能运动(欲使其在外力作用下不能运动，是夹紧的任务)；同理，工件在外力作用下不能运动，即被夹紧，也并非是说工件的所有自由度都被限制了。因此，定位和夹紧是两个概念，绝不能混淆。

表 3-7 列出了一些常见定位方式所能限制的自由度。

表 3-7　一些常见定位方式所能限制的自由度

工件定位基准面	定位元件	定位方式简图	定位元件特点	限制的自由度
平面	支承钉	z, x, y, O, 1, 2, 3, 4, 5, 6	固定支承钉	1、2、3: $\vec{z}$、$\overset{\frown}{x}$、$\overset{\frown}{y}$ 4、5: $\vec{x}$、$\overset{\frown}{z}$ 6: $\vec{y}$

续表

工件定位基准面	定位元件	定位方式简图	定位元件特点	限制的自由度
平面	支承板	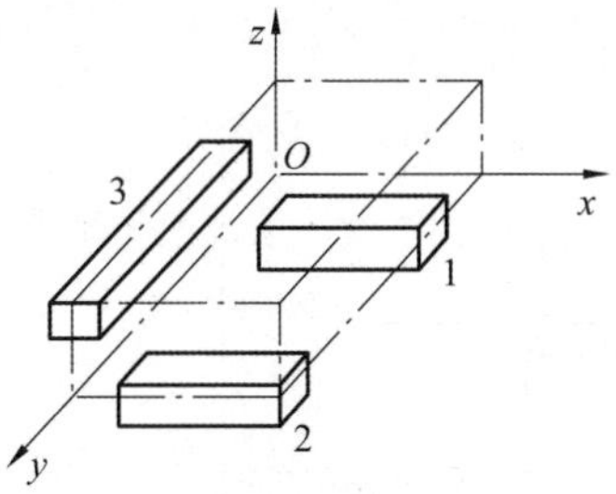	每个支承板也可设计成两个或两个以上的小支承板	1、2：$\vec{z}$、$\overset{\frown}{x}$、$\overset{\frown}{y}$ 3：$\vec{x}$、$\overset{\frown}{z}$
	固定支承与自位支承	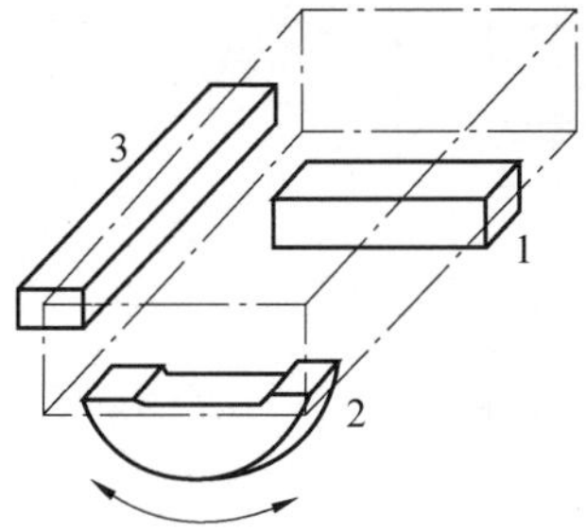	1、3：固定支承 2：自位支承	1、2：$\vec{z}$、$\overset{\frown}{x}$、$\overset{\frown}{y}$ 3：$\vec{x}$、$\overset{\frown}{z}$
	固定支承与辅助支承	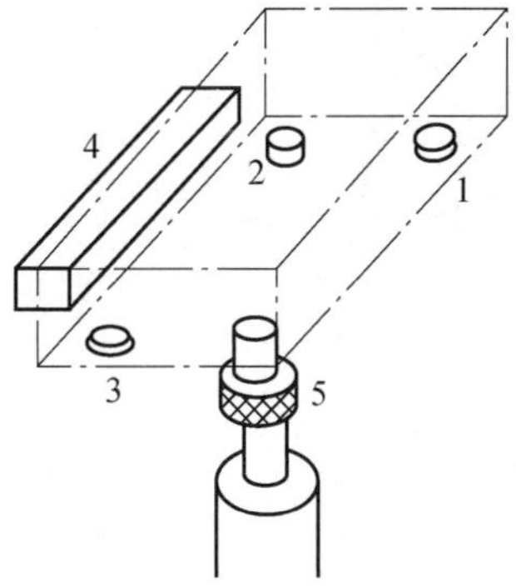	1、2、3、4：固定支承 5：辅助支承	1、2、3：$\vec{z}$、$\overset{\frown}{x}$、$\overset{\frown}{y}$ 4：$\vec{x}$、$\overset{\frown}{z}$ 5：增强刚性，不限制自由度
圆孔	定位销（心轴）	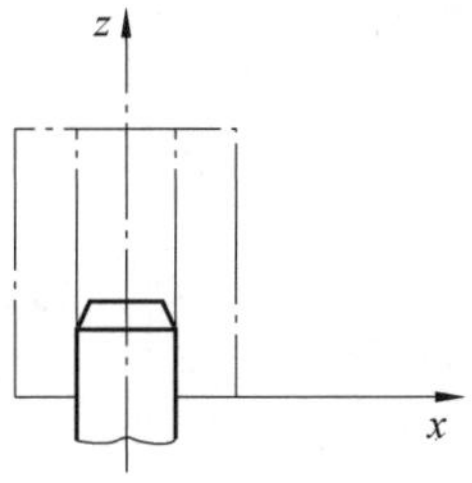	短销（短心轴）	$\vec{x}$、$\vec{y}$
		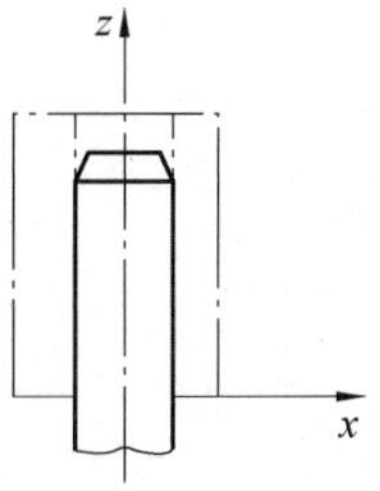	长销（长心轴）	$\vec{x}$、$\vec{y}$、$\overset{\frown}{x}$、$\overset{\frown}{y}$

续表

工件定位基准面	定位元件	定位方式简图	定位元件特点	限制的自由度
圆孔	短圆锥销	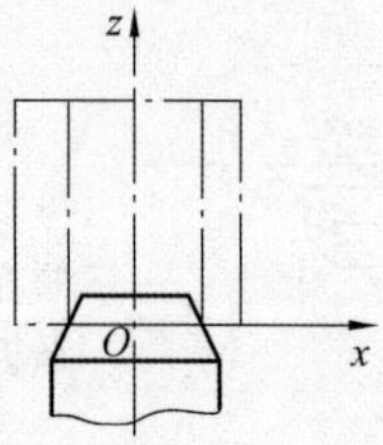	单锥销	$\vec{x}$、$\vec{y}$、$\vec{z}$
		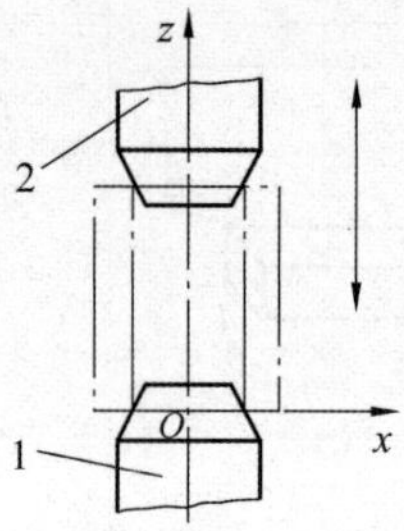	1：固定销 2：活动销	1：$\vec{x}$、$\vec{y}$、$\vec{z}$ 2：$\widehat{x}$、$\widehat{y}$
外圆柱面	V 形块	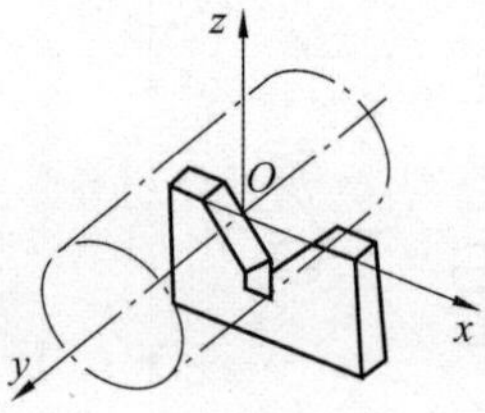	窄 V 形块	$\vec{x}$、$\vec{z}$
		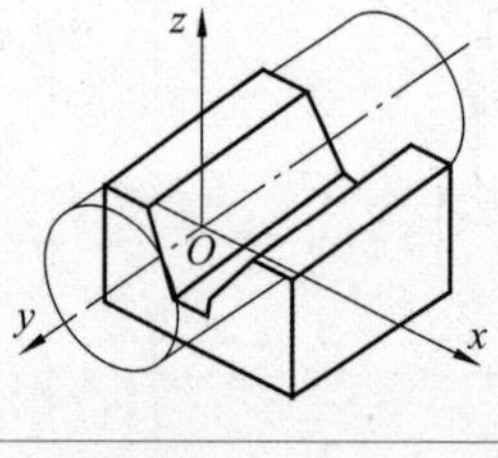	宽 V 形块或两个窄 V 形块	$\vec{x}$、$\vec{z}$、$\widehat{x}$、$\widehat{z}$
	定位套	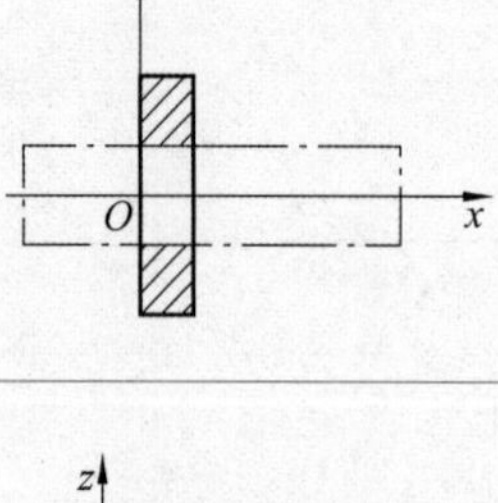	短套	$\vec{y}$、$\vec{z}$
		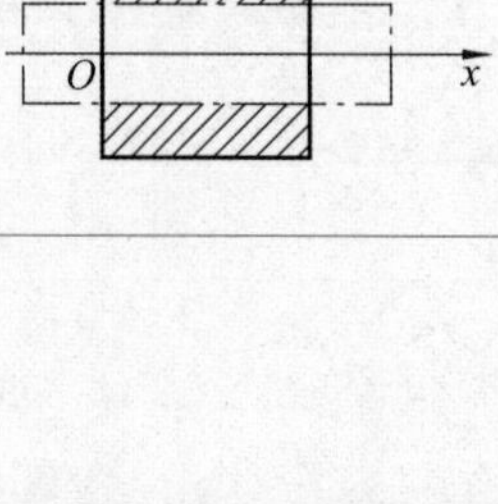	长套	$\vec{y}$、$\vec{z}$、$\widehat{y}$、$\widehat{z}$

续表

工件定位基准面	定位元件	定位方式简图	定位元件特点	限制的自由度
外圆柱面	半圆套	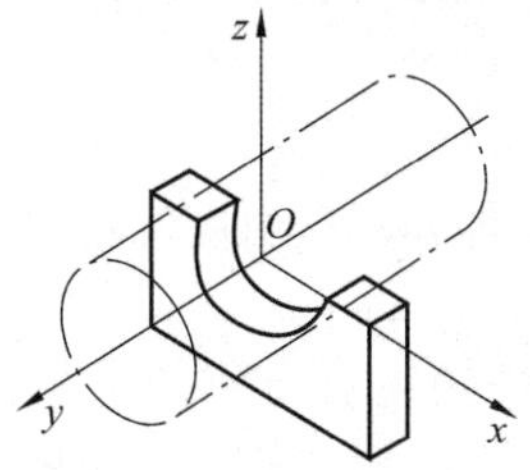	短半圆套	$\vec{x}$、$\vec{z}$
			长半圆套	$\vec{x}$、$\vec{z}$、$\overset{\frown}{x}$、$\overset{\frown}{z}$
	锥套	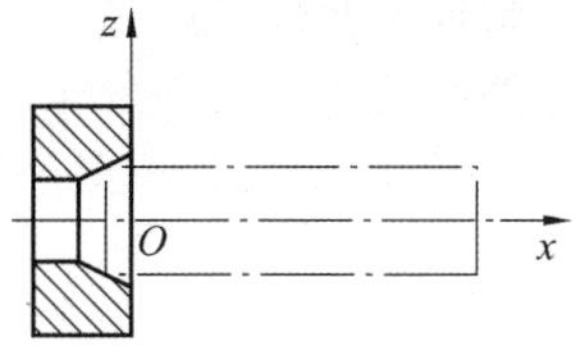	单锥套	$\vec{x}$、$\vec{y}$、$\vec{z}$
		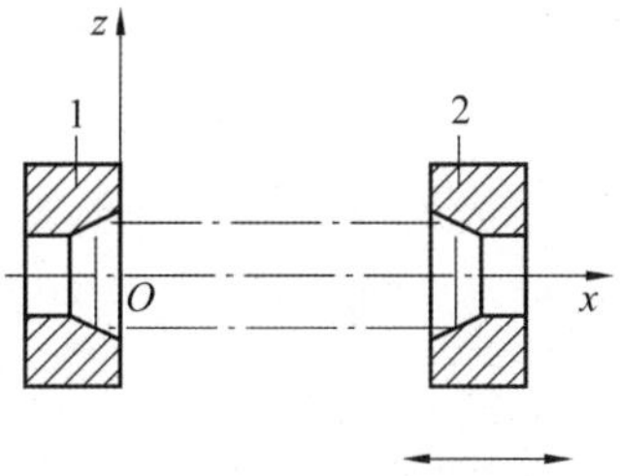	1：固定锥套 2：活动锥套	1：$\vec{x}$、$\vec{y}$、$\vec{z}$ 2：$\overset{\frown}{y}$、$\overset{\frown}{z}$
锥孔	顶尖	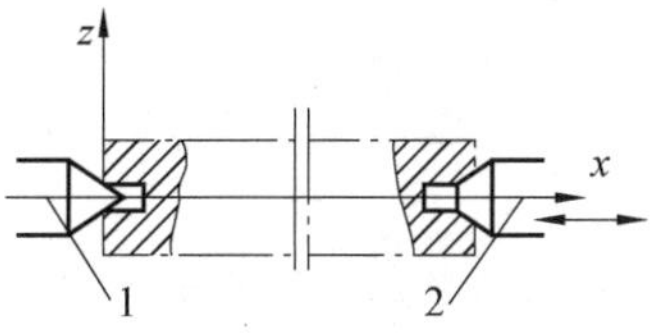	1：固定顶尖 2：活动顶尖	1：$\vec{x}$、$\vec{y}$、$\vec{z}$ 2：$\overset{\frown}{y}$、$\overset{\frown}{z}$
	锥心轴	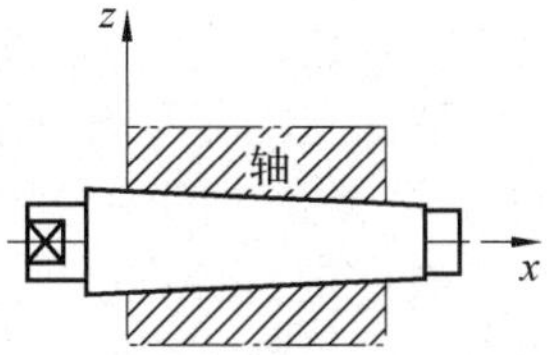	长锥套	$\vec{x}$、$\vec{y}$、$\vec{z}$、$\overset{\frown}{y}$、$\overset{\frown}{z}$

2. 工件定位的几种情况

1) 完全定位

完全定位是指工件的 6 个自由度全部被限制的定位。当工件在 x、y、z 3 个方向上均有尺寸要求或位置精度要求时，一般采用完全定位方式，如图 3-9 所示。

2) 不完全定位

不完全定位是指工件的 6 个自由度没有被完全限制，但满足工件加工要求，这个定位方式是允许的。生产中这样的例子很多，如在平面磨床上磨削大平面，在车床用自定心卡盘装夹车外圆等都是不完全定位。

3)欠定位

欠定位是指工件应该限制的自由度没有被全部限制的定位，这是错误的定位方式，实际定位时不允许发生。如图 3-9 所示，若无防转销 C，工件绕 y 轴转动方向上的位置将不确定，则钻出的孔与下面的槽不能达到对称要求。

4)过定位(重复定位)

过定位是指几个定位元件重复限制工件同一自由度的定位。通常情况下，这种定位方式是限制使用的。

图 3-10(a)所示为平面与两个短圆柱销组合定位的情况，平面限制 $\vec{z}$、$\widehat{x}$、$\widehat{y}$ 3 个自由度，两个短圆柱销分别限制自由度 $\vec{x}$、$\vec{y}$ 和 $\vec{x}$、$\widehat{z}$，则 $\vec{x}$ 自由度被重复限制，出现过定位。过定位可能导致工件无法安装或变形，或引起定位元件变形。

消除过定位的途径主要是改变定位元件的结构，以减少转化支承点的数目，消除被重复限制的自由度。如图 3-10(b)所示，生产中常用的一面两销定位方案，其中一销为菱形销，其限制的自由度数目由原来的 2 个减少为 1 个。

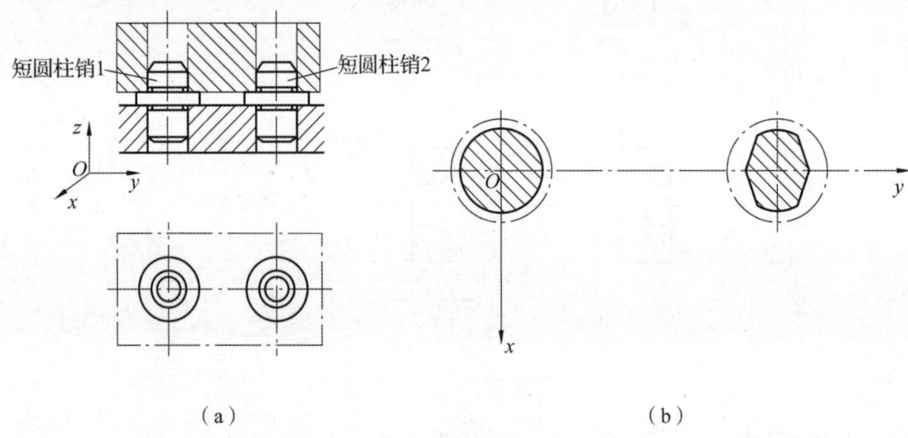

图 3-10　过定位示例

(a)平面与两个短圆柱销组合定位；(b)菱形销消除过定位措施

不过，在实际生产中，常会遇到工件按过定位方式定位的例子，如滚齿加工中，如果心轴与定位平面、工件内孔与端面垂直度很高，虽然有过定位现象，但不产生过定位后果，而且能提高定位稳定性和工艺系统刚性，对保证加工精度是有利的。这种表面上的过定位只要能提高工件定位基面之间及夹具定位元件工作表面之间的位置精度，消除过定位引起的干涉，在实际生产中仍然应用。因此，是否允许过定位存在，主要看是否产生过定位的后果，即是否引起定位元件或工件变形，若有变形产生，则一定要消除过定位。

3.5　定位基准的选择

在制订工艺规程时，定位基准的选择，对保证零件的尺寸精度和相互位置精度，以及对零件各表面间的加工顺序安排都有很大影响，当用夹具安装工件时，定位基准的选择还会影响夹具结构的复杂程度。因此，定位基准的选择是一个很重要的工艺问题。

选择定位基准时，是从保证工件加工精度要求出发的。因此，定位基准的选择应先选择精基准，再选择粗基准。

3.5.1　精基准的选择

选择精基准时一般应遵循以下原则。

1. 基准重合原则

选用被加工表面的设计基准作为定位基准，以避免定位基准与设计基准不重合而引起的基准不重合误差。

图3-11(a)所示的零件，设计尺寸为 a 和 c，设顶面 B 和底面 A 已加工好(即尺寸 a 已经保证)，现在用调整法铣削一批零件的 C 面。为保证设计尺寸 c，以 A 面定位，则定位基准 A 与设计基准 B 不重合，如图 3-11(b)所示。由于铣刀是相对于夹具定位面(或机床工作台面)调整的，对于一批零件来说，刀具调整好后位置不再变动。加工后尺寸 c 的大小除受本工序加工误差(Δ_j)的影响外，还与上道工序的加工误差(T_a)有关。这一误差是由于所选的定位基准与设计基准不重合而产生的，这种定位误差称为基准不重合误差。它的大小等于设计(工序)基准与定位基准之间的联系尺寸 a(定位尺寸)的公差 T_a。

从图 3-11(c)中可看出，欲加工尺寸 c 的误差包括 Δ_j 和 T_a，为了保证尺寸 c 的精度，应使

$$\Delta_j + T_a \leqslant T_c$$

显然，采用基准不重合的定位方案，必须控制该工序的加工误差和基准不重合误差的总和不超过尺寸 c 的公差 T_c 。这样既缩小了本道工序的加工允差，又对前面工序提出了较高的要求，使加工成本提高，当然是应当避免的。因此，在选择定位基准时，应当尽量使定位基准与设计基准相重合。

如图 3-12 所示，以 B 面定位加工 C 面，使得基准重合，此时尺寸 a 的误差对加工尺寸 c 无影响，本工序的加工误差只需满足 $\Delta_j \leqslant T_c$ 即可。

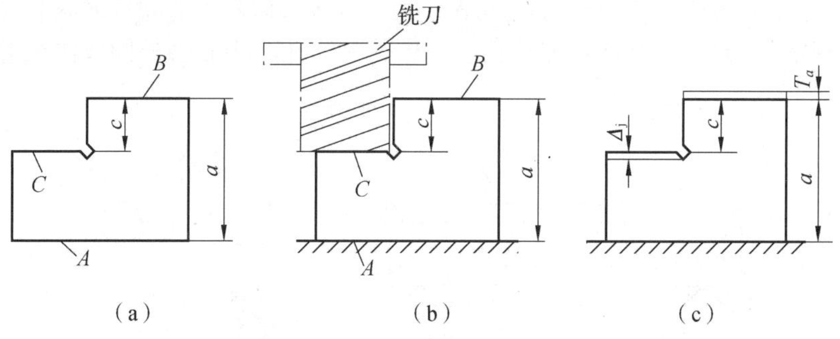

图 3-11　基准不重合误差示例

(a)工序简图；(b)加工示意图；(c)基准不重合误差

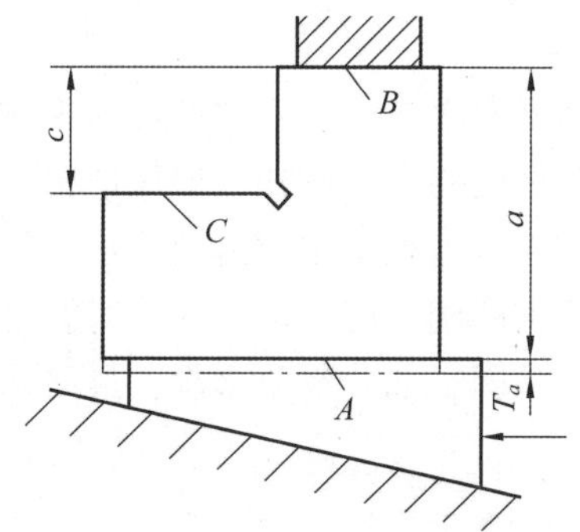

图 3-12　基准重合安装示意图

显然，这种基准重合的情况能使本工序允许出现的误差加大，使加工更容易达到精度要求，经济性更好。但是，这样往往会使夹具结构复杂，增加操作的困难。而为了保证加工精度，有时不得不采取这种方案。

2. 基准统一原则

在零件加工的整个工艺过程中或者有关的某几道工序中尽可能采用同一个（或同一组）定位基准来定位。

采用基准统一原则可以简化工艺规程的制订工作，减少夹具设计和制造，缩短生产准备时间；也减少工件在加工过程中的翻转次数，便于保证各加工表面的相互位置精度，便于采用高效率的专用设备。有时为了得到合适的统一基准面，在工件上特地做出一些表面供定位用。例如，加工轴类零件采用两中心孔定位加工各外圆表面，加工箱体零件采用一面两孔定位，加工齿轮的齿坯和齿形多采用齿轮的内孔及一端面为定位基准，均属于基准统一原则。

应当指出，基准统一原则是针对整个工艺过程或者几道工序而言的，对于其中某些工序或某些加工要求，常会带来基准不重合的问题，必须针对具体情况认真分析。

3. 自为基准原则

有些精加工或光整加工工序要求加工余量小而均匀，这时应尽可能选择加工表面自身为精基准，以提高加工面本身的精度和表面质量，该表面与其他表面之间的位置精度应由先行工序予以保证。

如图 3-13 所示，磨削车床床身导轨面时，为了使加工余量小而均匀，以提高导轨面的加工质量和生产率，常以导轨面本身作为精基准，用安置在磨头上的百分表和床身下面的可调支承将床身找正。此外，浮动镗刀镗孔、珩磨孔、铰孔、无心磨外圆及抛光等也都是自为基准的实例。

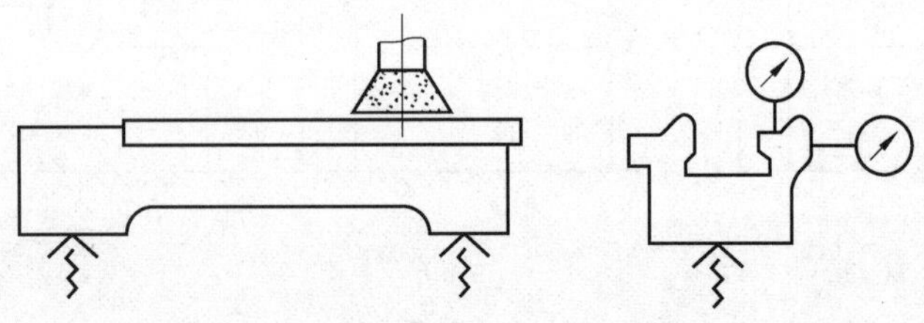

图 3-13　自为基准实例

4. 互为基准原则

当对工件上两个相互位置精度要求很高的表面进行加工时，需要用两个表面互相作为基准，反复进行加工，以保证位置精度要求。例如，要保证精密齿轮的齿圈跳动精度，在齿面淬硬后，先以齿面定位磨内孔，再以内孔定位磨齿面，从而保证位置精度。再如，车床主轴的前锥孔与主轴支承轴颈间有严格的同轴度要求，加工时就是先以轴颈外圆为定位基准加工锥孔，再以锥孔为定位基准加工外圆，如此反复多次，最终达到加工要求。这都是互为基准的典型实例。

5. 便于装夹原则

精基准应平整光洁，具有相应的精度，确保定位简单准确、便于安装、夹紧可靠。

3.5.2 粗基准的选择

选择粗基准时，主要要求保证各加工面有足够的余量，且使加工面与不加工面间的位置符合图样要求，并特别注意要尽快获得精基面。具体选择时应考虑下列原则。

1. 选择重要表面为粗基准

为保证工件上重要表面的加工余量小而均匀，应选择该表面为粗基准。所谓重要表面，一般是工件上加工精度及表面质量要求较高的表面，如床身的导轨面，车床主轴箱的主轴孔，都是各自的重要表面。因此，加工床身和主轴箱时，应以导轨面或主轴孔为粗基准，如图 3-14 所示。

2. 选择不加工表面为粗基准

为了保证加工面与不加工面间的位置精度，一般应选择不加工面为粗基准。如果工件上有多个不加工面，则应选其中与加工面位置精度要求较高的不加工面为粗基准，以便使外形对称等。

图 3-15 所示的套，要求壁厚均匀。在毛坯铸造时孔与外圆之间有偏心，如图 3-15(a)所示。外圆是不加工表面，要求与孔加工后达到一定的同轴度，则在加工时应选外圆作为粗基准，装在自定心卡盘中。加工时虽余量不均匀，但加工后孔与外圆的同轴度能得到保证，壁厚保持均匀，如图 3-15(b)所示。

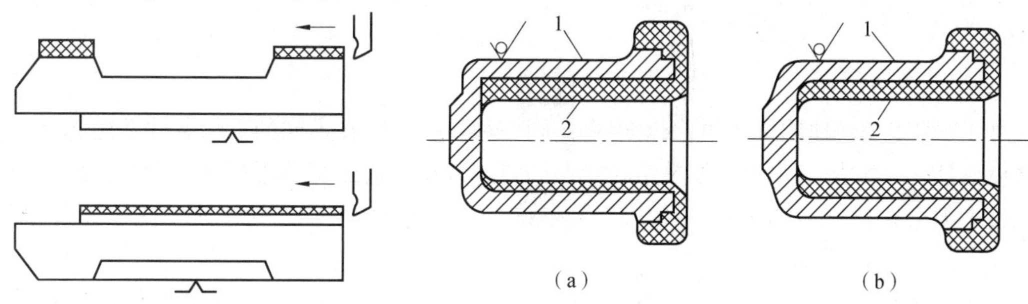

1—外圆；2—孔。

图 3-14　床身加工的粗基准选择　　图 3-15　以不加工表面为粗基准的实例

3. 选择加工余量最小的表面为粗基准

在没有要求保证重要表面加工余量均匀的情况下，如果零件上每个表面都要加工，则应选择其中加工余量最小的表面为粗基准，以避免该表面在加工时因余量不足而留下部分毛坯面，造成工件废品，如图 3-16 所示。

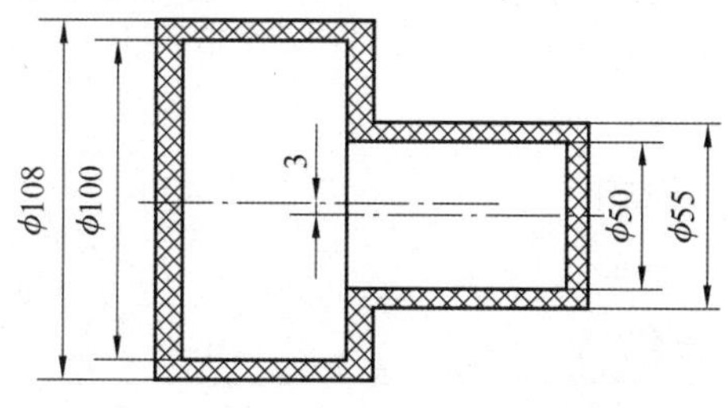

图 3-16　以加工余量小的表面为粗基准

4. 粗基准在同一尺寸方向上只能使用一次

粗基准本身都是未经机械加工的毛坯面，其表面粗糙且精度低，若重复使用将产生较大的误差。

5. 选作粗基准的表面应尽可能平整

选作粗基准的表面不能有飞边、浇口、冒口或其他缺陷，以保证工件定位稳定可靠、夹紧方便。

实际上，无论是精基准的选择还是粗基准的选择，上述原则都不可能同时满足，有时还是互相矛盾的。因此，在选择时应根据具体情况进行分析，权衡利弊，保证其主要的要求。

3.6 工艺路线的拟订

零件加工的工艺路线是指零件在生产过程中，由毛坯到成品所经过的工序的先后顺序。工艺路线的拟订是制订工艺过程的总体布局，其主要任务是选择各个表面的加工方法、确定各个表面加工的先后顺序、确定工序的集中与分散程度，以及选择设备与工艺装备等。

3.6.1 表面加工方法的选择

1. 加工经济精度的概念

加工过程中影响加工精度的因素很多，同一种加工方法在不同的工作条件下能达到不同的精度。任何一种加工方法，如果精心操作调整、选择合适的切削用量，就会得到相对较高的精度，但会花费较多的时间，使生产率降低，成本增加。因此，我们提出了经济精度的概念。

经济精度是指在正常加工条件下(采用符合质量标准的设备、工艺装备和标准技术等级的工人，不延长加工时间)所能达到的加工精度。经济表面粗糙度的概念类同于经济精度的概念。

各种加工方法都有一个经济精度和经济表面粗糙度范围。选择表面加工方法时，应使工件的加工要求与之相适应，表 3-8～表 3-10 分别为外圆加工、孔加工和平面加工中各种加工方法的经济精度和表面粗糙度，可供选择时参考。

表 3-8 外圆加工中各种加工方法的经济精度和表面粗糙度

加工方法	加工性质	经济精度(IT)	表面粗糙度 Ra/μm
车	粗车	13～12	80～10
	半精车	11～10	10～2.5
	精车	8～7	5～1.25
	金刚石车	6～5	1.25～0.02

续表

加工方法	加工性质	经济精度(IT)	表面粗糙度 *Ra* /μm
外磨	粗磨	9~8	10~1.25
	半精磨	8~7	2.5~0.63
	精磨	7~6	1.25~0.16
研磨	粗研	6~5	0.63~0.16
	精研	5	0.32~0.04
超精加工	精	5	0.32~0.08
	精密	5	0.16~0.01

表 3-9　孔加工中各种加工方法的经济精度和表面粗糙度

加工方法	加工性质	经济精度(IT)	表面粗糙度 *Ra* /μm
钻	实心材料	13~11	20~2.5
扩	粗扩	12	20~10
	精扩	10	10~2.5
铰	半精铰	9~8	3.2~1.6
	精铰	7~6	1.6~0.8
	手铰	6~5	0.8~0.4
拉	粗拉	10~9	5~1.25
	精拉	9~7	1.25~0.63
镗	粗镗	13~12	20~5
	半精镗	11~10	10~2.5
	精镗	9~7	5~0.63
	细镗	7~5	1.25~0.16

表 3-10　平面加工中各种加工方法的经济精度和表面粗糙度

加工方法	加工性质	经济精度(IT)	表面粗糙度 *Ra* /μm
铣	粗铣	12~11	20~5
	精铣	10~9	5~0.63
刨	粗刨	12~11	20~10
	精刨	10~9	10~2.5
平磨	半精磨	8~7	2.5~1.25
	精磨	7	0.63~0.16
	精密磨	6	0.16~0.016

续表

加工方法	加工性质	经济精度(IT)	表面粗糙度 Ra /μm
研磨	粗研	7~6	0.63~0.32
	精研	5	0.32~0.08

2. 选择加工方法时应考虑的因素

(1)工件材料的性质。例如，非铁金属的精加工不宜采用磨削加工，因为磨屑易堵塞砂轮。因此，非铁金属的精加工常采用高速精细车削或金刚镗等方法。

(2)工件的形状和尺寸。例如，对于7级精度的孔可以采用镗、铰、拉和磨削等加工方法。但是，箱体上的孔大多选择镗孔(大孔时)或铰孔(小孔时)。

(3)生产类型。选择加工方法还要考虑生产率和经济性要求。例如，大批大量生产时，尽量采用高效率的加工方法，如拉削内孔和平面，组合铣削和磨削等；单件小批生产时，尽量采用通用设备，避免采用非标准的专用刀具加工，如平面加工一般采用铣削或刨削。但是，刨削由于生产率低，除特殊场合(如狭长表面)外，在成批生产中已逐渐被铣削所代替。

(4)具体生产条件。应充分利用现有的设备和工艺手段，同时注意不断引进新工艺和新技术，发挥群众的创造力，对老设备进行技术改造，不断提高工艺水平。

3.6.2 典型表面加工路线的选择

1. 外圆表面的加工路线

外圆表面的加工方法主要是车削和磨削，典型加工路线如下。

1)粗车-半精车-精车

这条路线应用最广，适用于除淬火钢外一般常用材料的外圆加工，加工精度等级达IT8~IT7，表面粗糙度为 Ra 1.25 μm。在这条路线中，根据被加工面的加工精度和表面粗糙度要求，可以只安排粗车或粗车-半精车。

2)粗车-半精车-粗磨-精磨

这条路线主要适用于各种钢件和铸铁件的加工，特别是有淬火要求的外圆表面，加工精度等级达IT7~IT6，表面要求较高，表面粗糙度为 Ra 1.25~0.16 μm。

3)粗车-半精车-精车-金刚石车

这条路线适用于精度要求较高的有色金属材料及其他不宜采用磨削加工的外圆表面，加工精度等级达IT6~IT5，表面粗糙度为 Ra 1.25~0.02 μm。

4)粗车-半精车-粗磨-精磨-光整加工

对于精度要求特别高和表面粗糙度值要求较低的钢铁材料，最终工序可采用光整加工，如研磨、超精加工、超精磨、抛光、滚压等。其中，抛光、滚压等则以减小表面粗糙度值、提高形状精度为主要目的，其加工精度等级可达到IT5，表面粗糙度 Ra 最低可达到0.008 μm。

2. 孔的加工路线

孔的加工方法主要有钻、扩、铰、镗、拉、磨及光整加工等，典型加工路线如下。

1) 钻-扩-铰

这条路线应用最广，多用于加工除淬火钢以外的金属，加工孔径多在 40 mm 以下，加工精度等级可达到 IT8～IT7。当直径小于 20 mm 时，可采用钻-铰方案。当孔表面精度要求较高、表面粗糙度值要求较小时，往往在铰孔后再安排一次手工精铰。

2) 粗镗-半精镗-精镗

这条路线适用于除淬硬钢以外的各种材料，尤其适用于非铁金属材料及直径较大的孔或位置精度要求较高的孔系的加工。毛坯上未铸出或锻出孔时，先要钻孔；毛坯上已有孔时，可直接粗镗孔。根据孔加工精度和表面粗糙度要求，精镗后还可适当安排滚压或金刚镗。

单件小批生产中的非标准中、小尺寸孔也可采用这条路线。当孔的精度要求更高时，还要增加浮动镗或金刚镗等精密加工方法。

3) 粗镗-半精镗-粗磨-精磨

这条路线主要用于淬硬零件或精度要求较高、表面粗糙度值要求较小的内孔表面加工，但不适用于非铁金属材料加工。根据孔加工精度和表面粗糙度的要求，磨削可只进行粗磨或粗磨-精磨，也可进行粗磨-精磨-珩磨或研磨。

4) 钻-扩-拉

此路线多用于大批大量生产的盘套类零件的内孔加工。加工精度要求高时可分为粗拉和精拉。

3. 平面的加工路线

平面的加工方法主要有铣削、刨削、车削、磨削和拉削等，典型加工路线如下。

1) 粗铣-半精铣-精铣-高速铣

铣削加工是应用最多的平面加工方法，因此，这条路线的应用最广。在这条路线中，根据被加工面的精度和表面粗糙度要求，可以只安排粗铣、粗铣-半精铣或粗铣-半精铣-精铣。

2) 粗刨-半精刨-精刨-宽刀精刨或刮研

刨削加工也是应用比较广泛的一种平面加工方法。这条路线的最终精加工有宽刀精刨和刮研两种加工方法。其中，宽刀精刨的加工精度较高、表面粗糙度值较小，广泛应用于大平面或机床导轨面的单件、成批生产中；刮研是获得精密平面的传统加工方法，由于其劳动量大、生产率低，故主要应用于单件小批生产或修配生产中。

在这条路线中，根据被加工面的精度和表面粗糙度要求，也可以只截取前半部分作为加工路线。

3) 粗铣(刨)-半精铣(刨)-粗磨-精磨-抛光、研磨、精密磨或砂带磨

这条路线主要用于加工半精铣(刨)之后需淬火的零件或精度要求较高的平面。淬火后需安排磨削工序，根据被加工面的精度和表面粗糙度要求，可以只安排粗磨或粗磨-精磨。

4) 粗车-半精车-精车-金刚石车

这条路线主要用于非铁金属零件的平面加工。如果被加工零件材料为钢铁，则精车后可安排砂带磨或砂带精密磨等工序。

5) 粗拉-精拉

这条路线的生产率高，尤其对有沟槽或台阶的表面，但由于拉刀和拉削设备昂贵，故这条路线只应用于大批大量生产中。

3.6.3 加工阶段的划分

1. 加工阶段

(1)粗加工阶段：主要任务是切除各个加工表面上的大部分加工余量，使毛坯的形状和尺寸尽量接近成品。因此，在此阶段主要考虑如何提高生产率。

(2)半精加工阶段：为主要表面做好必要的精度和加工余量准备，并完成一些次要表面的加工。

(3)精加工阶段：保证各主要表面达到规定的质量要求。

(4)光整加工阶段：对于尺寸精度和表面粗糙度要求很高的表面，通常必须安排此阶段，主要目的是提高尺寸精度和减小加工表面的表面粗糙度值。

2. 划分加工阶段的目的

(1)保证加工质量。工件在粗加工时，夹紧力和切削力等作用，使工艺系统造成的误差，可通过半精加工和精加工予以消除，有利于保证加工质量要求。

(2)合理使用设备。粗加工以采用功率大、刚度好的机床设备为主，而机床的精度可次要考虑；而精加工则应在精度高的机床上进行，这有利于长期保持机床的精度。

(3)便于安排热处理工序。划分加工阶段有利于在各阶段间合理地安排热处理工序。例如，粗加工后一般要安排去应力的热处理；精加工前要安排淬火等最终热处理工序。

(4)便于及时发现毛坯缺陷。对于毛坯的缺陷，如气孔、夹砂和余量不足等，经粗加工后能及时发现，以便及时修补或报废，以免继续加工造成工时浪费。

必须指出，加工阶段的划分不能绝对化，应根据零件的质量要求、结构特点和生产类型等灵活运用。当工件批量小，加工质量要求不高，工件刚性好时，可以不分或少分几个阶段；对于刚性好的重型工件，考虑运输及装夹困难，一般在一次装夹下完成粗、精加工。但是，为了减少因不划分加工阶段，粗加工中产生的各种变形对加工质量的影响，常常在粗加工后，松开夹紧机构，让工件变形充分恢复，再用较小的夹紧力重新夹紧，进行精加工。

3.6.4 加工工序的安排

零件的加工工序通常包括机械加工工序、热处理工序和辅助工序。这些工序的安排与加工质量、生产率和加工成本密切相关，是拟订工艺路线的关键之一。

1. 机械加工工序的安排

(1)基准先行原则：用作定位基准的表面，先行加工。定位基准面的精度决定着加工表面的精度，所以任何零件的加工过程，都应先进行定位基准面的加工，再以它为基准加工其他表面。例如，采用中心孔定位的轴类零件加工中，每一加工阶段开始时，总是先加工中心孔，再以中心孔为精基准加工外圆和其他表面。

(2)先粗后精的原则：各主要表面的加工应按先粗加工，再半精加工，最后精加工和光整加工的顺序分阶段进行，以逐步提高加工精度。

(3)先面后孔的原则：对于支架类、箱体类和机体类零件，一般先加工平面，再以平面定位加工孔，保证平面和孔的位置精度。这样安排，一方面定位稳定可靠，装夹也方便；另一方面，在已加工过的平面上加工孔，孔的轴线不易偏斜，为孔的加工创造了良好的条件。

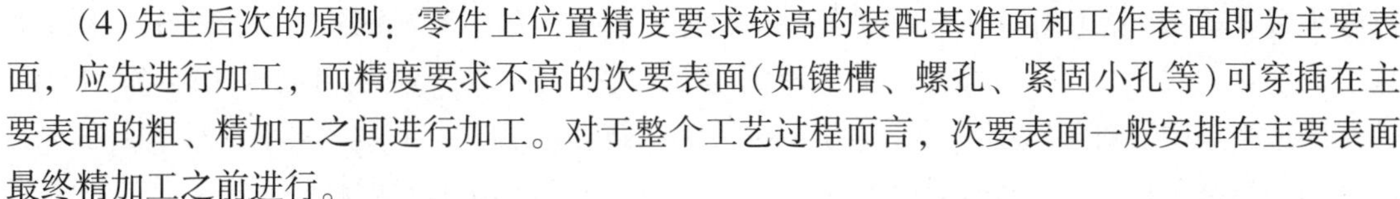

(4)先主后次的原则：零件上位置精度要求较高的装配基准面和工作表面即为主要表面，应先进行加工，而精度要求不高的次要表面(如键槽、螺孔、紧固小孔等)可穿插在主要表面的粗、精加工之间进行加工。对于整个工艺过程而言，次要表面一般安排在主要表面最终精加工之前进行。

2. 热处理工序的安排

(1)为了改善材料的切削加工性，消除毛坯应力而进行的热处理工序，如正火、调质、退火等，应安排在粗加工之前进行。

(2)为了消除毛坯在制造和机械加工过程中产生的内应力而进行的热处理工序，如人工时效、退火等，应安排在粗加工后、精加工之前进行。对加工精度要求较高的零件，有时在半精加工后还安排一次时效处理。

(3)为了提高工件的强度、硬度和耐磨性，要进行表面淬火、渗碳淬火和渗氮等热处理工序，一般安排在粗加工、半精加工之后，精加工之前进行。表面经过淬火后，一般只能进行磨削加工。

(4)为了得到表面耐磨、耐腐蚀或美观等而进行的热处理工序，如镀铬、镀锌、发蓝等，一般放在最后工序。

3. 辅助工序的安排

辅助工序主要包括检验、去毛刺、清洗、去磁、防锈和平衡等。其中，检验工序是主要的辅助工序，是保证产品质量的主要措施之一。除了工序中的自检，在下列场合还要单独安排：粗加工阶段结束后；重要工序前后；工件从一个车间转向另一个车间前后；全部加工结束后。密封性检验、工件的平衡和质量检验，一般安排在工艺过程的最后进行。

3.6.5　工序的集中与分散

工序的集中与分散是拟订工艺路线的一个原则问题，它和设备类型的选择有密切关系。

1. 工序集中

工序集中就是将工件的加工集中在少数的几道工序内完成，每道工序的加工内容较多。工序集中特点是：有利于采用高效专用设备及工艺装备，提高了生产率；减少了工件的装夹次数，有利于保证各表面的位置精度，也减少了工序间的运输量；因工序数目少，减少了机床的数量和机床占地面积，操作工人也少，所以简化了生产组织和计划调度工作；因采用结构复杂的数控机床、专用设备及工艺装备，投资费用大，调整和维修困难，生产准备工作量大，还不便于转产。

2. 工序分散

工序分散就是将工件的加工分散在较多的工序内进行，每道工序的加工内容较少。工序分散的特点是：所用的机床设备及工艺装备简单，调整和维修方便，工人容易掌握；有利于选择合理的切削用量，减少机动时间；加工路线长，所需的设备及工人数量多，占用生产面积大。

3. 工序集中与分散程度的确定

在单件小批生产中多采用组织集中(人为的组织措施集中)，以便简化生产组织工作。

大批大量生产时，若使用多刀、多轴等高效机床，按工序集中原则划分工序；若在由组合机床组成的自动线上加工，则按工序分散原则划分工序。成批生产应尽可能采用高效率机床，使工序适当集中。对于重型零件，为了减少装夹次数和运输量，工序应集中；对于刚性差且精度高的精密零件，则工序应适当分散。但是，就机械制造业的发展趋势而言，总的趋势应倾向于工序集中。

3.7 余量、工序尺寸及其公差的确定

3.7.1 加工余量的基本概念

1. 工序余量和加工总余量

机械加工时，从工件表面切去的一层金属称为加工余量。加工余量可分为工序余量和加工总余量。工序余量是指在一道工序中所切除的金属层厚度，它等于相邻两工序的工序尺寸之差。工序余量的计算分两种情况：单边余量和双边余量。

(1)单边余量。对于非对称表面(如平面)来说，其加工余量等于切除的金属层厚度，即前后工序尺寸之差，称为单边余量，如图 3-17(a)、(b)所示。

对于外表面[图 3-17(a)]，有

$$Z_b = L_a - L_b \tag{3-1}$$

对于内表面[图 3-17(b)]，有

$$Z_b = L_b - L_a \tag{3-2}$$

(2)双边余量。对于回转体零件如外圆和孔而言，其加工余量是对称分布的，称之为双边余量，实际切除的金属层厚度为加工余量的一半，如图 3-17(c)、(d)。

对于轴[图 3-17(c)]，有

$$2Z_b = d_a - d_b \tag{3-3}$$

对于孔[图 3-17(d)]，有

$$2Z_b = D_b - D_a \tag{3-4}$$

以上各式中，Z_b 为本道工序的工序余量；L_a、d_a、D_a 为上道工序的工序尺寸；L_b、d_b、D_b 为本道工序的工序尺寸。

工件从毛坯变为成品的整个加工过程中，被加工表面所切除金属层的总厚度称为加工总余量，即毛坯余量，它等于毛坯尺寸与零件图样上的设计尺寸之差。显然，总余量等于各工序余量之和，即

$$Z_0 = Z_1 + Z_2 + \cdots + Z_n = \sum_{i=1}^{n} Z_i \tag{3-5}$$

式中，Z_0——加工总余量；

Z_i——第 i 道工序的工序余量；

n——工序数。

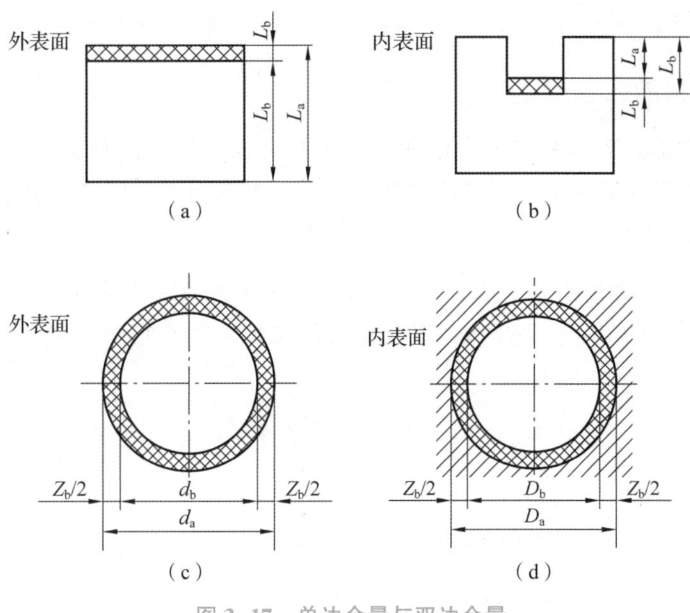

图 3-17　单边余量与双边余量

(a)、(b)单边余量；(c)、(d)双边余量

2. 最大余量、最小余量和余量公差

由于毛坯制造和各工序尺寸都不可避免地存在着误差，所以当相邻工序的尺寸以基本尺寸计算时，所得余量为基本余量 Z；当工序尺寸以极限尺寸计算时，所得余量就出现了最小余量 Z_{min} 和最大余量 Z_{max}。如图 3-18 所示，对于外表面单边余量的情况，可得最小余量和最大余量的计算式分别为

$$Z_{min}=a_{min}-b_{max},\ Z_{max}=a_{max}-b_{min}$$

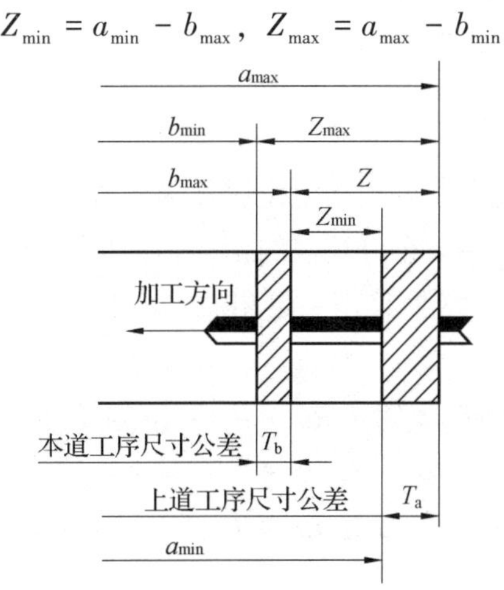

图 3-18　最大余量、最小余量和余量公差

而它们的差就是加工余量的变动范围，即余量的公差

$$T_Z=Z_{max}-Z_{min}=(a_{max}-b_{min})-(a_{min}-b_{max})=T_a+T_b$$

为了便于加工，工序尺寸的极限偏差都按“入体原则”标注，即被包容面的工序尺寸取上极限偏差为零；包容面的工序尺寸取下极限偏差为零。毛坯尺寸一般按双向标注上、下极

限偏差。

3.7.2 影响加工余量的因素

加工余量的大小对工件的加工质量和生产率均有较大影响，确定加工余量的基本原则是：在保证加工质量的前提下，尽量减少加工余量。影响加工余量的因素主要如下。

1. 上道工序的表面粗糙度 Ra 和表面缺陷层深度 H_a

如图 3-19 所示，上道工序的表面粗糙度 Ra 和表面缺陷层深度 H_a 必须在本道工序中予以切除。在某些光整加工中，该项因素甚至是决定加工余量的唯一因素。

2. 上道工序的尺寸公差 T_a

由图 3-18 可知，工序基本余量中包括了上道工序的尺寸公差 T_a。

3. 上道工序的形位公差 ρ_a

ρ_a 是指不由尺寸公差 T_a 控制的形位误差，这些误差必须在加工中纠正过来，所以加工余量中要包括这一误差。如图 3-20 所示的小轴，当轴线有直线度误差 e 时，则加工余量至少应增加 $2e$ 才能使工件加工出正确的圆柱体形状。

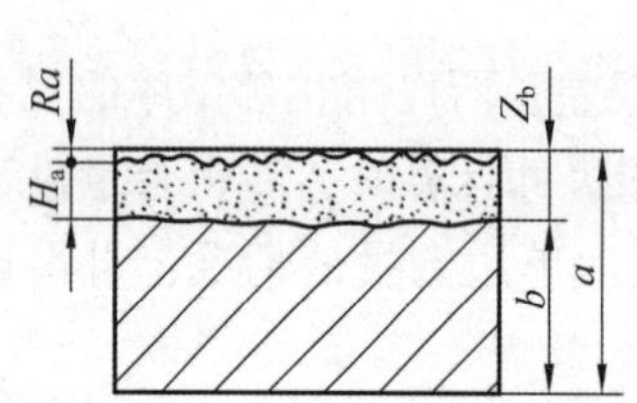

图 3-19 表面粗糙度与表面缺陷层深度

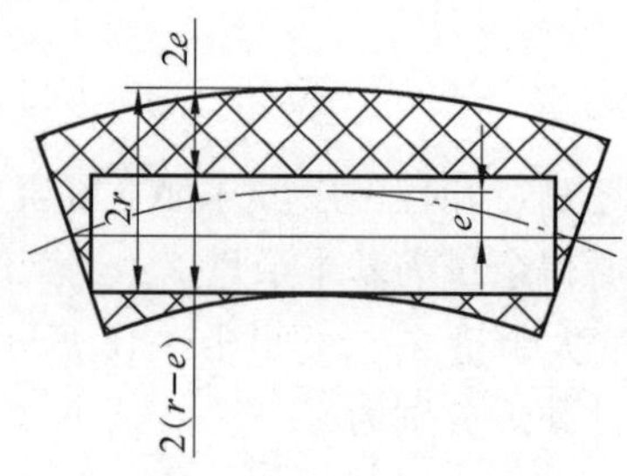

图 3-20 轴线弯曲对加工余量的影响

4. 本道工序加工时的装夹误差 ε_b

本道工序加工时产生的装夹误差包括定位误差和夹紧误差，会使工件的待加工表面偏离正确的位置，应在本道工序中加大余量予以纠正。

由于 ρ_a 和 ε_b 是有方向的，故应采用矢量相加。综上所述，加工余量的基本公式如下：

对于单边余量

$$Z_b = T_a + Ra + H_a + |\rho_a + \varepsilon_b|$$

对于双边余量

$$2Z_b = T_a + 2(Ra + H_a) + 2|\rho_a + \varepsilon_b|$$

3.7.3 工序尺寸及其公差的确定

计算工序尺寸是工艺规程制订的主要工作之一，工序尺寸及其公差的确定应根据加工余量和定位基准转换的不同情况，而采用不同的计算方法。通常有两种情况：第一种情况是工艺基准与设计基准重合。对于加工过程中基准面没有变换(工艺基准与设计基准重合)的情况，工序尺寸的确定比较简单。在决定了各工序余量和工序所能达到的经济精度之后，就可以由最后一道工序开始往前推算。第二种情况是工艺基准与设计基准不重合。在复杂零件的加工过程中，常常出现定位基准、设计基准和测量基准不重合或加工过程中需要多次转换工艺基准的情况，故工序尺寸的计算较为复杂，不能用上面所述的反推计算法，而是需要借助尺寸链分析和计算，并对工序余量进行验算以校核工序尺寸及其上、下极限偏差。这个内容在下一节介绍。此处重点介绍第一种情况下工序尺寸及其公差的确定。

1. 确定各工序加工余量

确定加工余量的方法有以下 3 种。

(1)经验法。此法是根据工艺人员的经验确定加工余量。一般情况下，为确保余量足够，估计值总是偏大。这种方法常用于单件小批生产。

(2)查表法。此法是将各工厂的生产实践和试验研究积累的数据汇集成工艺手册，确定加工余量时可查阅这些手册，再结合工厂的实际情况进行适当修改。这种方法在生产中应用较为普遍。

(3)计算法。此法是按照影响余量的因素逐一进行分析计算，这样确定的余量比较准确，但必须有比较全面和可靠的试验资料。这种方法比较麻烦，一般不使用。

2. 确定各工序基本尺寸

以设计尺寸为终加工工序尺寸，逐项向前加上(或减去)各工序余量，便得到各工序基本尺寸(包括毛坯尺寸)。

3. 确定各工序尺寸公差及极限偏差

设计尺寸公差即为终加工工序尺寸的公差。毛坯尺寸的公差一般为双向对称或不对称分布。其他各加工工序可根据各自加工方法的经济精度确定工序尺寸公差；按“入体原则”来确定各工序尺寸的偏差分布。“入体原则”具体是指：若工序尺寸为包容尺寸，标注正极限偏差；若工序尺寸为被包容尺寸，标注负极限偏差；若工序尺寸为中心距离或其他尺寸，则可标注双向极限偏差。

例 3-1　某阶梯轴零件，长度为 300 mm，其上有一段直径的设计尺寸为 $\phi50_{-0.011}^{\ 0}$ mm，表面粗糙度为 $Ra\,0.04$ μm，加工工艺过程为：粗车-半精车-淬火-粗磨-精磨-研磨。试确定各工序尺寸及公差。

解　(1)确定各工序的加工余量。

查阅工艺手册可得：研磨余量为 0.01 mm，粗磨余量为 0.3 mm，精磨余量为 0.1 mm，半精车余量为 1.1 mm，毛坯余量为 6 mm。计算粗车余量为

$$Z_{粗}=6-0.01-0.1-0.3-1.1=4.49\ \text{mm}$$

(2)确定各工序的基本尺寸。

研磨工序尺寸即为设计尺寸 $\phi50_{-0.011}^{\ 0}$ mm，则

精磨　　$d=\phi(50+0.01)\,\text{mm}=\phi50.01\ \text{mm}$

粗磨　　$d=\phi(50.01+0.1)\,\text{mm}=\phi50.11\ \text{mm}$

半精车　　$d=\phi(50.11+0.3)\,\text{mm}=\phi50.41\ \text{mm}$

粗车　　$d=\phi(50.41+1.1)\,\text{mm}=\phi51.51\ \text{mm}$

毛坯　　$d=\phi(51.51+4.49)\ \mathrm{mm}=\phi56\ \mathrm{mm}$

(3)确定各工序的经济精度及公差。

精磨(IT6)　　$T=0.016\ \mathrm{mm}$

粗磨(IT8)　　$T=0.039\ \mathrm{mm}$

半精车(IT11)　　$T=0.16\ \mathrm{mm}$

粗车(IT13)　　$T=0.39\ \mathrm{mm}$

毛坯　　$T=2.4\ \mathrm{mm}$

(4)确定各工序尺寸及公差。

研磨　　$\phi50_{-0.011}^{\ 0}\ \mathrm{mm}$

精磨　　$\phi50.01_{-0.016}^{\ 0}\ \mathrm{mm}$

粗磨　　$\phi50.11_{-0.039}^{\ 0}\ \mathrm{mm}$

半精车　　$\phi50.41_{-0.16}^{\ 0}\ \mathrm{mm}$

粗车　　$\phi51.51_{-0.39}^{\ 0}\ \mathrm{mm}$

毛坯　　$\phi56(\pm1.2)\ \mathrm{mm}$

轴的加工余量、工序尺寸及公差的分布如图 3-21 所示。

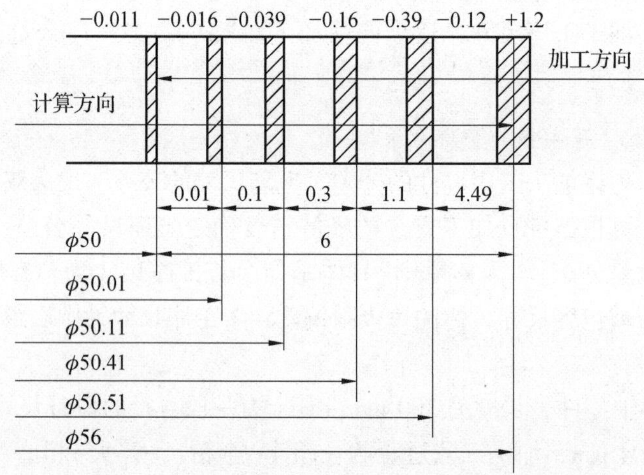

图 3-21　轴的加工余量、工序尺寸及公差的分布

3.7.4　工艺装备的选择

1. 机床的选择

选择机床时，要充分了解机床的工艺范围、技术规格、加工精度、自动化程度等方面的性能。具体选择时，应注意以下几点。

(1)机床的类型应与工序的划分原则相适应。若工序按集中原则划分，对单件小批生产，则应选择通用机床或数控机床；对大批大量生产，则应选择高效专用机床。若采用工序分散原则，则机床可以较简单一些。

(2)机床的精度应与工序要求的精度相适应。

(3) 机床规格应与工件的外廓尺寸相适应，即小件选小型机床，大件选大型机床。

(4) 所选机床应与现有的加工条件相适应，如考虑机床精度状况、负荷的平衡状况等。

2. 夹具的选择

单件小批生产应优先选用通用夹具和机床附件，如各种卡盘、台虎钳和回转台等。对于大批大量生产，可专门设计、制造专用高效夹具，以提高生产率。对多品种、中批、单件小批生产，应积极推广使用可调夹具和组合夹具。

3. 刀具的选择

一般选用标准刀具，必要时可采用各种高效率的复合刀具及其他一些专用刀具，也可推广使用一些先进刀具。刀具的类型、规格和精度等级应符合加工要求。

4. 量具的选择

量具的选择主要根据生产类型和检验精度确定。单件小批生产多采用如游标卡尺、百分尺等通用量具。大批大量生产应采用各种量规和高效率的专用检具，量具的精度与加工精度要相适应。

3.7.5　切削用量的选择

切削用量的选择原则在第1章已经详细阐述。这里要特别说明的是，对于数控机床，工时费用比刀具损耗费用要高，所以应尽量用高的切削用量，通过降低刀具寿命来提高数控机床的生产率。

3.8　工艺尺寸链

当工序基准或定位基准与设计基准不重合时，工序尺寸及其公差的确定需借助工艺尺寸链来分析计算。

3.8.1　尺寸链的概念与组成

1. 尺寸链的概念

以图3-22(a)所示台阶零件为例，其设计尺寸为 A_1 和 A_0，为使夹具结构简单和工件定位稳定可靠，选择 A 面为定位基准，按调整法根据对刀尺寸 A_2 加工表面 B，间接保证尺寸 A_0，这样就需要分析尺寸 A_1、A_2 和 A_0 之间的内在关系，从而计算出对刀尺寸 A_2 的数值。尺寸 A_1、A_2 和 A_0 形成封闭的尺寸组，就是尺寸链。

又如，图3-22(b)所示轴孔配合，装配后间接形成尺寸 A_0，即装配精度，它是由孔的尺寸 A_1 和轴的尺寸 A_2 间接保证的，则尺寸 A_1、A_2 和 A_0 形成封闭尺寸组，就是尺寸链。

因此，尺寸链就是在零件加工或机器装配过程中，由相互联系的尺寸所形成封闭的尺寸组。尺寸链中的各个尺寸称为环，如图3-22(c)中的 A_1、A_2 和 A_0 都是尺寸链的环。

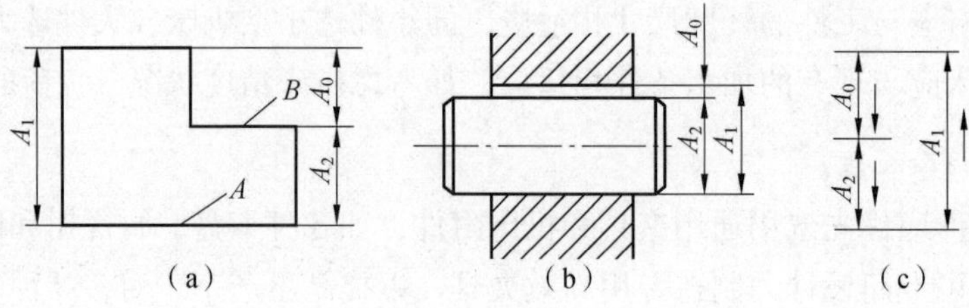

图 3-22　尺寸链示例

2. 尺寸链的组成

尺寸链由一个封闭环和若干个组成环组成。

(1)封闭环。在加工或装配过程中最后形成的环为封闭环。它是派生的，其大小由各组成环间接保证，如图 3-22 中的 A_0。

(2)组成环。对封闭环有影响的其他各环为组成环。根据其对封闭环的影响不同，组成环又可分为增环和减环。增环是当其他组成环不变，该组成环的变化将引起封闭环同向变动的组成环，用 $\vec{A}_i$ 表示，如图 3-22 中$\vec{A}_1$。减环是当其他组成环不变，该组成环的变化将引起封闭环反向变动的组成环，用 $\overleftarrow{A}_i$ 表示，如图 3-22 中$\overleftarrow{A}_2$。由此可见，尺寸链具有封闭性和关联性。

3.8.2　尺寸链的计算公式

工艺尺寸链的计算方法有极值法和概率法两种。下面介绍一下极值法的计算公式。

(1)各环基本尺寸的计算：

$$A_0 = \sum_{i=1}^{m} \vec{A}_i - \sum_{i=1}^{n} \overleftarrow{A}_i \tag{3-6}$$

式中，m——增环数；

n——减环数。

(2)各环极限尺寸的计算：

$$A_{0\max} = \sum_{i=1}^{m} \vec{A}_{i\max} - \sum_{i=1}^{n} \overleftarrow{A}_{i\min} \tag{3-7}$$

$$A_{0\min} = \sum_{i=1}^{m} \vec{A}_{i\min} - \sum_{i=1}^{n} \overleftarrow{A}_{i\max} \tag{3-8}$$

(3)各环上、下极限偏差的计算：

$$ES_0 = \sum_{i=1}^{m} \overrightarrow{ES}_i - \sum_{i=1}^{n} \overleftarrow{EI}_i \tag{3-9}$$

$$EI_0 = \sum_{i=1}^{m} \overrightarrow{EI}_i - \sum_{i=1}^{n} \overleftarrow{ES}_i \tag{3-10}$$

(4)各环公差的计算：

$$T_0 = \sum_{i=1}^{m+n} T_i \tag{3-11}$$

(5)各环平均公差的计算：

$$T_{M}=\frac{T_{0}}{m+n} \tag{3-12}$$

3.8.3　工艺尺寸链的建立及尺寸链图

1. 工艺尺寸链的建立

首先确定封闭环。在装配尺寸链中，装配精度就是封闭环。在工艺尺寸链中，封闭环是间接获得的，是最后形成的尺寸，需要具体问题具体分析。

封闭环确定后再查找组成环。组成环的基本特点是加工过程中直接获得且对封闭环有影响。查找时，从构成封闭环的两表面同时开始，循着工艺过程的顺序，分别向前查找各表面的最近一次加工的加工尺寸，再进一步向前查找此加工尺寸的工序基准的最近一次加工时的加工尺寸，直至两条路线最后得到的加工尺寸的工序基准为同一表面为止。至此，上述尺寸系统就构成一个封闭的工艺尺寸链。

2. 画尺寸链图、判断环的性质

尺寸链图是将尺寸链中各环按大致比例，首尾相接的顺序画出的尺寸图，如图3-22(c)所示。用尺寸链图可判别组成环的性质：在封闭环上按任意方向画出箭头，然后沿此方向顺次给每一组成环画出箭头，凡箭头方向与封闭环相反的为增环，反之则为减环。

尺寸链的形式也是多种多样的，按功能要求，可分为工艺尺寸链和装配尺寸链；按各环所处的空间位置，可分为线性尺寸链、平面尺寸链和空间尺寸链；按环的几何特征，可分为长度尺寸链和角度尺寸链等。

3.8.4　工艺尺寸链的应用

1. 工艺基准与设计基准不重合时工序尺寸及其公差的计算

例3-2　如图3-23(a)所示零件简图，现以A面定位，用调整法加工B面，调整时需按尺寸A_2进行，显然定位基准A面与设计基准B面不重合，这就需要尺寸链的换算。图3-23(b)为尺寸链图，设计尺寸$A_0=20^{+0.33}_{0}$ mm是间接保证的，为封闭环；$A_1=50^{0}_{-0.15}$ mm和A_2为组成环，A_1为增环，A_2为减环。本例所求尺寸为A_2。

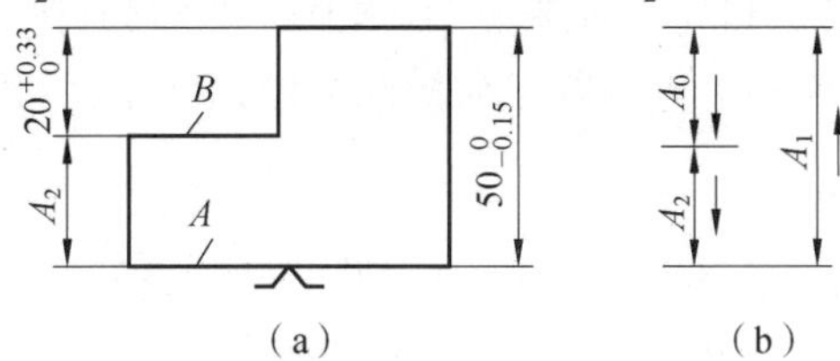

图3-23　定位基准与设计基准不重合的尺寸计算

解　由式(3-6)求A_2基本尺寸：

$$A_2=A_1-A_0=(50-20)\,\text{mm}=30\ \text{mm}$$

由式(3-9)求A_2下极限偏差：

所以 $$EI_2 = ES_1 - ES_0 = (0 - 0.33)\text{ mm} = -0.33\text{ mm}$$

由式(3-10)求 A_2 上极限偏差：

$$ES_2 = EI_1 - EI_0 = (-0.15 - 0)\text{ mm} = -0.15\text{ mm}$$

$$A_2 = 30^{-0.15}_{-0.33}\text{ mm}$$

由式(3-11)验算可知计算正确。

例 3-3 如图 3-24(a)所示套筒零件，大孔深度尺寸未注。根据设计尺寸 $50^{\ 0}_{-0.17}$ mm 和 $10^{\ 0}_{-0.36}$ mm，解算尺寸链[图 3-24(b)]，可求得按设计要求最后形成大孔深度尺寸应为 $A_0 = 40^{+0.36}_{-0.17}$ mm。

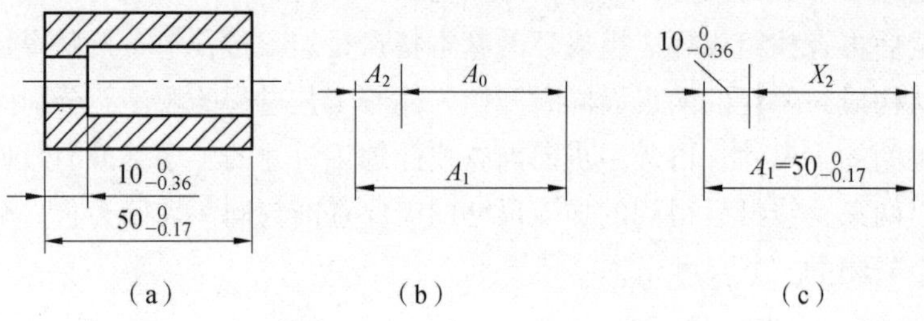

图 3-24 测量基准与设计基准不重合时的尺寸计算

解 在加工时，测量尺寸 $10^{\ 0}_{-0.36}$ mm 较困难，而采用深度游标卡尺直接测量大孔深度则较为方便。此时，测量基准与设计基准不重合，于是尺寸 $10^{\ 0}_{-0.36}$ mm 就成为最后形成的封闭环，设计尺寸 A_1 和大孔深度测量尺寸 X_2 就为组成环。画出尺寸链图[图 3-24(c)]，解得 $X_2 = 40^{+0.19}_{\ 0}$ mm。

测量尺寸 X_2 时，若 A_1 的尺寸在 $50^{\ 0}_{-0.17}$ mm 之间，X_2 的尺寸在 $40^{+0.19}_{\ 0}$ mm 之间，则 X_0 必在 $10^{\ 0}_{-0.36}$ mm 之间，零件为合格品；若 X_2 的实际尺寸超出范围，假设偏大或偏小0.17 mm，即为 40.36 mm 或 39.83 mm，从工序上看此件为不合格品。但是，如果 A_1 恰好做到最大 50 mm或最小 49.83 mm，则此时 X_0 的实际尺寸为(50-40.36) mm = 9.64 mm 或(49.83-39.83) mm = 10 mm，零件仍为合格品。这就是工序上报废而产品仍合格的“假废品”现象。为了避免造成浪费，如果零件的测量尺寸的超差量小于或等于另一组成环的公差，应对该零件进行复检，逐个测量并计算出零件的实际尺寸，以判断该零件是否为真正的废品。

从以上分析可知，由于测量基准和设计基准不重合，因此要进行尺寸链的计算，其结果一方面提高了测量尺寸的精度和加工难度(比较大孔深度的测量尺寸 $X_2 = 40^{+0.19}_{\ 0}$ mm 和原设计尺寸 $A_0 = 40^{+0.36}_{-0.17}$ mm)；另一方面出现了假废品问题，使工艺过程复杂。

2. 中间工序尺寸的计算

例 3-4 图 3-25(a)所示为齿轮内孔简图。设计尺寸是孔径 $\phi85^{+0.035}_{\ 0}$ mm，需淬硬，键槽深度尺寸为 $90.4^{+0.20}_{\ 0}$ mm。孔和键槽的加工顺序如下：

(1)镗孔至 $\phi84.8^{+0.07}_{\ 0}$ mm；

(2)插键槽，工序尺寸为 A；

(3)热处理；

(4)磨孔至 $\phi85^{+0.035}_{\ 0}$ mm，同时保证 $90.4^{+0.20}_{\ 0}$ mm。试求插键槽的工序尺寸及其公差。

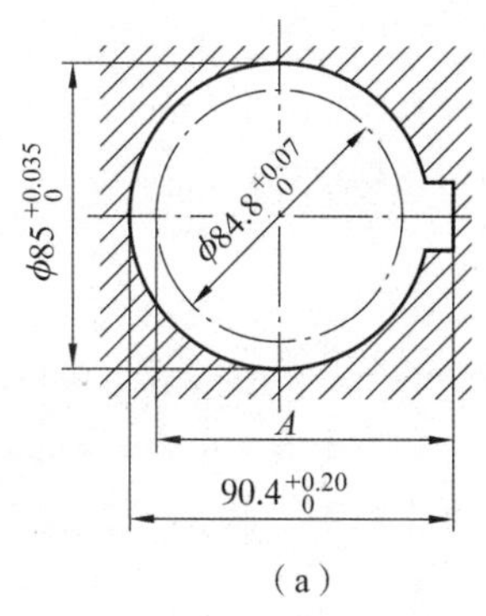

（a）

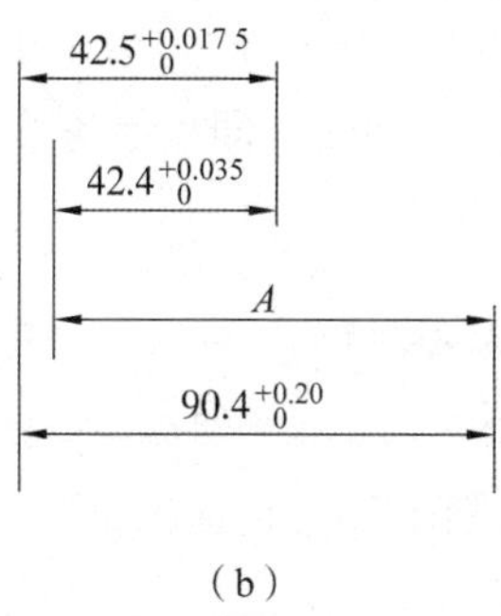

（b）

图 3-25　齿轮内孔简图

解　由题中可知间接保证的尺寸是 $90.4^{+0.20}_{0}$ mm，是封闭环。而磨孔后的半径尺寸 $42.5^{+0.0175}_{0}$ mm，镗孔后的半径尺寸 $42.4^{+0.035}_{0}$ mm，插键槽尺寸 A 都是直接获得的尺寸，所以均为组成环。画出尺寸链图[图 3-25(b)]，判别增减环：A、$42.5^{+0.0175}_{0}$ mm 为增环，$42.4^{+0.035}_{0}$ mm 为减环。

按式(3-6)求出 A 的基本尺寸：

$$90.4=A+42.5-42.4,\ A=90.3\ \text{mm}$$

按式(3-9)求出 A 的上极限偏差为：

$$0.20=ES_A+0.0175-0\quad ES_A=0.1825\ \text{mm}\approx0.183\ \text{mm}$$

按式(3-10)求出 A 的下极限偏差为：

$$0=EI_A+0-0.035\quad EI_A=0.035\ \text{mm}$$

所以，插键槽的工序尺寸为 $A=90.3^{+0.183}_{+0.035}$ mm 。

3. 保证渗氮、渗碳层深度的尺寸计算

有的零件表面需进行渗氮、渗碳或液体碳氮共渗处理，而且一般要求精加工后保证一定的渗层深度，此时需要根据尺寸链合理确定热处理时的渗层深度。

例 3-5　某零件材料为 1Cr13Mo，其内孔的加工过程如下：

(1)车内孔至 $\phi31.8^{+0.14}_{0}$ mm；

(2)液体碳氮共渗，工艺要求渗层深度为 t_1[图 3-26(a)]；

(3)磨内孔至 $\phi32^{+0.035}_{+0.010}$ mm，并要求保证液体碳氮共渗层深度为 0.3~0.5 mm[图 3-26(b)]。

试求液体碳氮共渗层深度 t_1。

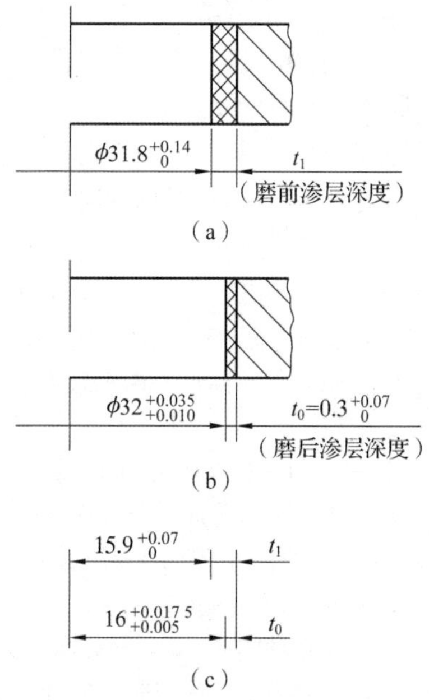

图 3-26　保证渗层深度的尺寸计算

解　显然 $t_0=0.3\sim0.5$ mm $=0.3^{+0.2}_{0}$ mm 是间接获得，为封闭环。画出尺寸链图[图 3-26(c)]，求解 t_1 基本尺寸：

$$0.3=15.9+t_1-16,\ t_1=0.4\ \text{mm}$$

t_1 的上极限偏差为：

$$0.2=+0.07+ES_1-(+0.005),\ ES_1=0.135\ \text{mm}$$

t_1 的下极限偏差为：

$$0=0+EI_1-(+0.0175),\ EI_1=0.0175\ \text{mm}$$

所以，$t_1=0.4_{+0.0175}^{+0.135}$ mm，即渗层深度为 0.417 5~0.535 mm。

3.9 机械加工生产率和技术经济分析

制订工艺规程的根本任务是在保证产品质量的前提下，提高生产率和降低成本，即做到高产、优质、低消耗。

在制订工艺规程时，在保证质量的前提下，还必须对工艺过程认真开展技术经济分析，有效地采取提高机械加工生产率的工艺措施。

3.9.1 时间定额

时间定额通常由定额员、工艺人员和工人通过总结过去的经验，并参考有关的资料后估算确定；或者以同类产品时间定额为依据，进行对比分析后推算确定；也可以通过对实际操作时间的测定和分析来确定。

1. 时间定额的概念

时间定额是指在一定的生产条件下，规定生产一件产品或完成一道工序所需消耗的时间。时间定额不仅是衡量生产率的指标，也是安排生产计划、核算生产成本和工人劳动报酬的重要依据。合理的时间定额能调动工人的生产积极性，促进工人技术水平的提高，从而不断提高生产率。

2. 时间定额的组成

单件时间($T_{单件}$)是完成单件产品或产品一道工序的时间。它包括下列组成部分。

(1)基本时间 $T_{基本}$：直接改变零件尺寸、形状、相对位置、表面质量或材料性质等工艺过程所消耗的时间。对于切削加工，是指切除工序余量所消耗的时间，包括刀具的趋近、切入、切削、切出等所消耗的时间。

$$T_{基本}=\frac{L_{计}\cdot Z}{n\cdot f\cdot a_p} \tag{3-13}$$

式中，$T_{基本}$——基本时间(min)；

$L_{计}$——工作行程计算长度(mm)，包括加工面的长度 $L_{工}$，刀具切入长度 L_1、切出长度 L_2；

Z——工序单边余量(mm)；

n——工件的转速(r/min)；

f——刀具进给量(mm/r)；

a_p——背吃刀量(mm)。

(2)辅助时间 $T_{辅助}$：为实现工艺过程所必须进行的各种辅助动作所消耗的时间，包括装卸工件、开停机床、引进或退出刀具、改变切削用量、试切和测量工件等所消耗的时间。

辅助时间的确定方法随生产类型而异。大批大量生产时，为使辅助时间规定得合理，需将辅助动作分解，再分别确定各分解动作的时间，最后予以综合；中批生产则可根据以往统计资料来确定；单件小批生产常用基本时间的百分比进行估算。

基本时间和辅助时间的总和为作业时间，是直接用于制造产品或零部件所消耗的时间。

(3)布置工作地时间 $T_{布置}$：为使加工正常进行，工人照管工作地点及保持正常工作状态所消耗的时间。例如，在加工过程中调整、更换和刃磨刀具、润滑和擦拭机床、清除切屑等所消耗的时间。布置工作地时间可取基本时间和辅助时间之和的2%~7%。

(4)休息和生理需要时间 $T_{休息}$：工人在工作班内恢复体力和满足生理上的需要所消耗的时间。其按一个工作班为计算单位，再折算到每个工件上。对机床操作工人一般取作业时间的2%~4%。

以上四部分时间的总和即为单件时间 $T_{单件}$，即

$$T_{单件} = T_{基本} + T_{辅助} + T_{布置} + T_{休息}$$

(5)准备终结时间 $T_{准终}$：工人为了生产一批产品或零、部件，进行准备和结束工作所消耗的时间。因该时间对一批产品或零、部件(批量为 N)只消耗一次，故分摊到每个零件上的时间为 $T_{准终}/N$。因此，成批生产时某产品单件时间定额($T_{定额}$)为

$$T_{定额} = T_{基本} + T_{辅助} + T_{布置} + T_{休息} + T_{准终}/N$$

在大量生产时，因 N 极大，时间定额为

$$T_{定额} = T_{基本} + T_{辅助} + T_{布置} + T_{休息}$$

3.9.2　工艺方案的技术经济分析

制订机械加工工艺规程时，在同样能满足工件的各项技术要求下，一般可以拟订出几种不同的加工方案，而这些方案的生产率和生产成本会有所不同。为了选取最佳方案，需进行技术经济分析。所谓技术经济分析，就是通过比较不同工艺方案的生产成本，选出最经济的加工工艺方案。

1. 表示产品工艺方案技术经济特性的指标

1)产品工艺方案技术经济特性主要指标

产品工艺方案技术经济特性主要指标包括劳动消耗量、设备构成比、工艺装备系数、工艺过程的集中分散程度、金属消耗量及占用生产面积等。

(1)劳动消耗量：以工时数和台时数表示，说明消耗劳动的多少，标志生产率的高低。

(2)设备构成比：所采用的各种设备占设备总数的比例。高生产率设备占的比例大，活劳动消耗小，但设备负荷系数小，会导致产品成本增加。

(3)工艺装备系数：采用的专用夹具、量具、刀具的数目与所加工零件的个数之比。这个系数大，加工所用劳动量就少，但会引起投资与使用费用的增加和生产准备时间的延长。产品产量不大时，可能引起工艺成本增加。

(4)工艺过程的集中分散程度：用每个零件的平均工时数表示。通常，单件小批生产时，用集中工序的方法可获得较好的经济效果；大批大量生产时，用自动、多刀、多轴等机床可获得良好的经济效益，也可以用自动生产线或组织流水线生产。

(5)金属消耗量。取决于选用毛坯的种类和毛坯车间工艺过程的特征。计算金属消耗量时需要把毛坯生产的工艺方案和机械加工工艺方案综合起来进行分析。

(6)占用生产面积。在设计新车间或改建现有车间时，厂房面积与选择合理的工艺过程方案密切相关。

2)机械加工工艺过程技术特性指标

机械加工工艺过程技术特性指标包括出产量(件/年)，毛坯种类，毛坯质量，制造毛坯所需金属质量，毛坯净重，毛坯的成品率，材料的成品率，机械加工工序总数(调整工序、

自动工序、手动工序的数目)，各类机床总数(专用机床、自动机床的数量)，机床负荷系数，设备总功率，机动时间系数，专用夹具数量(其中包括多工位夹具、自动化夹具)，专用夹具装备系数，机床工作总台时，操作工人的平均等级，钳工修整劳动量及其占机床工作量的比例，生产面积，平均每台机床占用生产面积，平均每台机床占用总面积等。

对不同工艺方案进行概略评价时，应综合分析上述指标，只有当其他指标没有明显差异时，才可集中分析某一有限制差异的指标。如果认为这样的概略分析没有把握说明工艺方案的经济合理性时，就应再作工艺成本分析。

2. 工艺成本的构成与计算

1)工艺成本的构成

工艺成本由可变费用和不变费用两部分组成。

(1)可变费用。可变费用是与工件的年产量有关并与之成正比的费用，用 V 表示(元/件)，包括材料费、操作工人的工资、机床电费、通用机床折旧费、通用机床修理费、刀具费、通用夹具费等。

(2)不变费用。不变费用是与工件的年产量无直接关系，不随工件的年产量的增减而成比例变动的费用，用 S 表示(元/年)，包括机床管理人员、车间辅助工人、调整工人的工资、专用机床折旧费、专用机床修理费、专用夹具费等。当产量在一定范围内变化时，全年的费用基本上保持不变。

2)工艺成本的计算

由以上分析可知，有如下工艺成本的计算。

(1)零件的全年工艺成本。

$$E = VN + C$$

式中，E——零件(或零件的某工序)全年的工艺成本(元/年)；

V——可变费用(元/年)；

N——年产量(件/年)；

C——不变费用(元/年)。

图 3-27 表示全年工艺成本 E 与年产量 N 的关系。由上述公式可知，全年工艺成本 E 和年产量 N 成线性关系，即全年工艺成本与年产量成正比。在图 3-27 中也可体现，直线的斜率为零件的可变费用 V，直线的起点为零件的不变费用 C。C 为投资定值，不论生产多少，其值不变。

(2)零件的单件工艺成本。

图 3-28 表示单件工艺成本 E_d 与年产量 N 的关系。由图可知，E_d 与 N 呈双曲线关系，当 N 增大时，E_d 逐渐减小，极限值接近于可变费用 V。

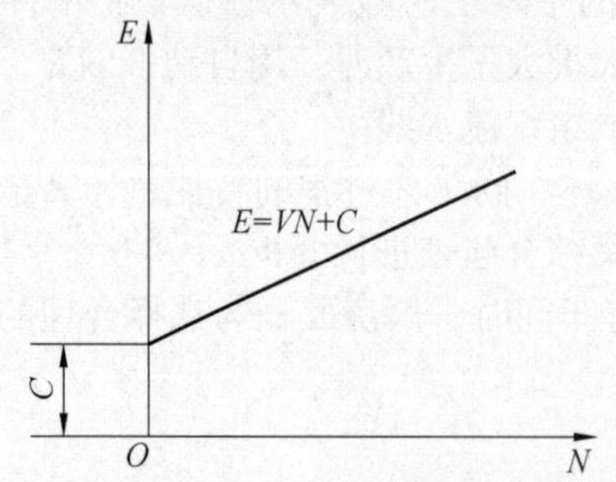

图 3-27　全年工艺成本与年产量的关系

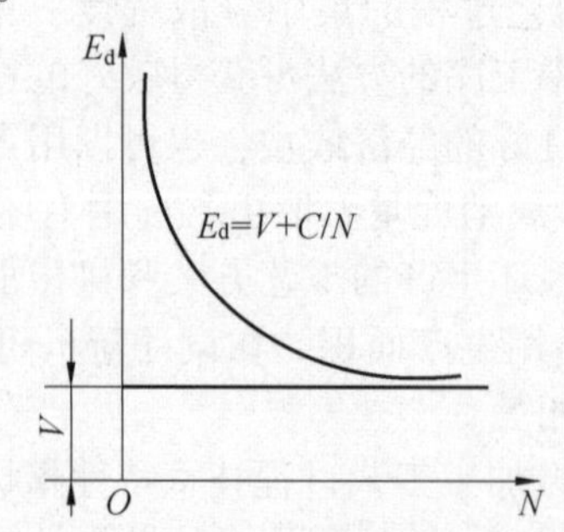

图 3-28　单件工艺成本与年产量的关系

3. 工艺方案的技术经济评比

对不同的工艺方案进行技术经济评比时，常用零件的全年工艺成本进行比较，这是因为全年工艺成本与年产量成线性关系，比较起来方便。对不同的零件加工工艺方案进行技术经济评比时，有以下两种情况。

1）使用现有设备的情况

此时，可按零件全年的工艺成本 E 来比较工艺方案的优劣。如果有两种零件加工工艺方案，其零件全年的工艺成本 E 与年产量 N 的关系如图 3-29 所示。从图中可以看出：当零件的年产量为临界年产量 N_k 时，工艺方案 1 和工艺方案 2 的工艺成本相同；当零件的年产量小于临界年产量 N_k 时，工艺方案 2 比工艺方案 1 的工艺成本低，即年产量较小时宜采用不变工艺费用 C_2 的工艺方案。当零件的年产量大于临界年产量 N_k 时，工艺方案 1 比工艺方案 2 的工艺成本低，即年产量较大时宜采用不变工艺费用 C_1 的工艺方案。

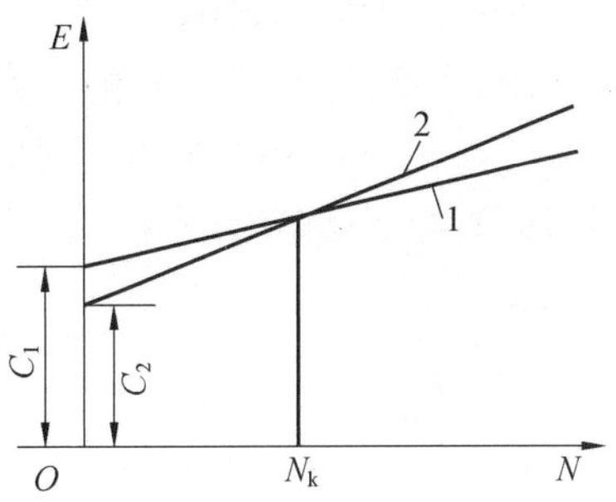

图 3-29　两种零件加工工艺方案的工艺成本比较

2）追加基本投资的情况

当年产量较大时，追加基本投资较多的工艺方案其工艺成本较低，但此时不能单纯比较工艺成本，还需考虑不同方案基本投资的回收期。回收期是新旧工艺方案的投资差值与新旧工艺方案的工艺成本差值之比，即多余的投资需要几年方能收回，其计算公式为

$$\tau=\frac{\Delta K}{\Delta E}$$

式中，τ——投资回收期（年）；

ΔK——新旧工艺方案的投资差值（元）；

ΔE——新旧工艺方案的工艺成本差值（元/年）。

如果有两种追加基本投资的零件加工工艺方案，投资回收期较少的方案较好。除此之外，一般投资回收期还需满足以下要求。

（1）投资回收期应小于所用设备或工艺装备的使用年限。

（2）投资回收期应小于该产品由于结构性能或市场需求等因素所决定的生产年限。

（3）投资回收期应小于国家规定的标准回收期。

3.9.3　提高生产率的工艺途径

在制订工艺规程的时候，应保证妥善处理生产率与经济性的问题。提高生产率，涉及产品设计、制造工艺、生产组织及管理等多方面的因素。下面简单介绍提高生产率的一些工艺途径。

1. 缩短基本时间

在大批大量生产时，由于基本时间在单件时间中所占比重较大，因此通过缩短基本时间即可提高生产率。缩短基本时间的主要途径有以下几种。

1）提高切削速度、进给量和背吃刀量

这是简单、直接且可行的方法，但切削用量的提高受到刀具寿命、机床功率、工艺系统刚度等方面的制约。随着新型刀具材料的出现，切削速度得到了迅速的提高，目前硬质合金车刀的切削速度达 200 m/min，陶瓷刀具的切削速度达 500 m/min。近年来出现的聚晶人造金刚石和聚晶立方氮化硼刀具切削普通钢材的切削速度达 900 m/min。

在磨削方面，近年来发展的趋势是高速磨削和强力磨削。国内生产的高速磨床和砂轮磨削速度已达 60 m/s，国外已达 90~120 m/s；强力磨削的切入深度已达 6~12 mm，从而使生产率大大提高。

2)采用多刀同时切削

如图 3-30 所示，(a)每把车刀实际加工长度只有原来的 1/3；(b)每把刀的切削余量只有原来的 1/3；(c)用 3 把刀具对同一工件上不同表面同时进行横向切入法车削。显然，采用多刀同时切削比单刀切削的加工时间大大缩短。

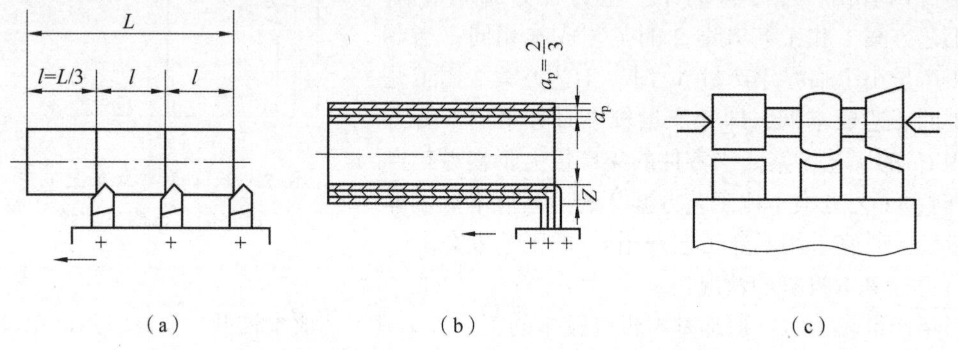

图 3-30　多刀同时加工几个表面

3)多件加工

多件加工通过减少刀具的切入、切出时间或使基本时间重合，从而缩短每个零件加工的基本时间来提高生产率。多件加工有以下 3 种方式。

(1)顺序多件加工，即工件顺着走刀方向一个接着一个地安装，如图 3-31(a)所示。这样减少了刀具切入和切出的时间，也减少了分摊到每一个工件上的辅助时间。

(2)平行多件加工，即在一次走刀中同时加工 n 个平行排列的工件。加工所需基本时间和加工一个工件相同，所以分摊到每个工件的基本时间就减少到原来的 $1/n$。这种方式常见于铣削和平面磨削，如图 3-31(b)所示。

(3)平行顺序多件加工。这种方式为顺序多件加工和平行多件加工的综合应用，如图 3-31(c)所示，适用于工件较小、批量较大的情况。

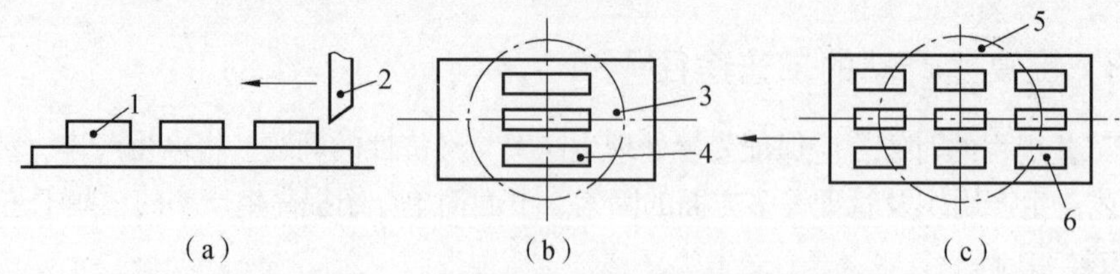

1、4、6—工件；2—刨刀；3—铣刀；5—砂轮。

图 3-31　多件加工

4)减少加工余量

采用精密铸造、压力铸造、精密锻造等先进工艺提高毛坯制造精度，减少机械加工余量，以缩短基本时间，有时甚至无须再进行机械加工，这样可以大幅提高生产率。

2. 缩短辅助时间

随着基本时间的减少，辅助时间在单件时间中所占比重越来越大。这时，应采取措施缩短辅助时间。

1) 采用先进夹具

大批大量生产中采用气动、液动、电磁等高效夹具，中批、单件小批生产中采用成组工艺、成组夹具、组合夹具都能减少找正和装卸工件时间。

2) 采用连续加工方法

使辅助时间与基本时间重合或大部分重合。如图 3-32 所示，在双轴立式铣床上采用连续加工方式进行粗铣和精铣。在装卸区及时装卸工件，在加工区不停地进行加工。连续加工不需间隙转位，更不需停机，生产率很高。

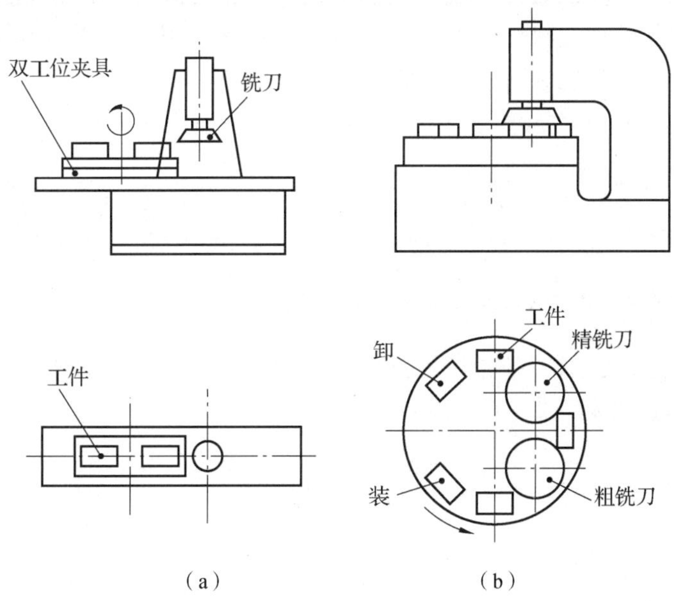

图 3-32　辅助时间与基本时间重合示例

3) 采用在线检测的方法进行检测

采用在线检测的方法控制加工过程中的尺寸，使测量时间与基本时间重合。近代在线检测装置发展为自动测量系统，不仅能在加工过程中测量、显示实际尺寸，而且能用测量结果控制机床的自动循环，使辅助时间大大缩短。

3. 采用先进制造工艺方法

采用先进制造工艺方法是提高生产率的另一有效途径，有时能取得较好的经济效果。工艺设计人员应密切关注国内外机械加工工艺的发展动向，获取先进工艺信息，开展工艺试验，不断探索提高生产率的途径。

1) 采用先进的毛坯制造新工艺

精铸、精锻、粉末冶金、冷挤压、热挤压和快速成型等新工艺，能有效地提高毛坯精度，减少机械加工量并节约原材料，还可使工件的表面质量得到明显改善。

2) 采用特种加工方法

对一些特殊性能材料和一些复杂型面，采用特种加工能极大提高生产率。

3)采用少无切削工艺

目前常用的少无切削工艺有冷轧、辊锻、冷挤等。这些方法在提高生产率的同时，还能使工件的加工精度和表面质量也得到提高。

4)采用高效加工方法

大批大量生产中用拉削、滚压加工代替铣削、铰削和磨削，成批生产中用精刨、精磨或金刚镗代替刮研等都可提高生产率。

4. 进行高效、自动化加工

随着机械制造中属于大批大量生产品种种类的减少，多品种、中批、单件小批生产将是机械加工工业的主流，成组技术、计算机辅助工艺规程、数字控制机床、柔性制造单元(Flexible Manufacturing Cell，FMC)及柔性制造系统(Flexible Manufacturing System，FMS)与计算机集成制造系统等现代制造技术，不仅适应了多品种、中批、单件小批生产的特点，又能大大地提高生产率，是机械制造业的发展趋势。

3.10 制订机械加工工艺规程的实例

3.10.1 零件工艺规程制订的任务要求

图 3-33 为减速器传动轴零件图，该轴在工作时要承受扭矩。该轴采用材料为 45 钢，调质处理 28~32HRC。现按中批生产，制订工艺规程。

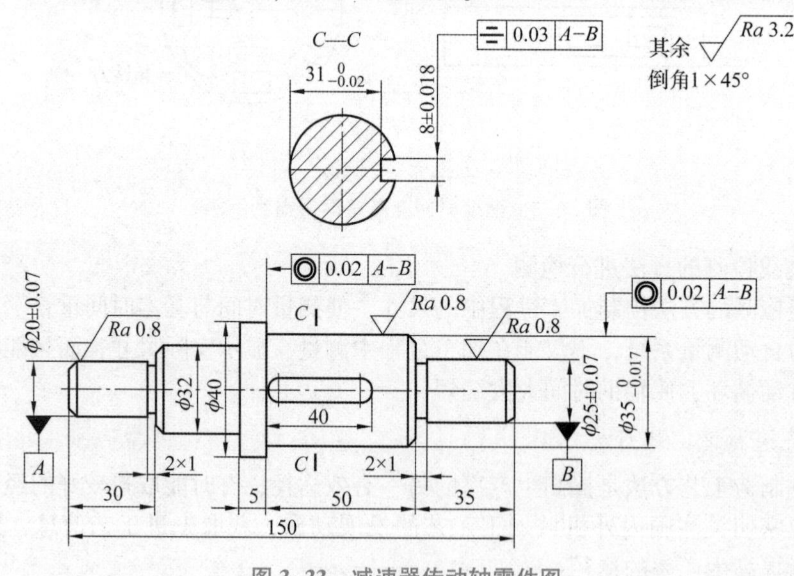

图 3-33 减速器传动轴零件图

3.10.2 制订工艺规程

1. 零件工艺分析

该零件是减速器的一个主要零件，其结构呈阶梯状，属于阶梯轴。

从该传动轴零件图可知，两支承轴分别为 $\phi20\pm0.07$ mm 和 $\phi25\pm0.07$ mm，配合轴径 $\phi35_{-0.017}^{0}$ mm，是零件的 3 个重要表面。该零件的主要技术要求如下。

(1)两支承轴径分别为 $\phi20\pm0.07$ mm 和 $\phi25\pm0.07$ mm，表面粗糙度 Ra 为 0.8 μm。

(2)配合轴径 $\phi35_{-0.017}^{0}$ mm，表面粗糙度 Ra 为 0.8 μm，且与支承轴径的同轴度公差为 $\phi0.02$ mm。

(3)键槽宽为 8±0.018 mm，键槽深度为 $31_{-0.2}^{0}$ mm，表面粗糙度为 $Ra3.2$ μm。

2. 毛坯的选择

由于该轴采用的材料为 45 钢，成批生产，且其为一般传动轴，强度要求不高，工作时受力相对稳定，台阶尺寸相差较小，根据毛坯的选择原则，可选择 $\phi45$ mm 冷轧圆钢作毛坯。

3. 定位基准的选择

选择两中心孔作为统一的精基准；选择毛坯的外圆作为粗基准。

4. 工艺路线的拟订

1)加工方法的选择

由于两支承轴颈和配合轴颈的精度要求较高，最终加工方法应为磨削。磨外圆前要进行粗车-半精车，并完成其他次要表面的加工。根据键槽的加工精度和表面粗糙度要求，其加工方法定为粗铣-精铣。

2)加工阶段的划分

该轴的加工可分为 3 个阶段：粗加工阶段(包括车端面、钻中心孔、粗车外圆、车槽、倒角)、半精加工阶段(包括修研中心孔、半精车各外圆、铣键槽)和精加工阶段(包括粗磨、精磨 3 个主要外圆表面)。

根据以上分析，该零件的加工工艺路线为：

下料-车一端端面、打中心孔，调头车另一端端面、打中心孔-粗车外圆、车槽和倒角-调质-修研中心孔-半精车各外圆-铣键槽-粗磨、精磨 3 个主要表面外圆。

5. 工序余量和工序尺寸的确定

根据有关工艺手册和资料可得：

(1)调质后半精车余量 2.5~3 mm，本例取 3 mm。

(2)半精车后 $\phi20\pm0.07$ mm、$\phi25\pm0.07$ mm 和 $\phi35_{-0.017}^{0}$ mm 3 段外圆留磨削余量 0.4 mm，半精车公差取 0.15 mm。根据倒推法，可得半精车工序该三尺寸的相应工序尺寸分别为 $\phi20.4_{-0.12}^{0}$ mm、$\phi25.4_{-0.15}^{0}$ mm 和 $\phi35.4_{-0.15}^{0}$ mm。

粗磨后留余量 0.1 mm，如果粗磨公差取 0.1 mm，则相应粗磨工序尺寸分别为 $\phi20.1_{-0.10}^{0}$ mm、$\phi25.1_{-0.10}^{0}$ mm 和 $\phi35.1_{-0.10}^{0}$ mm。

精磨工序尺寸即为设计尺寸：$\phi20\pm0.07$ mm、$\phi25\pm0.07$ mm 和 $\phi35_{-0.017}^{0}$ mm。

(3)在 $\phi35_{-0.017}^{0}$ mm 外圆半精车后铣键槽的深度尺寸因后序还需要磨削，$31_{-0.2}^{0}$ mm 的保证涉及多尺寸的保证，必须经过工艺尺寸链计算才能确定。具体计算如下。

①根据加工过程建立尺寸链，如图 3-34 所示。

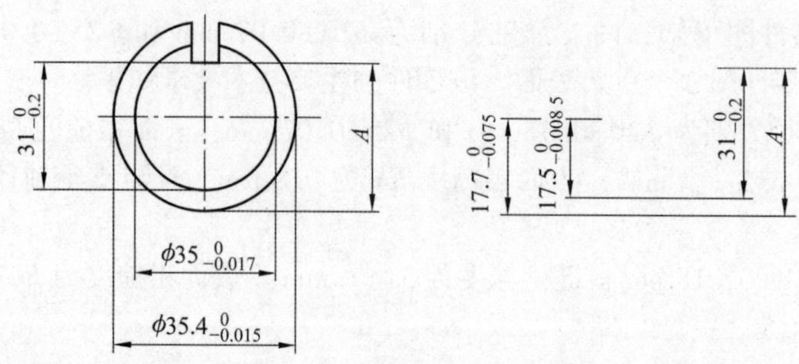

图 3-34　铣键槽尺寸链图

②判断各环的性质。尺寸 $31_{-0.2}^{0}$ mm 是经磨削加工最后得到的，故为封闭环；尺寸 A 和 $17.5_{-0.0085}^{0}$ mm 为增环，尺寸 $17.7_{-0.075}^{0}$ mm 为减环。

③尺寸链计算。

基本尺寸的计算：

$$31=A+17.5-17.7,\ A=31.2\ \text{mm}$$

上偏差的计算：

$$0=ES_A+0-(-0.075),\ ES_A=-0.075\ \text{mm}$$

下偏差的计算：

$$-0.2=EI_A+(-0.0085)-0,\ EI_A=-0.1915\ \text{mm}$$

因而，工序尺寸 $A=31.2_{-0.1915}^{-0.075}$ mm 。

按照入体原则标注为 $A=31.2_{-0.1165}^{0}$ mm 。

综合以上各项，可得传动轴的工艺规程如表 3-11 所示。

表 3-11　传动轴的工艺规程

工序号	工序名称	工序内容	定位基面	设备
1	备料	ϕ45×160	—	锯床
2	车	三爪夹持，车一端端面、钻中心孔，调头，三爪夹持，车另一端端面、钻中心孔	外圆毛坯	车床
3	车	双顶尖装夹，车一端外圆、车槽和倒角，粗车 $\phi25\pm0.07$ mm 和 $\phi35_{-0.017}^{0}$ mm 外圆，留余量 3 mm	两端中心孔	车床
4	车	双顶尖装夹，调头车另一端外圆、车槽和倒角，粗车 $\phi32$ mm 和 $\phi20\pm0.07$ mm 外圆，留余量 3 mm	两端中心孔	车床
5	热处理	调质 28~32HRC	—	—
6	车	修研中心孔	外圆	车床
7	车	半精车 $\phi32$ mm 外圆至尺寸；半精车 $\phi25\pm0.07$ mm、$\phi35_{-0.017}^{0}$ mm 和 $\phi20\pm0.07$ mm 外圆，留余量 0.4 mm	两端中心孔	车床

续表

工序号	工序名称	工序内容	定位基面	设备
8	铣	粗铣、精铣键槽，保证尺寸 8 ± 0.018 mm 和表面粗糙度 $Ra\leqslant3.2$ μm，键槽深度 $31.2_{-0.1165}^{\ 0}$ mm	外圆和另一端中心孔	铣床
9	磨	双顶尖装夹，粗磨 $\phi25\ \pm0.07$ mm、$\phi35_{-0.017}^{\ 0}$ mm 和 $\phi20\ \pm0.07$ mm 外圆，留精磨余量 0.1 mm，精磨到尺寸，靠磨三外圆台肩	两端中心孔	外圆磨床

3.11 轴类零件加工工艺

3.11.1 概述

1. 轴类零件的功用与结构特点

轴类零件是机械加工中的典型零件之一，它主要用来支承传动件(如齿轮、带轮和离合器等)、传递扭矩和承受载荷。

轴类零件是旋转体零件，其长度 L 大于直径 d，加工表面一般由同轴的外圆柱面、圆锥面、内孔、螺纹、花键及相应的端面所组成。

2. 轴类零件的种类

按长径比不同，轴类零件可分为刚性轴($L/d\leqslant12$)和挠性轴($L/d>12$)两种。

按结构形状不同，轴类零件可分为光轴、空心轴、阶梯轴和异形轴(如曲轴、花键轴、偏心轴、凸轮轴和十字轴等)四大类，如图 3-35 所示。

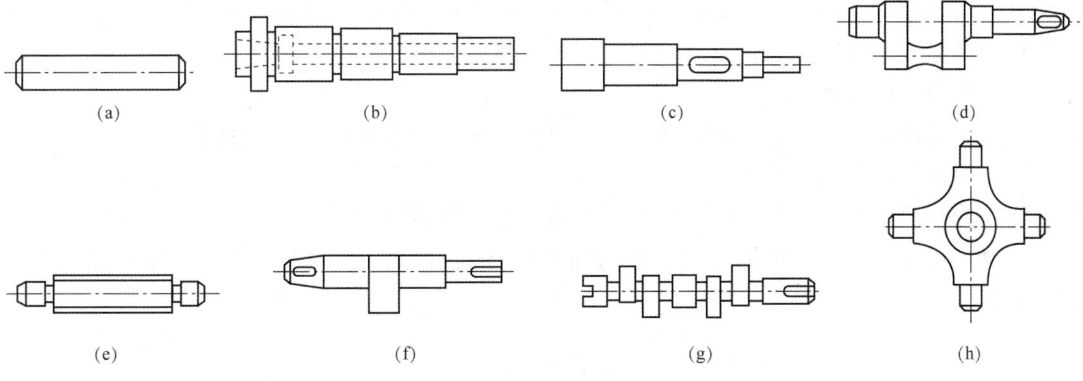

图 3-35 轴的种类

(a)光轴；(b)空心轴；(c)阶梯轴；(d)曲轴；(e)花键轴；(f)偏心轴；(g)凸轮轴；(h)十字轴

3. 轴类零件的技术要求

支承轴颈是轴类零件的主要表面，其技术要求是轴类零件的主要技术要求，一般根据轴类零件的主要功用和工作条件制订。

(1)尺寸精度。轴类零件支承轴颈的尺寸精度等级要求较高，为 IT7~IT5；而装配传动件的轴颈尺寸精度等级一般要求较低，为 IT9~IT6。

(2)形状精度。轴类零件的形状精度主要是指轴颈、外锥面和莫氏锥孔等的圆度和圆柱度，一般应将其限制在尺寸公差范围内。对形状精度要求较高的轴，应在图纸上标注其形状公差。

(3)位置精度。轴类零件的位置精度是指配合轴颈相对于支承轴颈的同轴度，它会影响传动件的传动精度。轴类零件的位置精度通常用配合轴颈对支承轴颈的径向圆跳动来表示，其中，普通精度轴的径向圆跳动一般为 0.01~0.03 mm；高精度轴的径向圆跳动为 0.001~0.005 mm。

(4)表面粗糙度。轴类零件支承轴颈的表面粗糙度为 *Ra* 0.63~0.16 μm；而装配传动件的轴颈表面粗糙度为 *Ra* 2.5~0.63 μm。

4. 轴类零件的材料和毛坯

1)轴类零件的材料

轴类零件应根据不同的工作条件和使用要求选用不同的材料，并采用不同的热处理规范(如调质、正火和淬火等)，以获得一定的强度、韧性和耐磨性。

对于一般轴类零件，常选用 45 钢。45 钢价格便宜，经过调质(或正火)后，可得到较好的切削性能和较高的综合力学性能。重要表面经淬火后再回火，表面硬度可达 45~52HRC。

对于中等精度而转速较高的轴类零件，常选用 40Cr 等合金结构钢。这类钢经调质和表面淬火后，可获得较高的综合力学性能。

对于高精度轴类零件，可选用 GCr15 轴承钢和 65Mn 弹簧钢等材料。这些钢经调质和表面淬火后，表面硬度可达 50~58HRC，并具有较高的耐疲劳性和耐磨性。

对于在高转速、重载荷等条件下工作的轴类零件，可选用 20CrMoTi、20Mn2B 和 20Cr 等低碳合金钢或 38CrMoAlA 渗氮钢。

其中，低碳合金钢经正火和渗碳淬火后，可获得较高的表面硬度和较软的芯部，因此，韧性好，但热处理变形较大；而渗氮钢经调质和表面渗氮后，不仅具备渗碳钢的优点，而且热处理变形很小，硬度更高，具有较高的耐磨性和耐疲劳性。

2)轴类零件的毛坯

轴类零件最常用的毛坯是棒料和锻件，只有某些大型轴或结构复杂轴采用铸件。由于毛坯经锻造后金属内部纤维组织会沿表面均匀分布，具有较高的抗拉、抗弯和抗扭强度，所以，除光轴和直径相差不大的阶梯轴可使用热轧或冷拉棒料外，其他轴大都采用锻件。

此外，对于一些大型轴类零件，如低速船用柴油机曲轴等，还可将轴预先分成几段毛坯，各自锻造加工后，再连接拼装成一个整体。

3.11.2 轴类零件加工的主要工艺问题

1. 轴类零件的装夹

轴类零件的装夹方法主要有用外圆表面定位装夹、用两中心孔定位装夹和用内孔表面定位装夹 3 种。

1)用外圆表面定位装夹

当轴的长径比不大时，可用轴的外圆表面定位装夹。装夹时，可采用通用夹具，如自定心卡盘和单动卡盘等；也可采用高精度的专用夹具，如液性塑料薄壁定心夹具和膜片卡盘等。

2)用两中心孔定位装夹

当轴的长径比较大时，常用两中心孔定位装夹。这种装夹方法的定位基准统一，有利于保证轴上各加工表面之间的相互位置精度，是轴类零件最常用的装夹方法。但是，用这种方法装夹时，轴的刚性较差，不能承受较大的切削力，所以其主要用于半精加工和精加工。

粗加工时，为了提高轴的刚度，可采用一夹一顶的装夹方法，即工件一头用卡爪夹紧，另一头用顶尖固定。

3)用内孔表面定位装夹

当空心轴内孔直径较小时，可直接在孔口倒出宽度为2~3 mm的60°圆锥孔来代替中心孔，然后直接用顶尖定位装夹。

当空心轴孔端有小锥度锥孔时，常采用锥堵定位装夹，如图3-36(a)所示。当孔端为圆柱孔时，也可采用小锥度的锥堵定位装夹。

当空心轴锥孔的锥度较大时，常采用锥套心轴定位装夹，如图3-36(b)所示。

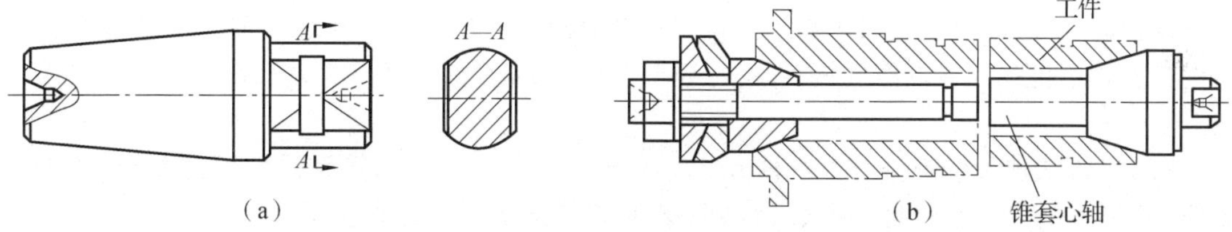

图3-36 锥堵定位装夹和锥套心轴定位装夹

(a)锥堵定位装夹；(b)锥套心轴定位装夹

2. 轴类零件外圆表面的磨削加工

磨削是轴类零件外圆表面精加工的主要方法。根据磨削时工件定位方式的不同，外圆磨削可分为中心磨削和无心磨削两大类。

(1)中心磨削即普通的外圆磨削，被磨削的工件由中心孔定位，在外圆磨床或万能外圆磨床上加工。按进给方式的不同，中心磨削的主要方法有纵向进给磨削法和横向进给磨削法两种，如图2-42所示，不再赘述。

(2)无心磨削以被磨削的外圆本身作为定位基准，生产率高，如图2-47所示，不再赘述。

3. 中心孔的加工

1)中心孔的质量对加工精度的影响

(1)中心孔深度：当采用调整法加工时，若同一批零件的中心孔深度不一致，将难以保证轴两端面及各阶梯间尺寸的一致性；当采用试切法加工时，中心孔深度不一致不会影响加工精度。

(2)中心孔圆度：中心孔本身的圆度误差将会直接反映到工件上去。如图3-37所示，磨削过程中由于受磨削力的作用，工件始终被推向一侧，砂轮与顶尖保持不变的距离a，因此工件的外圆形状取决于中心孔的形状。

(3)两中心孔的同轴度：两中心孔不同轴，会造成中心孔与顶尖接触不良，加工后工件可能会出现圆度误差及位置误差。

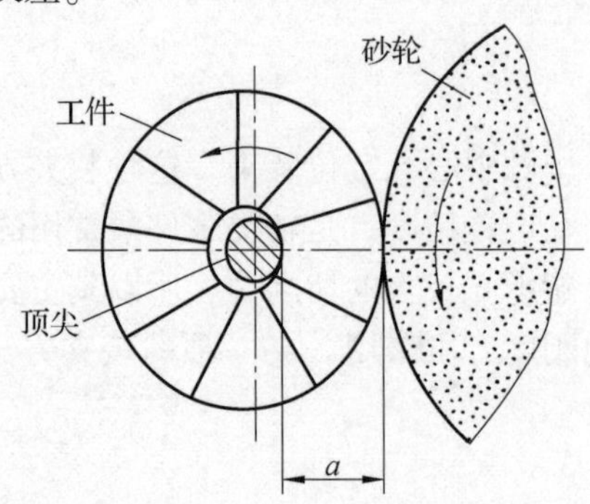

图 3-37　中心孔圆度误差对加工精度的影响

2) 中心孔的修研方法

(1) 用油石(或橡胶砂轮)修研：先将圆柱形油石(或橡胶砂轮)装夹在车床卡盘上，并用装在刀架上的金刚石笔将其前端修成 60°的顶角，然后将工件顶在油石(或橡胶砂轮)和车床尾座顶尖之间，如图 3-38 所示。

修研时，在油石(或橡胶砂轮)上加入少量润滑油，然后开动车床，使油石或橡胶砂轮转动，并用手把持工件断续缓慢转动。这种方法的修研质量和生产率均较高，故生产中应用较广。

(2) 用铸铁顶尖修研：与上一种方法基本相同，不同的是用铸铁顶尖代替油石(或橡胶砂轮)顶尖，顶尖转速略低一些，研磨时必须加研磨剂。用这种方法修研的中心孔精度较高，但修研时间较长，生产率很低，一般很少采用。

(3) 用硬质合金顶尖修研：将硬质合金顶尖的锥面磨成六角形，并留有 $f=0.2\sim0.5$ mm 的等宽刃带，通过刃带对中心孔的切削和挤压作用提高中心孔的精度。这种方法的生产率高，但修研质量稍差，多用于普通轴类零件中心孔的修研或精密轴类零件中心孔的粗研。

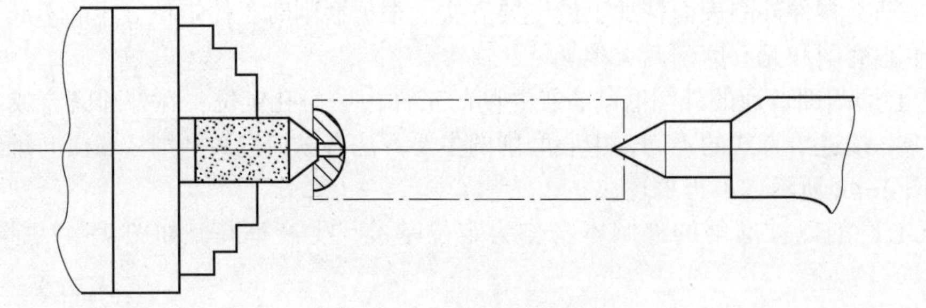

图 3-38　油石修研中心孔

3.11.3　细长轴加工

1. 概述

细长轴是指长径比大于 20 的轴。细长轴由于长径比大、刚性差，在切削过程中极易产生振动和变形，且加工中切削用量小、连续切削时间长、刀具磨损大，不易获得良好的加工精度和表面质量。

2. 改进细长轴车削加工工艺措施

为了保证加工质量，车削细长轴时通常采取的措施包括改进装夹方法、采用中心架或跟刀架、采用反向车削法、合理选择切削用量和刀具几何参数等。

1) 改进装夹方法

车削细长轴时常采用一夹一顶的装夹方法，如图 3-39 所示。其中，夹持端应在工件外圆和卡爪之间垫上弹性开口环或细金属丝，以免工件被卡爪夹坏；顶端需采用轴向弹性活顶尖，使工件在受热膨胀伸长时，顶尖能轴向退让，以减小工件的变形。

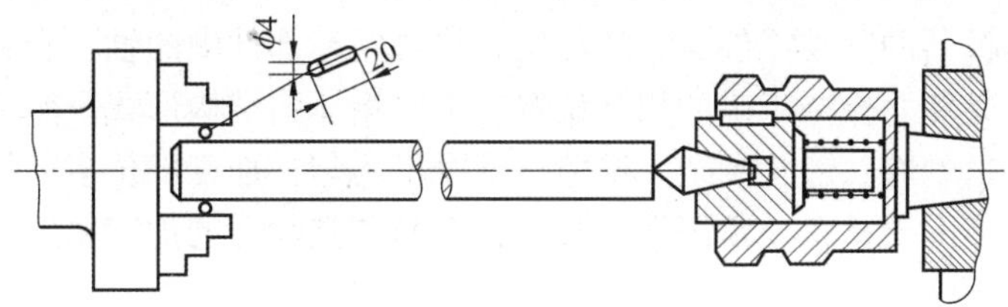

图 3-39　细长轴的装夹

2) 采用中心架或跟刀架

采用中心架或跟刀架都可在车削细长轴时大大提高工件的刚性，防止工件弯曲变形，同时可抵消加工时径向分力的影响，减少振动和工件弯曲变形。

采用中心架或跟刀架时，必须使其中心高度与机床顶尖中心保持一致，且支承爪与工件表面要接触良好；支承爪在加工中易磨损，应及时调整。

3) 采用反向车削法

反向车削法是指在细长轴的车削过程中，车刀由主轴卡盘开始向尾座方向进给。如图 3-40 所示，反向车削时，刀具施加于工件上的轴向力 F_x 朝向尾座，加工过程中工件的已加工部位受到轴向拉伸，消除了正向进给时轴向切削力压缩工件引起的弯曲变形；同时，轴向拉伸变形可由弹性尾座顶尖补偿，也可减少工件的弯曲变形。

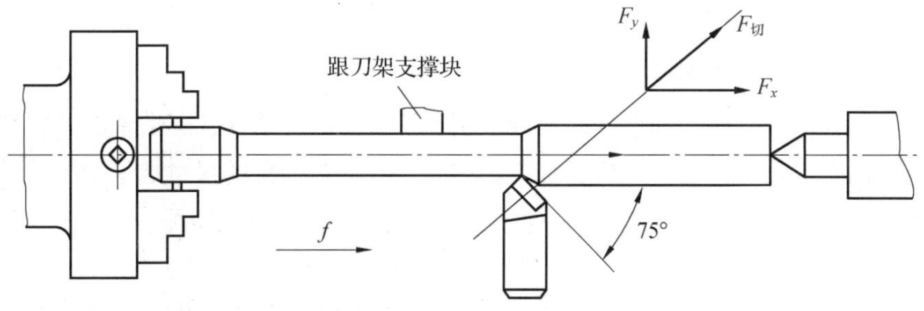

图 3-40　反向车削法

4) 合理选择切削用量和刀具几何参数

车削细长轴时，为减小切削力和切削热，应选用较小的切削用量和合理的刀具几何参数。对刀具几何参数，在不影响刀具强度的情况下，应选择较大的前角 γ_o 和主偏角 κ_r，常取 $\gamma_o=15°\sim30°$，$\kappa_r=60°\sim90°$；刃倾角 λ_s 应取正值，但不宜太大，尽量使切屑流向待加工表面；车刀前刀面应开有断屑槽，以便较好地断屑。

3.12 箱体类零件加工工艺

3.12.1 概述

1. 箱体类零件的功用及结构特点

箱体类零件是机器的基础零件，它的功用是将机器和部件中的轴、套和齿轮等有关零件连接成一个整体，并使之保持正确的相互位置。不同箱体的结构形式虽然差别很大，但其仍有共同特点：内部呈型腔，形状复杂，壁薄且壁厚不均匀，加工部位多，加工量大；壁上有各种加工平面和较多的支承孔、紧固孔，其中，平面和支承孔的加工精度一般要求较高。

2. 箱体类零件的种类

按功用不同，箱体类零件可分为主轴箱、变速箱、操纵箱和进给箱等。

按结构形式不同，箱体类零件可分为整体式箱体和分离式箱体两类，如图3-41所示。

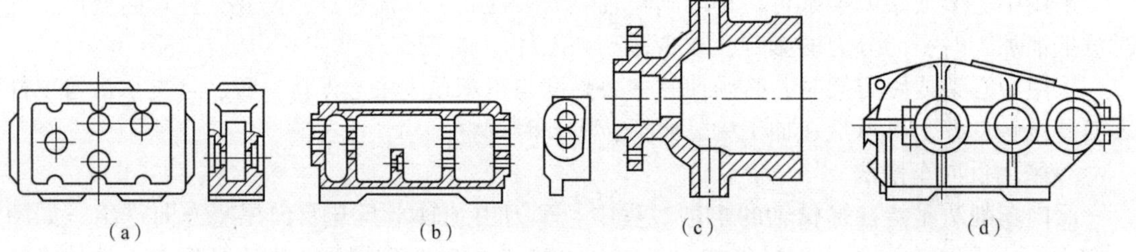

图3-41 整体式箱体和分离式箱体

(a)、(b)、(c)整体式箱体；(d)分离式箱体

3. 箱体类零件的技术要求

1)孔的尺寸精度和形状精度

箱体上支承孔的尺寸误差和形状误差会影响轴与孔的配合精度，降低轴的回转精度。一般机床主轴箱主轴支承孔的尺寸公差精度等级为IT6，其余支承孔的尺寸公差精度等级为IT7~IT6；孔的形状精度除作特殊规定外，一般控制在尺寸公差范围内即可。

2)孔与孔的位置精度

同一轴线上各孔的同轴度公差一般约为最小尺寸公差的一半。孔系之间的平行度误差会影响齿轮的啮合质量，也应规定相应的精度要求。

3)孔与平面的位置精度

各支承孔与装配基面间的平行度决定了主轴与床身导轨的相互位置关系，这项精度是在装配过程中通过刮研达到的。为了减少刮研工作量，一般要规定支承孔对装配基面的平行度公差。

4)主要平面的精度

底面和导轨面(装配基面)的平面度会影响主轴箱与床身连接时的接触刚度，若加工过程中装配基面还作为定位基面，则会影响主要孔的加工精度。因此，规定底面和导向面必须平直，且相互垂直，其平面度和垂直度公差精度等级为IT5。

5)表面粗糙度

箱体上的重要孔和主要表面的表面粗糙度会影响连接面的配合性质或接触刚度，一般要求主轴孔的表面粗糙度为 Ra 0.4 μm，其他各纵向孔的表面粗糙度为 Ra 1.6 μm，孔端面的表面粗糙度为 Ra 3.2 μm，装配基面和定位基面的表面粗糙度为 Ra 2.5~0.63 μm，其他平面的表面粗糙度为 Ra 10~2.5 μm。

4. 箱体类零件的材料与毛坯

1)箱体类零件的材料

箱体类零件的材料一般采用铸铁，其牌号根据需要可选用 HT200~HT400，其中最常用的是 HT200；此外，还可采用铝合金、铸钢、钢板或其他材料。

2)箱体类零件的毛坯

箱体类零件的毛坯一般采用铸件和焊接件两种。其中，对于金属切削机床的箱体，由于形状较为复杂，一般采用铸铁件；对于动力机械中的某些箱体及减速器壳体等，除形状复杂、结构紧凑外，还要求体积小、质量轻，可采用铝合金压铸件；对于承受重载和冲击的工程机械、锻压机床等的一些箱体，可采用铸钢件或钢板焊接件；对于一些简易箱体，常采用钢板焊接件。

3.12.2 箱体类零件加工的主要工艺问题

1. 箱体类零件的结构工艺性

1)基本孔

箱体上的基本孔可分为通孔、阶梯孔、交叉孔和盲孔 4 类。

(1)通孔：工艺性最好，其中，长径比 $L/d \leqslant 1.5$ 的短圆柱孔工艺性最好；$L/d>5$ 的深孔，当尺寸精度较高、表面粗糙度值较小时，其工艺性不好。

(2)阶梯孔：孔径相差越小，工艺性越好；孔径相差越大，工艺性越差，当其中最小的孔径很小时，工艺性更差。

(3)交叉孔：工艺性较差。如图 3-42(a)所示，$\phi100$ mm 孔和 $\phi70$ mm 孔贯通相交，当加工 $\phi100$ mm 孔时，刀具走到贯通部分，由于径向力不平衡会造成孔轴线偏斜。为保证加工质量，如图 3-42(b)所示，可将 $\phi70$ mm 孔先不铸通，加工完 $\phi100$ mm 孔后再加工 $\phi70$ mm孔。

(4)盲孔：工艺性最差，因为在精铰或精镗盲孔时，要用手动进给，或采用特殊工具进给才行，此外，盲孔内端面的加工也特别困难，故设计时应尽量避免。

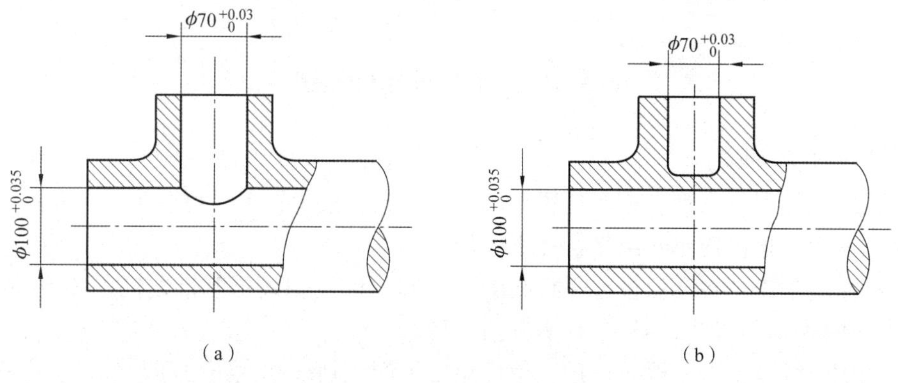

图 3-42 交叉孔的工艺性

2) 同轴孔

箱体上同轴孔的孔径排列方式有孔径大小单向排列、孔径大小双向排列和孔径大小无规则排列 3 种，如图 3-43 所示。

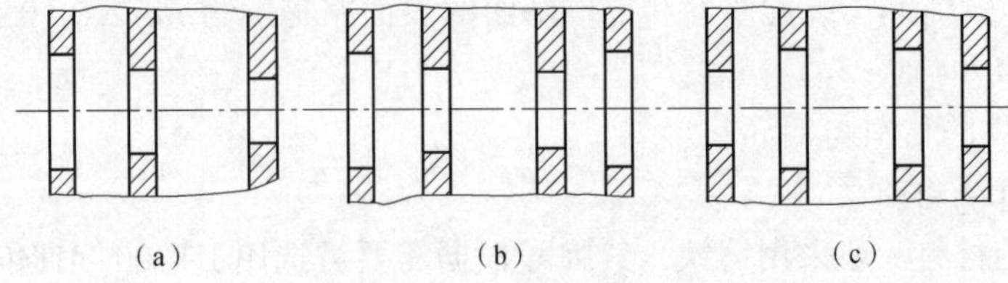

图 3-43　同轴孔排列方式

(a) 孔径大小单向排列；(b) 孔径大小双向排列；(c) 孔径大小无规则排列

(1) 孔径大小单向排列：孔径大小向一个方向递减，且相邻两孔的直径差大于孔的毛坯加工余量。加工时，镗杆可从一端伸入，逐个加工或同时加工同轴线上的几个孔。单件小批生产时一般采用这种排列方式。

(2) 孔径大小双向排列：孔径大小从两边向中间递减，加工时镗杆从两边进入，这样不仅可以缩短镗杆长度，提高镗杆刚性，而且为双面同时加工创造了条件。大批大量生产时常采用这种排列方式。

(3) 孔径大小无规则排列：要将镗杆伸进箱体后装刀和对刀，工艺性差，设计时应尽量避免。

3) 孔内端面

箱体孔内端面的加工比较困难，必须加工时，在设计中应尽可能使孔内端面尺寸小于刀具需穿过的孔加工前的直径，如图 3-44(a) 所示，这样可避免损伤其他的孔。

若如图 3-44(b) 所示，孔内端面尺寸大于刀具需穿过的孔加工前的直径，加工时镗杆伸进后才能装刀，镗杆退出前又要将刀卸下，加工很不方便，设计时应尽量避免。

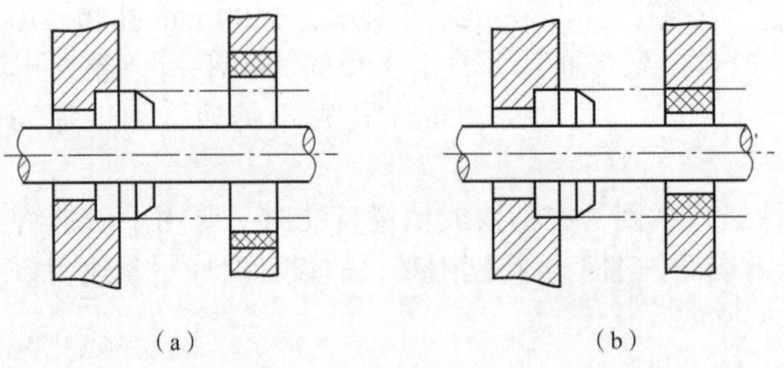

图 3-44　孔内端面的结构工艺学

2. 箱体的孔系加工

孔系是指箱体上一系列有相互位置精度要求的孔，按位置关系可分为平行孔系、同轴孔系和交叉孔系等。这里简单介绍平行孔系的加工。

平行孔系的加工，主要保证各平行孔轴线之间，以及轴线与基准之间的相互位置精度，其加工方法主要有找正法、镗模法和坐标法 3 种。

找正法加工效率低，一般只适用于单件小批生产，划线和找正时间较长，生产率低，且加工出来的孔距精度也较低，一般在±0.5 mm 左右。为了提高划线、找正的精度，往往结合试切法进行，但其孔距精度仍然较低，且操作难度大。

镗模法是指利用镗模加工孔系的方法。镗孔时，工件装夹在镗模上，镗杆被支承在镗套中，并由镗套引导镗杆在工件的正确位置上镗孔，如图3-45所示。

当用两个或两个以上的支承来引导镗杆时，镗杆与机床主轴必须采用浮动连接，如图3-46所示。采用浮动连接时，机床主轴回转误差对孔系加工精度的影响较小，孔距精度主要取决于镗模的制造精度及镗套和镗杆的配合精度。

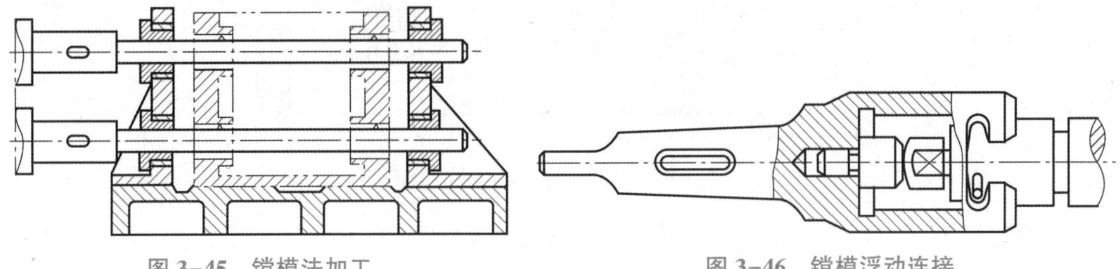

图3-45　镗模法加工　　　图3-46　镗模浮动连接

用镗模法加工孔系时，工艺系统刚性好，生产率高，孔距精度可达±0.05 mm，同轴度和平行度可达0.02~0.06 mm，但由于镗模的制造周期长，成本高，故主要适用于成批生产中小型箱体。

坐标法是指在普通卧式镗床、坐标镗床或数控镗铣床等设备上，借助于测量装置，调整机床主轴与工件在水平和垂直方向上的相对位置，来保证孔距精度的方法。

3. 箱体类零件定位基准的选择

1)精基准的选择

单件小批生产时用装配基准作精基准，这种定位方式的不足之处为刀具系统的刚性较差。加工箱体中间壁上的孔时，应当在箱体内部相应部位设置镗杆导向支承。由于箱体底部是封闭的，中间导向支承只能用图3-47所示吊架式镗模夹具从箱体顶面的开口处伸入箱体内，每加工一次需装卸一次。

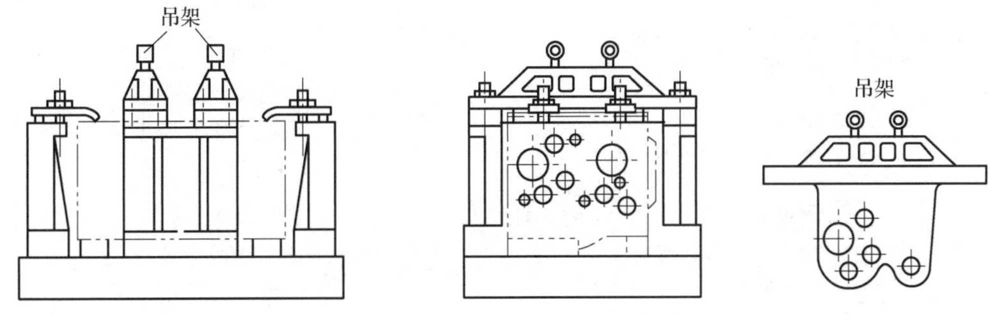

图3-47　吊架式镗模夹具

吊架与镗模之间虽有定位销定位，但吊架刚性差，制造精度低，经常装卸容易产生误差，也会使加工的辅助时间增加，因此，这种定位方式只适用于单件小批生产。

大批大量生产时，箱体类零件常以一面两孔作精基准，如图3-48所示。这种定位方式箱口朝下，中间导向支架可固定在夹具上，简化了夹具结构，提高了夹具刚性，有利于保证加工精度；而且工件装卸方便，有利于提高生产率。

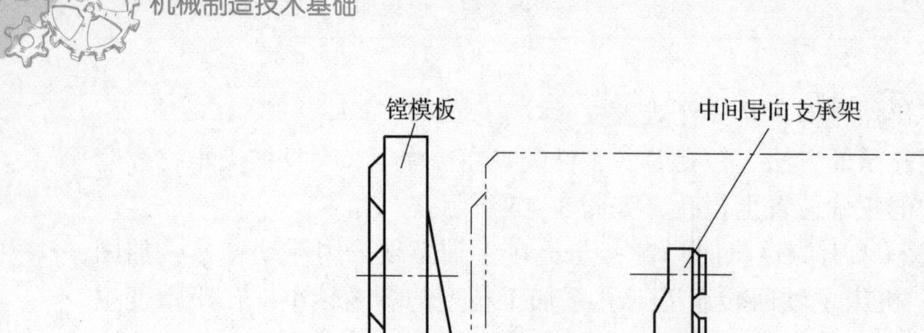

图 3-48　一面两孔定位的镗模夹具

这种定位方式也存在不足之处：由于定位基准与设计基准不重合，产生了基准不重合误差，给箱体位置精度的保证带来了困难；另外，由于箱口朝下，不便于直接观察加工情况，也无法在加工中测量尺寸和调整刀具。

2) 粗基准的选择

箱体类零件的粗基准通常选主要孔，这样可以使主要孔的余量较均匀，加工质量较好。其中，中批、单件小批生产时，毛坯精度较低，一般采用划线找正装夹工件；大批大量生产时，毛坯精度较高，一般采用夹具装夹工件。

本章知识小结

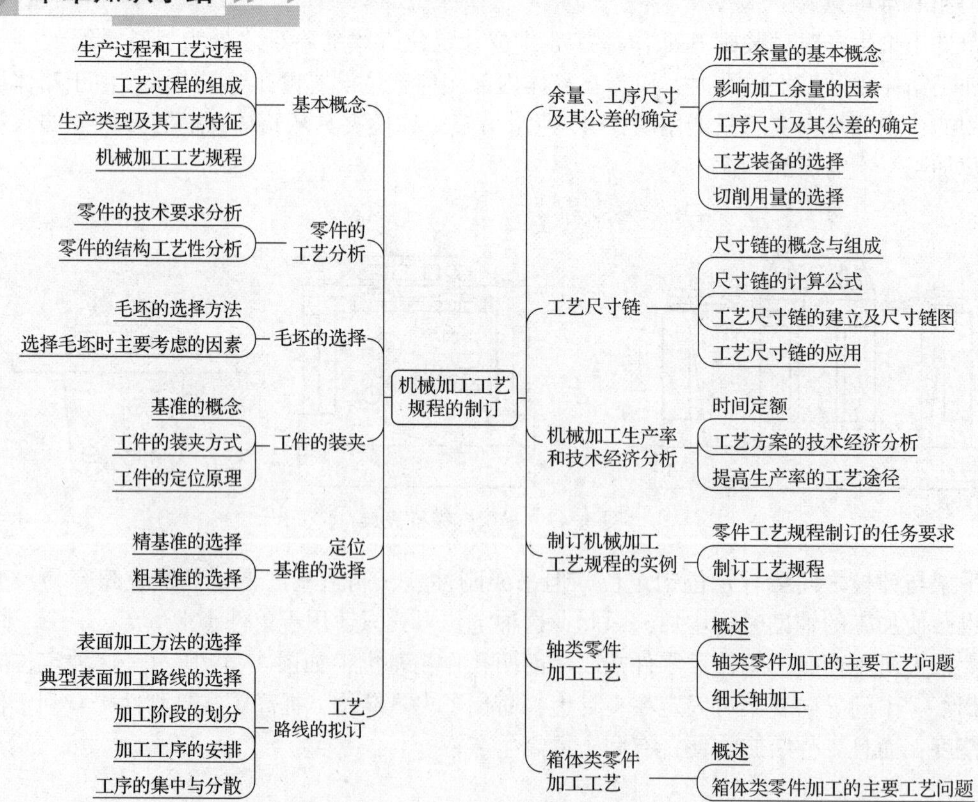

轴承套圈磨削加工工艺过程

磨削加工是轴承生产中的关键工序之一。如何采用新工艺、新技术和新理论来安排好这一关键工序，以高精度、高效率、低成本地完成磨削过程，是磨削加工的主要任务。

轴承的类型、尺寸和精度不同，其套圈的磨削过程往往也是不同的，但是它们的基本工艺过程和技术问题差别不大。下面以 6203 轴承为例来说明球轴承套圈磨削的一般过程，详见表 3-12、表 3-13。

表 3-12　6203 轴承外圈(即 6203/01)磨削过程

序号	工序名称	工序尺寸/mm	砂轮性质与尺寸 D/mm × H/mm × d/mm	工序图
1	磨两端面	$12_{-0.03}^{0}$	A60JB585×65×19	$\phi40.2_{0}^{+0.15}$ $H6.1\pm0.03$ $R3.67_{0}^{+0.01}$ 12.2 ± 0.03 $\phi35.65_{-0.15}^{0}$ 淬火前尺寸 $\phi40_{-0.011}^{0}$ $H6\pm0.03$ $R3.67_{0}^{+0.005}$ $12.2_{-0.03}^{0}$ $\phi35.894\pm0.002$ 成品尺寸
2	磨外径	$\phi40_{-0.011}^{0}$	A80PR500×150×305	
3	粗磨外沟	$\phi35.784_{-0.04}^{0}$	A80PR12×6.2×6	
		$H6\pm0.03$		
4	细磨外沟	$\phi35.884\pm0.05$	A100PR12×6.2×6	
		$H6\pm0.03$	A100PR300×6×127	
		$R3.67_{0}^{+0.005}$	A100PR300×6×127	
5	超精磨外沟	$\phi35.894\pm0.002$	GCW10PV6.8×5.5×25	

注：H 为套圈高度。

表 3-13　6203 轴承内圈（即 6203/02）磨削过程

序号	工序名称	工序尺寸	砂轮性质与尺寸 D/mm × H/mm × d/mm	工序图
1	磨两端面	$12_{-0.03}^{0}$	A60JB585×65×19	$\phi24_{0}^{+0.15}$；$\phi16.8_{-0.15}^{0}$；$R3.57_{0}^{+0.08}$；6.1 ± 0.03；$12.2_{0}^{+0.15}$；$\phi21.6_{0}^{+0.5}$；淬火前尺寸
2	磨外径	$\phi23.9_{-0.03}^{-0.015}$	A80PR500×150×305	
			A80SR300×200×127	
3	磨内径	$\phi17_{-0.008}^{0}$	MA80PV17×25×6	
4	粗磨内沟	$\phi21.716_{0}^{+0.04}$	A100PR300×6×127	$\phi23.9_{-0.03}^{-0.015}$；$\phi17_{-0.008}^{0}$；$R3.67_{0}^{+0.005}$；$H6\pm0.03$；$12_{-0.03}^{0}$；$\phi21.606\pm0.002$；成品尺寸
		$H6\ \pm0.03$		
		$R3.67_{0}^{+0.01}$		
5	细磨内沟	$\phi21.616\ \pm0.005$	A100PR300×6×127	
		$H6\ \pm0.03$		
		$R3.67_{0}^{+0.005}$		
6	超精磨内沟	$\phi21.606\ \pm0.002$	GC10PV6.8×5.5×35	

以上介绍的轴承套圈磨削过程是普通级轴承常用的工艺过程，是比较简单的。对于精密级轴承，套圈的磨削过程就比较复杂。和普通级轴承相比，精密级轴承不仅增加了附加回火、研端面和外径工序，而且将粗细加工分开，采用了各表面交替加工、互为基准、多重循环加工的方法。

例如，精密深沟球轴承磨削工艺路线：粗磨打印端-粗磨非打印端-粗磨外径-精磨打印端-精磨非打印端-粗磨外沟-附加回火-研端面-精磨外径-研外径-精磨外沟-超精磨外沟。

精密圆锥滚子轴承磨削工艺路线：粗磨窄端面-粗磨宽端面-粗磨外径-粗磨外滚道-附加回火-精磨窄端面-精磨宽端面-细研端面-细磨外径-细磨外滚道-附加回火-精研端面-精磨外径-精研外径-精磨外径-端面磨外滚道。

和普通级相比，精密级和超精密级轴承套圈的磨削工艺过程大都要增加端面和外径的研磨工序，这是为了提高套圈磨削过程中的定位精度；另外，还要增加附加回火或冷处理工序，这是为了提高套圈精度的稳定性。

制造故事

垂直钻+水平钻！我国海上第一深井破解全球公认技术难题

2024 年 4 月 13 日，我国首口自主设计实施的海上超深大位移井——恩平 21-4 油田 A1H

井在珠江口盆地海域投产，测试日产原油超700 t。该井钻井深度9 508 m，水平位移8 689 m，不仅创造了我国海上最深钻井纪录，同时也刷新了我国海上钻井的水平长度纪录。恩平21-4油田A1H井的投产，标志着我国成功攻克万米级大位移井技术瓶颈，海上超远超深钻井技术水平跨入世界前列。

大位移井是一种特殊的钻井技术。简单来说，就是钻井过程中，不仅有垂直向下的钻进，还有水平方向的钻进，从而实现距离钻井平台几公里外油气田的精准开发。这不仅是钻井技术中的一项极限挑战，也是全球公认技术难题之一。钻具几乎以“躺平”的姿态，依靠外部驱动，在海底水平穿行超过8 000 m，技术难度和作业风险极高。

在施工过程中通过智能随钻导向、井下参数实时采集、旋转漂浮下套管等先进技术，让钻头精准穿越3个地下断层，带动669根、共564 t的高强度钢制套管顺利下入，建立起稳固的采油通道，作业能力达到世界先进水平。

恩平21-4油田超深大位移井，完钻深度9 508 m，是我国最深大位移井。它从平台出发，垂直向下，然后水平“拐弯”，成功击中8 600 m外的靶心，从而获取丰富的油气资源。如此大的水平位移，钻具几乎是“躺”在地层上钻进，在缺乏重力支持下，摩擦力呈指数级增加。加上目标储层又深又远，钻井难度不亚于百米外穿针引线。为此，工程师们又开发出特制的环保油基钻井液、连续循环系统等新型装备，辅以智能随钻导向、旋转漂浮施工等技术，让钻具以极低摩擦力的方式，精准到达目标地，建立起近万米的采油“高速公路”。

恩平21-4油田超深大位移井刷新了4项全国纪录，形成了5类13项技术成果，使用的材料、装备国产化率达95%，标志着我国成功攻克海上超远超深钻井技术瓶颈，依托该模式未来可实现在生产平台10 000 m范围的油气资源动用，显著提高油气田开发效益。

近年来，我国海上实施大位移井约350井次，钻井进尺达1.745×10^6 m，相当于钻穿近200座珠穆朗玛峰。我国在作业规模、平均时效、最大水垂比、中靶质量等均居于世界前列。此外，我国已形成了一套完整的海上大位移井技术体系，涵盖地质勘探、钻井工程、定向钻探及测井工程等多个方面。这一体系不仅实现了边际油田的规模化开发，还推动了老油田的增产挖潜，对海上油气资源的增产和保障国家能源安全具有深远的意义。

习 题

3-1 试述生产过程、工艺过程、工序、工步、安装和工位的概念。

3-2 什么是生产纲领？生产类型有哪些？试述各种生产类型的工艺特征。

3-3 如题3-3图所示零件，毛坯为ϕ35 mm棒料，批量生产时其机械加工工艺过程如下：在锯床上下料；上车床车端面、钻中心孔；在另一台车床上车外圆至ϕ30 mm和ϕ18 mm；在第三台车床上车ϕ20 mm外圆、车螺纹、倒角；在铣床回转工作台上用两把刀铣四方。试分析其工艺过程组成。

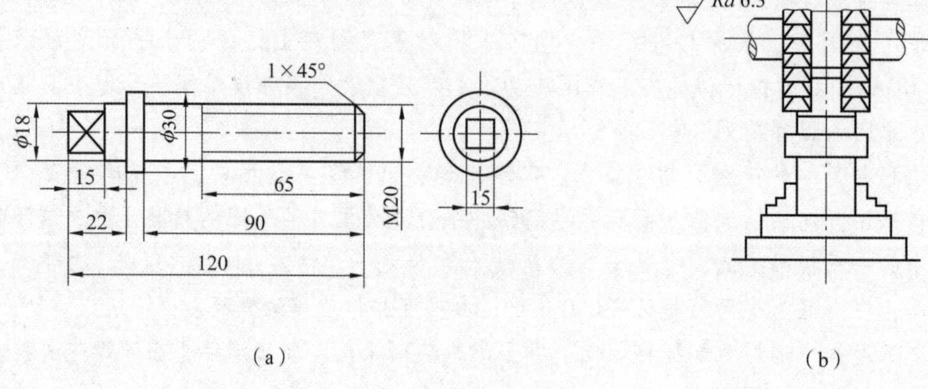

题 3-3 图

(a)零件图；(b)加工示意图

3-4 试拟订题 3-4 图所示零件的机械加工工艺路线，零件为批量生产。

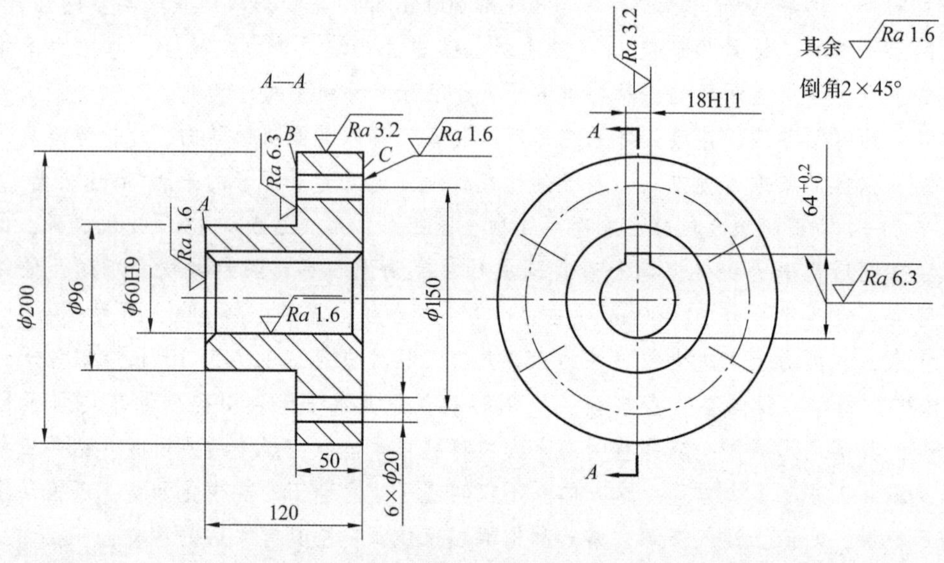

题 3-4 图

3-5 试分析题 3-5 图所示零件有哪些结构工艺性问题并提出改进意见。

3-6 工件的装夹方式有哪几种？试述它们的特点和应用场合。

3-7 什么是六点定位原理？什么叫完全定位、不完全定位、欠定位、过定位？举例说明。

3-8 何为欠定位、过定位？在生产中这两种现象是否都不允许存在？举例说明。

3-9 分析题 3-9 图所示各定位方案，试：(1)确定各定位元件限制的自由度；(2)判断有无欠定位或过定位；(3)对不合理的定位方案提出改进意见。

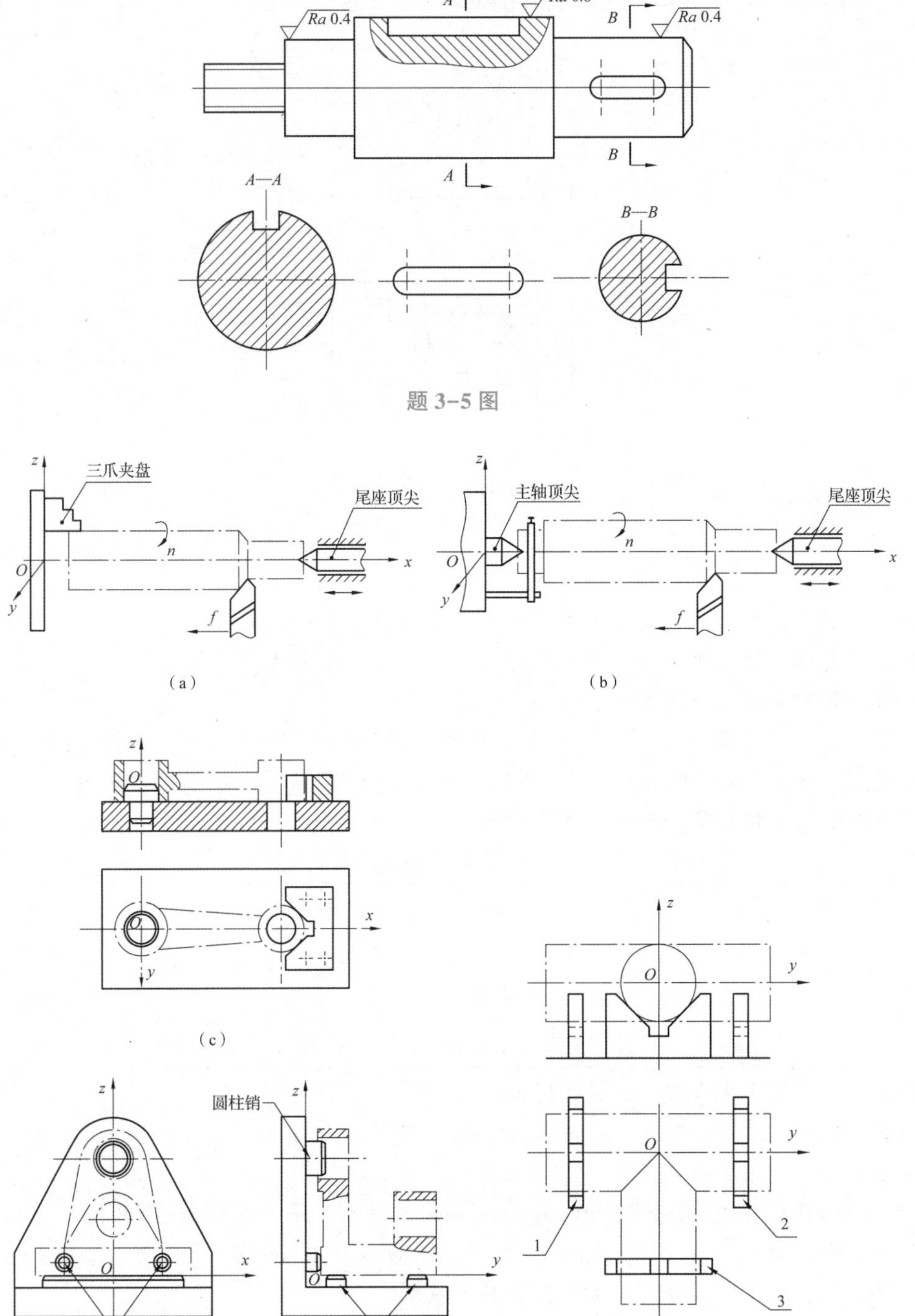

题 3-5 图

题 3-9 图

3-10　粗基准、精基准选择的原则有哪些？

3-11　如题 3-11 图所示零件，现 A、B、C 面，ϕ14H7 孔和 ϕ26H7 孔均已加工好，试

选择加工 ϕ15H7 孔时的定位基准，指出各限制哪些自由度。

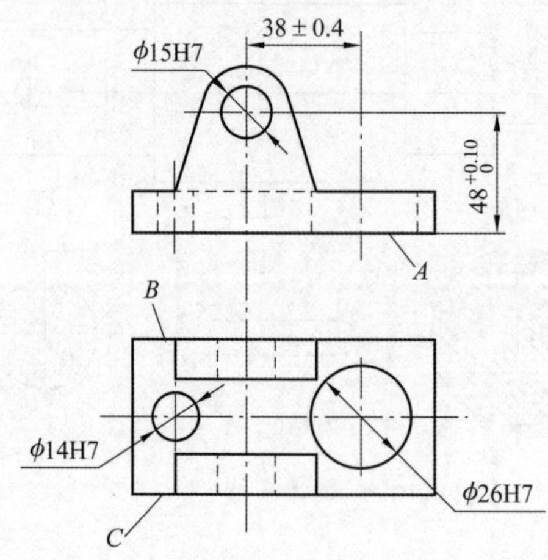

题 3-11 图

3-12 以加工表面本身为定位基准有什么作用？试举出 3 个生产中的实例。

3-13 什么是工序集中与工序分散？各有什么特点？

3-14 工艺过程为什么要划分加工阶段？什么情况下可以不分阶段？

3-15 安排切削加工工序的原则是什么？为什么要遵循这些原则？

3-16 影响加工余量的因素有哪些？

3-17 有一轴类零件，毛坯为热轧棒料，经过粗车–半精车–淬火–粗磨–精磨达到设计尺寸 $\phi 30^{\ 0}_{-0.013}$ mm。现已知各工序尺寸的公差如题 3-17 表所示，试用查表法确定加工余量，并计算各工序尺寸和公差，画出余量分布图。

题 3-17 表

工序名称	加工余量/mm	工序尺寸公差/mm	工序名称	加工余量/mm	工序尺寸公差/mm
毛坯		2	粗磨		0.033
粗车		0.21	精磨		0.013
半精车		0.052			

3-18 试计算下列各工序的基本时间：

(1)用高速工具钢钻头钻 ϕ10 mm×50 mm 的通孔，切削速度 v_c = 0.25 m/s，进给量 f= 0.17 mm/r。

(2)用硬质合金端铣刀铣削 350 mm×180 mm 的平面，铣刀直径为 ϕ200 mm，齿数为 8，主偏角 κ_r = 90°，切削速度 v_c = 0.9 m/s，每齿进给量 f= 0.1 mm/Z，背吃刀量 a_p = 3 mm。

3-19 什么是工艺尺寸链？如何判断增、减环？

3-20 如题 3-20 图所示工件，尺寸 $20^{+0.15}_{0}$ mm 不便于测量，试重新给出测量尺寸 L，并计算该测量尺寸。

3-21 如题 3-21 图所示零件。镗孔前，表面 A、B、C 已加工好。镗孔时，为使工件装夹方便，选择表面 A 为定位基准来加工孔，试确定采用调整法加工时，镗孔的工序尺寸 L。

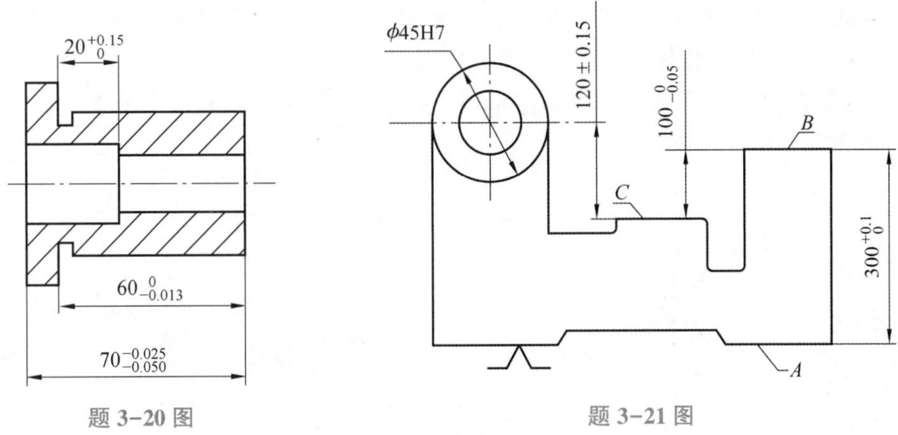

题 3-20 图　　　　题 3-21 图

3-22　题 3-22(a)图所示为轴类零件的简图。其内孔、外圆和端面均已加工好，试分别计算题 3-22(b)图所示 3 种定位方案钻孔时的工序尺寸及其偏差。

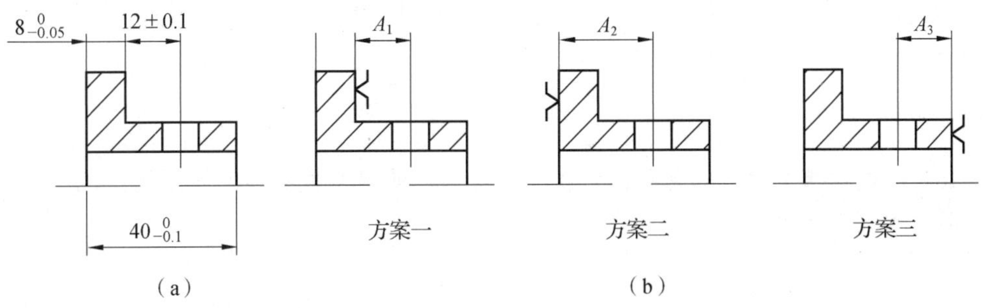

题 3-22 图

3-23　如题 3-23 图所示，带键槽轴的工艺过程为：车外圆至 $\phi30.5^{0}_{-0.1}$ mm；铣键槽深度为 H；热处理；磨外圆至 $\phi30^{+0.036}_{+0.016}$ mm，同时保证键槽深度设计尺寸 $4^{+0.2}_{0}$ mm。设磨后外圆与车后外圆的通轴度公差为 $\phi0.05$ mm，求铣键槽深度尺寸 H。

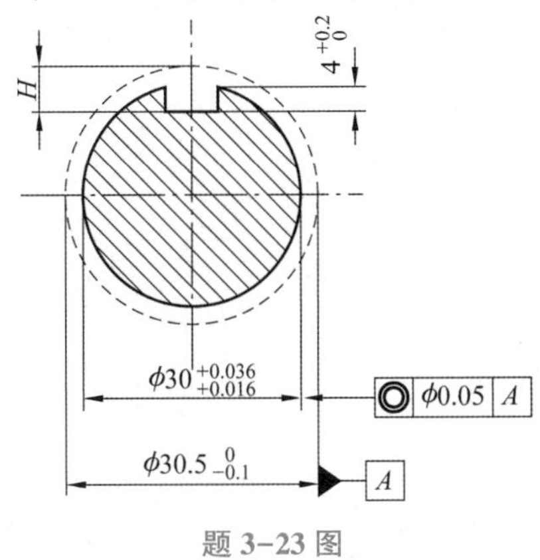

题 3-23 图

3-24　题 3-24 图为车削轴承外圈止动槽。B_c 为车削端面尺寸，B_1 为磨外基面时端面尺寸，B 为磨基面时端面尺寸，N 为止动槽成品位置尺寸，b 为止动槽宽度尺寸，A 为止动槽车削位置尺寸。已知：$B_1=23.15^{0}_{-0.03}$；$B=23^{0}_{-0.03}$；$N=4.05^{0}_{-0.2}$。求止动槽车削加工位置尺寸 A。

3-25 如题3-25图所示的偏心轴零件，表面P的表层要求渗碳处理，渗碳层厚度为0.5~0.8 mm。其工艺安排如下：精车P面，保证尺寸$\phi38.4_{-0.1}^{\ 0}$ mm；渗碳处理，控制渗碳层深度L；精磨P面，保证尺寸$\phi38_{-0.016}^{\ 0}$ mm，同时保证渗碳层厚度0.5~0.8 mm。求精磨P面前的渗碳层深度L的大小。

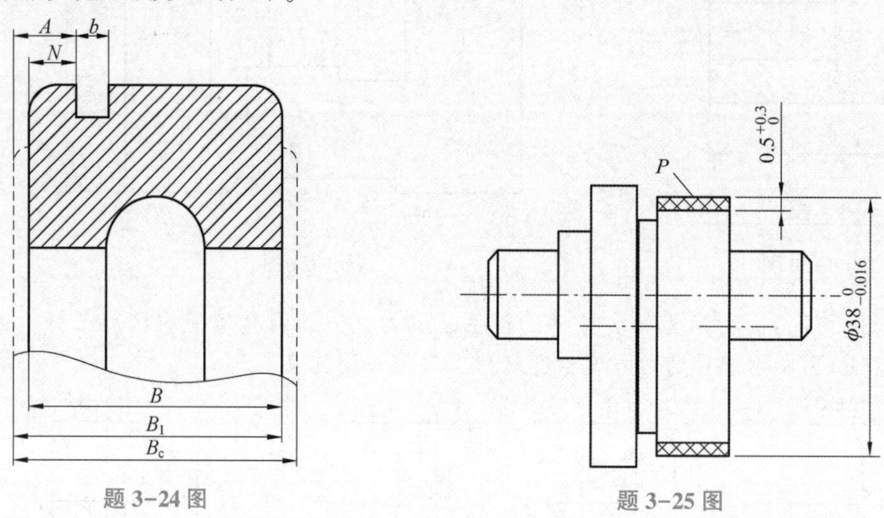

题3-24图　　题3-25图

3-26 轴类零件的材料如何选择？对不同材料应使用怎样的热处理方法？

3-27 简述细长轴加工的工艺措施。

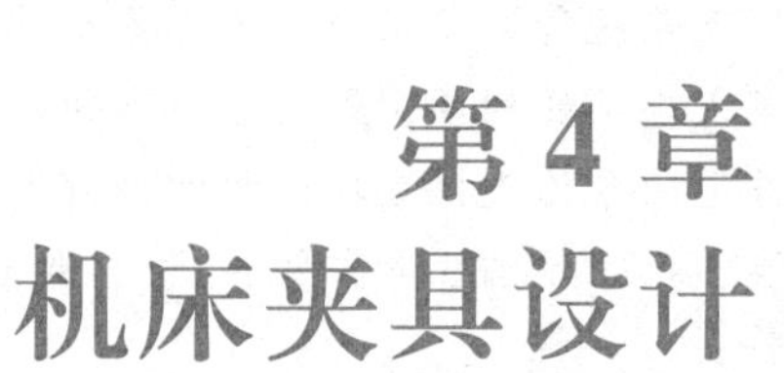

第4章 机床夹具设计

本章导读

机床夹具是机械加工工艺系统的重要组成部分，是机械制造过程中重要的工艺装备。工件在机床上进行加工时，为保证加工精度和提高生产率，必须使工件在机床上相对刀具占有正确的位置，并在加工过程中各种力的作用下仍然能保持占有的位置，完成这一功能的辅助装置称为机床夹具。因此，夹具是一种装夹工件的工艺装备，它的主要功用是实现工件定位和夹紧。本章介绍夹具的基本知识，以及车床夹具、铣床夹具、钻床夹具和镗床夹具等几种典型机床专用夹具的设计。

本章知识目标

(1) 了解夹具的组成和分类。

(2) 掌握常见定位方式及定位元件。

(3) 掌握夹紧装置的组成、夹紧力的确定。

(4) 熟悉车床夹具、铣床夹具、钻床夹具、镗床夹具的分类及结构特点，掌握各类夹具的设计要点。

(5) 掌握机床夹具的设计步骤及技术要求的制订。

本章能力目标

(1) 能正确识读各类专用机床夹具的结构、工作原理。

(2) 能初步设计中等复杂的专用机床夹具。

引　例

在对具有复杂形状的零件进行加工时，如何保持加工时，它和切削刃之间处于正确的相对运动状态，是一个很现实的问题。为了解决这个问题，人们研制了各种各样的机床夹具。

轴承生产的特点是专业性强，批量大，品种规格多，加工质量要求高。轴承套圈的结构特点是轴向短而壁薄，受力易变形。鉴于此，对轴承套圈车削加工用夹具提出的主要要求是：夹持牢固、可靠，套圈变形小，定位精度高，动作迅速、操作省力，装卸、调整方便，寿命长，结构简单、制造容易。

为达到上述要求，轴承生产中广泛采用专用夹具，对于动作迅速、操作省力的问题，由于大多轴承厂都是采用压缩空气系统和液压系统作为夹具动作的动力系统，所以问题已基本解决，而其他各条件能否满足或满足的程度，则与各夹具的结构有关。

车削套圈夹具依使用条件不同分为夹持毛坯表面和夹持光滑表面两类。夹持毛坯表面的夹具使用较普遍的有以下几类：动力卡盘(加卡盘爪)类、弹簧卡盘类、滑块夹具类和自动车床棒料用弹簧夹料头与送料头。

夹持已车削过而达到一定几何尺寸精度的光滑表面的夹具与夹持毛坯表面的夹具比较，着重考虑了以下方面：夹持力均匀，套圈夹紧变形小；基本上不损伤已车削的表面；套圈定心、定位精度高。应用最普遍的就是弹簧类夹具。

4.1 机床夹具概述

4.1.1 夹具的作用与分类

1. 夹具的作用

(1)保证工件的加工精度。采用夹具后，工件上各有关表面的相互位置精度直接由夹具保证，减少了对其他生产设备和操作者技术水平的依赖性，能稳定地保证加工精度。

(2)提高生产率，降低成本。采用夹具后，能实现快速定位和夹紧，显著缩短辅助时间，从而提高生产率。在批量生产时，允许使用技术等级较低的工人操作，可明显降低生产成本。

(3)扩大机床工艺范围。使用机床夹具，能扩大机床的加工范围。例如，在车床或钻床上使用镗模可以代替镗床镗孔，使车床、钻床具有镗床的功能。

(4)减轻工人的劳动强度。采用夹具后，工件的装卸显然要比不用夹具方便、省力、安全。若在夹具中采用气动夹紧、液压夹紧或其他增力机构，还可进一步减轻工人的劳动强度。

2. 夹具的分类

夹具有多种分类方法，按适用工件的范围和特点可分为通用夹具、专用夹具、组合夹具、可调夹具、成组夹具和随行夹具等；按适用的机床可分为车床夹具、铣床夹具、钻床夹具、镗床夹具及数控机床夹具等；按动力源又可分为手动夹具、气动夹具、液压夹具、气液压夹具、电磁夹具等。下面仅简单介绍按适用工件的范围和特点分类的夹具。

(1)通用夹具：已经标准化、无须调整或稍加调整就可以用来装夹不同工件的夹具，如三爪卡盘、四爪卡盘、平口虎钳和万能分度头等，主要用于单件小批生产。

(2)专用夹具：专为某一工件的某一工序而设计制造的夹具。其结构紧凑、操作方便、生产率高、加工精度容易保证，适用于定型产品的成批和大量生产。

(3)组合夹具：由一套预先制造好的标准元件和零件组装而成的专用夹具。

(4)可调夹具：不对应特定的加工对象，适用范围宽，通过适当的调整或更换夹具上的个别元件，即可用于加工形状、尺寸和加工工艺相似的多种工件。

(5)成组夹具：专为某一组零件的成组加工而设计，加工对象明确，针对性强。通过调整可适应不同形状和尺寸的工件加工需要。

(6)随行夹具：随行夹具是自动或半自动生产线上使用的夹具。虽然它只适用于某一种工件，但毛坯装上随行夹具后，从生产线开始一直到生产线终端可在各位置上进行各种不同工序的加工。因此，随行夹具的结构具有适用各种不同工序加工的通用性特征。

4.1.2 夹具的组成

在实际生产中，夹具多种多样，但工作原理基本相同，按主要功能加以分析，机床夹具一般由定位元件、夹紧装置、夹具体、其他元件及装置组成。下面以图4-1为例介绍连杆铣槽专用夹具的组成。

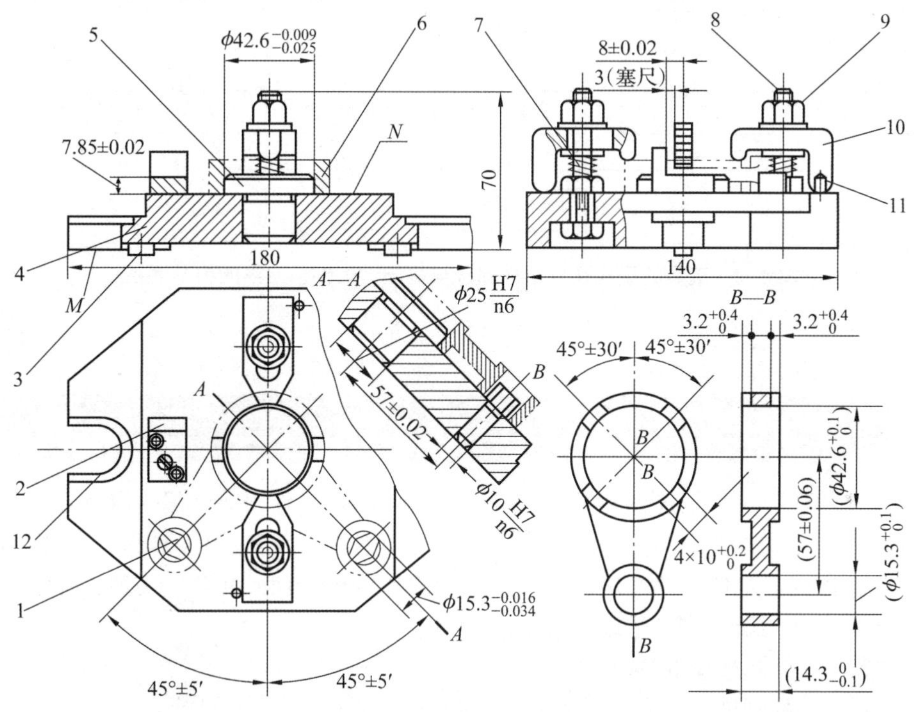

1—菱形销；2—对刀块；3—定向键；4—夹具底板；5—圆柱销；6—工件；7—弹簧；8—螺栓；9—夹紧螺母；10—压板；11—止动销；12—耳座。

图4-1 连杆铣槽专用夹具

1)定位元件

定位元件是夹具的主要功能元件之一，它的作用是使一批工件在夹具中占有正确位置。例如，图4-1中的夹具底板(顶面 N)、菱形销和圆柱销即为定位元件。

2)夹紧装置

夹紧装置也是夹具的主要功能元件之一，它的作用是将工件紧固在夹具上，以保证在加工中不会因切削力、惯性力等的影响而发生位置的变化。例如，图4-1中的夹紧螺母、压板和弹簧构成夹紧装置。

3)夹具体

夹具体是夹具的基础件，用来安装定位元件、夹紧装置、导向装置、对刀装置和连接元件等，将夹具所有元件构成一个整体。例如，图 4-1 中的零件 4 就是夹具体。

4)其他元件及装置

为了满足各种加工要求，有些夹具还设有其他元件及装置，如用来确定刀具相对于夹具位置的对刀及导向装置，图 4-1 中的对刀块即为对刀元件；夹具与机床之间的连接元件，图 4-1 中的定向键和耳座就是起连接作用的元件；还有分度装置和为便于卸下工件而设置的顶出器等。

上述各部分中，定位元件、夹紧装置和夹具体一般是一个夹具必不可少的部分。夹具的组成及各组成部分与机床、工件、刀具的相互联系，如图 4-2 所示。

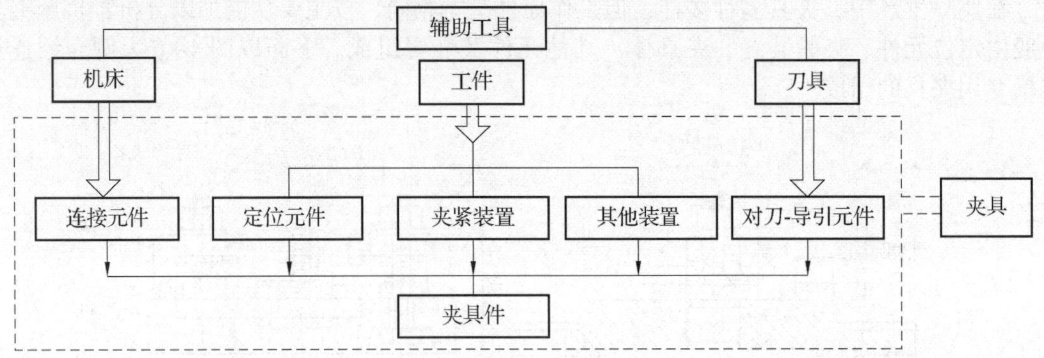

图 4-2 夹具的组成及各组成部分与机床、工件、刀具的相互联系

4.2 工件在夹具中的定位

夹具设计的任务首先是选择和设计相应的定位元件来实现如前所述的定位方案。工件的定位表面有多种形式，如平面、外圆、内孔等，对于这些表面，总是采用一定结构的定位元件与之对应，以保证定位元件的定位面和工件定位基面相接触或配合，实现工件的定位。一般来说，定位元件的设计应满足以下要求。

(1)要有与工件相适应的精度。

(2)要有足够的刚度，不允许受力后发生变形。

(3)要有良好的耐磨性，以便在使用中保持其工作精度，一般采用低碳钢渗碳淬火或碳素工具钢淬火，硬度为 58~62HRC。

下面分析各种典型表面的定位方法和定位元件。

4.2.1 工件以平面定位

在机械加工中，利用工件上的一个或几个平面作为定位基面进行工件定位的方式，称为平面定位。例如，箱体、机座、支架、板类、盘类零件等，多以平面为定位基准。支承分为主要支承和辅助支承，起限制自由度作用的支承为主要支承，包括固定支承、可调支承和自位支承。不限制自由度，而为增加刚性和稳定性而设置的支承为辅助支承。

1. 固定支承

固定支承是指高度尺寸固定，不能调整的支承，包括固定支承钉和固定支承板两类。固定支承钉用于较小平面的支承，而固定支承板用于较大平面的支承。图 4-3 所示的是 4 种固定支承钉，其中图 4-3(a) 为 A 型平头支承钉，多用于精基准面的定位；图 4-3(b) 为 B 型球头支承钉，多用于粗基准面的定位，以便保证良好的接触；图 4-3(c) 为 C 型网纹头支承钉，用于未加工平面的定位，可减小实际接触面积，增大摩擦，使定位稳定可靠，但由于槽中易积屑，故多用于侧面定位；图 4-3(d) 是带套筒的支承钉，用于大批大量生产，便于磨损后更换。

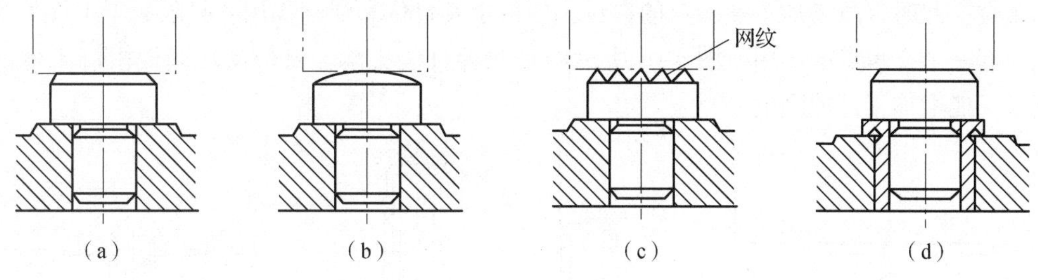

图 4-3　4 种固定支承钉

(a) A 型平头支承钉；(b) B 型球头支承钉；(c) C 型网纹头支承钉；(d) 带套筒的支承钉

固定支承板多用于工件上已加工表面的定位，有时可用一块支承板代替两个支承钉。如图 4-4 所示，其中 A 型支承板结构简单，但埋头螺钉处易堆积切屑，故用于工件侧面或顶面定位。而 B 型支承板可克服这一缺点，主要用于工件的底面定位。当两个以上支承钉和支承板同时使用时，为了保证工作面在同一平面上，装配后应将其顶面进行一次精磨。

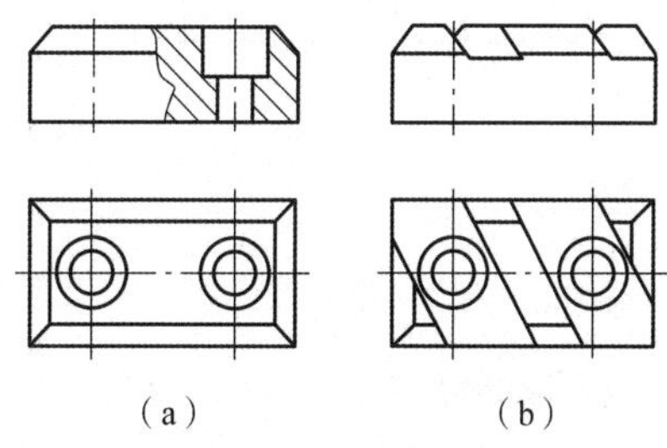

图 4-4　固定支承板

(a) A 型；(b) B 型

2. 可调支承

可调支承是指定位支承点位置可在一定范围内调节的支承。可调支承主要用于毛坯质量不高，而又以粗基准定位的场合，通过调节来补偿各批毛坯尺寸误差，一般每批毛坯调整一次。图 4-5 所示的是 3 种基本可调支承，均由支承钉及螺母组成。支承高度调整后，要用螺母锁紧。此外，在生产系列化产品时，往往使用同一夹具，这时也可用可调支承在一定尺寸范围内调节，以适应工件的变化。

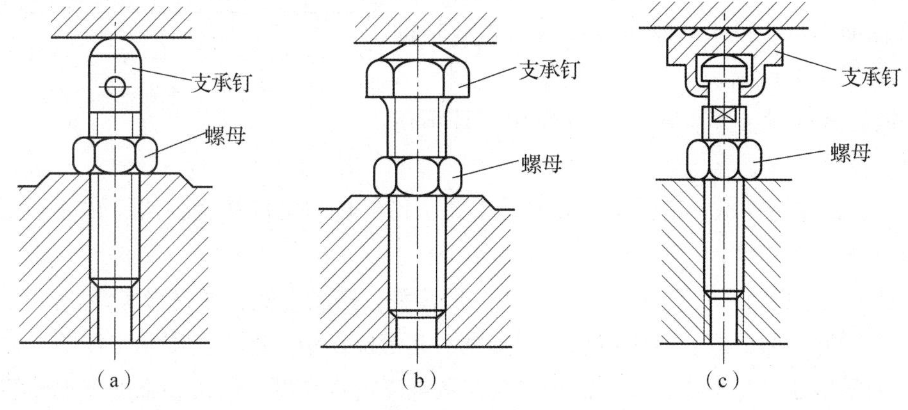

图 4-5　3 种基本可调支承

(a) 球头可调支承；(b) 六角头可调支承；(c) 带齿纹可调支承

3. 自位支承

自位支承又称浮动支承，是在定位过程中能自动调整位置，以适应工件定位基准面位置变化的一类支承。其支承点在结构上可以活动，以增加与工件定位面的接触点数目，使单位面积压力减小，故多用于刚度不足、毛坯表面质量差、定位面之间位置精度不高或不连续的平面定位。此时，虽增加了接触点的数目，但由于其自位和浮动作用，只限制了工件 1 个自由度，起一个支承点的作用。图 4-6 所示的是两种自位支承。自位支承既能限制工件的自由度，又能增加工件的刚度，

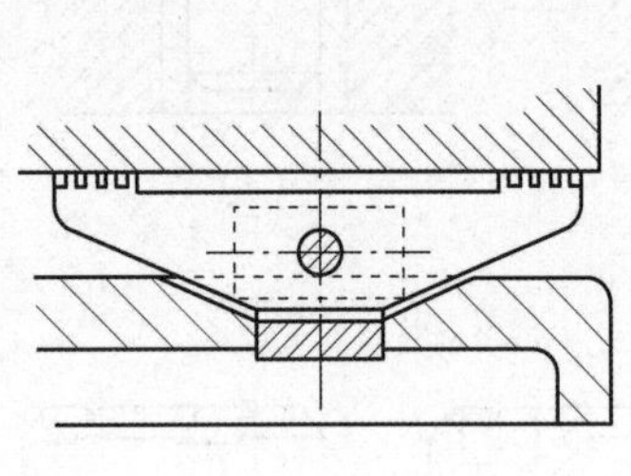
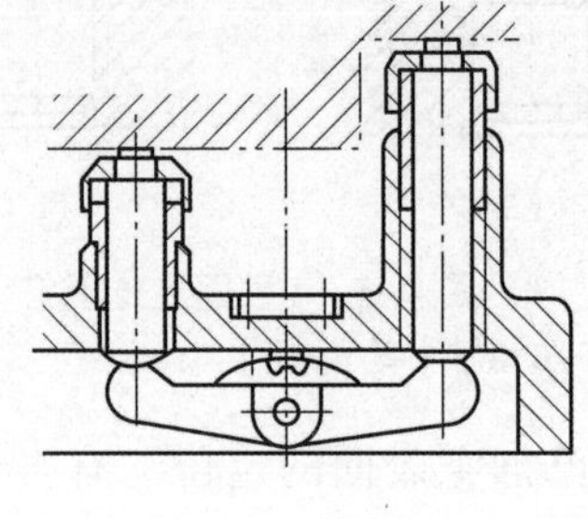

（a）

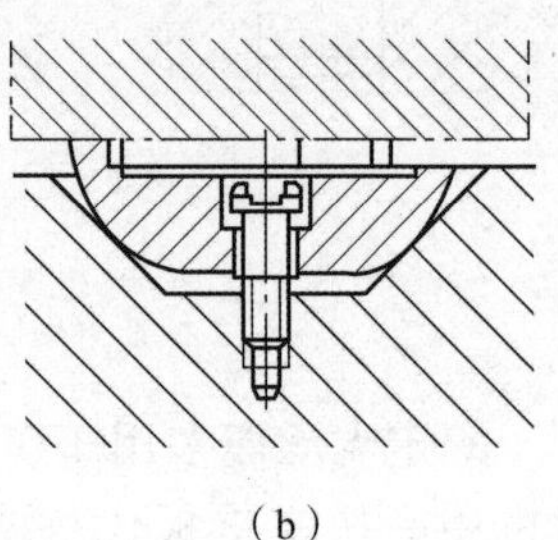

（b）

图 4-6 两种自位支承

(a) 两点式自位支承；(b) 三点式自位支承

4. 辅助支承

在生产中，工件定位后，往往会由于刚性差，在其自身重力、切削力或夹紧力等作用下发生变形，从而影响加工质量，此时就需要增设起辅助定位作用的辅助支承。如图 4-7 所示的阶梯零件，当用定位基面定位加工面时，在工件右部底面增设辅助支承，可避免加工过程中工件的变形。辅助支承不起限制工件自由度的作用，其结构形式很多，常见的有螺旋式辅助支承、推引式辅助支承和自位式辅助支承等，如图 4-8 所示。

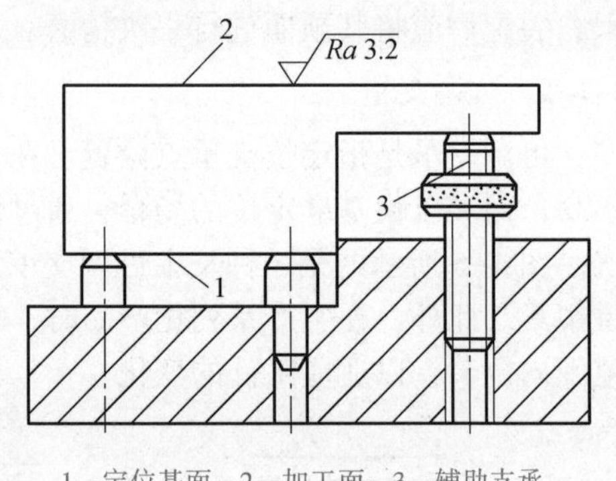

1—定位基面；2—加工面；3—辅助支承。

图 4-7 辅助支承的作用

(1) 螺旋式辅助支承：不起定位作用，且不用螺母锁紧。

(2) 推引式辅助支承：工件定位后推动手轮，使滑柱与工件接触，然后转动手轮，使斜楔开槽部分涨开而锁紧。

(3) 自位式辅助支承：弹簧推动滑柱与工件接触，转动手柄，通过滑块锁紧滑柱。

无论采用哪一种形式，都应注意辅助支承不起定位作用，即不应限制工件的自由度，在工件定位夹紧后才参与工作，故每次加工均需调整支承点高度。因此，辅助支承的结构都是可调并能锁紧的结构形式。

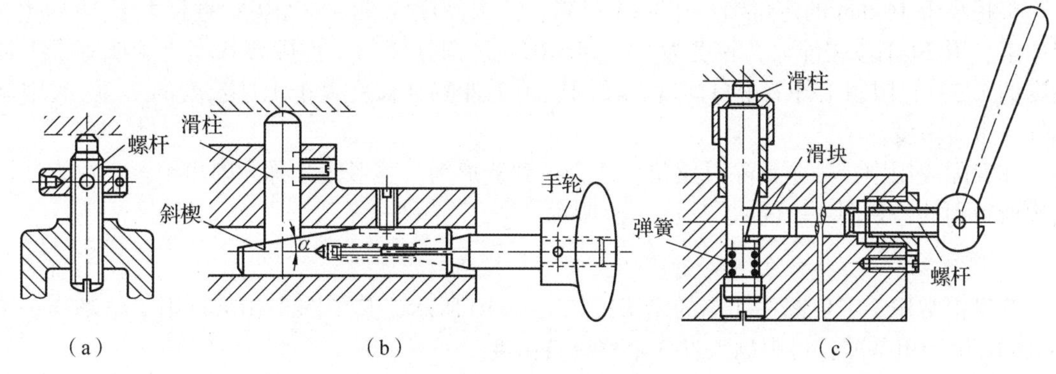

图 4-8　辅助支承

(a)螺旋式辅助支承；(b)推引式辅助支承；(c)自位式辅助支承

4.2.2　工件以圆孔定位

在生产中，经常遇到如套筒、盘盖、拨叉等零件，它们是以其上的主要孔作为定位基准的，此时常用以下定位元件。

1. 定位销

定位销一般可分为固定式和可换式两种，如图 4-9 所示。其中，图 4-9(a)、(b)、(c)是将定位销以 H7/r6 或 H7/n6 配合，直接压入夹具体的孔中；图 4-9(d)是用螺栓经中间套以 H7/n6 与夹具配合，以便于更换。定位销头部应做出 15°倒角或圆角，以便于将工件插入定位孔内。定位销工作部分直径可按 h5、h6、g5、g6、f6、f7 等公差制造，定位销主要用于直径小于 50 mm 的中小孔定位中。

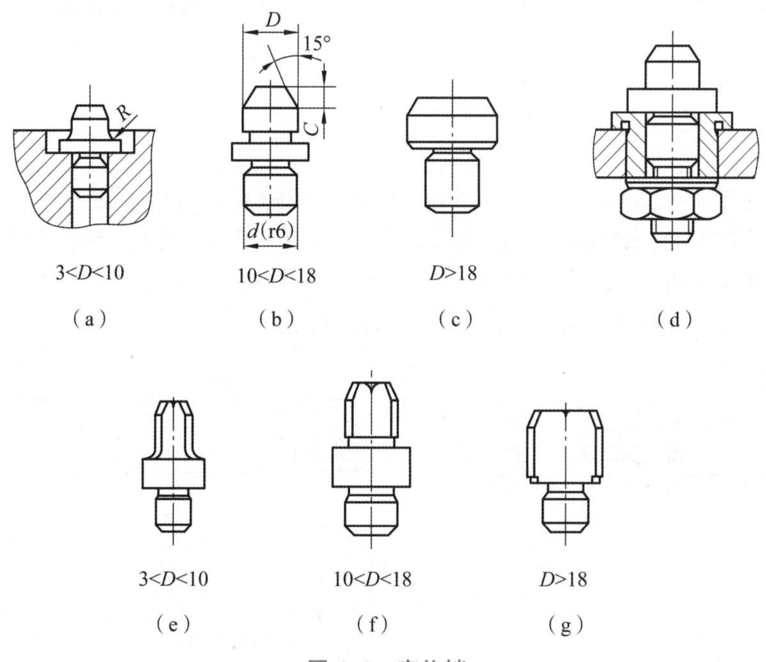

图 4-9　定位销

(a)、(b)、(c)固定式定位销；(d)可换式定位销；(e)、(f)、(g)菱形销

直径小于 16 mm 的定位销，用 T8A 材料，淬火硬度为 53~58HRC；直径大于 16 mm 的定位销，用 20 钢渗碳淬火，硬度为 53~58HRC。短圆柱销与工件配合长度小于或等于工件长度的 1/3，它限制工件 2 个自由度；长圆柱销工件配合长度大于工件长度的 2/3，它限制工件 4 个自由度。

在实际应用中，为了消除过定位，还会用到菱形销。菱形销又称为削边销，是由圆柱销削边所得到的，如图 4-9(e)、(f)、(g)所示。

2. 圆锥销

圆锥销常用于工件圆柱孔端的定位，如图 4-10 所示，其中图 4-10(a)用于精基准，图 4-10(b)用于粗基准，可限制工件 3 个移动自由度。

工件在单个圆锥销上定位时容易倾斜，因此圆锥销一般与其他元件组合定位。如图 4-11 所示，工件以底面作为主要定位基面，采用活动圆锥销，只限制 2 个转动自由度，即使工件的孔径变化较大，也能准确定位。

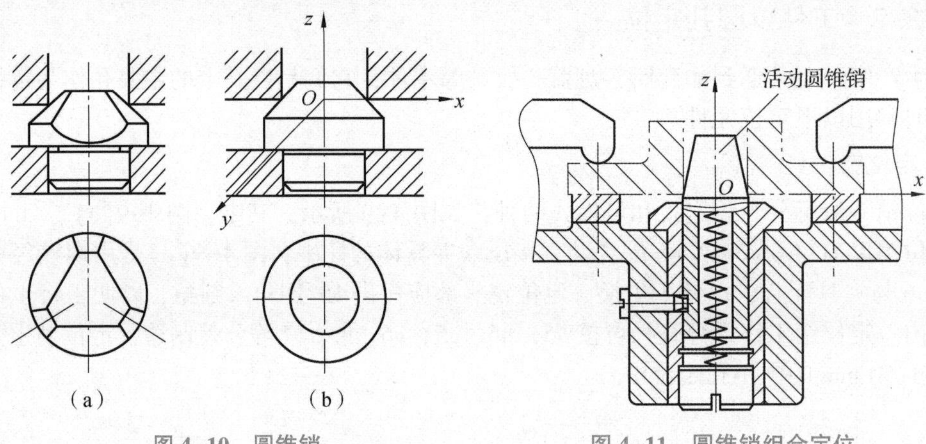

图 4-10 圆锥销

(a)用于精基准；(b)用于粗基准

图 4-11 圆锥销组合定位

3. 定位心轴

定位心轴如图 4-12 所示。其中，图 4-12(a)为间隙配合圆柱心轴，心轴定位部分与工件定位孔形成间隙配合(H7/g6)，通过螺母把工件夹紧；图 4-12(b)为过盈配合圆柱心轴，工作部分的直径与工件定位孔为过盈配合，如 H7/r6，这类心轴定心精度高，但装卸费时，有时易损伤工件孔，多用于定心精度要求特别高的情况。

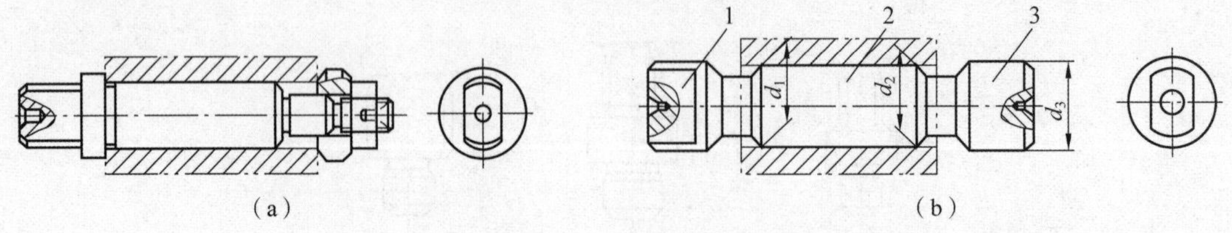

1—传动部分；2—工作部分；3—引导部分。

图 4-12 定位心轴

(a)间隙配合圆柱心轴；(b)过盈配合圆柱心轴

4.2.3　工件以外圆柱面定位

工件以外圆柱面定位主要有两种形式：定心定位和支承定位。常用的定位元件有定位套筒、V 形块等。

1. 定位套筒

工件以外圆表面定心定位的情况与圆柱孔定位相似，只是用定位套筒或卡盘代替了心轴或圆柱销，用锥套代替了锥销。

如图 4-13 所示，定位套筒装在夹具体上，工件外圆装入定位套筒，用以支承外圆表面而起定位作用。这种定位方法，定位元件结构简单，但定心精度不高，当工件外圆与定位孔配合较松时，容易使工件偏斜。因此，常采用套筒内孔与端面一起定位，以减小偏斜。若工件端面较大，为避免过定位，定位孔应适当短些。也可将同一圆周面的孔分成两半圆，下半部分装在夹具体上，起定位作用，上半部分装在可卸式或铰链式压盖上，起夹紧作用，以提高定位精度。

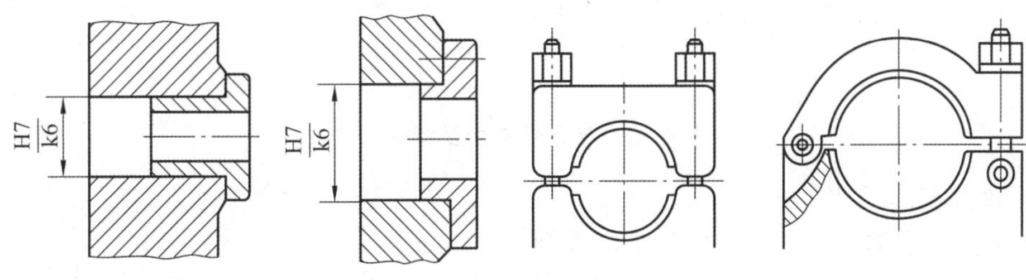

图 4-13　定位套筒

2. V 形块

工件以外圆表面支承定位时，应用最广泛的定位元件是 V 形块。无论定位基面是否经过加工，无论是完整的圆柱面还是局部圆弧面，都可以采用 V 形块定位。其优点是对中性好，即能使工件的定位基准轴线与 V 形块两斜面的对称平面重合，而不受定位基面直径误差的影响，并且安装方便。

V 形块的结构有多种形式，典型的 V 形块如图 4-14 所示。图 4-14(a)所示 V 形块适用于较长的、经过加工的圆柱面定位；图 4-14(b)所示 V 形块适用于较长的、未经加工的圆柱面定位；图 4-14(c)所示 V 形块适用于尺寸较大的重型工件的圆柱面定位，其底座采用铸件，V 形面支承面板采用淬火钢件，以减少磨损。

V 形块有固定与活动之分，活动 V 形块在移动方向上对工件不起定位作用。

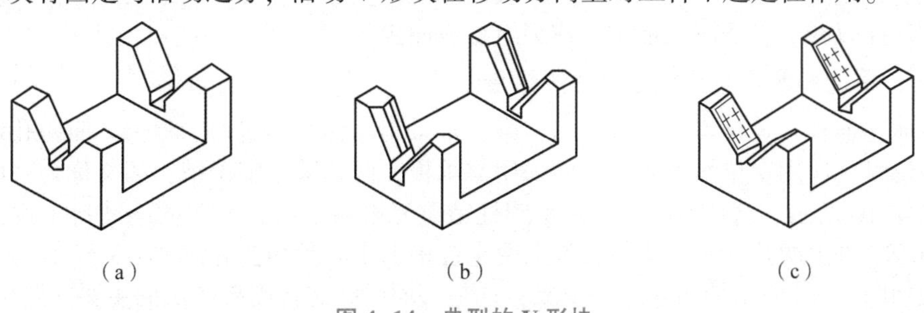

图 4-14　典型的 V 形块

V 形块的材料采用 20 钢，渗碳淬火处理，硬度为 60~64HRC，渗碳层深度 0.8~1.2 mm。V 形块的结构尺寸已经标准化，其两个斜面的夹角有 60°、90°和 120° 3 种。当设计非标准 V 形块时，可按图 4-15 进行有关尺寸计算。

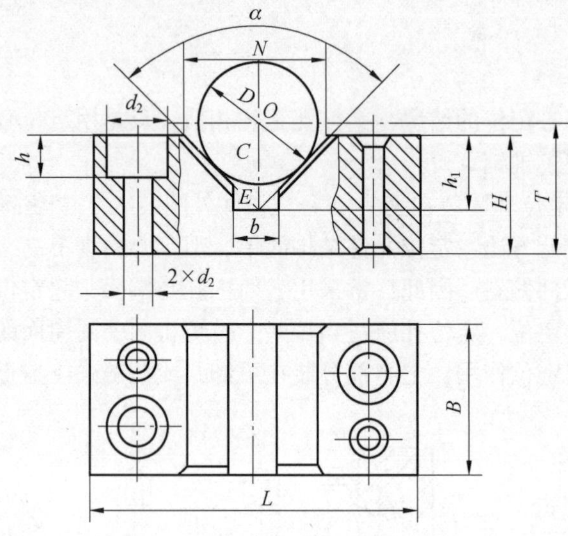

图 4-15 V 形块类型及结构尺寸

V 形块的基本尺寸包括：

D——标准心轴直径，即工件定位用外圆直径(mm)；

H——V 形块高度(mm)，对于大直径工件，$H \leqslant 0.5D$；对于小直径工件，$H \leqslant 1.2D$；

N——V 形块的开口尺寸(mm)，当 $\alpha = 90°$ 时，$N = (1.09 \sim 1.13)D$；当 $\alpha = 120°$ 时，$N = (1.45 \sim 1.52)D$；

T——对标准心轴而言，V 形块的标准高度(mm)，通常可作为 V 形块的检验尺寸；

α——V 形块两个工作平面间的夹角。

设计 V 形块应根据所需定位的外圆直径 D 计算，先设定 α、N 和 H 值，再求 T 值。T 值必须标注，以便于加工和检验，其值用如下公式计算：

$$T = H + \frac{D}{2\sin\dfrac{\alpha}{2}} - \frac{N}{2\tan\dfrac{\alpha}{2}} \tag{4-1}$$

4.2.4 工件以组合表面定位

以上所述定位方法，均指工件以单一表面定位。实际上，要可靠地限制工件较多自由度时，工件往往以几个表面同时定位，称为组合表面定位。

1. 一个平面和两个与其垂直的孔的组合

在箱体、连杆、盖板等类零件的加工中，常采用这种组合定位，称为一面两孔定位。一面两孔定位时，所用定位元件是：平面采用支承板，两孔采用定位销，故又称为一面两销定位，如图 4-16 所示。这种情况下，两个圆柱销重复限制了沿 x 方向的移动自由度，属于过定位。由于工件上两孔的中心距与夹具上两定位销的中心距均会有误差（$\pm\Delta_K$ 和 $\pm\Delta_J$），因而会出现如图 4-17 所示的相互干涉现象，这是一面两孔定位需要解决的主要问题。

减小销 2 的直径，使其与孔 2 具有最小间隙 Δ_2，其中，$\Delta_2 = 2(\Delta_K + \Delta_J - \Delta_1/2)$，以补偿

孔、销的中心距偏差，式中的 Δ_1 是孔 1 与销 1 的最小间隙。

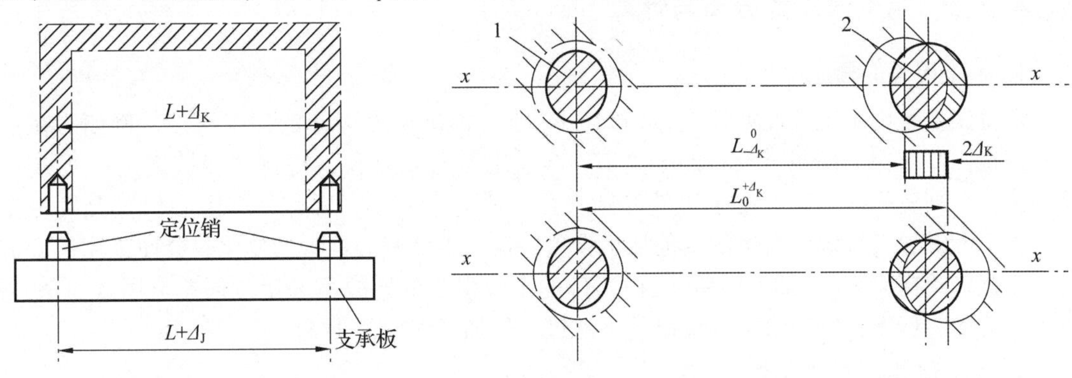

图 4-16　一面两孔的组合定位　　　图 4-17　一面两孔定位时的相互干涉现象

将销 2 做成菱形销，其结构如图 4-18(a)所示。图 4-18(b)所示的是用于孔径为 3~50 mm的定位销；图 4-18(c)所示的是用于孔径大于 50 mm 的定位销；图 4-18(d)所示的是用于孔径很小的定位销；图 4-18(e)中的 b_1 为菱形销留下的宽度，其取值 $b_1=(D_2-\Delta_2)/(2\alpha)$，式中 D_2 为孔 2 的最小直径，Δ_2 为孔 2 与销 2 的最小配合间隙，一般可取 $\alpha=\Delta_K+\Delta_J$。菱形销的长轴方向应布置在绕圆形销旋转的切线方向上，以提高旋转方向的定位精度。

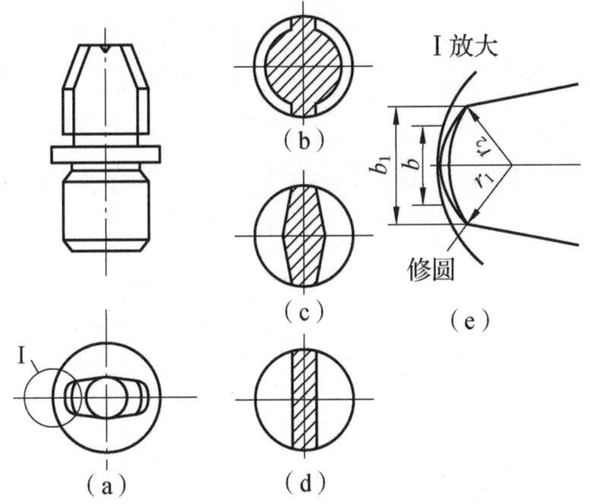

图 4-18　菱形销结构

2. 一个平面和两个与其垂直的外圆柱面的组合

如图 4-19 所示，工件在平面上定位后，再将工件左端用圆孔或 V 形块定位，右端外圆所用的 V 形块必须做成浮动结构，使其只能限制工件 1 个自由度，否则就会出现过定位。

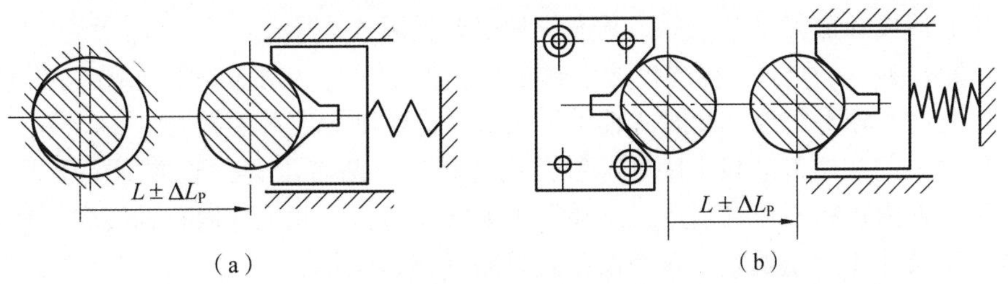

图 4-19　工件以端面和两个外圆定位

4.2.5 定位误差的分析与计算

1. 定位误差的概念

定位误差是由于工件在夹具上(或机床上)定位不准确而引起的加工误差。例如，在轴上铣键槽，要求保证槽底至轴心的距离 H。若采用 V 形块定位，键槽铣刀按规定尺寸 H 调整好位置，则实际加工时，由于工件外圆直径尺寸有大有小，因此外圆中心位置会发生变化。若不考虑加工过程中产生的其他加工误差，仅由工件圆心位置的变化也会使工序尺寸 H 发生变化。此变化量(即加工误差)是由工件的定位引起的，故称为定位误差，用 Δ_{DW} 表示。为了保证加工精度，一般限定定位误差不超过工件加工误差的 1/3。

2. 定位误差的产生原因

工件在夹具中定位时，造成定位误差的原因有两个：基准不重合误差和基准位移误差。

1)基准不重合误差

基准不重合误差是指由工件的工序基准和定位基准不重合造成的加工误差，用 Δ_{JB} 表示。

例如，图 4-20 所示工件以底面定位铣台阶面，要求保证尺寸 a，即工序基准为工件顶面。若刀具已调整好位置，则尺寸 b 的误差会使工件顶面位置发生变化，从而使工序尺寸 a 产生误差。这个误差就是基准不重合误差，即

$$\Delta_{JB} = b_{max} - b_{min} = T_b$$

b 是定位基准和工序基准间的距离尺寸，称为定位尺寸。当工序基准的变动方向与加工尺寸的方向相同时，基准不重合误差等于定位基准和工序基准间的关联尺寸的公差之和。

当工序基准的变动方向与加工尺寸方向不同，其夹角为 α 时，基准不重合误差为

$$\Delta_{JB} = T_b \cos \alpha \tag{4-2}$$

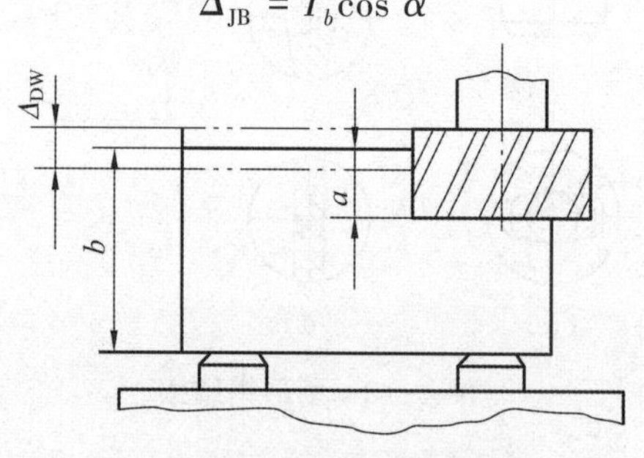

图 4-20 基准不重合误差

2)基准位移误差

当工序基准与定位基准相同时，由于定位副的制造误差和最小间隙配合引起定位基准位置变动，从而造成的加工误差，称为基准位移误差，用 Δ_{JW} 表示。

(1)如图 4-21(a)所示，在圆柱面上铣键槽，加工尺寸为 A 和 B。如图 4-21(b)所示，工件以圆柱孔在心轴上定位，此时心轴水平放置，定位副固定单边接触。

加工尺寸 A 的定位基准和工序基准都是内孔轴线，两者重合，基准不重合误差 $\Delta_B = 0$。但是，由于工件内孔和心轴有制造误差和最小配合间隙，因此工件内孔轴线和心轴轴线不重合，导致加工尺寸 A 产生误差，这个误差就是基准位移误差。

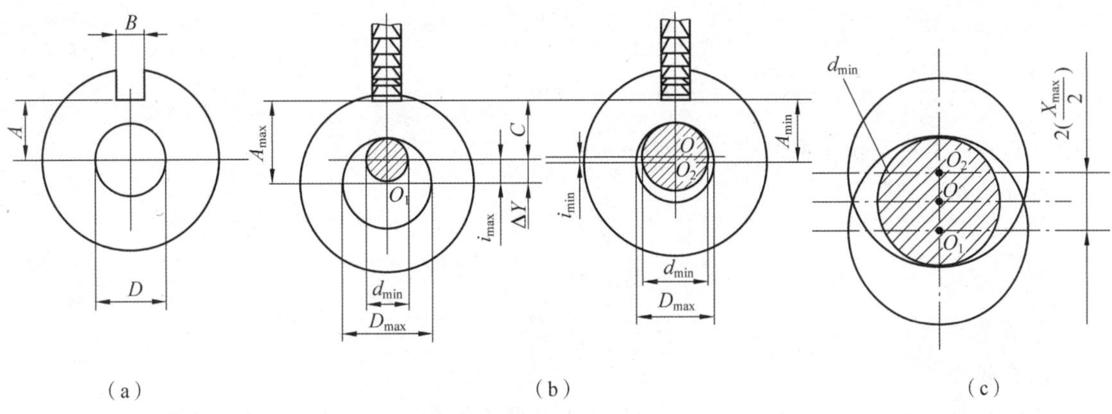

图 4-21　基准位移误差

基准位移误差为：

$$\Delta_{JW}=\overline{O_1O_2}=A_{max}-A_{min}=i_{max}-i_{min}=\frac{D_{max}-d_{min}}{2}-\frac{D_{min}-d_{max}}{2}=\frac{T_D+T_d}{2} \tag{4-3}$$

式中，T_D——工件定位基准孔的直径公差(mm)；

T_d——圆柱定位销或圆柱心轴的直径公差(mm)。

(2)如图 4-21(c)所示，当心轴垂直放置时，工件与心轴任意边接触。若孔与销两者的安装不能保证单方向接触时，则整批工件在同一销上定位时，其工序基准在空间的变动范围就是轴孔配合的最大间隙，基准位移误差的最大值应为

$$\Delta_{JW}=X_{max}=D_{max}-d_{min}=\overline{OO_1}+\overline{OO_2}=T_D+T_d+X_{min} \tag{4-4}$$

式中，X_{min}——定位所需最小间隙(mm)，由设计时确定。

当定位基准的变动方向与加工尺寸方向相同时，基准位移误差等于定位基准的变动范围，即 $\Delta_{JW}=T_i$。

当定位基准的变动方向与加工尺寸方向不同，其夹角为 α 时，基准位移误差为

$$\Delta_{JW}=T_i\cos\alpha \tag{4-5}$$

(3)如图 4-22 所示，工件以外圆面在 V 形块上定位，如不考虑 V 形块的制造误差，则定位基准在 V 形块对称平面上。它在水平方向的定位误差为零，但在垂直方向上因工件外圆柱面直径有制造误差，由此产生基准位移误差为

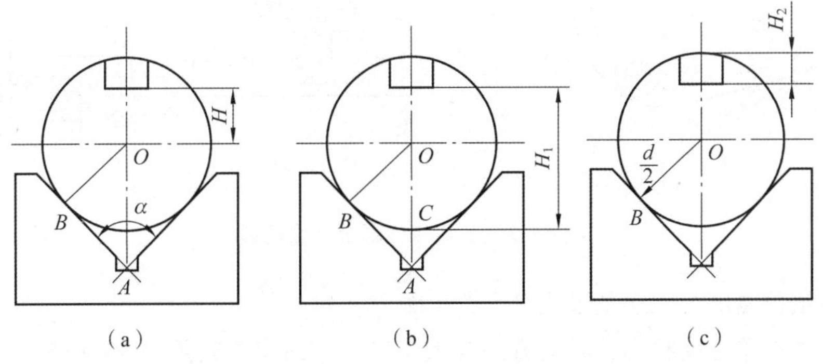

图 4-22　外圆表面在 V 形块上的定位误差

$$\Delta_{JW} = \frac{T_d}{2\sin\frac{\alpha}{2}} \tag{4-6}$$

式中，T_d——工件定位基面的直径公差(mm)。

若 $\alpha = 90°$，则

$$\Delta_{JW} = \frac{T_d}{2\sin 45°} = 0.707T_d \tag{4-7}$$

3. 定位误差的计算方法

1)合成法

根据上述定位误差产生原因，定位误差应由基准不重合误差和基准位移误差组合而成，即

$$\Delta_{DW} = \Delta_{JB} \pm \Delta_{JW}$$

计算时，先分别计算出 Δ_{JB} 和 Δ_{JW}，再将两项合成。合成方法如下：

当工序基准不在定位基面上时，$\Delta_{DW} = \Delta_{JB} + \Delta_{JW}$；

当工序基准在定位基面上时，$\Delta_{DW} = \Delta_{JB} \pm \Delta_{JW}$。

式中“+”“-”的确定方法如下。

(1)分析定位基面直径由小变大(或由大变小)时，定位基准的变动方向。

(2)当定位基面直径同样变化时，假设定位基准的位置不变动，分析工序基准的变动方向。

(3)两者的变动方向相同时，取“+”，两者的变动方向相反时，取“-”。

例 4-1 如图 4-23(a)所示凸轮上的 2×ϕ16 mm 孔，定位方式如图 4-23(b)所示。定位销直径为 $\phi22_{-0.021}^{\ 0}$ mm，求加工尺寸 100±0.1 mm 的定位误差。

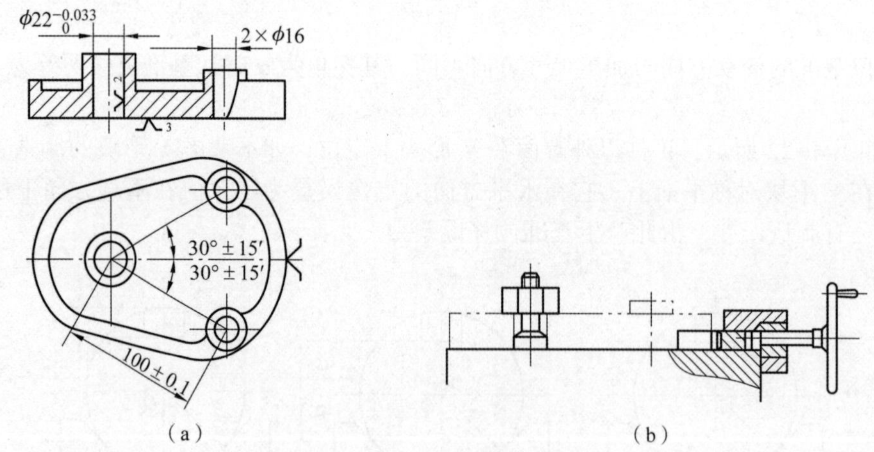

图 4-23 凸轮工序图及定位简图

解 (1)定位基准与工序基准重合，$\Delta_B = 0$。

(2)定位基准单方向移动，移动方向与加工尺寸方向间的夹角为 30°±15′。

根据式(4-3)、式(4-5)有 $\Delta_Y = \frac{T_D + T_d}{2}\cos\alpha$，所以

$$\Delta_Y = \frac{0.033 + 0.021}{2}\cos 30° \text{ mm} = 0.02 \text{ mm}$$

(3) $\Delta_D = \Delta_Y = 0.02$ mm 。

2)定义法

定义法是根据定位误差的本质来计算的一种方法。采用定义法时，要明确加工要求的方向，找出工序基准，画出工件的定位简图，并在图中夸张地画出工序基准变动的极限位置，运用初等几何知识，求出工序基准的最大变动量，然后向加工要求方向上进行投影，即为定位误差。这样，只要概念清楚，即可使复杂的定位误差计算转化为简单的初等几何计算。在许多情况下，定义法是一种简明有效的计算方法。

3)微分法

根据定位误差的定义，要计算定位误差，必须确定工序基准在加工要求方向上最大的变动量，而这个变动量相对于基本尺寸而言是个微量，因而可将这个变动量视为某个基本尺寸的微分。

微分法是把工序基准与夹具在加工要求方向上某固定点相连后得到一线段，用几何的方法得出该线段的表达式，然后对该表达式进行微分，再将各尺寸误差视为微小增量，取绝对值后代替微分，最后以公差代替尺寸误差，就可以得到定位误差的表达式。

下面仅以 V 形块定位为例进行说明。

例 4-2　工件在 V 形块上定位铣键槽(图 4-22)，试计算其定位误差。

解　工件在 V 形块上定位铣键槽时，需要保证的工序尺寸和工序要求：一是槽底至工件外圆中心的距离 H(或槽底至外圆下母线的距离 H_1，或槽底至外圆上母线的距离 H_2)；二是键槽对工件外圆中心的对称度。

对于第一项要求，首先考虑第一种情况(工序基准为圆心 O)，如图 4-22(a)所示，写出 O 点至加工尺寸方向上某一固定点(如 V 形块两斜面交点 A)的距离：

$$\overline{OA} = \frac{\overline{OB}}{\sin\frac{\alpha}{2}} = \frac{d}{2\sin\frac{\alpha}{2}}$$

式中，d——工件外圆直径；

α——V 形块两斜面夹角。

对上式求全微分，得到

$$\mathrm{d}(\overline{OA}) = \frac{1}{2\sin\frac{\alpha}{2}}\mathrm{d}(d) - \frac{d\cos\frac{\alpha}{2}}{4\sin^2\left(\frac{\alpha}{2}\right)}\mathrm{d}(\alpha)$$

以微小增量代替微分，并将尺寸(包括直线尺寸和角度)误差视为微小增量，且考虑到尺寸误差可正可负，各项误差均取绝对值，可得到工序尺寸 H 的定位误差为

$$\Delta_{\mathrm{DW}} = \frac{T_d}{2\sin\frac{\alpha}{2}} + \frac{d\cos\frac{\alpha}{2}}{4\sin^2\left(\frac{\alpha}{2}\right)}T_\alpha$$

式中，T_d——工件外圆直径公差；

T_α——V 形块两斜面夹角角度公差。

若忽略 V 形块两斜面夹角的角度误差(在支承定位的情况下，定位元件的误差——此处为 V 形块的角度误差，可以通过调整刀具相对于夹具的位置来进行补偿)，可以得到用 V 形块对外圆表面定位，当定位基准为外圆中心时，在垂直方向[图 4-22(a)中尺寸 H 方向]上的定位误差为

$$\Delta_{\mathrm{DW}}=\frac{T_d}{2\sin\frac{\alpha}{2}}$$

若工件的工序基准为外圆的下母线(相应的工序尺寸为 H_1)，参考图 4-22(b)，则可用同样的方法求出其定位误差。此时，C 点至 A 点的距离为

$$\overline{CA}=\overline{OA}-\overline{OC}=\frac{d}{2}\left(\frac{1}{\sin\frac{\alpha}{2}}-1\right)$$

取全微分，并忽略 V 形块的角度误差(即将 α 视为常量)，可得到用 V 形块对外圆表面定位，当工序基准为外圆表面下母线时，如图 4-22(b)中尺寸 H_1 方向的定位误差为

$$\Delta_{\mathrm{DW}}=\frac{T_d}{2}\left(\frac{1}{\sin\frac{\alpha}{2}}-1\right) \tag{4-8}$$

参考图 4-22(c)，用完全相同的方法可以求出当工件的工序基准为外圆上母线时(相应的工序尺寸为 H_2)的定位误差为

$$\Delta_{\mathrm{DW}}=\frac{T_d}{2}\left(\frac{1}{\sin\frac{\alpha}{2}}+1\right) \tag{4-9}$$

对于第二项要求，若忽略工件的圆度误差和 V 形块的角度偏差(这种忽略通常是合理的，并符合工程问题要求)，可以认为工序基准(工件外圆中心)在水平方向上的位置变动量为零，即使用 V 形块对外圆表面定位时，在垂直于 V 形块对称面方向上的定位误差为零。

需要指出的是，定位误差一般总是针对批量生产，并采用调整法加工的情况而言。在单件生产时，若采用调整法加工(采用样件或对刀规对刀)，或在数控机床上加工时，同样存在定位误差问题。若采用试切法进行加工，则一般不考虑定位误差。

微分法在解决较复杂的定位误差分析计算问题时有明显的优势，但有时不易建立工序基准与夹具上固定点的关系式，无法进行计算。

必须指出的是，无论采用哪种计算方法最终得出的结果应是相同的、唯一的。对于较为复杂的定位情况，最好采用两种以上的方法进行计算，以确保计算结果正确、可靠。

4.3 工件在夹具中的夹紧

工件在定位元件上定位后，必须采用一定的装置将工件压紧夹牢，使其在加工过程中不

会因受切削力、惯性力或离心力等作用力而发生振动或位移，这种装置称为夹紧装置。夹紧装置是否合理、可靠及安全，对工件加工精度、生产率的高低和工人劳动条件的好坏有着重大的影响。

4.3.1　夹紧装置的组成及基本要求

如图 4-24 所示，夹紧装置主要由以下 3 部分组成。

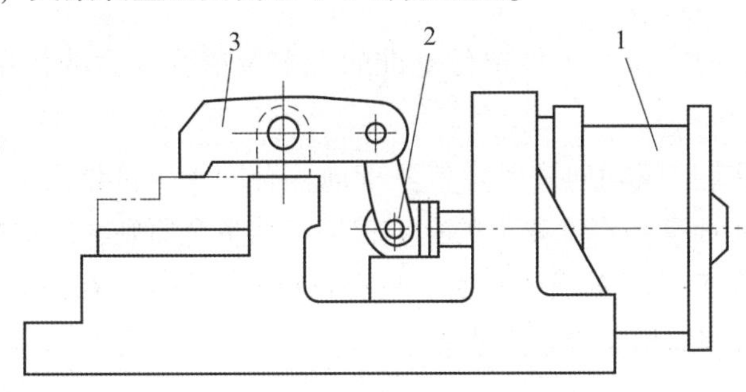

1—气缸；2—杠杆；3—压板。

图 4-24　夹紧装置的组成

1. 动力源装置

动力源装置是产生夹紧作用力的装置，所产生的力称为原始力，其可用气动、液动和电动等。例如，图 4-24 所示夹紧装置中的动力源装置是气缸。对于手动夹紧来说，动力源来自人力。

2. 中间传力机构

中间传力机构是介于动力源和夹紧元件之间传递力的机构，如图 4-24 所示中的杠杆。在传递力的过程中，它能起到以下作用。

(1)改变作用力的方向。

(2)改变作用力的大小，通常起增力作用。

(3)使夹紧实现自锁，保证动力源提供的原始力消失后，仍能可靠地夹紧工件，这对手动夹紧尤为重要。

3. 夹紧元件

夹紧元件是最终执行元件，与工件直接接触完成夹紧作用，如图 4-24 所示中的压板。夹紧装置的具体组成并非一成不变，须根据工件的加工要求、安装方法和生产规模等条件来确定，但无论其具体组成如何，都必须满足以下基本要求。

(1)夹紧时不能破坏工件定位后获得的正确位置。

(2)夹紧力大小要合适，既要保证工件在加工过程中不移动、不转动、不振动，又不能使工件产生变形或损伤工件表面。

(3)夹紧动作要迅速、可靠，且操作要方便、省力、安全。

(4)结构紧凑，易于制造与维修。其自动化程度及复杂程度应与工件的生产纲领相适应。

(5)夹紧装置应具有良好的自锁性能，以保证源动力波动或消失后，仍能保持夹紧状态。

4.3.2 夹紧力的确定

设计夹紧机构时，必须合理确定夹紧力的三要素：方向、作用点和大小。

1. 夹紧力方向的确定

确定夹紧力的方向时，应与工件定位基准的配置及所受外力的作用方向等结合起来考虑，其确定原则如下。

(1)夹紧力的作用方向应朝向主要定位基准面，有助于定位稳定。如图 4-25 所示，在角形支座上镗一个与 A 面有垂直度要求的孔。根据基准重合原则，应选择 A 面为主要定位基准，因而夹紧力应垂直于 A 面而不是 B 面。只有这样，不论 A、B 面间角度 α 误差有多大，A 面始终紧靠支承面，因而易于保证垂直度。

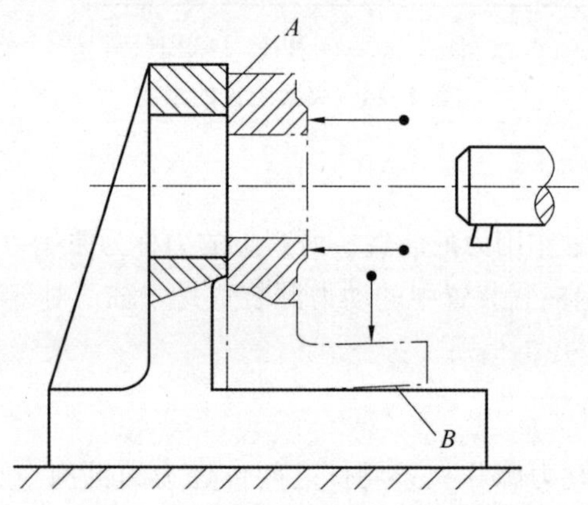

图 4-25 夹紧力方向对加工精度的影响

(2)夹紧力的方向应有利于减小夹紧力，最好与重力、切削力方向一致，这样可使机构轻便、紧凑，工件变形小，对于手动夹紧则可减轻工人劳动强度。如图 4-26 所示的刨削加工，图 4-26(a)夹紧力方向与切削力方向一致，有利于切削稳定性，而图 4-26(b)夹紧力方向与切削力方向相反，不利于减小切削力。

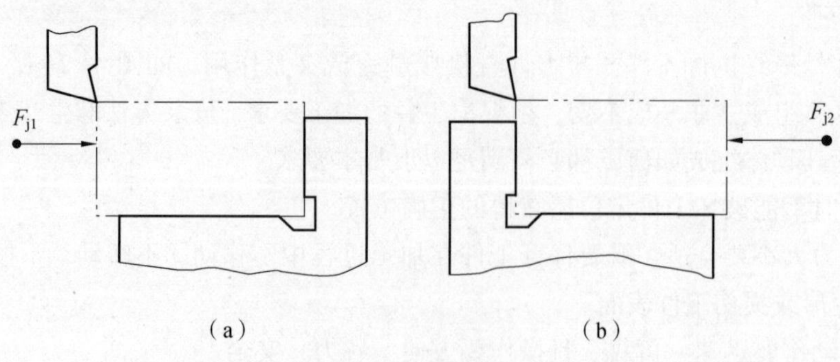

图 4-26 刨削加工

(a)夹紧力方向与切削力方向一致；(b)夹紧力方向与切削力方向相反

(3)夹紧力作用方向应使工件变形尽可能小。由于工件不同方向上的刚度不同，因此不同的受力面也会因其面积不同而变形各异，当夹紧薄壁工件时，尤其应注意这种情况。如图 4-27 所示，对套筒类零件的夹紧，用自定心卡盘夹紧外圆要比用特制螺母从轴向夹紧工件的变形要大得多。

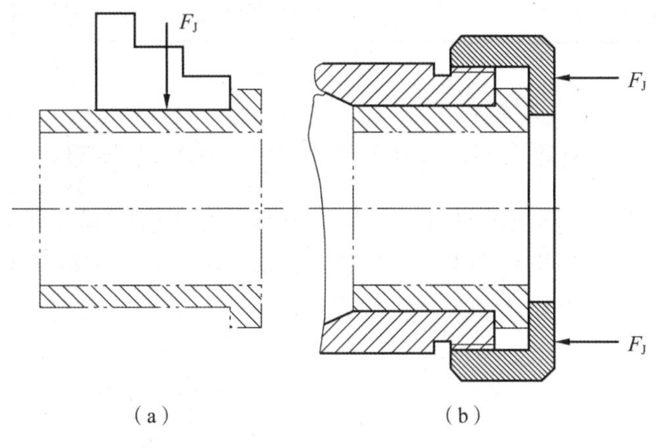

图 4-27　套筒夹紧

(a)径向夹紧；(b)轴向夹紧

2. 夹紧力作用点的确定

夹紧力作用点对工件的可靠定位、夹紧后的稳定和变形有显著影响，选择时应依据以下原则。

(1)夹紧力的作用点应落在支承元件或几个支承元件形成的稳定受力区域内。如图 4-28(a)所示，夹紧力虽然朝向主要定位基面，但作用点却在支承范围以外，夹紧力与支反力构成力矩，夹紧时工件将发生偏转，使定位基面与支承元件脱离，以致破坏原有定位。因此，应使夹紧力作用在稳定区域内，如图 4-28(b)所示。

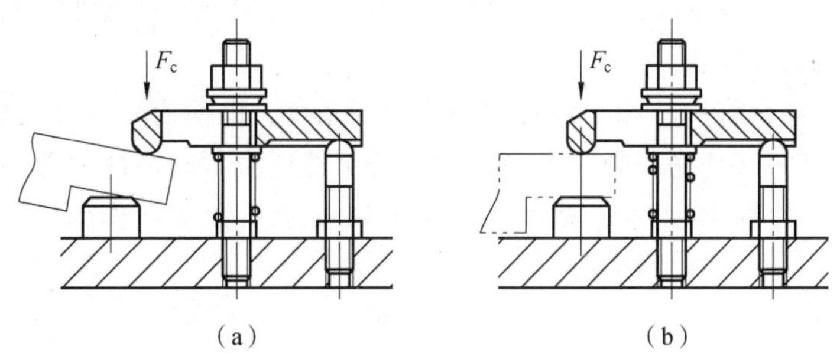

图 4-28　夹紧力的作用点应落在支承面内

(2)夹紧力的作用点应作用在工件刚性好的部位，使被夹紧工件的夹紧变形尽可能小。对于箱体、壳体、杆叉类工件，要特别注意选择力的作用点问题。如图 4-29(a)所示，对于薄壁壳体工件，以底平面及两个销孔定位，夹紧力单作用点，使工件变形较大，改换成如图 4-29(b)所示的形式，可防止由于工件夹紧变形而产生加工误差。因此，在使用夹具时，为尽量减少工件的夹紧变形，可采用增大工件受力面积或多点分散夹紧的措施。

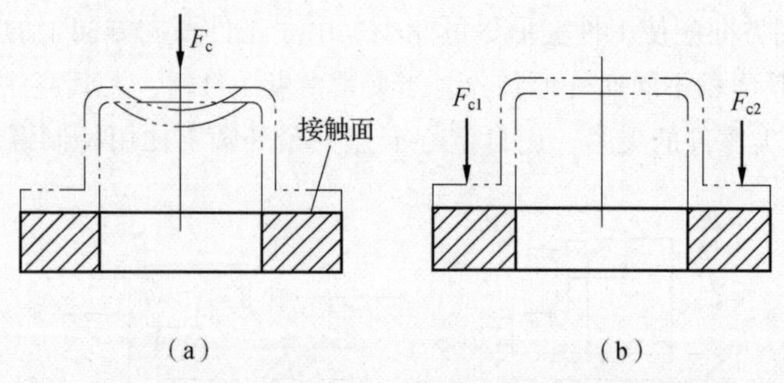

图 4-29 夹紧力的作用点应作用在工件刚性较好部位

(3)夹紧力的作用点应尽可能靠近工件加工表面，可减小切削力对夹紧点的力矩，从而减轻工件振动，提高定位稳定性和夹紧可靠性。图 4-30 所示的工件，由于铣削加工部位刚度很低，在靠近加工面处采用浮动夹紧机构或辅助支承，即可增大刚度，减小振动。

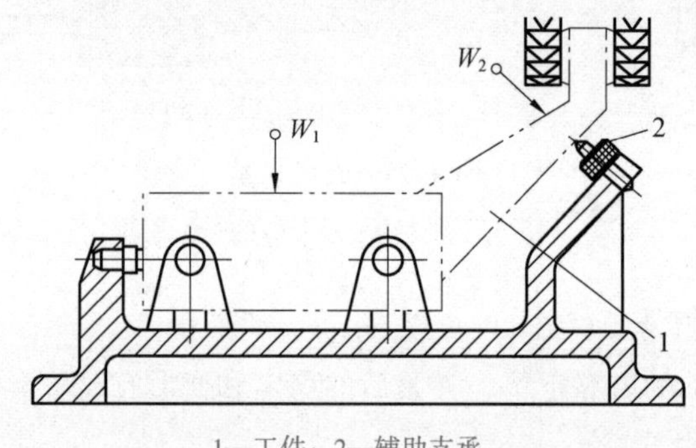

1—工件；2—辅助支承。

图 4-30 夹紧力的作用点应尽可能靠近工件加工表面

3. 夹紧力大小的确定

夹紧力的大小必须适当。夹紧力过小，工件可能在加工过程中产生移动而破坏定位，不仅影响质量，还可能造成事故；夹紧力过大，会使工件和夹具产生变形，对加工质量不利，而且造成人力、物力的浪费。

计算夹紧力，通常将夹具和工件看成一个刚性系统，以便简化计算。根据工件受切削力、夹紧力(大型工件还应考虑重力，高速运动的工件还应考虑惯性力等)的状态，在处于静力平衡条件下，计算出理论夹紧力 W，再乘以安全系数 K，作为实际所需的夹紧力 W_0，即

$$W_0 = KW$$

式中，W_0——实际所需要的夹紧力(N)；

W——按力平衡条件计算的理论夹紧力(N)；

K——安全系数，根据生产经验，一般取 $K=1.5\sim3$，当粗加工时，取 $K=2\sim3$，当精加工时，取 $K=1.5\sim2$。

一般来说，手动夹紧时不必算出夹紧力的确切值，只有机动夹紧时才进行夹紧力计算，以便决定动力部件(如气缸、液压缸等)的尺寸。

4.3.3　基本夹紧机构

在夹紧机构中，无论采用何种动力源形式，一切外加的作用力要转化为夹紧力都必须通过夹紧机构来实现，因此夹紧机构是夹紧装置中的一个很重要的组成部分。常用的夹紧机构有基本夹紧机构、定心夹紧机构、铰链夹紧机构和联动夹紧机构等多种形式。

1. 基本夹紧机构

基本夹紧机构包括斜楔夹紧机构、螺旋夹紧机构和偏心夹紧机构。

1)斜楔夹紧机构

(1)作用原理

采用斜楔作为传力元件或夹紧元件的夹紧机构称为斜楔夹紧机构。图 4-31 所示为几种常用斜楔夹紧机构夹紧工件的实例。图 4-31(a)是在工件上钻相互垂直的 $\phi8$ mm、$\phi5$ mm 两组孔。工件装入后，锤击斜楔大头，夹紧工件。加工完毕后，锤击斜楔小头，松开工件。图 4-31(b)是将斜楔与滑柱合成为一种夹紧机构，既可以手动，也可以气压驱动。图 4-31(c)是由端面斜楔与压板组合而成的夹紧机构。

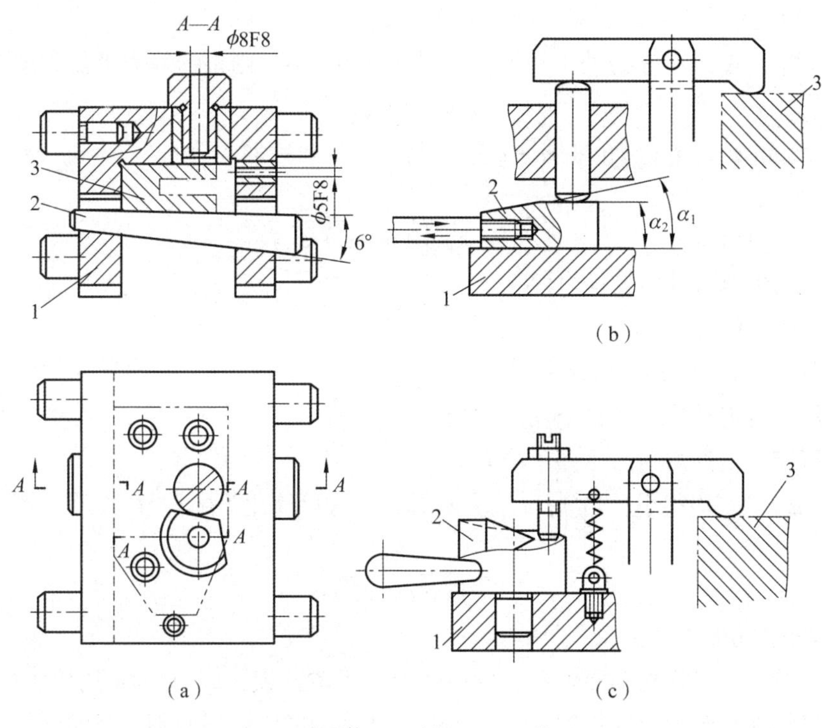

1—夹具体；2—斜楔；3—工件。

图 4-31　斜楔夹紧机构

(2)夹紧力分析。

斜楔受外加作用力 Q 后所产生的夹紧力 W，可按斜楔受力的平衡条件计算。现以图 4-31(a)中的斜楔直接夹紧时的情况为例进行受力分析，如图 4-32(a)所示。

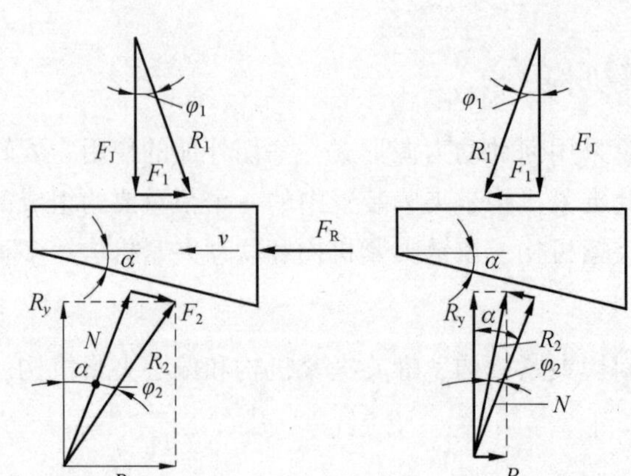

图 4-32　斜楔受力分析

斜楔受到工件对它的反力 F_J 及其摩擦力 F_1、夹具体的反作用力 N 及其摩擦力 F_2。设 N 和 F_2 的合力为 R_2，F_J 和 F_1 的合力为 R_1，则 N 和 R_2 的夹角即为夹具体与斜楔之间的摩擦角 φ_2，F_J 与 R_1 的夹角为工件与斜楔之间的摩擦角 φ_1。

夹紧时，F_R、F_1、R_x 三力处于平衡，若斜楔升角为 α，则根据静力平衡原理有

$$F_R = R_x + F_1$$

而 $F_1 = F_J\tan\varphi_1$，$R_x = F_J\tan(\alpha + \varphi_2)$，代入上式得夹紧力为

$$F_J = \frac{F_R}{\tan\varphi_1 + \tan(\alpha + \varphi_2)}$$

式中，F_J——斜楔对工件的夹紧力(N)；

α——斜楔升角(°)；

F_R——加在斜楔上的作用力(N)；

φ_1——斜楔与夹具体之间的摩擦角(°)；

φ_2——斜楔与工件之间的摩擦角(°)。

因为 α、φ_1、φ_2 均很小，当 $\varphi_1 = \varphi_2 = \varphi$ 时，上式可简化为

$$F_J = \frac{F_R}{\tan(\alpha + 2\varphi)}$$

(3) 自锁条件分析。

一般对夹具的夹紧机构都要求具有自锁性能。所谓自锁，即当外加作用力 F_R 消失或撤除后，夹紧机构在纯摩擦力的作用下，仍能保持其处于夹紧状态而不松开的性质。对于斜楔夹紧机构而言，这时摩擦力的方向应与斜楔企图松开和退出的方向相反，如图 4-32(b) 所示。可见，斜楔要实现自锁，应满足 $F_1 > R_x$。而

$$F_1 = F_J\tan\varphi_1$$

$$R_x = F_J\tan(\alpha - \varphi_2)$$

代入上式，则有 $F_J\tan\varphi_1 > F_J\tan(\alpha - \varphi_2)$，即

$$\tan\varphi_1 > \tan(\alpha - \varphi_2)$$

将上式化简得 $\varphi_1 > \alpha - \varphi_2$，故

$$\alpha < \varphi_1 + \varphi_2$$

即为斜楔夹角的自锁条件。

钢铁表面间的摩擦因数一般为 $f=0.1\sim0.15$，可知摩擦角 φ_1 和 φ_2 的值为 5.75°~8.5°。因此，斜楔夹紧机构满足自锁的条件是 $\alpha \leqslant 11.5°\sim17°$。但是，为了保证自锁可靠，一般取 $\alpha=10°\sim15°$；手动夹具一般取 $\alpha=6\sim8°$。不需要自锁的机动夹紧机构(用气压或液压装置驱动的斜楔)，取 $\alpha=15°\sim35°$。

(4)斜楔夹紧机构的夹紧行程。

斜楔的夹紧行程是指斜楔压紧工件的行程，如图 4-33 所示，可知

$$h = s\tan\alpha$$

由此可见，当 α 增大，行程 h 增大，效率提高，但自锁性差，增力性降低。因此，对于斜楔夹紧的增力性与行程应综合考虑。

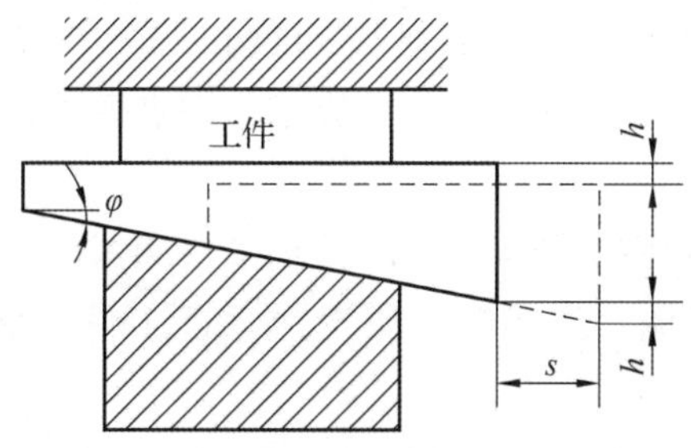

图 4-33　斜楔夹紧机构的夹紧行程

(5)斜楔夹紧机构的特点。

斜楔夹紧机构结构简单，还具有改变夹紧力方向和增力的作用，但斜楔夹紧行程小，效率低。因此，斜楔夹紧机构主要用于毛坯质量较高的机动夹紧场合；手动夹紧机构中，因费时费力，效率低，而较少应用。

2)螺旋夹紧机构

螺旋夹紧机构利用螺杆作为传力元件直接夹紧工件，或者与其他元件或机构组成复合夹紧机构完成夹紧工件，是实际生产中应用最广泛的一种夹紧机构。

(1)作用原理。

螺旋夹紧机构中所用螺旋，实际上相当于把斜楔绕在圆柱体上，因此它的夹紧作用原理与斜楔夹紧机构一样。不过，它是通过转动螺旋，使绕在圆柱体上的斜楔高度发生变化来夹紧工件的。螺旋升角即为斜楔升角，其夹紧力计算与斜夹紧机构相似，不再赘述。

(2)结构特点。

图 4-34 所示的是最简单的螺旋夹紧机构，直接用螺钉或螺母夹紧工件的机构。在图 4-34(a)中，夹紧时螺钉头直接与工件表面接触，螺钉转动时，可能损伤工件表面，或带动工件旋转。为此在螺钉头部装上图 4-34(b)所示的摆动压块。当摆动压块与工件接触后，由于压块与工件间的摩擦力矩大于压块与螺钉间的摩擦力矩，压块不会随螺钉一起转动。

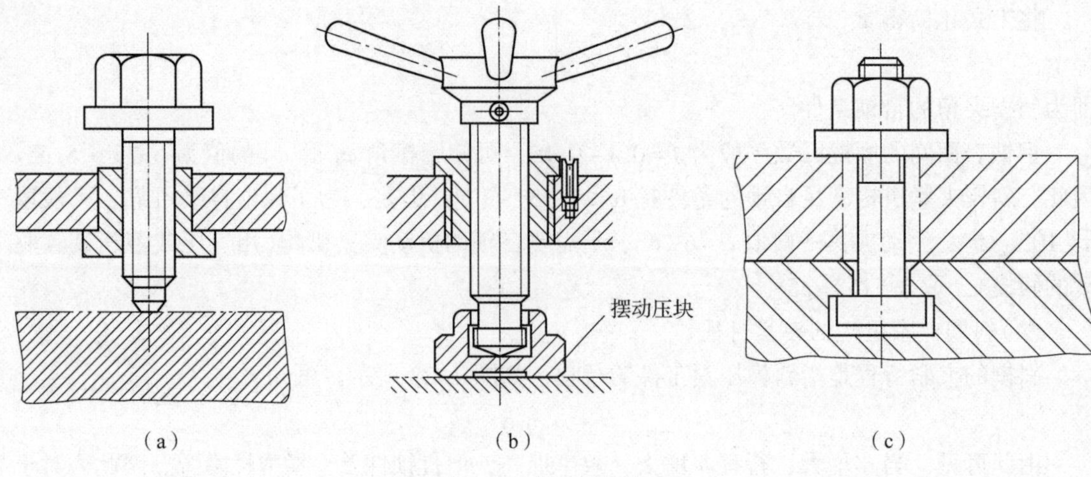

图 4-34 螺旋夹紧机构

夹紧动作慢、工件装卸费时是单个螺旋夹紧机构的另一个缺点。如图 4-34(c)所示，装卸工件时，要将螺母拧上拧下，费时费力。克服这一缺点的办法很多，图 4-35 是常见的几种方法。

图 4-35(a)使用了开口垫圈。图 4-35(b)采用了快卸螺母。图 4-35(c)中，夹紧轴上的直槽连着螺旋槽，先推动手柄，使摆动压块迅速靠近工件，继而转动手柄，夹紧工件并自锁。

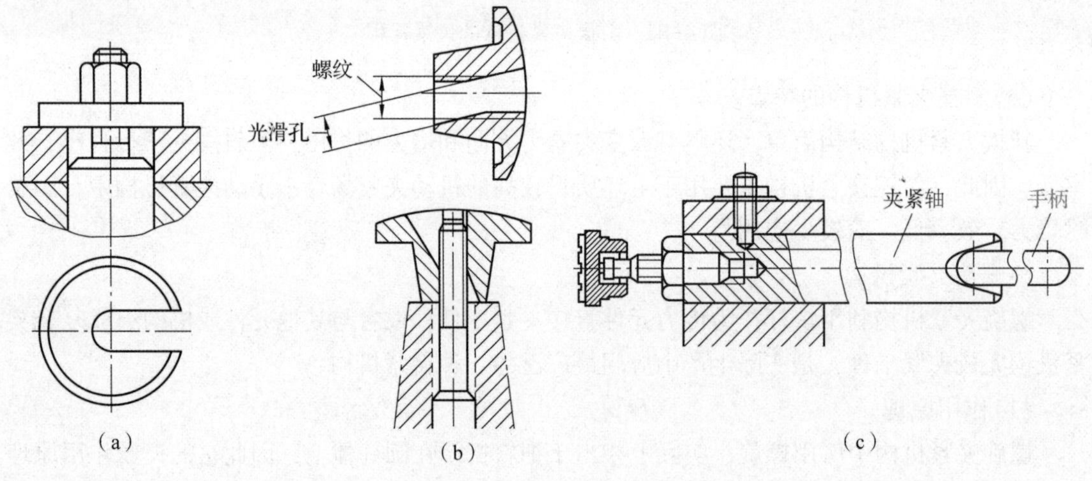

图 4-35 快速螺旋夹紧机构

在实际应用中，结构形式变化最多的是螺旋压板机构，用螺旋和压板组合成杠杆式的夹紧机构应用更为普遍。图 4-36 所示的是常见的螺旋压板夹紧机构。

螺旋夹紧机构结构简单，容易制造，而且由于螺旋升角小，不但自锁性好、夹紧行程，而且夹紧力大，增力比可达 80 : 1，远大于斜楔夹紧，所以使用非常广泛，是手动夹具上用的最多的一种夹紧机构。但是，这种机构夹紧动作慢，效率较低。

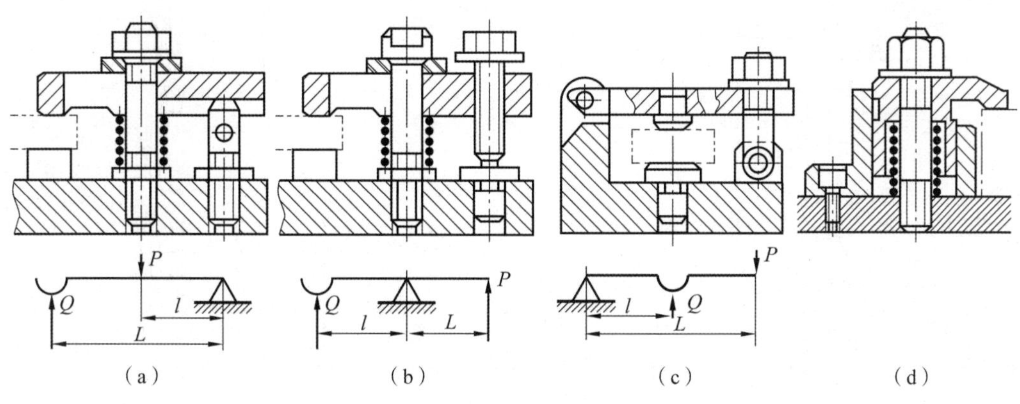

图 4-36　常见的螺旋压板夹紧机构

3) 偏心夹紧机构

用偏心件直接或间接夹紧工件的机构，称为偏心夹紧机构。常用的偏心件有圆偏心和曲线偏心两种形式。其中，圆偏心因结构简单、容易制造、动作迅速而得到广泛应用。曲线偏心采用阿基米德螺旋线或对数螺旋线作为轮廓曲线，虽有升角变化均匀等优点，但因制造复杂，故而使用较少。图 4-37 是常见圆偏心夹紧机构应用实例，以下主要介绍圆偏心夹紧机构。

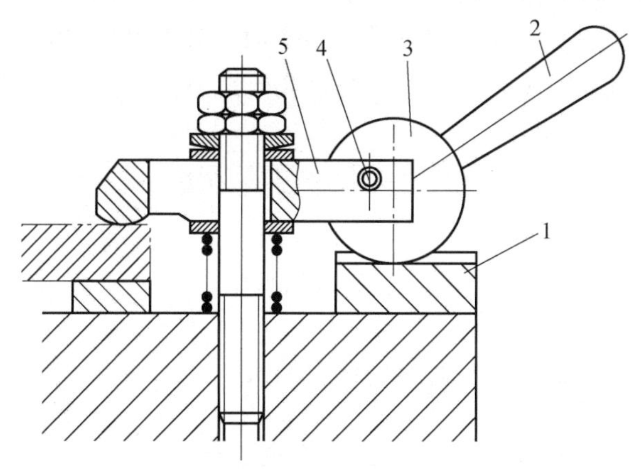

1—垫板；2—手柄；3—偏心轮；4—转轴；5—压板。

图 4-37　常见圆偏心夹紧机构应用实例

(1) 圆偏心轮的工作原理。

圆偏心轮的工作原理如图 4-38(a)所示。图中，O_1是圆偏心轮的几何中心，R 是它的几何半径。O_2是圆偏心轮的回转中心，两个中心间的距离 e 称为偏心距。

若以为 O_2圆心，r 为半径画圆(虚线圆)，便把偏心轮分成了三个部分。其中，虚线部分是个“基圆盘”，$r=R-e$；另两部分是两个相同的弧形楔。当偏心轮绕回转中心 O_2顺时针方向转动时，相当于一个弧形楔逐渐楔入“基圆盘”与工件之间，从而夹紧工件。

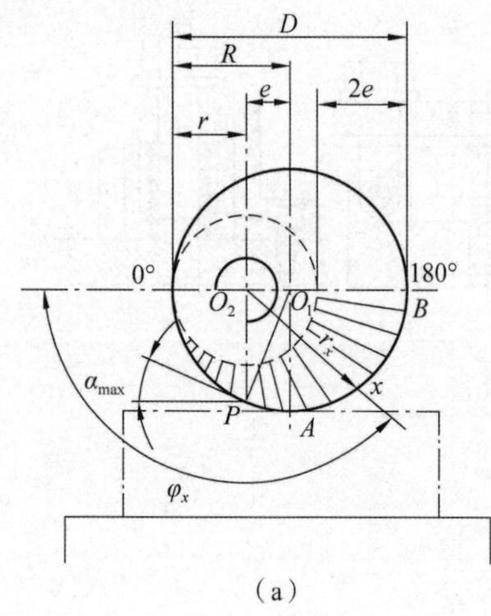

(a)

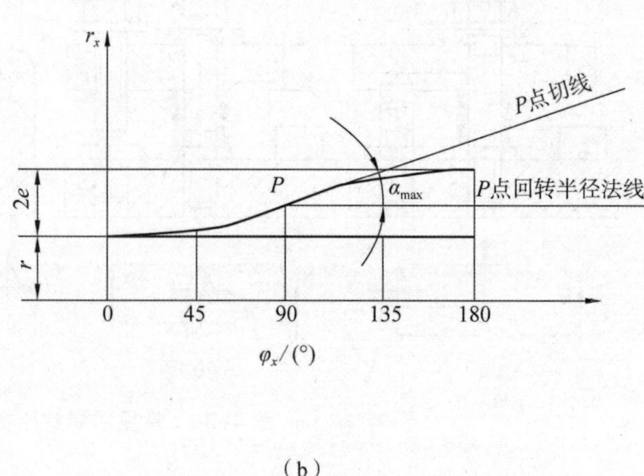

(b)

图 4-38　圆偏心轮的工作原理及弧形楔展开图

(2)圆偏心轮的夹紧行程及工作段。

当圆偏心轮绕回转中心 O_2 转动时，设轮周上任意点 x 的回转角为 φ_x，回转半径为 r_x。用 φ_x、r_x 为坐标轴建立直角坐标系，再将轮周上各点的回转角与回转半径一一对应地记入此坐标中，便得到了圆偏心轮上弧形楔的展开图，如图 4-38(b)所示。

从图 4-38 可见，当圆偏心轮从 0°回转到 180°时，其夹紧行程为 $2e$。轮周上各点升角不等，是变量，P 点的升角最大(α_{max})。根据解析几何知识，P 点的升角等于 P 点的切线与 P 点回转半径的法线间的夹角。

按照上述原理，在图 4-38(a)中，过 P 点分别作 O_1P、O_2P 的垂线，便可得到 P 点的升角 α_{max}。

因为
$$\alpha_{max} = \angle O_1PO_2$$

所以
$$\sin\alpha_{max} = \sin\angle O_1PO_2 = \frac{\overline{O_1O_2}}{\overline{O_1P}}$$

因为
$$\overline{O_1O_2} = e \quad \overline{O_1P} = \frac{D}{2}$$

所以
$$\sin\alpha_{max} = \frac{2e}{D}$$

圆偏心轮的工作转角一般小于 90°，因为转角太大，不仅操作费时，而且不安全。工作转角范围内的那段轮周称为圆偏心轮的工作段。常用的工作段是 φ_x = 45°～135°或 φ_x = 90°～180°。在 φ_x = 45°～135°范围内，升角大，夹紧力较小，但夹紧行程大($h\approx1.4e$)。在 φ_x = 90°～180°范围内，升角由大到小，夹紧力逐渐增大但夹紧行程较小($h=e$)。

根据前述的斜楔自锁条件，思考圆偏心轮实现自锁的条件是什么？

(3)偏心夹紧机构特点。

偏心夹紧机构操作方便，夹紧迅速，但夹紧行程小，增力倍数小，自锁性能差，常用于被夹紧表面尺寸变动不大、切削平稳无振动，且切削力不大的场合。通常情况下，偏心机构单独使用较少，而是与其他夹紧机构联合使用。图 4-39 所示的是几种圆偏心夹紧机构。

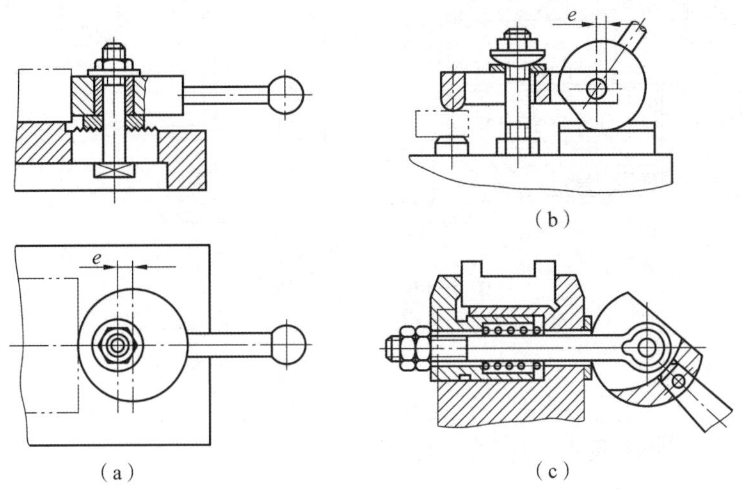

图 4-39 圆偏心夹紧机构

(a)偏心轴；(b)、(c)偏心轮

上述 3 种结构是夹紧机构最基本的形式，实际应用中经常与其他机构组合，形成多种复合夹紧机构，以完成不同的夹紧需要。

2. 定心夹紧机构

当工件被加工面以中心要素(轴线、中心平面等)为工序基准时，为使基准重合以减少定位误差，需采用定心夹紧机构。定心夹紧机构具有定心和夹紧两种功能，如卧式车床的三爪自定心卡盘即为最常用的典型实例。

定心夹紧机构按其定心作用原理有两种类型，一种是依靠传动机构使定心夹紧元件等速移动，从而实现定心夹紧，如螺旋式、杠杆式、楔式机构等；另一种是利用薄壁弹性元件受力后产生均匀的弹性变形(收缩或扩张)，来实现定心夹紧，如弹簧筒夹、膜片卡盘、波纹套、液性塑料等。

图 4-40(a)所示螺旋式定心夹紧机构，螺杆两端螺纹旋向相反，螺距相同。当其旋转时，使两个 V 形钳口作对向或反向等速移动，从而实现对工件的定心夹紧或松开。这种定心夹紧机构特点是：结构简单、工作行程大、通用性好，但定心精度不高，一般约为 0.05~0.1 mm。

图 4-40(b)所示弹簧筒夹式定心夹紧机构，用于装夹工件以外圆柱面为定位基准的弹簧夹头。旋转螺母时，其端面推动弹性筒夹左移，此时锥套内锥面迫使弹性筒夹上的簧瓣向心收缩，从而将工件定心夹紧。该机构结构简单、体积小、操作方便迅速，因而应用十分广泛。其定心精度可稳定在 $\phi0.04$~$\phi0.10$ mm 之间。为保证弹性筒夹正常工作，工件定位基面的尺寸公差应控制在 0.1~0.5 mm 范围内，故一般适用于精加工或半精加工场合。

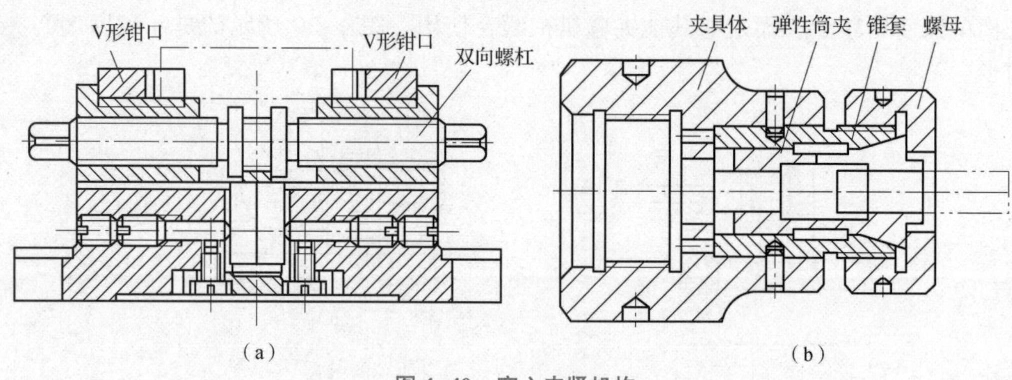

图 4-40　定心夹紧机构

(a)螺旋式定心夹紧机构；(b)弹簧筒夹式定心夹紧机构

3. 铰链夹紧机构

铰链夹紧机构是一种增力装置，它具有增力倍数较大、摩擦损失较小的优点，广泛应用于机动(如气动、液动)夹具中，如图 4-41 所示。

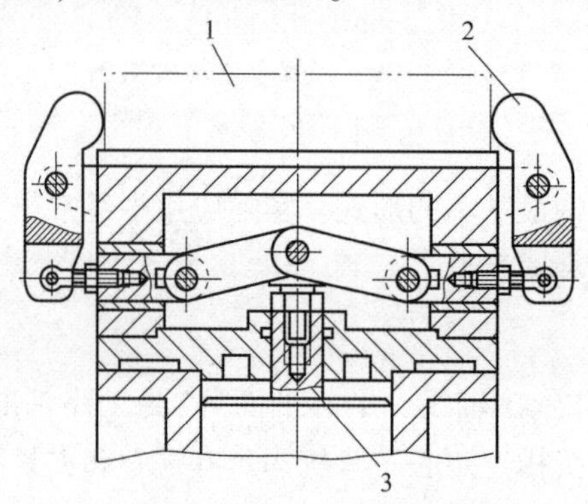

1—工件；2—浮动压板；3—活塞杆。

图 4-41　铰链夹紧机构

4. 联动夹紧机构

联动夹紧机构是一种高效的夹紧机构，它可通过一个操作手柄或一个动力装置，对工件的多个夹紧点实施夹紧，如图 4-42(a)所示；或同时夹紧若干个工件，如图 4-42(b)所示。其特点是机构中具有一个或多个浮动元件，当其中的某一点夹紧受压后，浮动元件就会摆动或移动，直到另一点也接触工件表面均衡压紧工件为止。

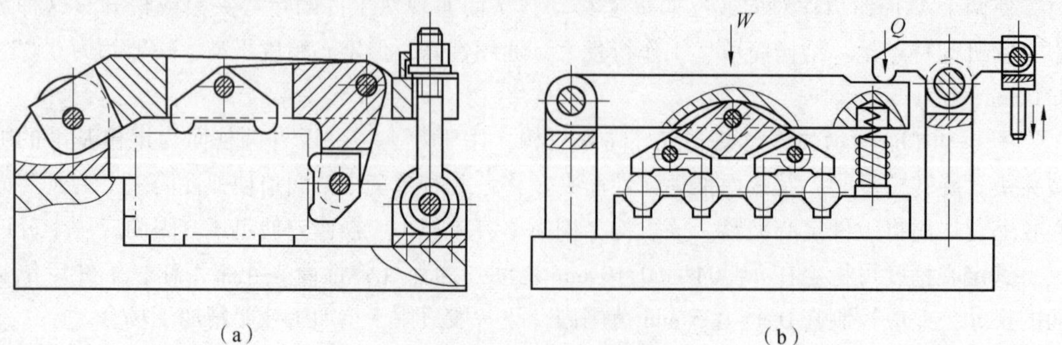

图 4-42　联动夹紧机构

(a)单件双向多点联动；(b)多件单向联动

4.3.4 夹紧动力源装置

为了提高装夹可靠性和生产率、降低劳动强度，现代夹具一般采用机动夹紧，因此配有如气动夹紧装置、液压夹紧装置、电磁夹紧装置、真空夹紧装置等动力源装置，其中以气动夹紧装置和液压夹紧装置应用最为普遍。

1. 气动夹紧装置

典型气压传动系统如图 4-43 所示。气源产生的压缩空气经车间总管路送来，先经雾化器使其中的润滑油雾化并随之进入送气系统，以对其中的运动部件进行润滑；再经减压阀，使压缩空气压力减至稳定的工作压力，一般为 0.4~0.6 MPa，经单向阀和换向阀控制压缩空气进入气缸的前腔或后腔，实现夹紧或松开。其中，单向阀的作用是防止压缩空气回流，造成夹紧装置松开。调速阀可调节进入气缸的空气流量，以控制活塞的移动速度。作为动力部件的气缸，其尺寸应根据夹紧力的要求确定。对于单作用气缸，夹紧靠气压顶紧，松开由弹簧推回，用于夹紧行程较短的情况。

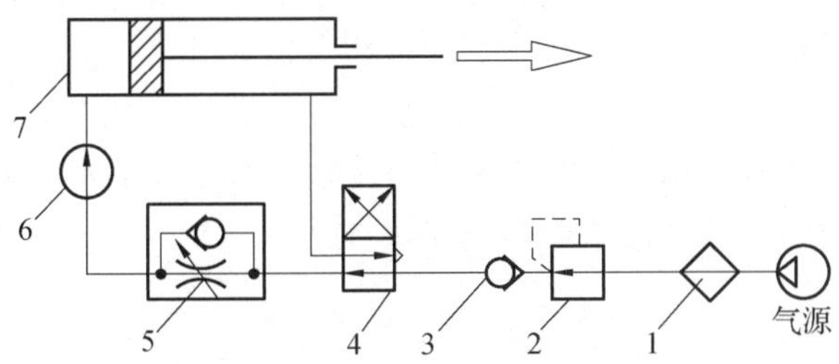

1—雾化器；2—减压阀；3—单向阀；4—换向阀；5—调速阀；6—气压表；7—气缸。

图 4-43 典型气压传动系统

气缸工作行程较长，且作用力的大小不受工作行程长度的影响，但结构尺寸较大，制造维修困难，寿命短且易漏气。

2. 液压夹紧装置

液压夹紧装置用高压油产生动力，工作原理及结构与气动夹紧装置相似，其共同优点是操作简单，动作迅速，辅助时间短。但是，液压夹紧装置与气动夹紧装置相比又有其自身的优点，具体如下。

(1) 工作压力可达 5~6.5 MPa，比气压高出十余倍，故液压缸尺寸比气缸小得多。因传动力大，通常不需要增力机构，使夹具结构简单、紧凑。

(2) 油液不可压缩，因此夹紧刚性好，工作平稳，夹紧可靠。

(3) 噪声小，劳动条件好。

液压夹紧装置特别适用于重力切削或加工大型工件时的多点夹紧，但如果机床本身没有液压系统，则需要设置专用的夹紧液压系统，导致夹具成本提高。

3. 气-液组合夹紧装置

气-液组合夹紧装置的动力源仍为压缩空气，但要使用特殊的增压器，故结构复杂。然而，由于其综合了气动、液压夹紧装置的优点，又部分克服了它们的缺点，所以得到了广泛应用。

气-液组合夹紧装置的工作原理如图 4-44 所示，压缩空气进入气缸的右腔，推动增压缸活塞左移，并将增压缸活塞杆推入增压缸内。因活塞杆的作用面积小，故使增压缸和工作缸内的油压大大增加，并推动工作缸中的活塞上移，将工件夹紧。

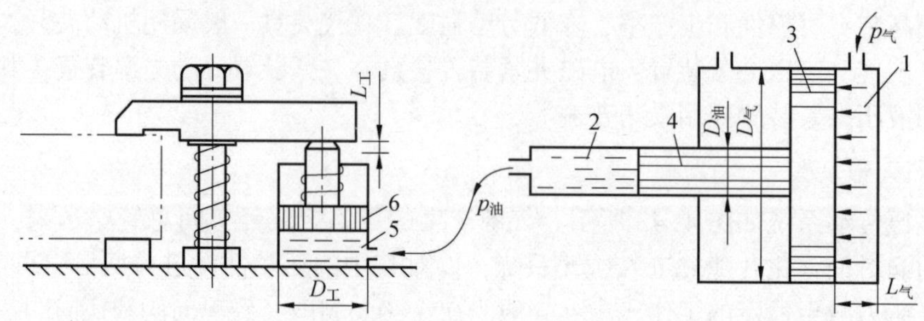

1—气缸；2—增压缸；3—增压缸活塞；4—增压缸活塞杆；5—工作缸；6—工作缸活塞。

图 4-44　气-液组合夹紧装置的工作原理

设增压缸活塞直径为 $D_气$，增压缸活塞杆直径为 $D_油$，则由于 $D_气>D_油$，故增压器输出的油压比输入的气压增大$(D_气/D_油)^2$，这是它的主要优点，其缺点是行程小。因油液容积不变，故工作缸活塞的行程 $L_工$ 和增压缸活塞的行程 $L_气$ 与相应的活塞、活塞杆面积成反比，即 $L_气/L_油=(D_气/D_油)^2$，这种多用于要求夹紧力大、夹紧行程短的场合。

除上述动力源外，还有利用切削力或主轴回转时的离心力作为动力源的夹紧装置，以及利用电磁吸力、真空吸力和电动机驱动的各种动力源。

4.4　各类机床夹具

4.4.1　车床夹具

车床夹具主要用于加工工件的内外圆柱面、圆锥面、回转成形面、螺纹及端平面等。

1. 车床夹具的类型与典型结构

根据工件的定位基准和夹具本身的结构特点，车床夹具可分为以下 4 类。

(1)以工件外圆表面定位的车床夹具，如各类卡盘。

(2)以工件内圆表面定位的车床夹具，如各种心轴。

(3)以工件顶尖孔定位的车床夹具，如顶尖、拨盘等。

(4)用于加工非回转体的车床夹具，如各种弯板式、花盘式车床夹具。

当工件定位表面为单一圆柱表面或与待加工表面相垂直的平面时，可采用各种通用车床夹具，如自定心卡盘、单动卡盘、顶尖或花盘等。当工件定位面较为复杂或有其他特殊要求时，应设计专用车床夹具。

如图 4-45 所示为一弯板式车床夹具，用于加工轴承座零件的孔和端面。工件以底面和两孔在弯板上定位，用两个压板夹紧。为了控制端面尺寸，夹具上设置了测量基准(测量圆柱的端面)；同时，设置了平衡块，以弯板及工件引起的偏重。

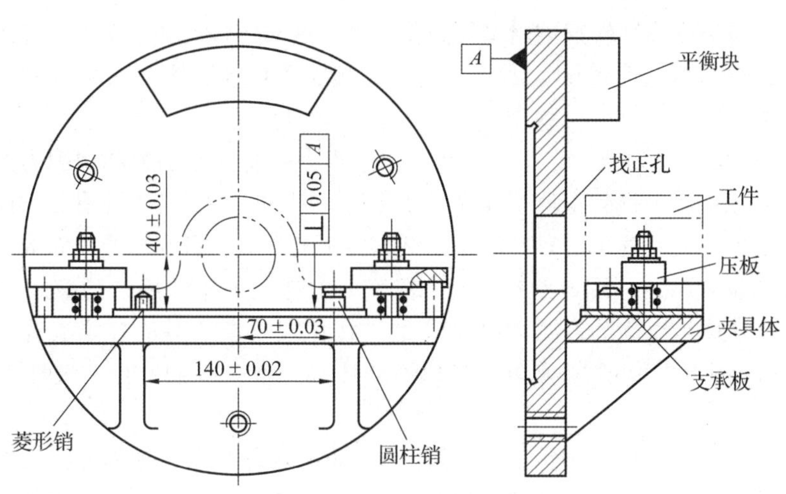

图 4-45　弯板式车床夹具

图 4-46 所示为一花盘式车床夹具，用于加工连杆零件的小头孔。工件以已加工好的大头孔(4 点)、端面(1 点)和小头外圆(6 点)定位，夹具上相应的定位元件是弹性胀套、夹具体上的定位凸台和活动 V 形块。工件安装时，首先使连杆大头孔与弹性胀套配合，大孔端面与夹具体定位凸台接触；然后转动调节螺杆，移动活动 V 形块，使其与工件小头孔外对中；接着拧紧螺钉；最后使锥套向夹具体方向移动，弹性胀套胀开，对工件大头孔定位并同时夹紧。

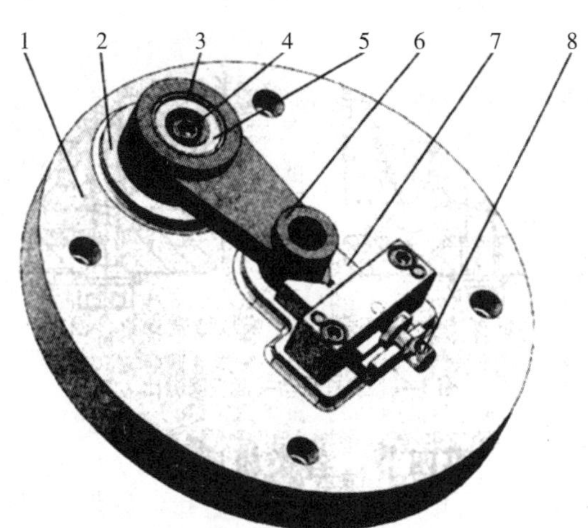

1—夹具体；2—定位凸台；3—弹性胀套；4—锥套；5—螺钉；6—工件；7—活动 V 形块；8—调节螺杆。

图 4-46　花盘式车床夹具

2. 车床夹具的设计要点

(1)定位装置的设计要求。车床夹具在设计定位装置时，除考虑应限制的自由度外，最重要的是要使工件加工表面的轴线与机床主轴回转轴线重合。除此之外，定位装置的元件在夹具体上的位置精度与工件加工表面的位置尺寸精度有直接的关系，所以在夹具总图上，一定要标注定位元件的位置尺寸和公差，作为夹具的验收条件之一。

(2)夹具配重的设计要求。在车床上进行加工时，工件随夹具一起转动，将受到很大的

离心力的作用，且离心力随转速的增高而急剧增大。这对零件的加工精度、加工过程中的振动及零件的表面质量都会有影响。因此，车床夹具要注意各装置之间的布局，必要时设计配重块加以平衡。

(3)夹紧装置的设计要求。车床夹具在工作过程中要受到离心力和切削力的作用，其合力的大小与方向相对于工件的定位基准又是变化的。因此，夹紧装置要有足够的夹紧力和良好的自锁性，以保证夹紧安全可靠。但是，夹紧力不能过大，且要求受力布局合理，不至于破坏定位装置的位置精度。图 4-47 所示为在车床上镗轴承座孔用的角铁式车床夹具，图 4-47(a)的施力方式是正确的；图 4-47(b)的结构比较复杂，但从总体上看更趋合理；图 4-47(c)尽管结构简单，但夹紧力会引起角铁悬伸部分及工件的变形，破坏工件的定位精度，故不合理。

(4)车床夹具与机床主轴的连接设计要求。车床夹具与机床主轴的连接精度直接影响夹具的精度。因此，要求夹具的回转轴线与车床主轴的回转轴线具有较高的同轴度。

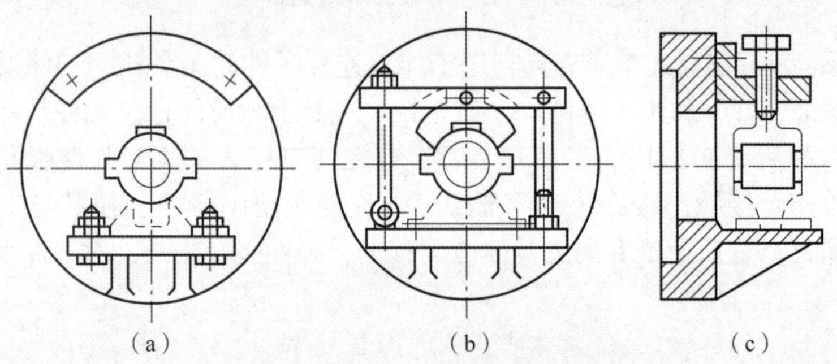

图 4-47　车床上镗轴承座孔用的角铁式车床夹具夹紧施力方式的比较

(5)对夹具总体结构的要求。车床夹具一般是在悬臂状态下工作的，为保证加工过程的稳定性，夹具结构应力求简单、紧凑、轻便且安全，悬伸长度要尽量小，重心靠近主轴前支承。为保证安全，装在夹具体上的各个元件不允许伸出夹具体直径之外。此外，还应考虑切屑的缠绕与切削液的飞溅等影响安全操作的问题。

车床夹具的设计要点也适用于外圆磨床使用的夹具。

4. 4. 2　铣床夹具

铣床夹具主要用于加工零件上的平面、键槽、齿轮、成形面及立体成形面等。它与钻、镗夹具有以下不同之处：刀具的引导不一样；铣削加工时切削力很大，并且由于铣刀刀齿的不连续工作，致使由切削力的变化而引起加工过程中的振动。这些都将影响工件的既定位置，因此铣床夹具的夹紧力较大，对各部分装置的刚度和强度要求也比较高。

铣床夹具一般需有确定刀具位置与方向的元件，以保证能够迅速获得夹具、机床及刀具之间的相对位置。通常，用对刀装置来达到这个目的。铣床夹具须用螺栓紧固在铣床的工作台上，并常用定向键与工作台 T 形槽的侧面配合，以确定夹具与机床的相对位置。

1. 铣床夹具的主要类型

铣床夹具常按铣削的进给方式分类，一般可分为直线进给式铣床夹具、圆周进给式铣床夹具和仿形进给式铣床夹具。

直线进给式铣床夹具用得最多，根据夹具上同时安装工件的数量，又可分为单件铣床夹具和多件铣床夹具。图4-48所示为铣工件斜面的单件铣床夹具。工件以一面两孔定位，为保证夹紧力作用方向指向主要定位面，压板的前端做成球面。联动机构操作简便，且使两个压板夹紧力均衡。为了确定对刀圆柱及圆柱定位销与菱形销的位置，在夹具上设置了工艺孔。

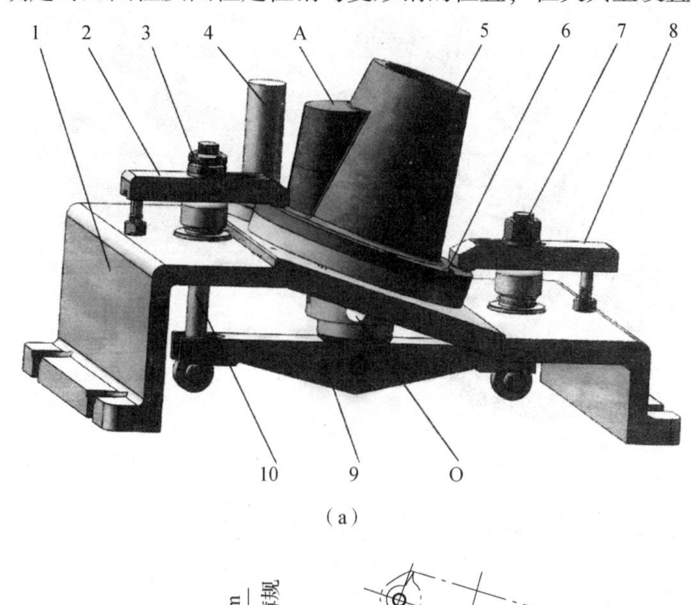

(a)

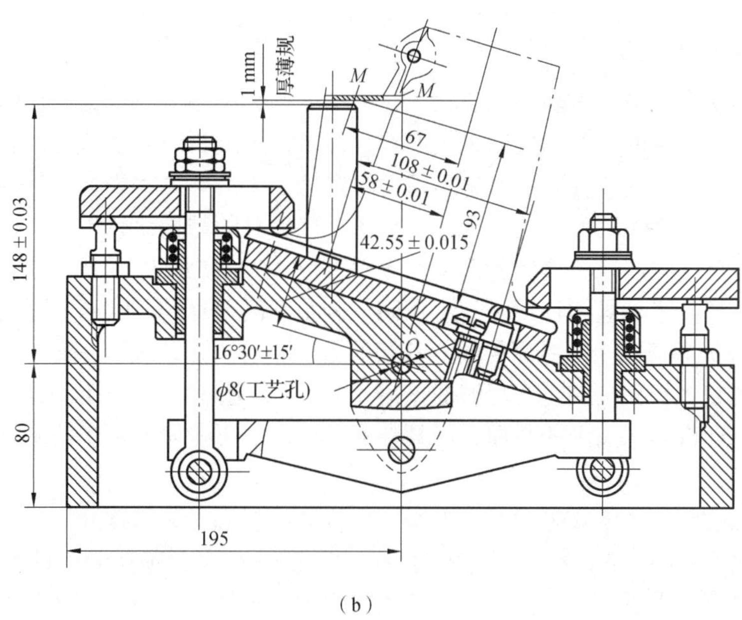

(b)

1—夹具体；2、8—压板；3—圆螺母；4—对刀圆柱；5—工件；6—菱形销；7—夹紧螺母；9—杠杆；10螺柱；A—加工面；O—工艺孔。

图4-48 铣工件斜面的单件铣床夹具

(a)夹具实体图；(b)夹具结构图

图4-49所示为铣轴端方头的多件铣床夹具，一次安装4个工件同时进行加工。为了提高生产率，且保证各工件获得均匀一致的夹紧力，夹具采用了联动夹紧机构并设置了相应的浮动环节(球面垫圈与压板)。

加工时，采用4把三面刃铣刀同时铣削4个工件方头的两个侧面。铣削完成后，取下楔铁，将回转座转过90°，再用楔铁将回转座定位并夹紧，即可铣削工件的另外两个侧面，即实现了一次安装完成两个工位的加工。

1—手柄；2—回转座；3—工件；4—球面垫圈；5—夹紧螺母；6—压板；7—V形定位块；8—楔铁；9—固定块；10—夹具体。

图4-49 铣轴端方头的多件铣床夹具

2. 铣床夹具的设计要点

铣削加工的切削用量和切削力一般较大，切削力的大小和方向也是变化的，而且又是断续切削，因而，加工时的冲击和振动也较严重。设计这类夹具时，要特别注意工件的定位稳定性和夹紧可靠性；夹紧装置要能产生足够的夹紧力，手动夹紧时要有良好的自锁性能；夹具上各组成元件的强度和刚度要高。为此，要求铣床夹具的结构比较粗壮、低矮，以降低夹具重心，增加刚度、强度，夹具体的高度 H 和宽度 B 之比取 $H/B=1\sim1.25$ 为宜，并应合理布置加强筋和耳槽。当夹具体较宽时，可在同一侧布置两个耳槽，这两个耳槽的距离要与所选机床工作台两T形槽之间的距离相同，耳槽的大小要与T形槽宽度一致。

铣削的切屑较多，夹具上应有足够的排屑空间，应尽量避免切屑堆积在定位支承面上。因此，定位支承面应高出周围的平面，而且在夹具体内尽可能做出便于清除切屑和排出切削液的出口。

在粗铣时振动较大，不宜采用偏心夹紧，因振动时偏心夹紧易松开。

在侧面夹紧工件(如加工薄而大的平面)时，压板的着力点应低于工件侧面的定位支承点，并使夹紧力有一垂直分力，将工件压向主要定位支承面，以免工件向上抬起；对于毛坯件，压板与工件接触处应开有尖齿纹，以增大摩擦因数。

3. 对刀装置

铣床夹具上一般设计有确定刀具位置及方向的对刀装置。对刀装置由对刀块和塞尺组成。其中，对刀块用来确定夹具和刀具的相对位置；塞尺用来防止对刀时碰伤切削刃和对刀块。使用时，将塞尺塞入刀具和对刀块之间，根据接触的松紧程度来确定刀具的最终位置。

图4-50所示为常见的对刀装置。其中，图4-50(a)为板状对刀装置，用于加工平面时对刀；图4-50(b)为直角对刀装置，用于加工键槽或台阶面时对刀；图4-50(c)为V形对

刀装置，当采用成形铣刀加工成形表面时，可用此种对刀装置对刀。

对刀块通常用销钉或螺钉紧固在夹具体上，其位置应便于对刀和工件的装卸。对刀块的工作表面与定位元件之间应有一定的位置精度要求，即应以定位元件的工作表面或对称中心作为基准，来校准其与对刀块之间的位置尺寸关系。

采用对刀块对刀，加工精度等级一般不超过 IT8。当精度要求较高，或者不便于设置对刀块时，可以用试切法、标准件对刀法或者百分表来校正定位元件相对于刀具的位置。

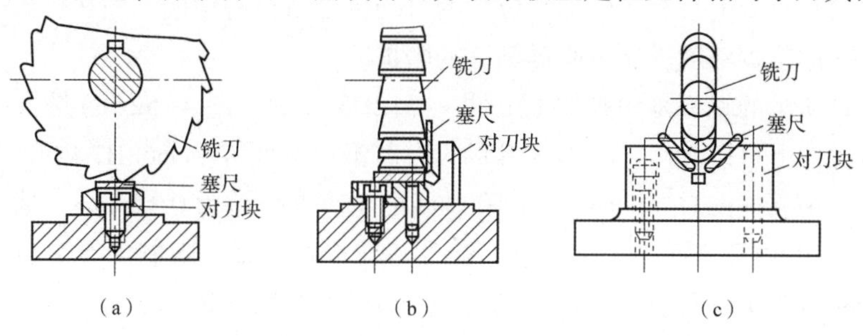

图 4-50　常见的对刀装置

(a)板状对刀装置；(b)直角对刀装置；(c)V 形对刀装置

4. 定向键(定位键)

为确定夹具与机床工作台的相对位置，在夹具体底面上应设置定向键。定向键与铣床工作台上的 T 形槽配合，以确定夹具在机床上的正确位置；同时，它还能承受部分切削力，有利于减轻夹紧螺栓的负荷，增加夹具的稳定性。

定向键安装在夹具底面的槽中，一般用两个，并安装在一条直线上，其距离应尽量远些，小型夹具也可使用一个断面为矩形的长键作为定向键。定向键有矩形和圆柱形两种。

常用的矩形定向键有两种结构。一种在侧面开有沟槽或台阶，将定向键分为上下两部分，如图 4-51(a)所示。其上部尺寸按 H7/h6 与夹具体上的键槽配合，下部宽度尺寸为 b，常按 H8/h8 或 H7/h6 与工作台上的 T 形槽配合。另一种没有开出沟槽或台阶，如图 4-51(b)所示，其上下两部分尺寸相同，定向精度不高。图 4-51(c)所示为圆柱形定向键。使用这种定向键时，其圆柱面和工作台 T 形槽平面是线接触，容易磨损，所以应用较少。

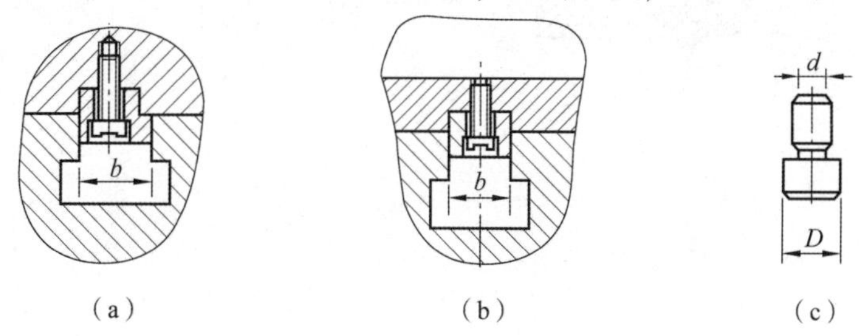

图 4-51　定向键

(a)、(b)矩形定向键；(c)圆柱形定向键

4.4.3　钻床夹具

1. 钻模类型与典型结构

钻床上用来确定工件和刀具相对位置并使工件得到夹紧的装置称为钻床夹具。钻床夹具

上，一般设置了用来引导刀具的钻套的钻模板，故习惯上将钻床夹具称为钻模。由于使用要求不同，其结构形式分为固定式、回转式、翻转式、盖板式和滑柱式等。

1) 固定式钻模

在使用的过程中，钻模在机床上的位置是固定不动的。使用前，在机床上安装钻模时，先在机床主轴上装一标准芯棒或钻头(前者精度高)，然后将标准芯棒插入钻套孔中，达到校正钻模，使其在机床上具有正确加工位置的目的。之后，将钻模紧固在机床工作台上。这样，既能保证孔的位置精度，又可降低钻套的磨损。

图 4-52(a)所示的钻模是用来加工工件上 ϕ12H8 孔的。图 4-52(b)是零件加工孔的工序简图。从零件图上可以看出，ϕ12H8 孔的设计基准是端面 B 和 ϕ68H7 内孔，与 ϕ68H7 内孔的对称度公差为 0.1 mm，与 ϕ68H7 内孔轴线的垂直度公差为 0.05 mm。据此，选定工件以端面 B 和 ϕ68H7 内孔表面为定位基准，符合基准重合原则，限制了 5 个自由度，满足工序要求。估计夹具与工件总质量超过 10 kg，钻孔的直径大于 10 mm，切削力较大不能采用手扶加工的方法，故设计成固定式钻模，如图 4-52(a)所示。定位件 4 以 ϕ68H6 短外圆柱面和其肩部端面 B 为定位面，扳动手柄借助圆偏心凸轮的作用，通过拉杆与转动开口垫圈夹紧工件。反方向搬动手柄，拉杆在弹簧的作用下松开工件。

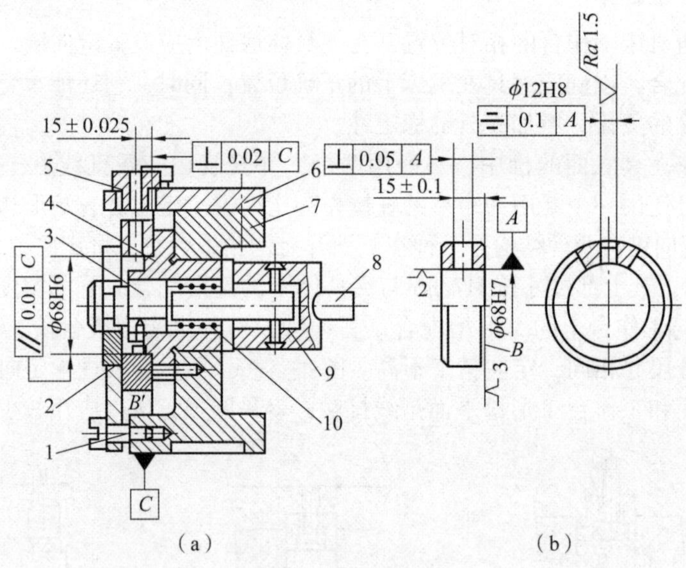

1—螺钉；2—转动开口垫圈；3—拉杆；4—定位件；5—快换钻套；6—钻模板；7—夹具体；8—手柄；9—圆偏心凸轮；10—弹簧。

图 4-52　固定式钻模

2) 回转式钻模

加工同一圆周上的平行孔系、同一截面内径向孔系或同一直线上的等距孔系时，钻模上应设置分度装置。带有回转式分度装置的钻模称为回转式钻模。

图 4-53 所示为一卧轴回转式钻模的结构，用来加工工件上三个径向均布孔。工件以孔与端面在定位件上定位，转动螺母以螺旋夹紧机构、开口垫圈将工件夹紧在转盘的端面上。在转盘的圆周上有三个径向均布的钻套孔，其端面上有三个对应的分度锥孔。钻孔前，对定

销在弹簧力的作用下插入分度锥孔中，反转手柄，螺套通过锁紧螺母使转盘锁紧在夹具体上。钻孔后，正转手柄将转盘松开，同时横销通过螺套上的端面凸轮将对定销拔出，进行分度，直至对定销重新插入第二个锥孔，然后锁紧进行第二个孔的加工。如此继续，直至零件上的孔加工完毕。转动螺母，即可松开工件，抽出开口垫圈，便可卸下工件。

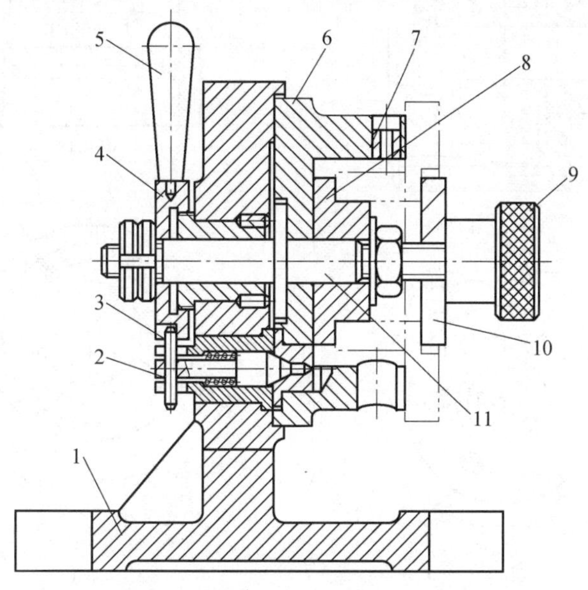

1—夹具；2—对定销；3—横销；4—螺套；5—手柄；6—转盘；7—钻套；8—定位件；9—螺母；10—开口垫圈；11—转轴。

图 4-53　卧轴回转式钻模

3) 翻转式钻模

翻转式钻模主要用于加工小型工件不同表面上的孔。图 4-54 所示为一翻转式钻模，用于加工类似套类零件的孔系。工件上的 6 个径向螺纹孔和端面上的 6 个螺纹孔均需钻制底孔以备攻制螺纹。工件以端面 E 和 ϕ30H8 内孔分别在夹具定位件 2 上的面 E' 和 ϕ30g6 圆柱面上实现定位，则限制 5 个自由度，用削扁开口垫圈 3、螺杆 4 和手轮 5 对工件进行压紧，就可钻制所有螺纹的底径 ϕ4. 2。先钻完圆周上的 6 个径向孔，只需将钻模翻转 5 次。然后将钻模翻转为轴线竖直向上，即可钻制端面上的 6 个孔。

该工件加工孔径尺寸精度要求不高，利用钻头的尺寸精度即可保证。各孔之间的位置精度由夹具的制造精度保证。

翻转式钻模适用于夹具与工件总重力不大于 100 N，工件上钻制的孔径小于 8~10 mm，加工精度要求不高，生产批量不太大的场合。

4) 盖板式钻模

盖板式钻模没有夹具体，在一般情况下，钻模板上除钻套外，还装有定位元件及夹紧元件。在加工一些大中型的工件孔时，因工件笨重，安装很困难，可采用如图 4-55 所示的盖板式钻模。它是为加工车床溜板箱上的孔系而设计的，钻模板以圆柱销、削边销和 3 个支承钉对工件进行定位。

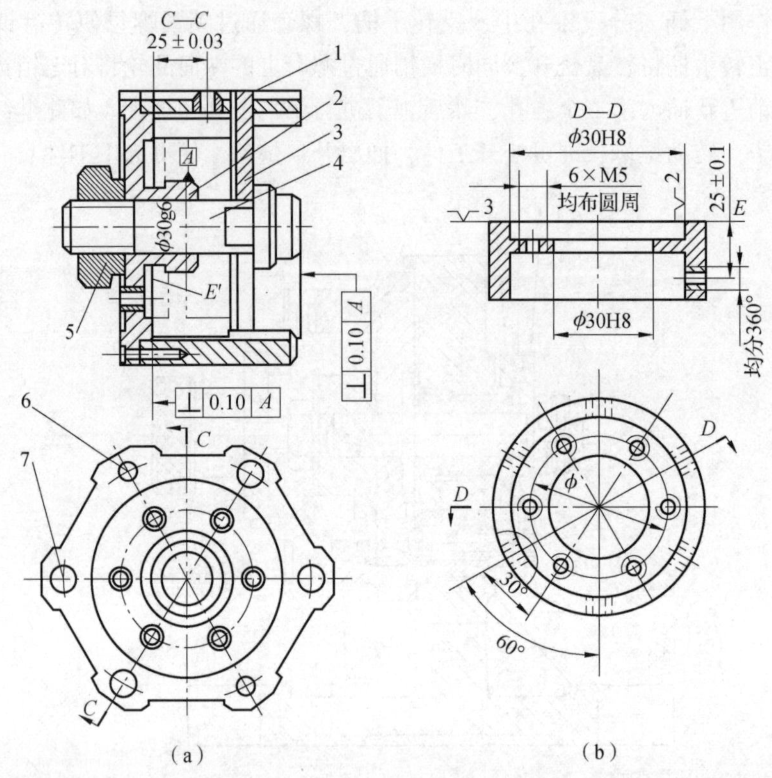

1—夹具体；2—定位件；3—削扁开口垫圈；4—螺杆；5—手轮；6—销；7—沉头螺钉。

图 4-54 翻转式钻模

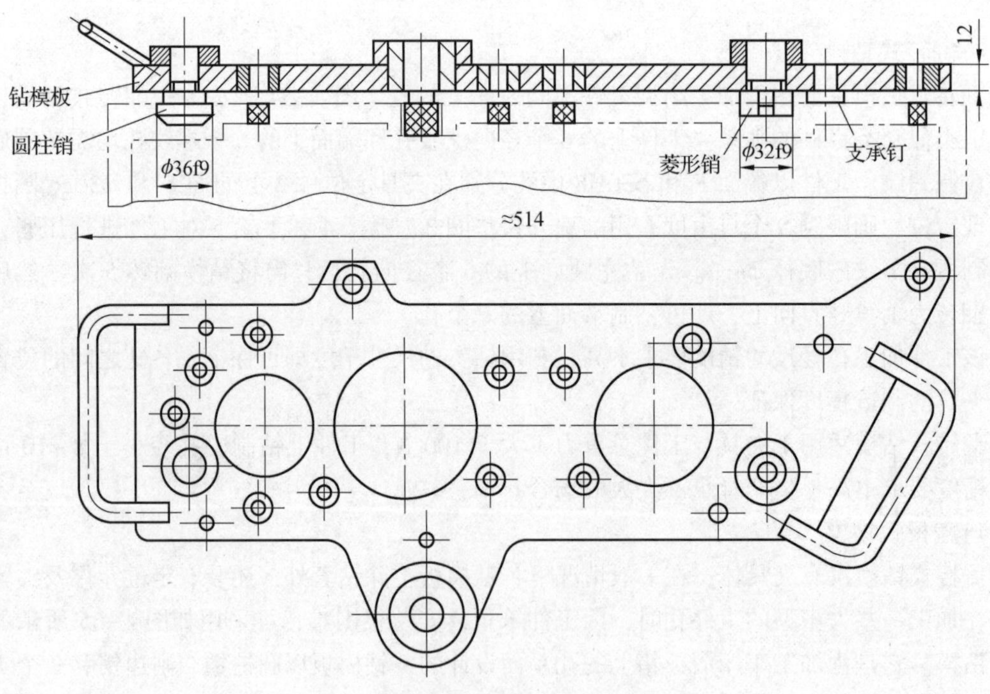

图 4-55 盖板式钻模

5) 滑柱式钻模

滑柱式钻模是一种带有升降钻模板的通用可调夹具。图 4-56 所示为手动滑柱式钻模的通用结构，由夹具体、三根滑柱、钻模板和传动、锁紧机构所组成。转动手柄，经过齿轮齿条的传动和左右滑柱的导向，便能顺利地带动钻模板升降，将工件夹紧或松开。钻模板在夹紧工件或升降至一定高度后，必须自锁。锁紧机构的种类很多，但用得最广泛的则是图 4-56 所示的圆锥锁紧机构。其工作原理为：螺旋齿轮轴的左端制成螺旋齿，与中间滑柱后侧的螺旋齿条相啮合，其螺旋角为 45°。轴的右端制成双向锥体，锥度为 1∶5，与夹具体及套环的锥孔配合。钻模板下降接触到工件后继续施力，则钻模板通过夹紧元件将工件夹紧，并在齿轮轴上产生轴向分力使锥体楔紧在夹具体的锥孔中。由于锥角小于两倍磨擦角，故能自锁。当加工完毕，钻模板升到一定高度时，可以使齿轮轴的另一段锥体楔紧在套环的锥孔中，将钻模板锁紧。

这种手动滑柱式钻模的机械效率较低，夹紧力不大，并且由于滑柱和导孔为间隙配合（一般为 H7/f7），因此被加工孔的垂直度和孔的位置尺寸难以达到较高的精度。但是其自锁性能可靠，结构简单，操作方便，具有通用可调的优点，所以不仅广泛使用于大批大量生产，而且也已推广到小批生产中。该钻模适用于中、小件的加工。

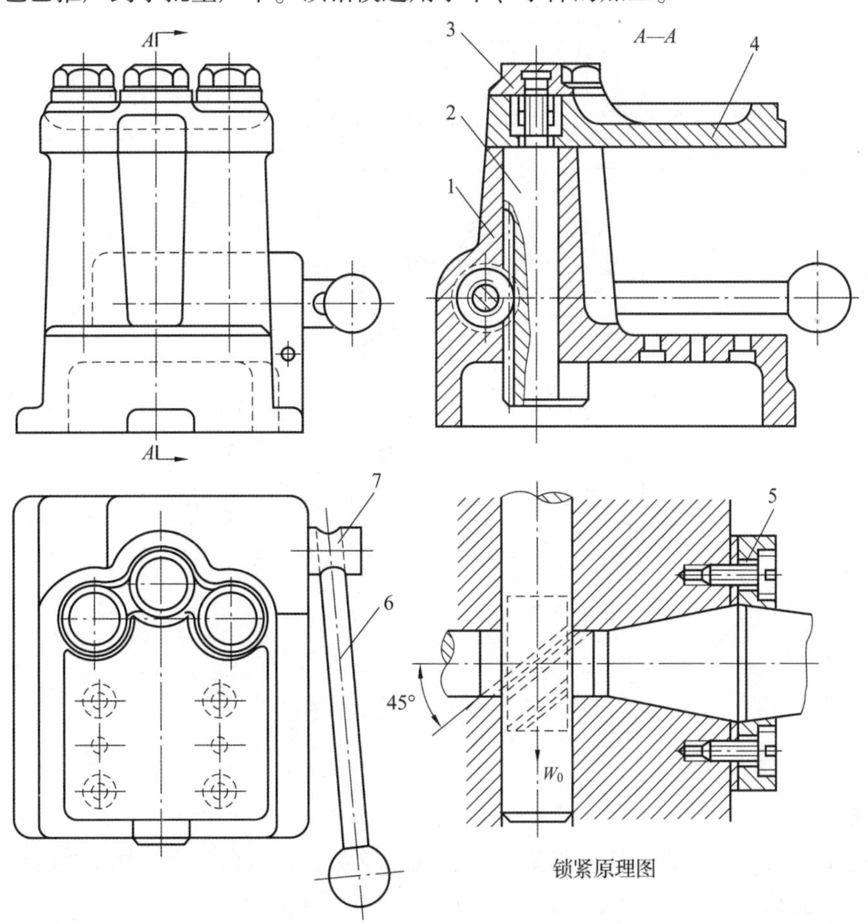

1—夹具体；2—滑柱；3—锁紧螺帽；4—钻模板；5—套环；6—手柄；7—螺旋齿轮轴。

图 4-56　滑柱式钻模

图 4-57 所示为应用手动滑柱式钻模的实例。该滑柱式钻模用来钻、扩、铰拨叉上的 ϕ20H7 孔。工件以圆柱端面、底面及后侧面在夹具上的圆锥套、两个可调支承及圆柱挡销上定位。这些定位元件都装置在底座上。转动手柄，通过齿轮、齿条传动机构使滑柱带动钻模板下降，由两个压柱通过液性塑料对工件实施夹紧。刀具依次由快换钻套引导，进行钻、扩、铰加工。图 4-57 中件号 1~9 所示的零件是专门设计制造的，钻模板也须作相应的加工，而其他件则为滑柱式钻模的通用结构。

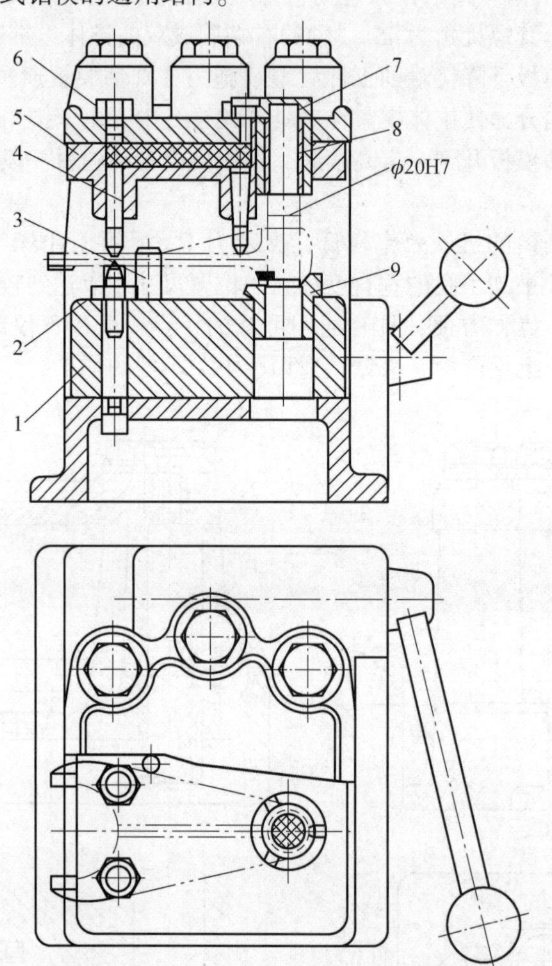

1—底座；2—可调支承；3—圆柱挡销；4—压柱；5—压柱体；6—螺塞；7—快换钻套；8—衬套；9—定位锥套。

图 4-57　滑柱式钻模应用实例

2. 钻模设计要点

1) 钻套

钻套是引导刀具的元件，用以保证被加工孔的位置，并提高刀具在加工过程中的刚度和防止加工中的振动。

钻套按其结构特点可分为 4 种类型：固定钻套、可换钻套、快换钻套和特殊钻套。

(1) 固定钻套[图 4-58(a)]。固定钻套直接压入钻模板或夹具体的孔中，位置精度高，但磨损后不易拆卸，故多用于中批、单件小批生产。

(2)可换钻套[图 4-58(b)]。可换钻套以间隙配合安装在衬套中，而衬套则压入钻模板或夹体的孔中。为防止钻套在衬套中转动，加一固定螺钉。可换钻套磨损后可以更换，故多用于大批大量生产。

(3)快换钻套[图 4-58(c)]。快换钻套具有快速更换的特点，更换时不需拧动螺钉，只要将钻套逆时针方向转动一个角度，使螺钉头对准钻套缺口，即可取下钻套。快换钻套多用于同一孔需要多个工步(如钻、扩等)加工的情况。

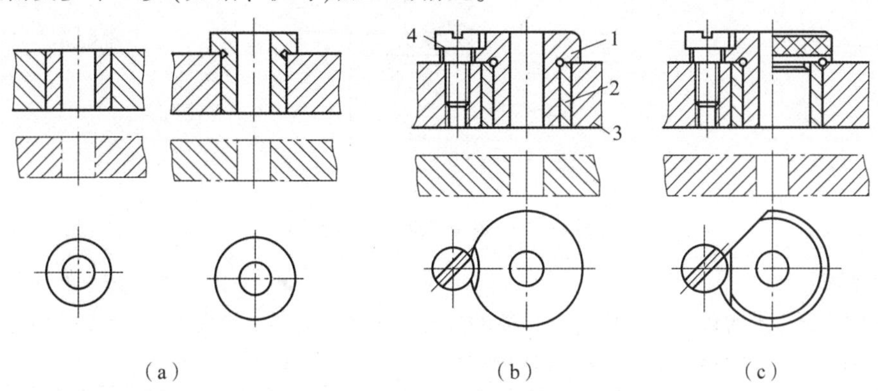

1—钻套；2—衬套；3—钻模板；4—螺钉钻套。

图 4-58 钻套

(a)固定钻套；(b)可换钻套；(c)快换钻套

上述 3 种钻套均已标准化，其规格参数可查阅夹具设计手册。

(4)特殊钻套(图 4-59)。特殊钻套用于特殊加工场合，如在斜面上钻孔，在工件凹陷处钻孔，钻多个小间距孔等。

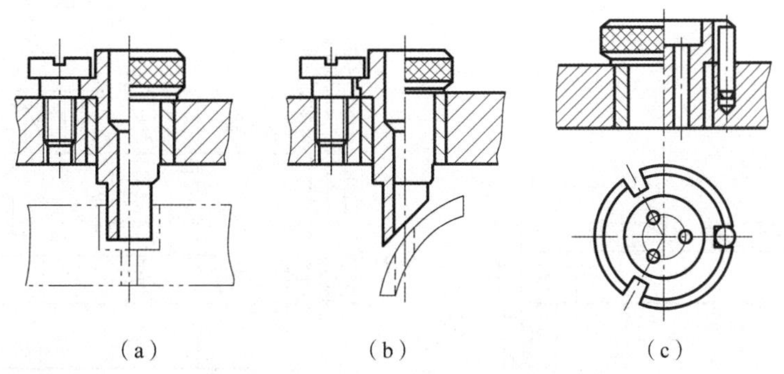

图 4-59 特殊钻套

(a)加长钻套；(b)斜面钻套；(c)小孔距钻套

钻套中导向孔的孔径 d 及其偏差应根据所引导的刀具尺寸 D 来确定。通常，取刀具的上极限尺寸作为引导孔的公称尺寸，孔径公差依加工精度确定。钻孔和扩孔时通常取 F7，粗铰时取 G7，精铰时取 G6。若钻套引导的不是刀具的切削部分而是导向部分，则常取配合 H7/f7、H7/g6 或 H6/g5。

钻套高度 H(图 4-60)直接影响钻套的导向性能，同时影响刀具与钻套之间的摩擦情况，通常取 $H=(1\sim2.5)d$。对于精度要求较高的孔、直径较小的孔和刀具刚性较差时应取较大值。

钻套与工件之间一般应留有排屑间隙，此间隙不宜过大，以免影响导向作用。一般可取 $h=(0.3\sim1.2)d$。加工铸铁、黄铜等脆性材料时可取小值；加工钢等韧性材料时应取较大值。当孔的位置精度要求很高时，也可取 $h=0$。

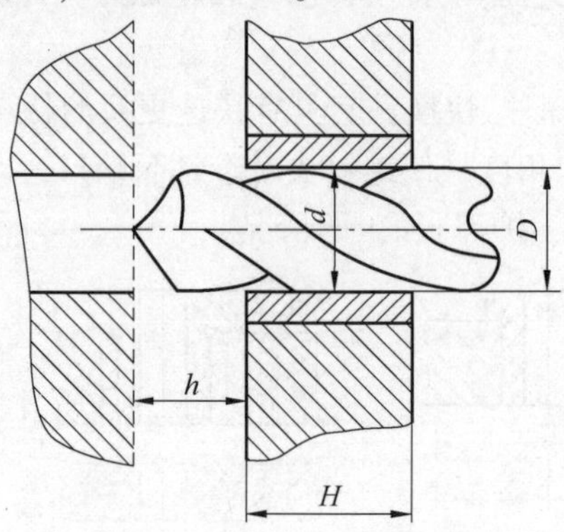

图 4-60　钻套高度与容屑间隙

2）钻模板

钻模板用于安装钻套。钻模板与夹具体的连接方式有固定式、铰链式、分离式和悬挂式等。

图 4-61 所示为固定式钻模板。这种钻模板直接固定在夹具体上，结构简单，精度较高。当使用固定式钻模板装卸工件有困难时，可采用铰链式钻模板，如图 4-62 所示。铰链式钻模板通过铰链与夹具体连接，由于铰链处存在间隙，因而精度不高。

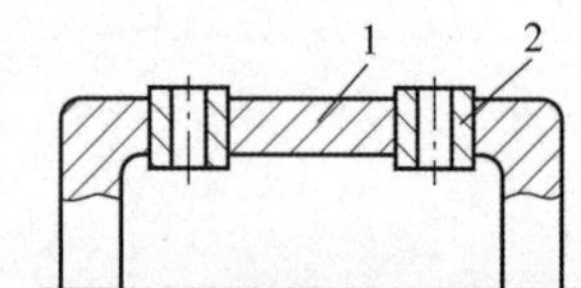

1—钻模板；2—钻套。

图 4-61　固定式钻模板

图 4-63 所示为分离式钻模板，这种钻模板是可以拆卸的，工件每装卸一次，钻模板也要装卸一次。与铰链式钻模板相似，分离式钻模板也是为了装卸工件方便而设计的，但精度更高一些。

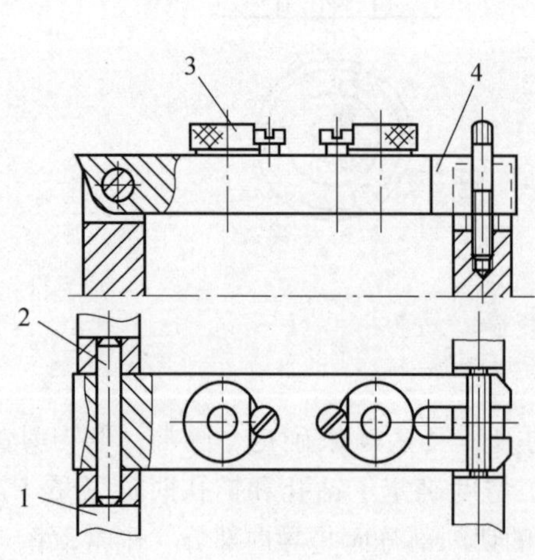

1—铰链座；2—销轴；3—钻套；4—钻模板。

图 4-62　铰链式钻模板

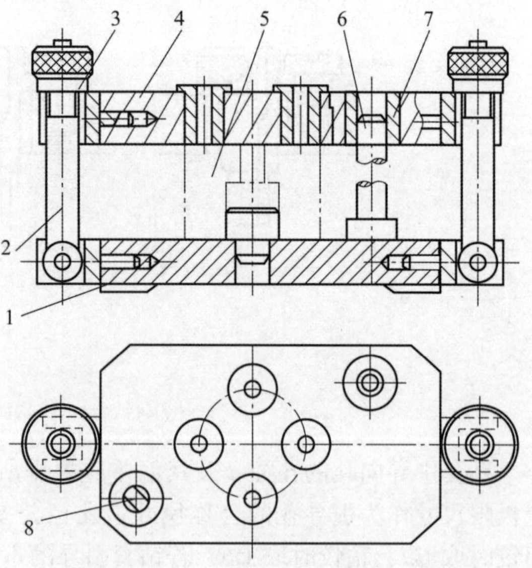

1—夹具体；2—活节螺栓；3—螺母；4—可卸钻模板；5—工件；6—圆柱形导柱；7—导套；8—削边形导柱。

图 4-63　分离式钻模板

3) 夹具体

钻模的夹具体一般不设定位或导向装置，夹具通过夹具体底面安装在钻床工作台上，可直接用钻套找正并用压板夹紧(或在夹具体上设置耳座用螺栓夹紧)。对于翻转式钻模，通常要求在相当于钻头送进方向设置支脚。支脚可以直接在夹具体上做出，也可以做成装配式。支脚一般应有 4 个，以检查夹具安放是否歪斜。脚的宽度(或直径)一般应大于机床工作台 T 形槽的宽度。

4.4.4 镗床夹具

镗床夹具也采用镗套作为引导元件，因此镗床夹具又称为镗模。镗模的加工精度较高，主要用于箱体类工件的精密孔系加工。采用镗模后，可以不受镗床精度的影响而加工出具有较高精度要求的工件。

镗模不仅广泛应用于镗床和组合机床中，还可以用在通用机床(如车床、铣床和钻床等)上加工具有较高精度要求的孔及孔系。

1. 镗模的类型

按镗套布置形式的不同，镗模可以分为单支承引导镗模和双支承引导镗模两类。

1) 单支承引导镗模

单支承引导镗模中只有一个镗套作引导元件，镗杆与机床主轴刚性连接。使用这种镗模加工时，主轴的回转精度会影响镗孔精度。单支承引导镗模的引导方式主要有单支承前引导和单支承后引导两种，如图 4-64 所示。

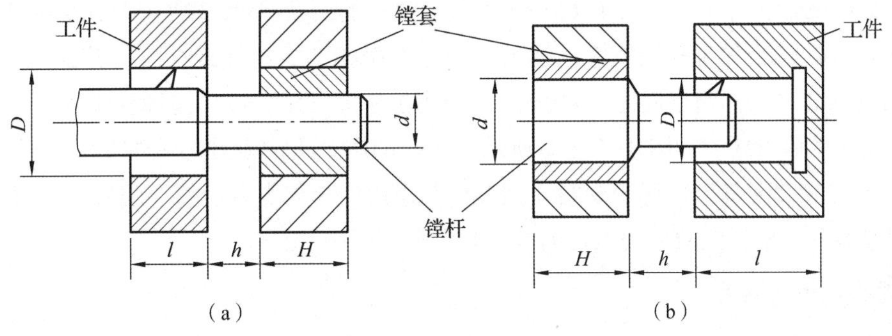

图 4-64 单支承引导镗模

(a) 单支承前引导；(b) 单支承后引导

(1) 单支承前引导。如图 4-64(a) 所示，镗套在镗杆前端，加工面在中间。这种支承形式适用于加工 $D>60$ mm，且 $l<D$ 的通孔。一般镗杆的引导部分直径 $d<D$，因此引导部分直径不受加工孔径大小的影响。

(2) 单支承后引导。如图 4-64(b) 所示，加工面在镗杆的前端，镗套在中间。这种支承形式适用于加工 $D<60$ mm 的通孔或盲孔。

当孔的长度 $l<D$ 时，可使刀具引导部分直径 $d>D$。这样，镗杆的刚度好，加工精度高；且在换刀具时，可以不用更换镗套。

当孔的长度 $l>D$ 时，应使刀具引导部分直径 $d<D$，以便镗杆引导部分可伸入加工孔，从而缩短镗套与工件之间的距离及镗杆的悬伸长度。

为便于排屑、更换刀具、装卸和测量工件等，单支承引导镗模的镗套与工件之间的距离 h 一般在 20~80 mm 之间，常取 $h=(0.5\sim1)D$。

2) 双支承引导镗模

双支承引导镗模上有两个镗套作引导元件，镗杆与机床主轴采用浮动连接，镗孔的位置精度取决于镗套的精度，与机床主轴的回转精度无关。双支承引导镗模的引导方式主要有前后双支承引导和双支承后引导两种，如图 4-65 所示。

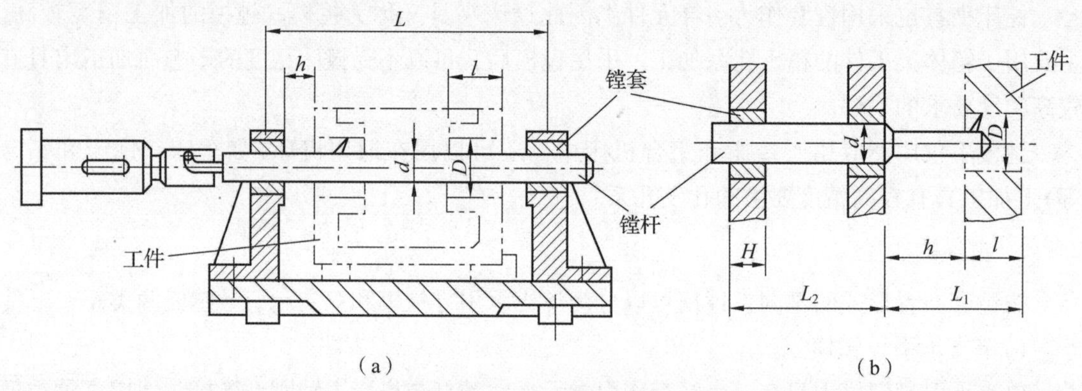

图 4-65　双支承引导镗模

(a)前后双支承引导；(b)双支承后引导

(1)前后双支承引导。如图 4-65(a)所示，镗模的两个支承分别在刀具的前方和后方。这种支承形式适用于加工孔径较大、孔的长径比 $l/D>1.5$ 的通孔或孔系，其加工精度较高，但更换刀具不方便。当镗套间距 $L>10d$ 时，应增加中间支承，以提高镗杆刚度。

(2)双支承后引导。如图 4-65(b)所示，镗模的两个支承设在刀具的后方。这种支承形式便于装卸工件和刀具，也便于观察和测量，其适用性与单支承后引导相似。为保证导向精度，一般应使 $L_1<5d$，$L_2>(1.25\sim1.5)l$。

2. 镗模的设计要点

1) 镗套

按结构的不同，镗套可以分为固定式镗套和回转式镗套。

(1)固定式镗套。固定式镗套在加工过程中不随镗杆一起转动，其结构与快换钻套相似，如图 4-66 所示。固定式镗套结构紧凑，精度高，但易磨损，故只适用于低速镗孔，一般镗杆线速度 $v<0.3$ m/s。固定式镗套的引导长度常取 $H=(1.5\sim2)d$。

(2)回转式镗套。回转式镗套在镗孔过程中随镗杆一起转动，镗杆与镗套之间的磨损大大减少，故其适用于高速镗孔，如图 4-67 所示。滑动回转式镗套的引导长度 $H=(1.5\sim3)d$；滚动回转式镗套双支承时，引导长度 $H=0.75d$，单支承时与固定式镗套相同。

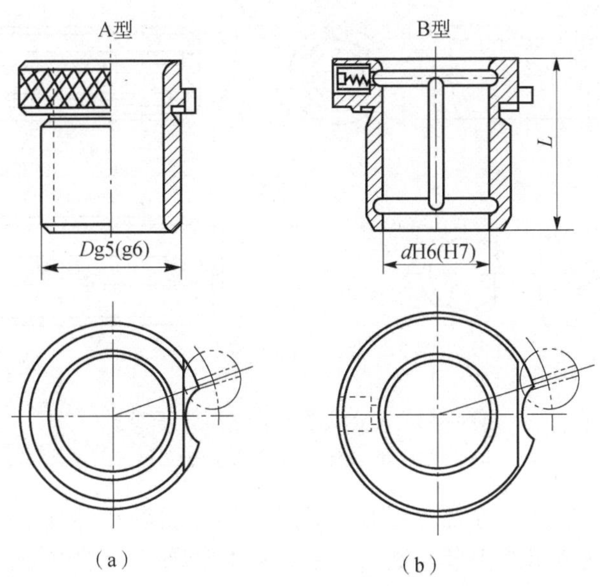

图 4-66　固定式镗套

(a)不带油杯和油槽；(b)带油杯和油槽

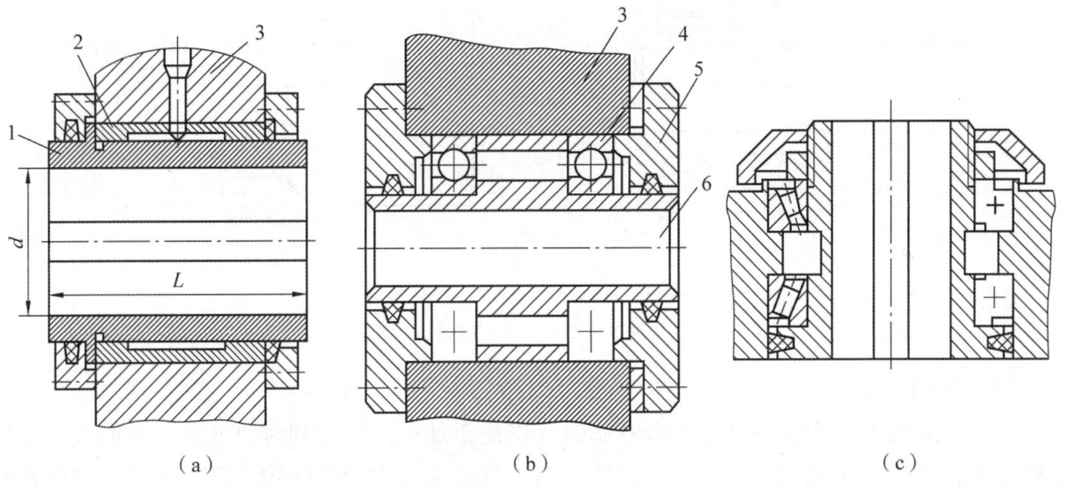

1—镗套；2—滑动轴承；3—镗模支架；4—滚动轴承；5—轴承盖；6—镗杆。

图 4-67　回转式镗套

(a)滑动回转镗套；(b)滚动回转镗套；(c)立式滚动回转镗套

2)镗杆

镗杆的引导部分是镗杆和镗套的配合处，按与之配合的镗套不同，镗杆的引导部分可分为固定式镗套的镗杆引导部分和回转式镗套的镗杆引导部分两种。

(1)固定式镗套的镗杆引导部分：有整体式和镶条式两种结构。当镗杆引导部分的直径小于 50 mm 时，常采用整体式结构，如图 4-68(a)、(b)、(c)所示。其中，图 4-68(a)所示为开油槽的镗杆，图 4-68(b)、(c)所示为开深直槽和螺旋槽的镗杆。当镗杆引导部分直径大于 50 mm 时，镗杆常采用镶条式结构，如图 4-68(d)所示。

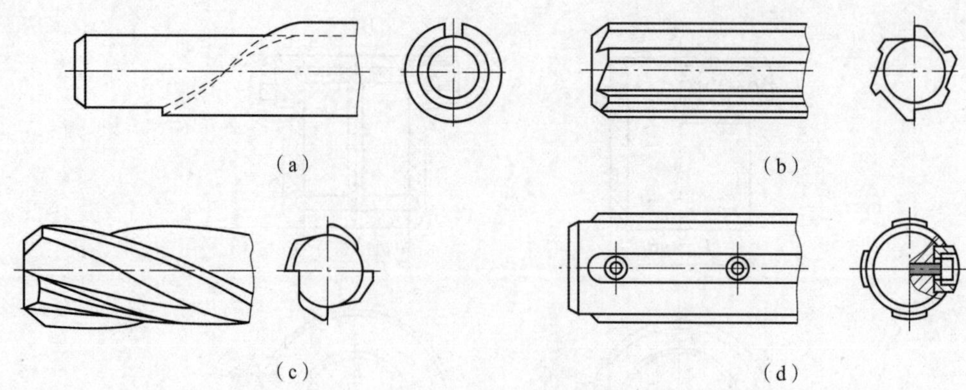

图 4-68　固定式镗套的镗杆引导部分

(a)开油槽的镗杆；(b)开深直槽的镗杆；(c)螺旋槽的镗杆；(d)镶条式结构的镗杆

(2)回转式镗套的镗杆引导部分：有在镗杆上装平键和在镗杆上开键槽两种形式。其中，图 4-69(a)所示为在镗杆上装平键，键下装有压缩弹簧，键的前部有斜面，适用于有键槽的镗套；图 4-69(b)所示为在镗杆上开键槽，镗杆头部做成的螺旋引导结构，可与装有键的镗套配合使用。

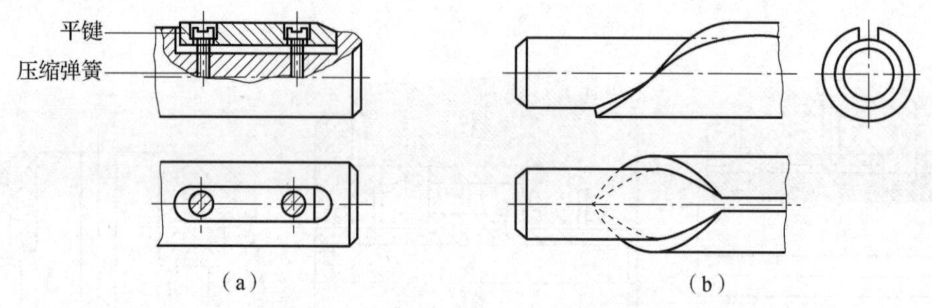

图 4-69　回转式镗套的镗杆引导部分

(a)在镗杆上装平键；(b)在镗杆上开键槽

3)支架和底座

镗模支架和底座为铸铁件，常分开制造，以便于加工、装配和时效处理。它们应有足够的刚度和强度，以保证加工过程的稳定性；应尽量避免采用焊接结构，宜采用螺钉和销钉刚性连接。

支架在使用中不允许承受夹紧力。支架设计时，除了要有适当的壁厚，还应合理设置加强肋。

在底座面对操作者的一侧应加工有一窄长平面，用于找正基面，以便将镗模安装于工作台上。底座上应设置适当数目的耳座，以保证镗模在机床工作台上安装牢固可靠。底座上还应有起吊环，以便于搬运。

4.5　机床专用夹具的设计步骤和方法

本节着重介绍机床专用夹具的设计步骤和方法，并讨论与此有关的一些问题。

4.5.1　专用夹具设计的基本要求

专用夹具设计的基本要求可以概括为如下几个方面。

(1)保证工件加工精度。这是夹具设计的最基本要求，其关键是正确地确定定位方案、夹紧方案、刀具导向方式，以及合理地确定夹具的技术要求。必要时，应进行误差分析与计算。

(2)夹具结构方案应与生产纲领相适应。对于大批大量生产，应尽量采用快速、高效夹具结构，如多件夹紧、联动夹紧等，以缩短辅助时间；对于中批、单件小批量生产，则要求在满足夹具功能的前提下，尽量使夹具结构简单、制造方便，以降低夹具的制造成本。

(3)操作方便、安全、省力。例如，采用气动、液压等夹紧装置，以减轻工人劳动强度，并可较好地控制夹紧力。夹具操作位置应符合工人操作习惯，必要时应有安全防护装置，以确保使用安全。

(4)便于排屑。切屑积集在夹具中，会破坏工件的正确定位；切屑带来的大量热量会引起夹具和工件的热变形；切屑的清理又会增加辅助时间；切屑积集严重时，还会损伤刀具甚至引发工伤事故。因此，排屑问题在夹具设计中必须给以充分注意，在设计高效机床和自动线夹具时尤为重要。

(5)有良好的结构工艺性设计。夹具要便于制造、检验、装配、调整和维修等。

4.5.2　专用夹具设计的一般步骤

1. 研究原始资料，明确设计要求

在接到夹具设计任务书后，首先要仔细地阅读被加工零件的零件图和装配图，了解零件的作用、结构特点、所用材料及技术要求；其次要认真地研究零件的工艺规程，充分了解本工序的加工内容和加工要求；最后要了解同类零件加工所用过的夹具及其使用情况，作为设计时的参考。

2. 拟订夹具结构方案，绘制夹具结构草图

拟订夹具结构方案应主要考虑以下问题：根据零件加工工艺所给的定位基准和六点定位原理，确定工件的定位方法并选择相应的定位元件；确定刀具的引导方式，设计引导装置或对刀装置，确定工件的夹紧方法，并设计夹紧机构；确定其他元件或装置的结构形式；考虑各种元件或装置的布局，确定夹具的总体结构。为使设计的夹具先进、合理，常需拟订几种结构方案，进行比较，从中择优。在构思夹具结构方案时，应绘制夹具结构草图，以帮助构思，并检查方案的合理性和可行性，同时也为进一步绘制夹具总图做好准备。

3. 绘制夹具总图，标注有关尺寸及技术

要求夹具总图应按国家标准绘制，比例尽量取 1∶1，这样可使绘制的夹具具有良好的直观性。

对于很大的夹具，可使用 1∶2 或 1∶5 的比例绘制，夹具很小时，可使用 2∶1 的比例绘制。夹具总图在清楚地表达夹具工作原理和结构的前提下，视图应尽可能少，主视图应取操作者实际工作位置。

绘制夹具总图可参考如下顺序进行：用双点画线画出工件轮廓(注意将工件视为透明体，不挡夹具)，并画出定位面、夹紧面和加工面(加工面可用粗实线或网格线表示)；画出定位元件及刀具引导元件；按夹紧状态画出夹紧元件及夹紧机构(必要时用双点画线画出夹紧元件的松开位置)；绘制夹具体和其他元件，将夹具各部分连成一体；标注必要的尺寸、

配合和技术条件；对零件编号，填写零件明细表和标题栏。

4. 绘制零件图

对夹具总图中的非标准件均需绘制零件图。零件图视图的选择应尽可能与零件在总图上的工作位置相一致。

图 4-70 所示为一夹具设计过程示例。该夹具用于加工连杆零件的小头孔，图 4-70(a) 所示为工序简图。零件材料为 45 钢，毛坯为模锻件，年产量为 500 件，所用机床为 Z525 立式钻床。主要设计过程如下。

(1) 精度与批量分析。本工序有一定的位置精度要求，属于批量生产，使用夹具加工是适当的。考虑到生产批量不是很大，因此夹具结构应尽可能简单，以降低成本(具体分析从略)。

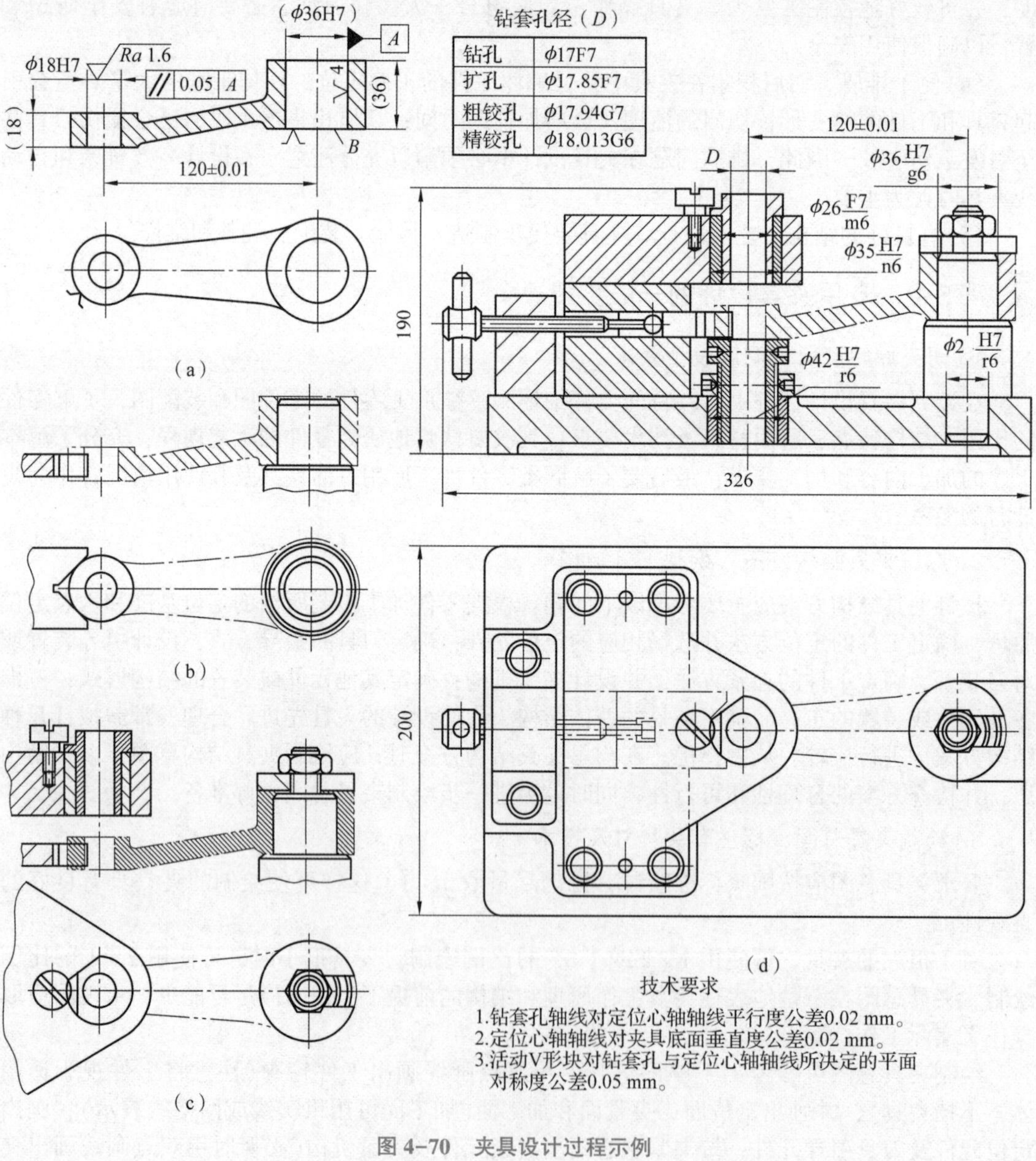
(ϕ36H7)
ϕ18H7
Ra 1.6
0.05 A
A
(18)
(36)
4
B
120±0.01
(a)
(b)
(c)
120±0.01
D
ϕ36 H7/g6
ϕ26 F7/m6
ϕ35 H7/n6
190
ϕ42 H7/r6
ϕ2 H7/r6
326
200
(d)
技术要求
1.钻套孔轴线对定位心轴轴线平行度公差0.02 mm。
2.定位心轴轴线对夹具底面垂直度公差0.02 mm。
3.活动V形块对钻套孔与定位心轴轴线所决定的平面对称度公差0.05 mm。

钻套孔径（D）

钻孔	ϕ17F7
扩孔	ϕ17.85F7
粗铰孔	ϕ17.94G7
精铰孔	ϕ18.013G6

图 4-70 夹具设计过程示例

(2)确定夹具结构方案。

①确定定位方案，选择定位元件。本工序加工要求保证的位置精度主要是中心距(120±0.05)mm 及平行度公差 0.05 mm。根据基准重合原则，应选 ϕ36H7 孔为主要定位基准，即工序图中规定的定位基准是恰当的。为使夹具结构简单，采用间隙配合的刚性心轴加小端面的定位方式(若端面 *B* 与孔 *A* 垂直度误差较大，则端面处应加球面垫圈)。同时，为保证小头孔处壁厚均匀，采用活动 V 形块来确定工件的角向位置，如图 4-70(b)所示。

②确定导向装置。本工序小头孔的精度要求较高，一次装夹要完成钻-扩-粗铰-精铰 4 个工步，故采用快换钻套(机床上相应地采用快换夹头)；又考虑到要求结构简单，且能保证精度，故采用固定钻模板，如图 4-70(c)所示。

③确定夹紧机构。理想的夹紧方式应使夹紧力作用在主要定位面上，本例中可采用可胀心轴、液塑心轴等，但这样做会使夹具结构复杂，成本较高。为简化结构，确定采用螺纹夹紧，即在心轴上直接做出一段螺纹，并用螺母和开口垫圈锁紧，如图 4-70(c)所示。

④确定其他装置和夹具体。为了保证加工时工艺系统的刚度和减小工件变形，应在靠近工件加工部位增加辅助支承。夹具体的设计应通盘考虑，使上述各部分通过夹具体联系起来，形成一套完整的夹具。此外，还应考虑夹具与机床的连接。因为是在立式钻床上使用，夹具安装在工作台上可直接用钻套找正并用压板固定，故只需在夹具体上留出压板压紧的位置即可。又考虑到夹具的刚度和安装的稳定性，将夹具体底面设计成周边接触的形式，如图 4-70(d)所示。夹具实体分解图如图 4-71 所示。

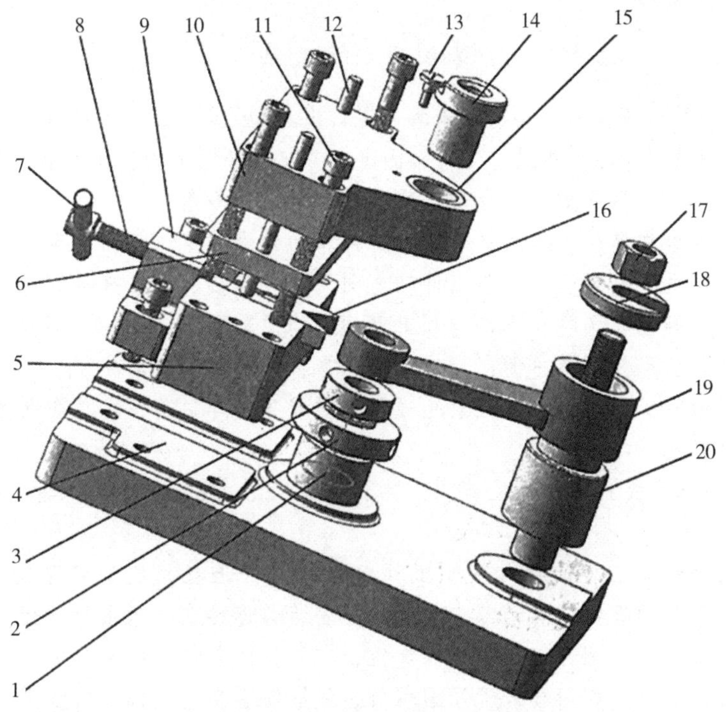

1—螺套；2—锁紧螺母；3—可调支承；4—夹具底板；5—支座；6—中间盖；7—手把；8—调节螺杆；9—螺母座；10—钻模板；11—螺钉；12—圆柱销；13—钻套螺钉；14—快换钻套；15—衬套；16—V 形块；17—夹紧螺母；18—开口垫圈；19—工件(连杆)；20—圆柱定位销。

图 4-71　夹具实体分解图

(3)在绘制夹具草图的基础上绘制夹具总图，标注尺寸和技术要求，如图 4-70(d)所示。

(4)对零件进行编号，填写明细表和标题栏，绘制零件图(略)。

本章知识小结

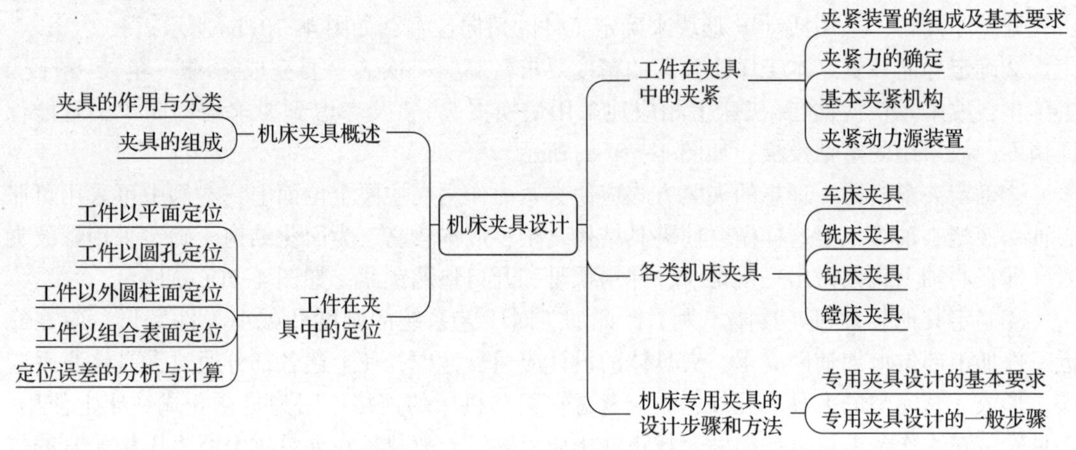

知识拓展

套圈磨削用夹具

滚动轴承套圈磨削用夹具主要有两大类：定心夹具和无心夹具。定心夹具被装在机床主轴上，主轴中心不是夹具中心。夹具与工件轴固定在一起，工件轴的径向和轴向圆跳动 1∶1 地传递给加工误差。工件易产生夹紧变形，使磨后表面出现多角形。

无心夹具与定心夹具最根本的区别在于工件转动轴线随定位表面的实际尺寸和几何形状的差异而变动，这主要是由于工件与工件轴之间无刚性连接。无心夹具的显著优点在于：重复定位精度高；主轴径向圆跳动不影响加工精度，而主轴径向圆跳动也不是 1∶1 地传递给加工误差；无夹紧变形，调整方便；装卸工件容易，便于实现自动化。

无心夹具有滚轮式、端面机械压紧轮式和电磁式 3 种。目前，轴承套圈磨削应用广泛且效果较好的是电磁式。

图 4-72 是一个单极式电磁无心夹具。由图可知，它由两大部分组成：转动部分和固定部分。

转动部分用来驱动工件转动并限制工件定位的 3 个自由度，它包含的零件有：铁芯、磁盘、磁极及若干紧固螺钉。转动部分通过铁心安装并连接在机床主轴端部。

固定部分用来安装线圈并使工件径向定位，它包括的零件有：夹具体、可动支承座、支承、半圆盘、端盖，以及密封和若干紧固螺钉。线圈安装在夹具体上的线圈框内，两个可动支承座可以在半圆盘上沿周向调整位置，以获得所需要的支承夹角；同时，它们又可沿径向调整，以适应工件尺寸变化的要求。两个支承在支承座上可沿径向和轴向调整，并可沿左右倾斜接触调整，以满足工件尺寸、偏心大小和偏心方向变化的要求，并使支承和工件保持良好的接触。

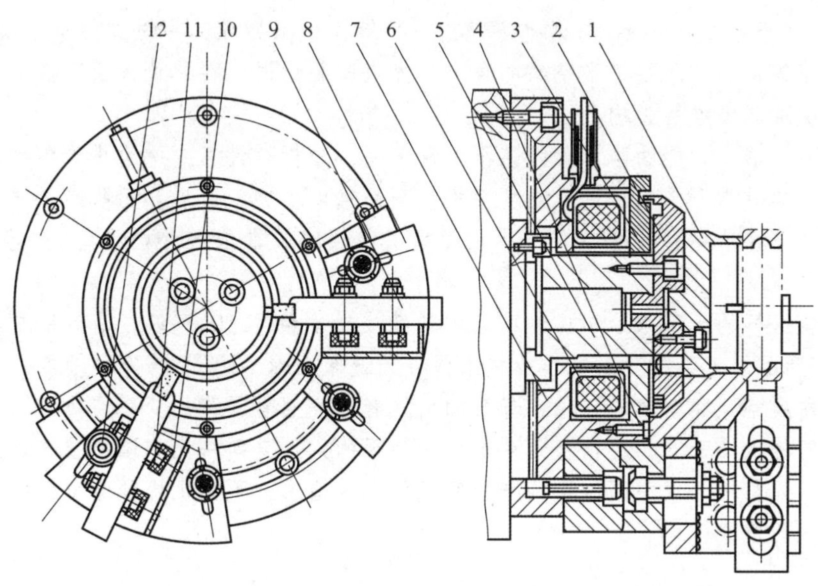

1—磁极；2—磁盘；3—端盖；4—半圆盘；5—铁芯；6—线圈；
7—夹具体；8、10—可动支承座；9—支承；11—螺栓；12—螺母。

图 4-72　单极式电磁无心夹具

制造故事

深海采油！他把“中国制造”扎进 325 m 深海底

张鹏举，1968 年 6 月生，是美钻能源科技(上海)有限公司总经理，教授级高级工程师，2016 年上海市科学技术奖一等奖获得者。最新一代深海水下装备的核心部件——采油树，就是由他带领团队研发制造成功的。

海洋能源开发水下装备技术是一种特殊领域。长期以来，该领域从研发、制造、维护到配件供应等各环节，完全被西方国家所垄断。

“这种能源经济的命脉，70%掌握在人家手里，对国家是一种威胁。”张鹏举这样形容。2012 年，他接到一项重任：从零开始，在没有任何经验的情况下，自主研发深海采油树。深海所有设备仪器的安装，必须在漆黑一片的超过 300 m 深的水下进行，并实现“同步、异面、异径”的金属密封，“过盈量”误差不能超出一根普通头发丝的 1/50，难度远超普通人的想象。

陆地上的管道连接，师傅用扳手一拧就进去了。而在海里，它要求自动对准，自动连接，误差极小。处于深海的管道受压很高，一旦崩了就像动脉血管崩了一样，是不得了的事。很多次实验失败，都把张鹏举推到崩溃边缘。比如一个安全阀的研制，大概 200 次循环后，安全阀碎了。

2013 年，这群“菜鸟”成功制造出了一台从头到尾全部由中国人自己设计制造的深海采油树。同年 4 月 20 日，采油树首次下水安装，不料意外突然发生，它卡在深海里，上不去也下不来。

全球公认，安装采油树的这个阶段是最难的。团队焦急万分，而平台上的外国专家们默不作声，采取“三不原则”：一句话也不说，一个动作也不指导，一份文件也不给看。此时，所有的压力都集中在了总指挥张鹏举的身上。如果安装错误，将导致大量石油泄漏，对我国海洋生态环境造成灾难性影响。

根据水下机器人拍摄的画面，张鹏举反复研究、分析和计算，一边排除各种问题的可能性，一边下达各种指令，整个过程高度紧张，画面难以尽述。最后，团队终于成功安装采油树，填补了我国在这一领域的空白，从此改写了该领域长期依赖外国设备、“等米下锅”的历史！

如今，像这样的水下采油树已经在国内陆续成功安装了 10 多套，每年为国家节约经费近 50 亿元。产品系统装备及工程作业技术服务已遍布全球 70 多个国家和地区，奠定了全球市场巨大的发展空间和坚实的基础。昔日的跟跑者，怀揣着领跑的梦想在飞奔。张鹏举带领团队研发制造的水下采油树成功潜入深海，所展现的，正是新一代中国科技人员，以自己的深厚底蕴和工匠精神，以中国制造的强大底气和卓越追求，不惧挑战和竞争，跻身世界行业制高点的非凡勇气。

习　题

4-1　夹具按适用工件的范围可分为几类？

4-2　夹具大多由哪几部分组成？各部分的功用是什么？

4-3　什么是六点定位原则？工件加工时是否一定要六点定位？

4-4　试述夹紧力方向的确定原则和夹紧力作用点的选择原则。

4-5　常用的夹紧机构有哪些？

4-6　试分析各典型夹紧机构的特点及应用场合。

4-7　已知切削力 F，若不计小轴 1、2 的摩擦损耗，试计算题 4-7 图所示夹紧装置作用在斜楔左端的作用力 F_Q。

4-8　如题 4-8 图所示，已知工件外径 $d=60_{-0.1}^{\ 0}$ mm，内孔直径 $D=35_{\ 0}^{+0.025}$ mm，用 V 形块定位在内孔上加工键槽，要求保证工序尺寸 $h=38.5_{\ 0}^{+0.2}$ mm。若不计内孔和外径的同轴度误差，求此工序的定位误差，并分析定位方案是否满足加工要求。

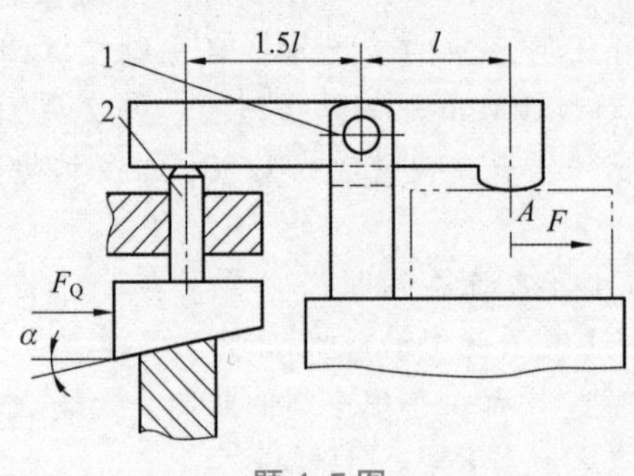

题 4-7 图

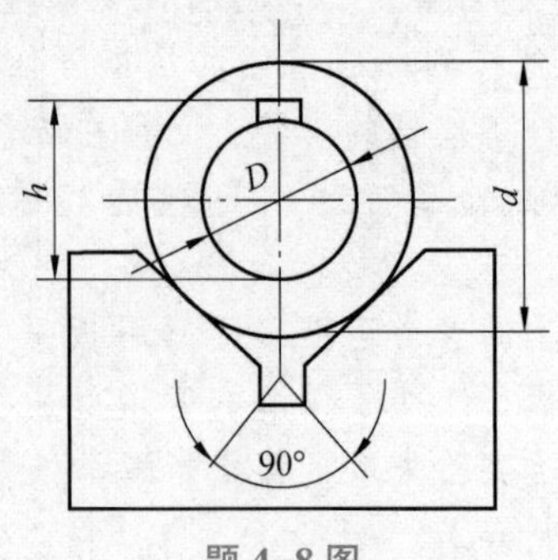

题 4-8 图

4-9　在题 4-9(a) 图所示工件上加工键槽，要求保证尺寸 $54_{-0.14}^{\ 0}$ mm 和对称度 0.03 mm。现有 3 种定位方案，分别如题 4-9(b)、(c)、(d) 图所示。试分别计算 3 种方案的定位误差，并选择最佳方案。

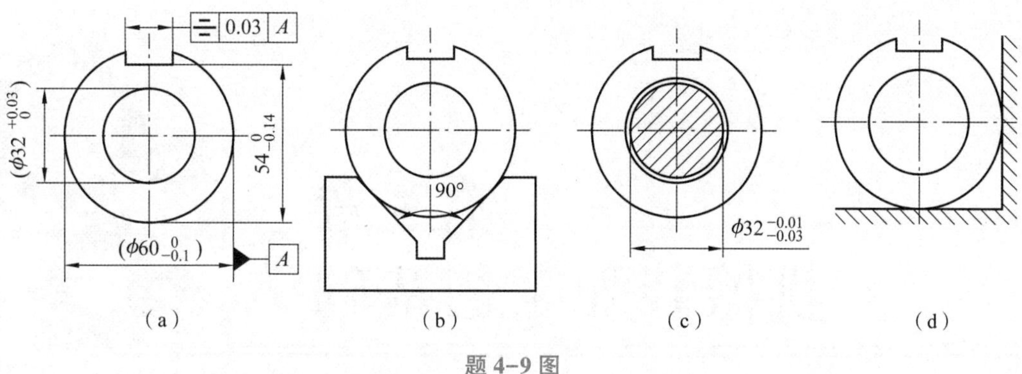

题 4-9 图

4-10　钻床夹具在机床上的位置是根据什么确定的？车床夹具在机床上的位置是根据什么确定的？

4-11　题 4-11 图所示拨叉零件，材料为 QT400-18L。毛坯为精铸件，生产批量为 200 件。试设计铣削叉口两侧面的铣夹具和钻 M8-6H 螺纹底孔的钻床夹具(工件上 ϕ24H7 孔及两端面已加工好)。

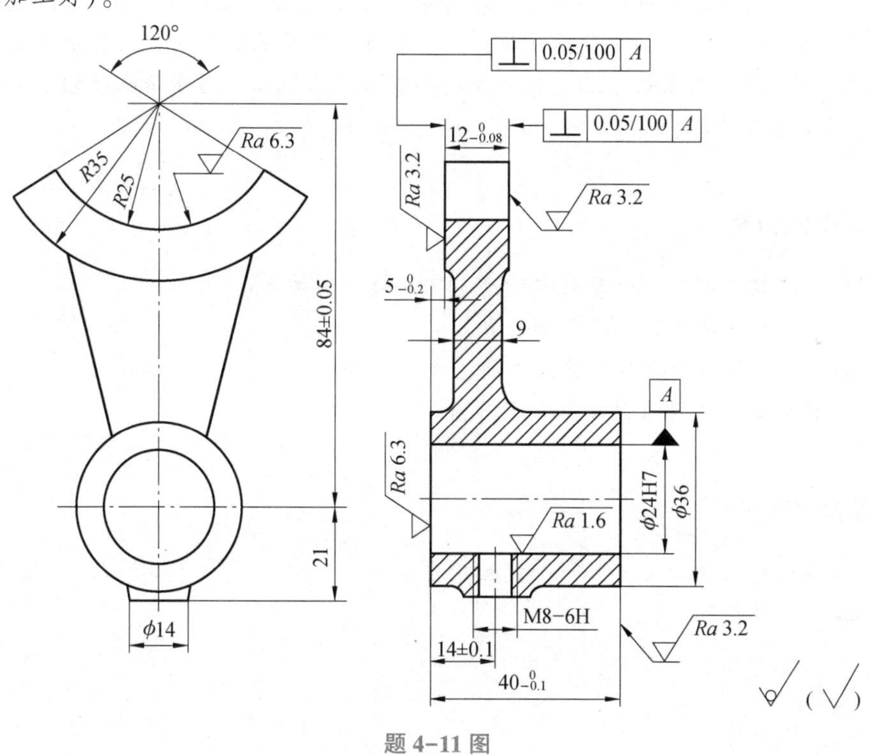

题 4-11 图

第5章 机械装配工艺基础

本章导读

机械装配是整个机械制造过程中的最后一个阶段，它对机器的质量起决定性的作用。若装配不当，即使所有机器零件的加工都符合要求，也不一定能生产出合格、高质量的机器；反之，当机器零件的加工并不十分精良时，只要选择合适的装配方法，也能使机器质量达到要求。因此，采用合适的装配方法、制订合理的装配工艺规程，对保证机器的装配精度和提高产品质量是非常重要的。

本章知识目标

(1) 了解装配相关概念，以及装配精度与零件精度的关系。

(2) 掌握装配尺寸链的建立原则和计算。

(3) 掌握常用保证装配精度的方法、特点及适用场合。

(4) 了解装配工艺规程的制订步骤及内容。

本章能力目标

(1) 能正确选择装配方法，会解算装配尺寸链。

(2) 能正确识读装配工艺文件。

引　例

滚动轴承装配是以一定的方法和要求把合格的轴承零件组装成符合有关标准的轴承产品的工艺过程。其主要任务有两条：一是将内、外圈和滚动体进行尺寸分选，保证规定的配合关系；二是将内圈、外圈、滚动体和保持架组装起来，形成一个比较完整的机械元件。轴承的质量最终是通过装配质量保证的，若装配不当，即使零件的制造精度都合格，也不一定能够装配出合格的轴承。因此，研究和制订合理的装配工艺规程，采用有效的装配方法对于保证机器的装配精度，提高生产率和降低成本，都具有十分重要的意义。

5.1　机械装配工艺概述

5.1.1　装配与装配精度的概念

1. 装配

任何机器都由许多零件、组件和部件组成。根据规定的技术要求，将若干零件结合成组件和部件，并进一步将零件、组件和部件结合成机器的过程称为装配。前者称为部件装配，后者称为总装配。

装配是机器制造过程中的最后一个阶段。为了使产品达到规定的技术要求，装配不仅是指零、组件和部件的结合过程，还应包括调整、检验、试验、油漆和包装等工作。

2. 装配精度

装配精度是装配工艺的质量指标，可根据机器的工作性能来确定。正确地规定机器和部件的装配精度是产品设计的重要环节之一，它不仅影响产品质量，也影响产品制造的经济性。装配精度是制订装配工艺规程的主要依据，也是选择合理的装配方法和确定零件加工精度的依据。因此，应正确规定机器的装配精度。

装配精度一般包括以下几个方面。

(1) 尺寸精度。尺寸精度是指装配后相关零、部件间应该保证的距离和间隙。例如，轴孔的配合间隙或过盈，车床床头和尾座两顶尖的等高度等。

(2) 位置精度。位置精度是指装配后零、部件间应该保证的平行度、垂直度、同轴度和各种跳动等。例如，普通车床溜板移动对尾座顶尖套锥孔轴心的平行度要求等。

(3) 相对运动精度。相对运动精度是指装配后有相对运动的零、部件间在运动方向和运动准确性上应保证的要求。例如，普通车床尾座移动对溜板移动的平行度，滚齿机滚刀主轴与工作台相对运动的准确性等。

(4) 接触精度。接触精度是指两配合表面、接触表面和连接表面间达到规定的接触面积和接触点分布的情况。它影响部件的接触刚度和配合质量的稳定性。例如，齿轮啮合、锥体配合、移动导轨间均有接触精度的要求。

不难看出，上述各装配精度之间存在一定的关系，如接触精度是尺寸精度和位置精度的基础，而位置精度又是相对运动精度的基础。

5.1.2　装配精度与零件加工精度间的关系

机器及其部件都由零件所组成。显然，零件的加工精度特别是关键零件的加工精度，对装配精度有很大影响。如图 5-1 所示，普通车床尾座移动对溜板移动的平行度要求，就主要取决于床身上溜板移动的导轨 A 与尾座移动的导轨 B 的平行度，以及导轨面间的接触精度。

一般而言，多数的装配精度和与它相关的若干个零、部件的加工精度有关，所以应合理地规定和控制这些相关零、部件的加工精度，在加工条件允许时，它们的加工误差累积起来，仍能满足装配精度的要求。但是，当遇到有些要求较高的装配精度，如果完全靠相关零、部件的加工精度来直接保证，则会给加工带来较大的困难。如图 5-2 所示，普通车床床头和尾座两顶尖的等高度要求，主要取决于主轴箱、尾座、尾座底板和床身等零、部件的加工精度。该装配精度很难由相关零、部件的加工精度直接保证。在生产中，常按经济精度来加工相关零、部件，而在装配时则采用一定的工艺措施(如选择、修配、调整等措施)，从而形成不同的装配方法，来保证装配精度。本例中，采用修配尾座底板的工艺措施保证装配精度，这样做，虽然增加了装配的劳动量，但从整个产品制造的全局分析，仍是经济可行的。

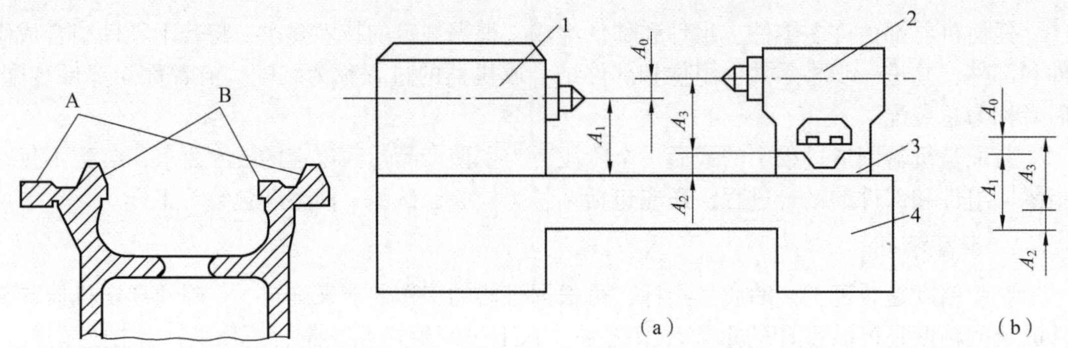

A—溜板移动的导轨；B—尾座移动的导轨。

图 5-1　床身导轨简图

1—主轴箱；2—尾座；3—尾座底板；4—床身。

图 5-2　主轴箱主轴与尾座套筒中心线等高结构示意图

由此可见，产品的装配精度和零、部件的加工精度有密切的关系，零、部件的加工精度是保证装配精度的基础，但装配精度并不完全取决于零、部件的加工精度。装配精度的保证，应从产品的结构、机械加工和装配方法等方面进行综合考虑，而将尺寸链的基本原理应用到装配中，即建立装配尺寸链和解装配尺寸链是进行综合分析的有效手段。

5.1.3　装配尺寸链的建立

装配尺寸链是产品或部件在装配过程中，由相关零件的有关尺寸(表面或轴线间距离)或相互位置关系(平行度、垂直度或同轴度等)所组成的尺寸链。其基本特征依然是尺寸组合的封闭性，即由一个封闭环和若干个组成环所构成的尺寸链呈封闭图形。下面介绍长度尺寸链的建立方法。

1. 封闭环与组成环的查找

装配尺寸链的封闭环多为产品或部件的装配精度，凡对某项装配精度有影响的零、部件的有关尺寸或相互位置精度即为装配尺寸链的组成环。

查找组成环的方法：从封闭环两边的零件或部件开始，沿着装配精度要求的方向，以相邻零件装配基准间的联系为线索，分别由近及远地去查找装配关系中影响装配精度的有关零件，直至找到同一基准零件的同一基准表面为止，这些有关尺寸或位置关系，即为装配尺寸链中的组成环。然后画出尺寸链图，判别组成环的性质。例如，图 5-2(a)所示装配关系中，主轴锥孔轴心线与尾座轴心线对溜板移动的等高度要求 A_0 为封闭环，按上述方法很快查找出组成环为 A_1、A_2 和 A_3，画出装配尺寸链图，如图 5-2(b)所示。

2. 建立装配尺寸链的注意事项

(1)装配尺寸链中装配精度就是封闭环。

(2)按一定层次分别建立产品与部件的装配尺寸链。机械产品通常比较复杂，为便于装配和提高装配效率，整个产品多划分为若干部件，装配工作分为部件装配和总装配，因此，应分别建立部件装配尺寸链和产品总装配尺寸链。部件装配尺寸链以部件装配精度要求为封闭环(总装配时则为组成环)，以有关零件的尺寸为组成环。产品总装配尺寸链以产品精度为封闭环，以总装配中有关零部件的尺寸为组成环。这样分层次建立的装配尺寸链比较清晰，表达的装配关系也更加清楚。

(3)在保证装配精度的前提下，装配尺寸链组成环可适当简化。图 5-3 所示为主轴箱主轴与尾座套筒中心线等高的装配尺寸链。图中各组成环的意义如下：

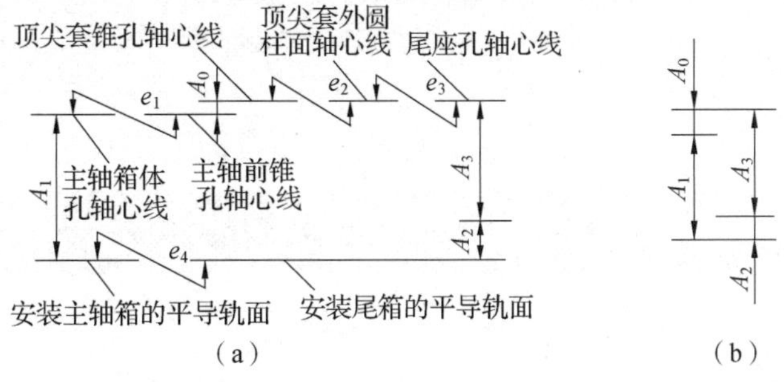

图 5-3　主轴箱主轴与尾座套筒中心线等高的装配尺寸链

A_1——主轴轴承孔轴心线至底面的距离；

A_2——尾座底板厚度；

A_3——尾座孔轴心线至底面的距离；

e_1——主轴滚动轴承外圈内滚道对其外圆的同轴度误差；

e_2——顶尖套锥孔相对外圆的同轴度误差；

e_3——顶尖套与尾座孔配合间隙引起的偏移量(向下)；

e_4——床身上安装主轴箱和尾座的平导轨之间的等高度。

通常由于 $e_1 \sim e_4$ 的公差数值相对于 $A_1 \sim A_3$ 的公差很小，故装配尺寸链可简化成图5-3(b)。

(4)确定相关零件的相关尺寸应采用“尺寸链环数最少”原则(也称最短路线原则)。由尺寸链的基本理论可知，封闭环公差等于各组成环公差之和。当封闭环公差一定时，组成环越少，各环就越容易加工，因此每个相关零件上仅有一个尺寸作为相关尺寸最为理想，即用相关零件上装配基准间的尺寸作为相关尺寸。同理，对于总装配尺寸链来说，一个部件也应当只有一个尺寸参加尺寸链。

例如，装配图 5-4(a)所示车床尾座顶尖套时，要求后盖装入后，螺母在尾座套筒内的轴向窜动不大于某一数值。如果后盖尺寸标注不同，就可建立两个不同的装配尺寸链。图 5-4(c)较图 5-4(b)多了一个组成环，其原因是和封闭环 A_0 直接有关的凸台高度 A_3 由尺寸 B_1 和 B_2 间接获得，即相关零件上同时出现两个相关尺寸，这是不合理的。

(5)当同一装配结构在不同位置方向有装配精度要求时，应按不同方向分别建立装配尺寸链。例如，常见的蜗杆副结构，为保证正常啮合，蜗杆副中心距、轴线垂直度及蜗杆轴线与蜗轮中心平面的重合度均有一定的精度要求，这是 3 个不同位置方向的装配精度，因而需要在 3 个不同方向建立尺寸链。

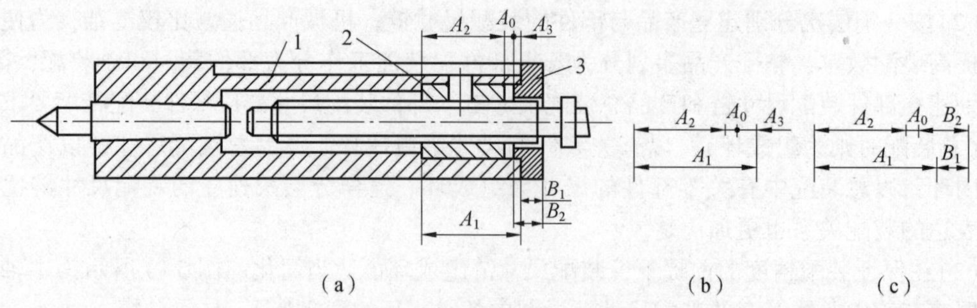

1—顶尖套；2—螺母；3—后盖。

图 5-4　车床尾座顶尖套装配图

5.2　装配方法及其选择

5.2.1　装配方法

机械产品的精度要求，最终要靠装配实现。生产中的装配方法经过归纳可分为互换装配法、选择装配法、修配装配法和调整装配法 4 类。而且同一项装配精度，因采用的装配方法不同，其装配尺寸链的解算方法也不相同。

1. 互换装配法

互换装配法就是在装配过程中，零件互换后仍能达到装配精度要求的一种装配方法。产品采用互换装配法时，装配精度主要取决于零件的加工精度。其实就是用控制零件的加工误差来保证产品的装配精度。按互换程度的不同，互换装配法又分为完全互换装配法和大数互换装配法两种。

1) 完全互换装配法

在全部产品中，装配时各零件不需挑选、修配或调整就能保证装配精度的装配方法称为完全互换装配法。选择完全互换装配法时，其装配尺寸链采用极值公差公式计算，即各有关零件的公差之和小于或等于装配公差：

$$\sum_{i=1}^{m+n} T_i \leqslant T_0$$

因此，装配中零件可以完全互换。当遇到反计算形式时，可按“等公差”原则先求出各组成环的平均公差：

$$T_{\mathrm{M}} \leqslant \frac{T_0}{m+n}$$

再根据各组成环尺寸大小和加工难易程度，可对各组成环的公差进行适当调整，但调整后的各组成环公差之和仍不得大于封闭环公差。在调整时可参照下列原则。

(1) 当组成环是标准件尺寸时，其公差大小和分布位置在相应的标准中已有规定，为已定值。组成环是几个不同尺寸链的公共环时，其公差值和分布位置应由对其要求较严的那个尺寸链先行确定，对其余尺寸链则为已定值。

(2)当分配待定的组成环公差时，一般可按经验视各环尺寸加工难易程度加以分配。若尺寸相近，加工方法相同，则可取其公差值相等；对难加工或难测量的组成环，其公差值可取较大值等。

确定好各组成环的公差后，按“入体原则”确定其极限偏差，即组成环为包容面时，取下极限偏差为零；组成环为被包容面时，取上极限偏差为零。若组成环是中心距，则极限偏差按对称分布。

按上述原则确定偏差后，有利于组成环的加工。

例 5-1　图5-5(a)所示为齿轮箱部件，装配后要求轴向窜动量为0.2~0.7 mm，即 $A_0 = 0(^{+0.7}_{+0.2})$ mm。已知其他零件的有关基本尺寸 $A_1 = 122$ mm，$A_2 = 28$ mm，$A_3 = 5$ mm，$A_4 = 140$ mm，$A_5 = 5$ mm，试确定上、下极限偏差。

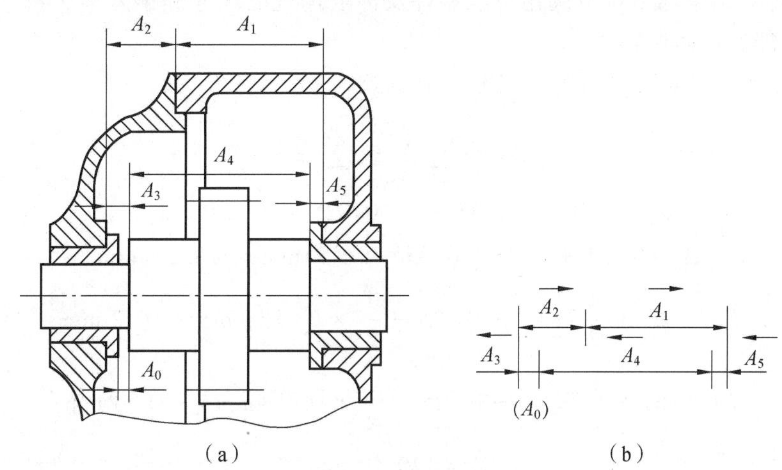

图 5-5　轴装配尺寸链

解

(1)画出装配尺寸链[图5-5(b)]，校验各环基本尺寸。封闭环为 A_0，封闭环基本尺寸为

$$\begin{aligned}A_0 &= (\overrightarrow{A_1} + \overrightarrow{A_2}) - (\overleftarrow{A_3} + \overleftarrow{A_4} + \overleftarrow{A_5}) \\ &= [(122 + 28) - (5 + 140 + 5)]\text{mm} = 0\end{aligned}$$

可见，各环基本尺寸的给定数值正确。

(2)确定各组成环的公差大小和分布位置。为了满足封闭环公差 T_0 要求，各组成环的累积公差值 $\sum_{i=1}^{m+n} T_i$ 不得超过0.5 mm，即

$$\sum_{i=1}^{m+n} T_i = T_1 + T_2 + T_3 + T_4 + T_5 \leqslant T_0 = 0.5 \text{ mm}$$

在最终确定各 T_i 之前，可先按等公差计算分配到各环的平均公差值，则有

$$T_M = \frac{T_0}{m + n} = 0.1 \text{ mm}$$

由此值可知，零件的加工精度不算太高，故完全互换是可行的，但还应从加工难易和设计要求等方面考虑，调整各组成环公差。例如，A_1、A_2 加工难些，公差应略大，A_3、A_5 加

工方便，则规定可较严。因此，令 $T_1=0.2$ mm，$T_2=0.1$ mm，$T_3=T_5=0.05$ mm，再按“入体原则”分配公差，如

$$A_1=122^{+0.2}_{\ 0}\ \text{mm},\ A_2=28^{+0.10}_{\ \ 0}\ \text{mm},\ A_3=A_5=5^{\ \ 0}_{-0.05}\ \text{mm}$$

得中间偏差为

$$\Delta_1=0.1\ \text{mm},\ \Delta_2=0.05\ \text{mm},\ \Delta_3=\Delta_5=-0.025\ \text{mm}$$

(3)确定协调环公差的分布位置，由于 A_4 是特意留下的一个组成环，它的公差大小应在上面分配封闭环公差时，经济合理地统一决定下来，即

$$T_4=T_0-T_1-T_2-T_3-T_5=(0.50-0.20-0.10-0.05-0.05)\text{mm}=0.10\ \text{mm}$$

但是，T_4 的上、下极限偏差须满足装配技术条件，因而应通过计算获得，故称其为“协调环”。由于计算结果通常难以满足标准零件及标准量规的尺寸和偏差值，所以有上述尺寸要求的零件不能选作协调环。

协调环 A_4 的上下极限偏差可参考图 5-6 计算：

$$\Delta_0=\sum_{i=1}^{n}\overrightarrow{\Delta_i}-\sum_{i=n+1}^{n}\overleftarrow{\Delta_i}$$

$$0.45=0.1+0.05-(-0.025-0.025+\Delta_4)$$

$$\Delta_4=(0.1+0.05+0.05-0.45)\text{mm}=-0.25\ \text{mm}$$

$$ES_4=\Delta_4+\frac{1}{2}T_4=\left(-0.25+\frac{1}{2}\times 0.1\right)\text{mm}=-0.2\ \text{mm}$$

$$EI_4=\Delta_4-\frac{1}{2}T_4=\left(-0.25-\frac{1}{2}\times 0.1\right)\text{mm}=-0.3\ \text{mm}$$

$$A_4=140^{-0.2}_{-0.3}\ \text{mm}$$

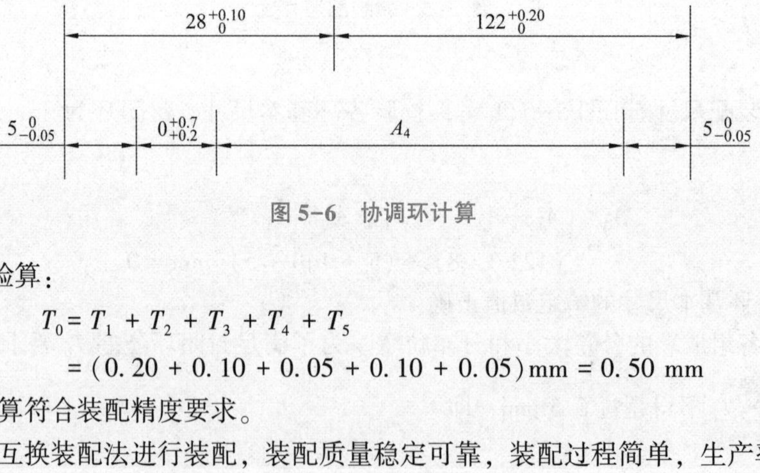

图 5-6　协调环计算

(4)进行验算：

$$\begin{aligned}T_0&=T_1+T_2+T_3+T_4+T_5\\&=(0.20+0.10+0.05+0.10+0.05)\text{mm}=0.50\ \text{mm}\end{aligned}$$

可见，计算符合装配精度要求。

采用完全互换装配法进行装配，装配质量稳定可靠，装配过程简单，生产率高，易于组织流水作业及自动化装配，也便于采用协作方式组织专业化生产。但是，当装配精度要求较高，尤其组成环较多时，零件就难以按经济精度制造。因此，这种装配方法多用于高精度的少环尺寸链或低精度的多环尺寸链中。

2)大数互换装配法

完全互换装配法的装配过程虽然简单，但它根据极大、极小的极端情况来建立封闭环与组成环的关系式，在封闭环为已定值时，各组成环所获公差过于严格，常使零件加工过程产

生困难。由数理统计基本原理可知：首先，在一个稳定的工艺系统中进行大批大量加工时，零件加工误差出现极值的可能性很小。其次，在装配时，各零件的误差同时为极大、极小的“极值组合”的可能性更小。在组成环环数多，各环公差较大的情况下，装配时零件出现“极值组合”的机会就更加微小，实际上可以忽略不计。因此，完全互换装配法用严格零件加工精度的代价换取装配时不发生或极少出现的极端情况，显然是不科学、不经济的。

在绝大多数产品中，装配时各组成环不需挑选或改变其大小或位置，装配后即能达到装配精度的要求，但少数产品有出现废品的可能性，这种装配方法称为大数互换装配法（或部分互换装配法）。

这种装配方法的特点是：零件规定的公差比完全互换装配法所规定的公差大，有利于零件的经济加工，装配过程与完全互换装配法一样简单、方便，但在装配时，应采取适当工艺措施，以便排除个别产品因超出公差而产生废品的可能性。这种装配方法适用于大批大量生产，组成环较多、装配精度要求又较高的场合。

例 5-2 现仍以图 5-5 所示为例进行计算，比较一下各组成环的公差大小。

解

（1）画出装配尺寸链，校核各环基本尺寸，A_1、A_2 为增环，A_3、A_4、A_5 为减环，封闭环为 A_0，封闭环的基本尺寸为

$$
\begin{aligned}
A_0 &= (\overrightarrow{A_1} + \overrightarrow{A_2}) - (\overleftarrow{A_3} + \overleftarrow{A_4} + \overleftarrow{A_5}) \\
&= [(122 + 28) - (5 + 140 + 5)]\text{ mm} = 0\text{ mm}
\end{aligned}
$$

（2）确定各组成环尺寸的公差大小和分布位置。由于用概率法解算，所以 $T_0 = \sqrt{\sum_{i=1}^{m+n} T_i^2}$ 在最终确定各 T_i 之前，也按等公差计算各环的平均公差值，则有

$$
T_M = \sqrt{\frac{T_0^2}{m+n}} = \sqrt{\frac{0.5^2}{5}}\text{ mm} = 0.22\text{ mm}
$$

按加工难易程度，参照上值调整各组成环公差值如下：

$$
T_1 = 0.4\text{ mm},\ T_2 = 0.2\text{ mm},\ T_3 = T_5 = 0.08\text{ mm}
$$

为满足 $T_0 = \sqrt{\sum_{i=1}^{m+n} T_i^2}$ 的要求，应对协调环公差进行计算：

$$
0.805\,2 = 0.402 + 0.202 + 0.082 + 0.082 + T_4
$$

$$
T_4 = 0.192\text{ mm}
$$

按“入体原则”分配公差，取

$$
\begin{aligned}
&A_1 = 122^{+0.2}_{0}\text{ mm},\ \Delta_1 = 0.2\text{mm},\ A_2 = 28^{+0.10}_{0}\text{ mm},\\
&\Delta_2 = 1\text{ mm},\ A_3 = A_5 = 5^{0}_{-0.08}\text{ mm},\\
&\Delta_3 = \Delta_5 = -0.04\text{ mm},\ \Delta_0 = 0.45\text{ mm}
\end{aligned}
$$

（3）确定协调环公差的分布位置：

$$
\begin{aligned}
&\Delta_0 = (\Delta_1 + \Delta_2) - (\Delta_3 + \Delta_4 + \Delta_5)\\
&0.45 = 0.2 + 0.1 - (-0.04 - 0.04 + \Delta_4)\\
&\Delta_4 = -0.07\text{ mm}
\end{aligned}
$$

$$ES_4 = \Delta_4 + \frac{1}{2}T_4 = (-0.07 + \frac{1}{2} \times 0.192)\,\mathrm{mm} = (-0.07 + 0.096)\,\mathrm{mm} = 0.026\ \mathrm{mm}$$

$$EI_4 = \Delta_4 - \frac{1}{2}T_4 = (-0.07 - \frac{1}{2} \times 0.192)\,\mathrm{mm} = -0.166\ \mathrm{mm}$$

$$A_4 = 140^{+0.026}_{-0.166}\ \mathrm{mm}$$

大数互换装配法的特点和完全互换装配法的特点相似，只是互换程度不同。大数互换装配法采用概率法计算，因而扩大了组成环的公差，尤其是在环数较多，组成环又呈正态分布时，扩大的组成环公差最显著，因而对组成环的加工更为方便。但是，会有少数产品超差。为了避免出现超差的情况，采用大数互换装配法时，应采取适当的工艺措施。大数互换装配法常应用于生产节拍不是很严格的成批生产。例如，机床和仪器仪表等产品中，封闭环要求较宽的多环尺寸链应用较多。

2. 选择装配法

在成批或大量生产的条件下，对于组成环不多而装配精度要求却很高的尺寸链，若采用完全互换装配法，则零件的公差将过严，甚至超过了加工工艺的现实可能性。在这种情况下可采用选择装配法。该方法是将组成环的公差放大到经济可行的程度，然后选择合适的零件进行装配，以保证规定的精度要求。

选择装配法有 3 种：直接选配法、分组装配法和复合选配法。

1）直接选配法

它是由装配工人凭经验挑选合适的零件通过试凑进行装配的方法。这种方法的优点是能达到很高的装配精度；缺点是装配精度取决于工人的技术水平和经验，装配时间不易控制，因此不适用于生产节拍要求较严的大批大量生产。

采用直接选配法装配，一批零件严格按同一精度要求装配时，最后可能出现无法满足要求的“剩余零件”，当各零件加工误差分布规律不同时，“剩余零件”可能更多。

2）分组装配法

它是在成批或大量生产中，将产品各配合副的零件按实测尺寸分组，装配时按组进行互换装配以达到装配精度的方法。

分组装配法在机床装配中用得很少，但在内燃机、轴承等大批大量生产中有一定应用。例如，图 5-7 所示是活塞销孔与活塞销的连接情况，根据装配技术要求，活塞销孔与活塞销外径在冷态装配时应有 0.002 5~0.007 5 mm 的过盈量。与此相应的配合公差仅为 0.005 mm。若活塞销孔与活塞销采用完全互换装配法装配，且活塞销孔与活塞销直径公差按“等公差”分配，则它们的公差只有 0.002 5 mm。若配合采用基轴制原则，则活塞销、孔直径尺寸分别为 $d = 28^{\ 0}_{-0.0025}$ mm、$D = 28^{-0.0050}_{-0.0025}$ mm 。显然，制造这样精确的活塞销和活塞销孔是很困难的，也是不经济的。实际生产中采用的办法是先将上述公差值都增大 4 倍（$d = 28^{\ 0}_{-0.010}$ mm，$D = 28^{-0.005}_{-0.015}$ mm）。这样即可采用高效率的无心磨和金刚镗去分别加工活塞销外圆和活塞销孔，然后用精度量仪进行测量，并按尺寸大小分成 4 组，涂上不同的颜色，以便进行分组装配。具体分组情况如表 5-1 所示。

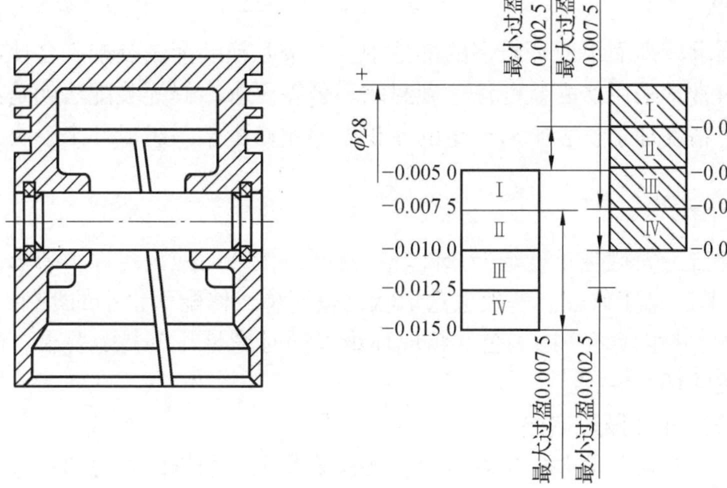

图 5-7　活塞销孔与活塞销连接

表 5-1　活塞销与活塞销孔直径分组　　　单位：mm

组别	标志颜色	活塞直径 d $28^{0}_{-0.010}$	活塞销孔直径 D $28^{-0.005\,0}_{-0.015\,0}$	配合情况	
				最小过盈	最大过盈
Ⅰ	红	$28^{0}_{-0.025}$	$28^{-0.005\,0}_{-0.007\,5}$	0. 002 5	0. 007 5
Ⅱ	白	$28^{-0.002\,5}_{-0.005\,0}$	$28^{-0.007\,5}_{-0.010\,0}$		
Ⅲ	黄	$28^{-0.005\,0}_{-0.007\,5}$	$28^{-0.010\,0}_{-0.012\,5}$		
Ⅳ	绿	$28^{-0.007\,5}_{-0.010\,0}$	$28^{-0.012\,5}_{-0.015\,0}$		

从该表可以看出，各组的公差和配合性质与原来要求相同。

采用分组装配法时，关键要保证分组后各对应组的配合性质和配合公差满足设计要求，所以应注意以下几点。

(1) 配合件的公差应当相等。

(2) 公差要向同方向增大，增大的倍数应等于分组数。

(3) 分组数不宜多，多了会增加零件的测量和分组工作量，从而使装配成本提高。

分组装配法的特点是可降低对组成环的加工要求，而不降低装配精度。但是，分组装配法增加了测量、分组和配套工作，当组成环较多时，这种工作就会变的非常复杂。因此，分组装配法适用于成批、大量生产中封闭环工厂要求很严、尺寸链组成环很少的装配尺寸链中。例如，精密偶件的装配、滚动轴承的装配等。

3) 复合选配法

复合选配法是直接选配法与分组装配法的综合，即预先测量分组，装配时再在各对应组内凭工人经验直接选配。这一方法的特点是配合件公差可以不等，装配质量高且速度较快，能满足一定的生产节拍要求。这种选择装配法常用于装配精度要求高而组成环数较少的成批或大批大量生产中。在发动机装配中，气缸与活塞的装配多采用这种方法。

上述几种装配方法，无论是完全互换装配法、大数互换装配法还是分组装配法，其特点都是零件能够互换，这一点对于成批、大量生产的装配来说，是非常重要的。

3. 修配装配法

在装配精度要求较高而组成环较多的部件中，若按互换装配法装配，会使零件精度太高而无法加工，这时常常采用修配装配法达到封闭环公差要求。修配装配法就是将装配尺寸链中各组成环按经济精度加工，装配后产生的累积误差用修配某一组成环来解决，从而保证其装配精度。

1)修配环的选择

采用修配装配法，关键是正确选择修配环。选择修配环时应满足以下要求。

(1)要便于拆装、易于修配。一般应选形状比较简单、修配面较小的零件。

(2)尽量不选公共组成环。因为公共组成环难以同时满足几个装配要求，所以应选只与一项装配精度有关的环。

2)确定修配环尺寸及极限偏差

确定修配环尺寸及极限偏差的出发点是，要保证装配时的修配量足够和最小。为此，首先要了解修配环被修配时，对封闭环的影响是逐渐增大还是逐渐减小，不同的影响有不同的计算方法。

为了保证修配量足够和最小，放大组成环公差后，实际封闭环的公差带和设计要求封闭环的公差带之间的对应关系如图 5-8 所示，图中 T_0、$A_{0\max}$ 和 $A_{0\min}$ 分别表示设计要求的封闭环公差、最大极限尺寸和最小极限尺寸；T'_0、$A'_{0\max}$ 和 $A'_{0\min}$ 分别表示放大组成环公差后的实际封闭环的公差、最大极限尺寸和最小极限尺寸；$C_{\max}$ 表示最大修配量。

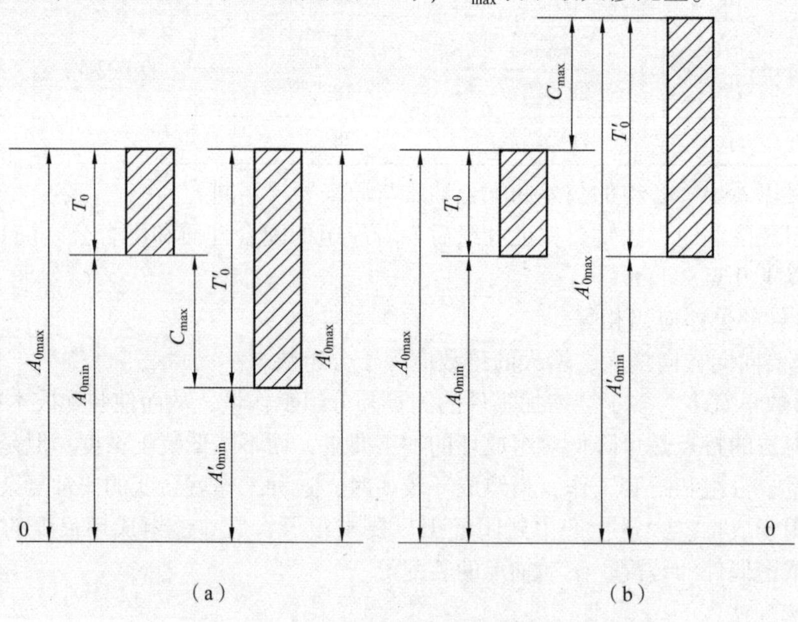

图 5-8 封闭环公差带要求值和实际公差带的对应关系

(a)“越修越大”时；(b)“越修越小”时

(1)修配环被修配使封闭环尺寸变大，简称“越修越大”。由图 5-8(a)可知无论怎样修配，总应满足：

$$A'_{0\max} = A_{0\max} \tag{5-1}$$

若 $A'_{0\max} > A_{0\max}$，修配环被修配后 $A'_{0\max}$ 会更大，不能满足设计要求。

(2)修配环被修配使封闭环尺寸变小，简称“越修越小”。由图 5-8(b)可知，为保证修配量足够和最小，应满足：

$$A'_{0\min} = A_{0\min} \tag{5-2}$$

当已知各组成环放大后的公差，并按“入体原则”确定组成环的极限偏差后，就可按式(5-1)或式(5-2)求出修配环的某一极限尺寸，再由已知的修配环公差求出修配环的另一极限尺寸。

按照上述方法确定的修配环尺寸装配时出现的最大修配量为

$$C_{\max} = T'_0 - T_0 = \sum_{i=1}^{m+n} T_i - T_0 \tag{5-3}$$

3)尺寸链的计算步骤和方法

下面举例说明采用修配装配法时尺寸链的计算步骤和方法。

例 5-3　如图 5-2(a)所示普通车床床头和尾座两顶尖等高度要求为 0~0.06 mm(只许尾座高)。设各组成环的基本尺寸 $A_1=202$ mm，$A_2=46$ mm，$A_3=156$ mm，封闭环 $A_0=0^{+0.06}_{0}$ mm。此装配尺寸链如采用完全互换装配法解算，则各组成环公差平均值为

$$T_M = \frac{T_0}{m+n} = \frac{0.06}{2+1}\ \text{mm} = 0.02\ \text{mm}$$

如此小的公差会给加工带来困难，不宜采用完全互换装配法，现采用修配装配法。

解　计算步骤和方法如下。

(1)选择修配环。因组成环 A_2 尾座底板的形状简单，表面面积小，便于刮研修配，故选择 A_2 为修配环。

(2)确定各组成环公差。根据各组成环所采用的加工方法的经济精度确定其公差。A_1 和 A_3 采用镗模加工，取 $T_1=T_3=0.1$ mm；底板采用半精刨加工，取 $T_2=0.15$ mm。

(3)计算修配环 A_2 的最大修配量。由式(5-3)得

$$C_{\max} = T'_0 - T_0 = \sum_{i=1}^{m+n} T_i - T_0 = (0.1 + 0.15 + 0.1 - 0.06)\text{mm} = 0.29\ \text{mm}$$

(4)确定各组成环的极限偏差。

A_1 与 A_3 是孔轴线和底面的位置尺寸，故极限偏差按对称分布，即 $A_1=202\ \pm 0.05$ mm，$A_3=156\ \pm 0.05$ mm。

(5)计算修配环 A_2 的尺寸及极限偏差。

首先，判别修配环 A_2 修配时对封闭环 A_0 的影响。从图中可知，是“越修越小”情况。然后，计算修配环尺寸及极限偏差。由式(5-2)得 $A'_{0\min} = A_{0\min} = \sum_{i=1}^{m} \overrightarrow{A}_{i\min} - \sum_{i=1}^{n} \overleftarrow{A}_{i\max}$。

代入数值后可得

$$A_{2\min} = A_{0\min} - A_{3\min} + A_{1\max} = [0 - (156 - 0.05) + (202 + 0.05)]\text{mm} = 46.1\ \text{mm}$$

又

$$T_2 = 0.15\ \text{mm}$$

则

$$A_{2\max} = A_{2\min} + T_2 = 46.25\ \text{mm}$$

所以

$$A_2 = 46^{+0.25}_{+0.10}\ \text{mm}$$

在实际生产中，为提高接触精度还应考虑底板底面在总装时必须留一定的刮研量。而按式(5-2)求出的 A_2，其最大刮研量为 0.29 mm，符合要求，但最小刮研量为 0 时就不符合要求，故必须将 A_2 加大。对底板而言，最小刮研量可留 0.1 mm，故 A_2 应加大 0.1 mm，即 $A_2 = 46^{+0.35}_{+0.20}$ mm

4)修配方法

在实际生产中，修配的方式较多，常见的有以下 3 种。

(1)单件修配法。

在装配时，选定某一固定的零件作为补偿环，用去除补偿环的部分材料，从而达到封闭环要求的方法称为单件修配法。上述介绍的两个实例都是单件修配法。

(2)合并加工修配法。

将两个或两个以上零件合并在一起当作一个补偿环进行修配的方法，称为合并加工修配法。它能减少尺寸链的环数，有利于减少修配量。

图 5-2 所示两顶尖等高度要求的装配尺寸链常用合并加工修配法。它是把尾座和底板的配合面分别加工好，并配刮横向小导轨，然后把两零件装配为一体，以底板的底面为定位基准镗削加工套筒孔，此时 A_2 和 A_3 合并为 A_{23}，减少了尺寸链的环数，减少了修配量。

合并加工修配法虽有上述优点，但是由于要合并零件，对号入座，给加工、装配和生产组织工作带来不便。因此，这种方法多用于单件小批生产中。

(3)自身加工修配法。

在机床制造中，利用机床本身的切削加工能力，用自己加工自己的方法，也可以说是把所有组成环都合并起来进行修配，直接保证达到封闭环公差要求的方法，称为自身加工修配法。例如，图 5-9 所示为立式转塔车床，在装配后利用车床主轴上安装的镗刀做切削运动，转塔做纵向进给运动依次镗削转塔上的 6 个孔，就能方便地保证主轴轴线与转塔各孔轴线的等高度。

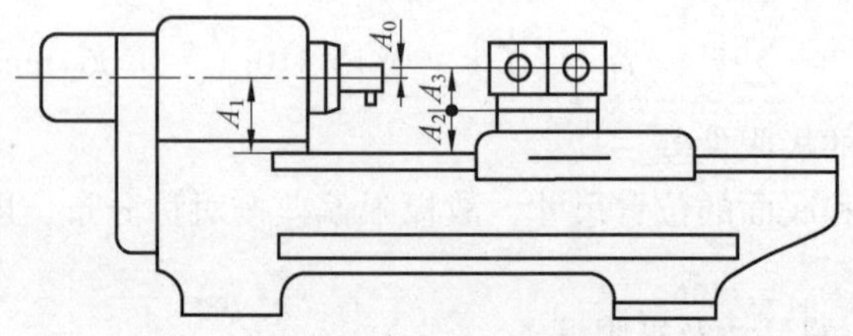

图 5-9　立式转塔车床的自身加工修配法

此外，牛头刨床、龙门刨床及龙门铣床总装后，刨或铣自己的工作台面，可以较容易地保证工作台面和滑枕或导轨面的平行度；车床上加工自身三爪自定心卡盘的卡爪，保证主轴回转轴线和三爪自定心卡盘定位面的同轴度；万能卧式铣床上用专用夹具镗削刀杆支架的锥孔等，都是自身加工修配法的实例。自身加工修配法在机床制造中应用较广。

5)修配装配法的特点及应用场合

修配装配法可降低对组成环的加工要求，利用修配组成环的方法获得较高的装配精度，尤其是尺寸链中环数较多时，其优点更为明显。但是，修配工作需要技术熟练的工人，又大多是手工操作，逐个修配，所以生产率低，没有一定生产节拍，不易组织流水装配，产品没有互换性。因而，修配装配法在大批大量生产中很少采用，在单件小批生产中广泛采用。此外，在中批生产中，一些封闭环要求较严的多环装配尺寸链大多采用修配装配法。

4. 调整装配法

调整装配法是将尺寸链中各组成环按经济精度加工，装配时将尺寸链中某一预先选定的环，采用调整的方法改变其实际尺寸或位置，以达到装配精度要求。预先选定的环称为调整环(或补偿环)，它是用来补偿其他各组成环由于公差放大后所产生的累计误差。调整装配法通常采用极值法计算。根据调整方法的不同，调整装配法分为固定调整法、可动调整法和误差抵消调整法 3 种。

调整装配法和修配装配法在补偿原则上是相似的，而方法上有所不同。

1) 固定调整法

在尺寸链中选定一组成环为调整环，该环按一定尺寸分级制造，装配时根据实测累积误差来选定合适尺寸的调整件(常为垫圈或轴套)来保证装配精度，这种方法称为固定调整法。该法主要问题是确定调整环的分组数及尺寸，现举例说明。

图 5-10(a)所示为齿轮在轴上的装配关系。要求保证轴向间隙为 0.05～0.2 mm，即 $A_0=0^{+0.2}_{+0.05}$ mm，已知 $A_1=115$ mm，$A_2=8.5$ mm，$A_3=95$ mm，$A_4=2.5$ mm。画出尺寸链图，如图 5-10(b)所示。A_1 为增环，A_2、A_3、A_4 和 A_k 为减环，因而可求出组成环 A_k 为

$$A_k=(115-8.5-95-2.5-0)\ \text{mm}=9\ \text{mm}$$

若采用完全互换装配法，则各组成环的平均公差应为

$$T_M=\frac{T_0}{m+n}=\frac{0.2-0.05}{5}\ \text{mm}=0.03\ \text{mm}$$

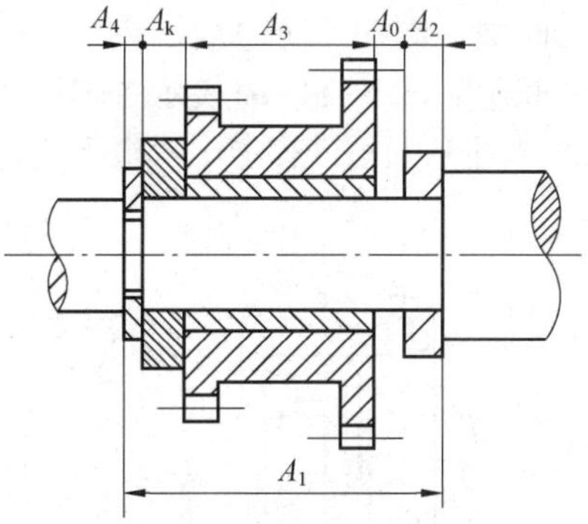

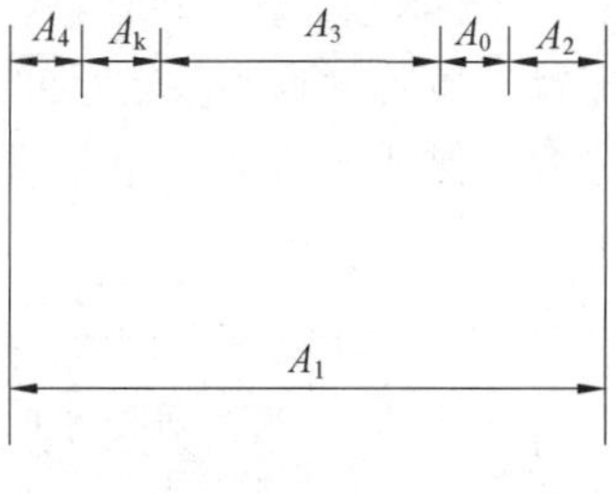

图 5-10　固定调整法装配图示例

显然，因组成环的平均公差太小，加工困难，不宜采用完全互换装配法，现采用固定调整法。

组成环 A_k 为垫圈，形状简单，制造容易，装拆也方便，故选择 A_k 为调整环。其他各组成环按经济精度确定公差，即 $T_1=0.15$ mm，$T_2=0.10$ mm，$T_3=0.10$ mm，$T_4=0.12$ mm。并按“入体原则”确定极限偏差分别为 $A_1=115^{+0.20}_{+0.05}$ mm，$A_2=8.5^{\ 0}_{-0.10}$ mm，$A_3=95^{\ 0}_{-0.10}$ mm，$A_4=2.5^{\ 0}_{-0.12}$ mm。4 个环装配后的累积误差 T_s(不包括调整环)为

$$T_s=T_1+T_2+T_3+T_4=(0.15+0.1+0.1+0.12)\text{mm}=0.47\ \text{mm}$$

为满足装配精度 $T_0=0.15$ mm，应将调整环 A_k 的尺寸分成若干级，根据装配后的实际间隙大小选择装入，即间隙大的装上厚一些的垫圈，间隙小的装上薄一些的垫圈。若调整环

A_k 做得绝对准确，则应将调整环分成 $\frac{T_s}{T_0}$ 级。实际上调整环 A_k 本身也有制造误差，故也应给出一定的公差，这里设 $T_k = 0.03$ mm。这样，调整环的补偿能力有所降低，此时分级数 k 为

$$k = \frac{T_s}{T_0 - T_k} = \frac{0.47}{0.15 - 0.03} = 3.9$$

k 应为整数，取 $k=4$。此外分级数不宜过多，否则对调整件的制造和装配均造成麻烦。求得每级的级差为 $T_0 - T_k = (0.15 - 0.03)\text{mm} = 0.12$ mm 。

设 A_{k1} 为调整后最大调整件尺寸，则各调整件尺寸计算如下。

因为

$$A_{0\max} = A_{1\max} - (A_{2\min} + A_{3\min} + A_{4\min} + A_{k\min})$$

所以

$$\begin{aligned} A_{k1\min} &= A_{1\max} - A_{2\min} - A_{3\min} - A_{4\min} - A_{0\max} \\ &= (115.2 - 8.4 - 94.9 - 2.38 - 0.2)\text{mm} = 9.32 \text{ mm} \end{aligned}$$

已知 $T_k = 0.03$ mm，级差为 0.12 mm，偏差按“入体原则”分布，则 4 组调整垫圈尺寸分别为

$$A_{k1} = 9.35_{-0.03}^{\ 0} \text{ mm}, \quad A_{k2} = 9.23_{-0.03}^{\ 0} \text{ mm}, \quad A_{k3} = 9.11_{-0.03}^{\ 0} \text{ mm}, \quad A_{k4} = 8.99_{-0.03}^{\ 0} \text{ mm}$$

2) 可动调整法

采用改变调整件的相对位置来保证装配精度的方法称为可动调整法。

在机械产品的装配中，可动调整法的实例有很多，如图 5-11 所示。其中，图 5-11(a)表示通过调整套筒的轴向位置来保证齿轮的轴向间隙；图 5-11(b)表示机床中滑板采用调节螺钉使楔块上、下移动来调整丝杠和螺母的轴向间隙；图 5-11(c)表示主轴箱用螺钉来调整端盖的轴向位置，最后达到调整轴承间隙的目的；图 5-11(d)表示小滑板上通过调整螺钉来调节镶条的位置，保证导轨副的配合间隙。

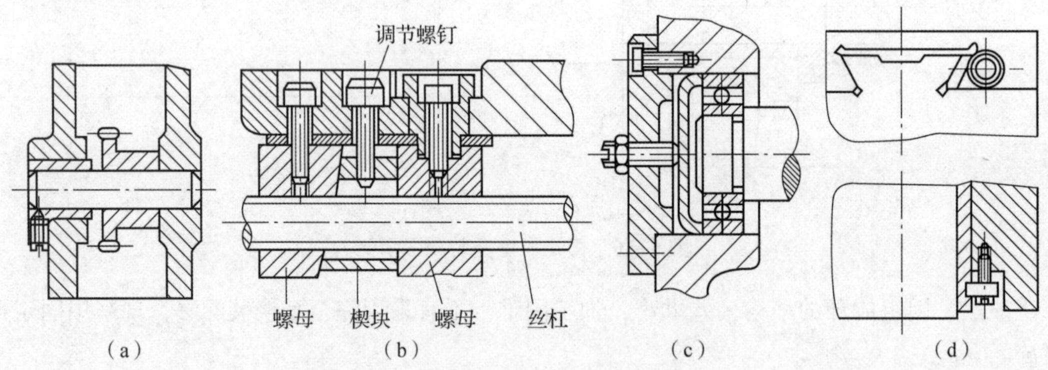

图 5-11　卧式车床中可动调整法应用实例

可动调整法能按经济精度加工零件，而且装配方便，可以获得较高的装配精度。在使用期间，可以通过调整件来补偿由磨损、热变形所引起的误差，使之恢复原来的精度要求。它的缺点是增加了一定的零件数目及工人要具备较高的调整技术。这种方法的优点突出，因而使用较为广泛。

3) 误差抵消调整法

在产品或部件装配时，通过调整有关零件的相互位置，使其加工误差相互抵消一部分，

以提高装配精度，这种方法称为误差抵消调整法。这种方法在机床装配时应用较多，如在装配机床主轴时，通过调整前后轴承的径向圆跳动方向来控制主轴的径向圆跳动；在滚齿机工作台分度蜗轮装配中，采用调整两者偏心方向来抵消误差，从而提高分度蜗轮的装配精度。

调整装配法的特点是可降低对组成环的加工要求，装配比较方便，可以获得较高的装配精度，所以应用比较广泛。但是，固定调整法要预先制作许多不同尺寸的调整件并将它们分组，这给装配工作带来一些麻烦，所以一般多用于大批大量生产和中批生产，而且封闭环要求较严的多环尺寸链中。

5.2.2　装配方法的选择

上述各种装配方法各有特点。其中，有些方法对组成环的加工要求不严，但装配时就比较严格；相反，有些方法对组成环的加工要求较严，而在装配时就比较方便简单。选择装配方法的出发点是使产品制造过程达到最佳效果，具体考虑的因素有装配精度、结构特点(组成环环数等)、生产类型及生产条件。

一般来说，当组成环的加工比较经济可行时，就要优先采用完全互换装配法。成批生产、组成环又较多时，可考虑采用大数互换装配法。

当封闭环公差要求较严，采用互换装配法会使组成环加工比较困难或不经济时，就采用其他方法。大批大量生产时，环数少的尺寸链采用选择装配法；环数多的尺寸链采用调整装配法。单件小批生产时，则常用修配装配法。成批生产时可灵活应用调整装配法、修配装配法和选择装配法。

一种产品究竟采用何种装配方法来保证装配精度，通常在设计阶段即应确定。因为只有在装配方法确定后，才能通过尺寸链的解算，合理地确定各个零、部件在加工和装配中的技术要求。但是，同一种产品的同一装配精度要求，在不同的生产类型和生产条件下，可能采用不同的装配方法。例如，在大量生产时采用完全互换装配法或调整装配法保证的装配精度，在单件小批生产时可用修配装配法。因此，工艺人员特别是主管产品的工艺人员必须掌握各种装配方法的特点及其装配尺寸链的解算方法，以便在制订产品的装配工艺规程和确定装配工序的具体内容，或在现场解决装配质量问题时，根据工艺条件审查或确定装配方法。

5.3　装配工艺规程的制订

装配工艺规程是指导装配生产的主要技术文件，制订装配工艺规程是生产技术准备工作的主要内容之一。

装配工艺规程对保证装配质量、提高装配生产率、缩短装配周期、减轻工人劳动强度、缩小装配占地面积、降低生产成本等都有重要的影响。它取决于装配工艺规程制订的合理性，这就是制订装配工艺规程的目的。

装配工艺规程的主要内容如下。

(1)分析产品图样，划分装配单元，确定装配方法。

(2)拟订装配顺序，划分装配工序。

(3)计算装配时间定额。

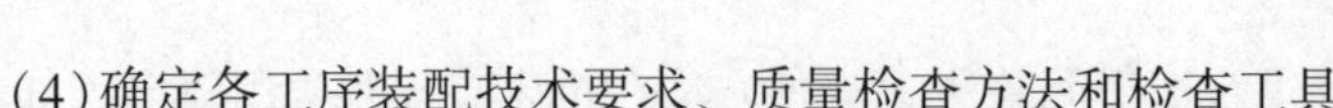

(4) 确定各工序装配技术要求、质量检查方法和检查工具。

(5) 确定装配时零、部件的输送方法及所需要的设备和工具。

(6) 选择和设计装配过程中所需的工具、夹具和专用设备。

5.3.1 制订装配工艺规程的基本原则及原始资料

1. 制订装配工艺规程的基本原则

1) 保证产品的质量

这是一项最基本的要求，因为产品的质量最终是由装配保证的。有了合格的零件才能装出合格的产品，如果装配不当，即使零件质量很高，也不一定能装配出高质量的机器。此外，从装配过程中可以反映产品设计及零件加工中所存在的问题，以便进一步保证和改进产品质量。

2) 满足装配周期的要求

装配周期是根据生产纲领的要求计算出来的，是必须保证的。成批生产和大量生产采用移动式生产组织形式，组织流水生产，需要保证生产节拍；单件小批生产是规定月产数量，努力避免装配周期不均衡的现象。装配周期均衡与否和整个零件的机械加工进程有关，需要统筹安排。

3) 尽量减少手工劳动量

装配工艺规程应该使装配工作少用手工操作，特别是钳工修配操作。

2. 制订装配工艺规程的原始资料

1) 产品的装配图及验收技术条件

产品的装配图应包括总装配图和部件装配图，并能清楚地表示出零、部件的相互连接情况及其联系尺寸、装配精度和其他技术要求，以及零件的明细表等。为了在装配时对某些零件进行补充机械加工和核算装配尺寸链，有时还需要某些零件图作为原始资料。

验收技术条件应包括验收的内容和方法。

2) 产品的生产纲领

产品的生产纲领就是其年产量。生产纲领决定了产品的生产类型。生产类型不同，致使装配的生产组织形式、工艺方法、工艺过程的划分、工艺装备的多少、手工劳动的比例均有很大不同。

大批大量生产的产品应尽量选择专用的装配设备和工具，采用流水装配方法。现代装配生产中则大量采用机器人，组成自动装配线进行装配。对于成批生产、单件小批生产，则多采用固定装配方式，手工操作比例大。在现代柔性装配系统中，已开始采用机器人装配单件小批产品。

3) 现有生产条件

如果是在现有生产条件下制订装配工艺规程，应了解现有的装配工艺设备、工人技术水平、装配车间面积等。如果是新建工厂，则应适当选择先进的装备和工艺方法。

4) 相关标准资料

设计装配工艺规程需要掌握相关标准。机器性能往往需要符合相关标准，机器装配操作也要符合相关标准。

5.3.2 制订装配工艺规程的步骤和内容

根据上述原则和原始资料，可以按下列步骤制订装配工艺规程。

1. 分析产品的装配图样及验收技术条件

(1)了解产品及部件的具体结构、装配技术要求和检查验收的内容及方法。

(2)审查产品的结构工艺性。

(3)审核产品装配的技术要求和验收标准。

(4)分析和计算产品的装配尺寸链。

2. 确定装配方法与装配组织形式

选择合理的装配方法，是保证装配精度的关键。要结合具体生产条件，从机械加工和装配的全过程出发应用尺寸链理论，同设计人员一起最终确定装配方法。

装配组织形式的选择，主要取决于产品的结构特点(包括质量、尺寸和复杂程度)、生产纲领和现有生产条件。

装配的组织形式按产品在装配过程中移动与否，分为固定式和移动式两种。

(1)对于固定式装配，全部装配工作在一个固定的地点进行，产品在装配过程中不移动，多用于单件小批生产或重型产品的成批生产；固定式装配也可组织工人专业分工，按装配顺序轮流到各产品点进行装配，这种形式称为固定流水装配，多用于成批生产结构比较复杂、工序数多的产品，如机床、汽轮机的装配。

(2)移动式装配是将零、部件用输送带或小车按装配顺序从一个装配地点移动到下一个装配地点，各装配点分别完成一部分装配工作，全部装配点完成产品的全部装配工作。移动式装配按移动的形式可分为连续移动和间歇移动两种。连续移动式装配即装配线连续按生产节拍移动，工人在装配时边装边随装配线走动，装配完毕立即回到原位继续重复装配；间歇移动式装配即装配时产品不动，工人在规定时间(生产节拍)内完成装配规定工作后，产品再被输送带或小车送到下一工作地。移动式装配按移动时生产节拍变化与否又可分为强制节拍和变节拍两种。变节拍式移动比较灵活，有柔性，适合多品种装配。移动式装配常用于大批大量生产时组成流水作业线或自动线，如汽车、拖拉机、仪器仪表等产品的装配。

3. 划分装配单元，确定装配顺序

依据机器的装配关系，可将产品划分为可进行独立装配的单元。这是设计装配工艺规程的重要一步。特别是对于结构复杂的产品的装配工艺规程设计，只有划分好装配单元，才能合理安排装配顺序和划分装配工序，组织流水作业。

产品装配过程是分解过程的逆过程，将产品分为装配单元进行组装，然后将组装好的装配单元进一步组装成部件或机器。

机器的装配依次包括合件装配、组件装配、部件装配和总装配，共4个层次。上述各装配单元都要选定某一零件或比它低一级的单元作为装配基准件。通常应选体积或质量较大、有足够支承面能保证装配时的稳定性的零件、组件或部件作为装配基准件。例如，床身零件是床身组件的装配基准件，床身组件是床身部件的装配基准组件，床身部件是机床产品的装配基准部件。

划分好装配单元，并确定装配基准件后，就可以设计装配顺序。设计装配顺序的主要目

的是保证装配精度，以及使装配连接、调整、校正和检验工作能顺利地进行，前面工序不能妨碍后面工序进行、后面工序不应损坏前面工序的质量。

一般地，应按如下原则设计装配顺序。

(1)工件要预先处理，如工件的倒角、去毛刺与飞边、清洗和干燥等。

(2)进行基准件、重大件的装配，以便保证装配过程的稳定性。

(3)进行复杂件、精密件和难装配件的装配，以保证装配顺利进行。

(4)进行容易对后续装配质量产生破坏的工作，如冲击性质的装配、压力装配和加热装配。

(5)集中安排使用相同设备及工艺装备的装配和有共同特殊装配环境的装配。

(6)处于基准件同一方位的装配应尽可能集中进行。

(7)电线、油气管路的安装应与相应工序同时进行。

(8)易燃、易爆、易碎、有毒物质或零、部件的安装，做好防护工作，保证装配工作顺利完成。

4. 划分装配工序

装配顺序确定后，就可将装配工艺过程划分为若干工序，其主要工作如下。

(1)确定工序集中与分散的程度。

(2)划分装配工序，确定工序内容。

(3)确定各工序所需的设备和工具，如需专用夹具与设备，则应拟订设计任务书。

(4)制订各工序装配操作规范，如过盈配合的压入力、变温装配的装配温度及紧固件的力矩等。

(5)制订各工序装配质量要求与检测方法。

(6)确定工序时间定额，平衡各工序节拍。

5. 编制装配工艺文件

单件小批生产时，通常只绘制装配系统图。装配时，按产品装配图及装配系统图工作。成批生产时，通常还要制订部件、总装的装配工艺卡，写明工序顺序、简要工序内容、设备名称、工夹具名称与编号、工人技术等级和时间定额等。

在大批大量生产中，不仅要制订装配工艺卡，而且要制订装配工序卡，以直接指导工人进行产品装配。

此外，还应按产品图样要求，制订装配检验及试验卡片。

5.3.3 机器结构的装配工艺性

机器结构的装配工艺性和零件结构的机械加工工艺性一样，对机器的整个生产过程有较大的影响，也是评价机器设计的指标之一。机器结构的装配工艺性在一定程度上决定了装配过程周期、耗费劳动量、成本，以及机器使用质量等。

机器结构的装配工艺性是指，机器结构能保证装配过程中使相互连接的零、部件不用或少用装配和机械加工，用较少的劳动量，花费较少的时间按产品的设计要求顺利地装配起来。

根据机器的装配实践和装配工艺的需要，对机器结构的装配工艺性提出下述基本要求。

1. 机器结构应能分成独立的装配单元

为了最大限度地缩短机器的装配周期，有必要把机器分成若干独立的装配单元，以便使许多装配工作能同时进行，它是评定机器结构装配工艺性的重要标志之一。

所谓划分成独立的装配单元，就是要求机器结构能划分成独立的组件、部件等。首先按组件或部件分别进行装配，再进行总装配。例如，卧式车床由主轴箱、进给箱、溜板箱、刀架、尾座和床身等部件组成。这些独立的部件装配完之后，就可以在专门的试验台上检验或试车，待合格后再送去总装。各装配单元之间的装配及连接通常很简单、很方便。

把机器划分成独立装配单元，对装配过程有以下好处。

(1) 可以组织平行的装配作业，各装配单元互不妨碍，能缩短装配周期，或便于组织多厂协作生产。

(2) 机器的有关部件可以预先进行调整和试车，各部件以较完善的状态进入总装，这样既可保证总机的装配质量，又可减少总装配的工作量。

(3) 机器的局部结构改进后，整个机器只是局部变动，使机器改装起来方便，有利于产品的改进和更新换代。

(4) 有利于机器的维护检修，给重型机器的包装、运输带来很大方便。

有些精密零、部件不能在使用现场进行装配，而只能在特殊环境(如高度洁净、恒温等)下进行装配及调整，然后以部件的形式进入总装配。例如，精密丝杠车床的丝杠就是在特殊环境下装配的，以便保证机器的精度。

图 5-12 所示为传动轴组件的结构，图 5-12(a) 中箱体的孔径 D_1 小于齿轮直径 d_2，装配时必须先把齿轮放入箱体内，在箱体内装配齿轮，再将其他零件逐个装在轴上。图 5-12(b) 中 $D_1>d_2$，装配时，可将轴及其上零件组成独立组件后再装入箱体内，并可通过带轮上的孔将法兰拧紧在箱体上。因此，图 5-12(b) 所示结构的装配工艺性好。

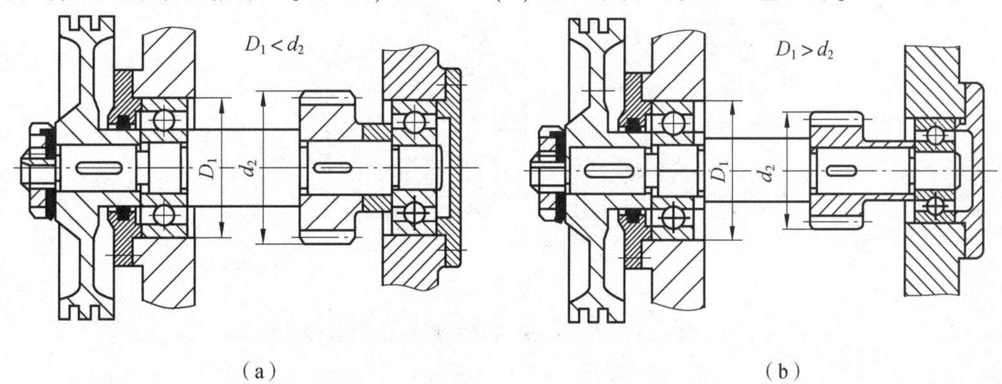

图 5-12　传动轴组件的结构

(a) 不能分成独立的装配单元；(b) 能分成独立的装配单元

衡量产品能否分解成独立装配单元，可用产品结构装配性系数 K_a 表示，其计算式为

$$K_a=\frac{\text{产品各独立部件中零件数之和}}{\text{产品零件总数}}$$

2. 减少装配时的修配和机械加工

多数机器在装配过程中，难免要对某些零、部件进行修配，这些工作多数由手工操作，

不仅对工人技术要求高，而且难以事先确定工作量，因此对装配过程有较大的影响。在机器结构设计时，应尽量减少装配时的修配工作量。

为了在装配时尽量减少修配工作量，首先要尽量减少不必要的配合面。因为配合面过大、过多，零件机械加工就困难，装配时修配工作量也必然增加。

图 5-13 所示为车床主轴箱与床身的不同装配结构形式。主轴箱若采用图 5-13(a)所示的山形导轨定位，则装配时基准面修配工作量很大；若采用图 5-13(b)所示的平导轨定位，则装配工艺得到明显的改善。

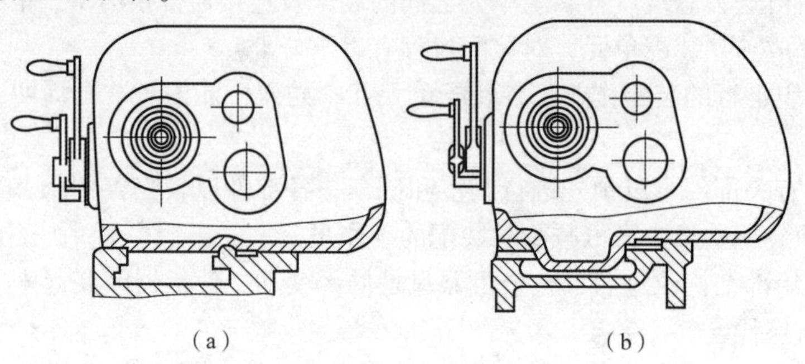

图 5-13　车床主轴箱与床身的不同装配结构形式

(a)改进前结构；(b)改进后结构

在机器结构设计上，采用调整装配法代替修配装配法，可以从根本上减少修配工作量。例如，图 5-14(a)所示为车床溜板和床身导轨后压板改进前的结构，其间的间隙是靠修配装配法来保证的；图 5-14(b)所示结构是以调整装配法来代替修配装配法，以保证溜板压板与床身导轨间具有合理的间隙。

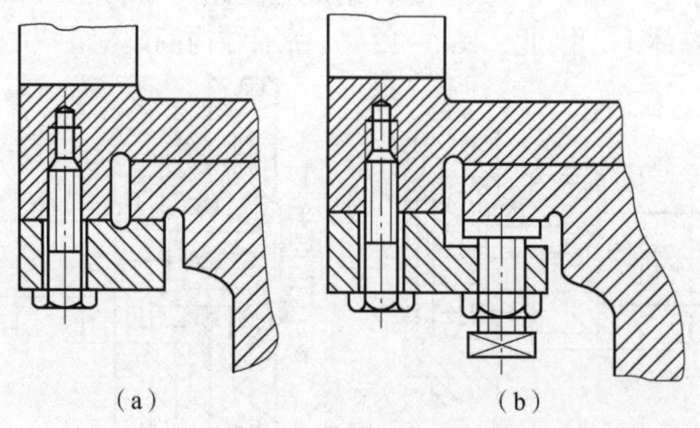

图 5-14　车床溜板和床身导轨后压板的两种结构

(a)改进前结构；(b)改进后结构

机器装配时要尽量减少机械加工，否则不仅影响装配工作的连续性，延长装配周期，而且要在装配车间增加机械加工设备。这些设备既占面积，又易引起装配工作的杂乱。此外，机械加工所产生的切屑如果清除不净，残留在装配的机器中，极易增加机器的磨损，甚至产生严重的事故而损坏整个机器。

图 5-15 所示为两种不同的轴润滑结构，图 5-15(a)所示结构需要在轴套装配后，在箱体上配钻油孔，使装配时产生机械加工工作量。在轴套上预先加工好油孔，便可消除装配时的机械加工工作量，如图 5-15(b)所示。

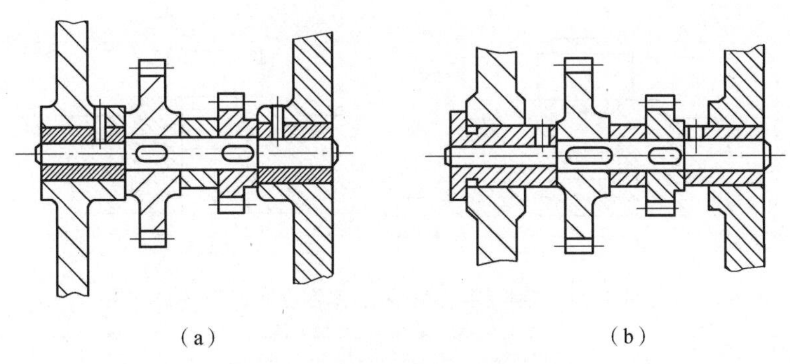

图 5-15　两种不同的轴润滑结构

(a)改进前结构；(b)改进后结构

3. 机器结构应便于装拆和调整

装配过程中，当发现问题或进行调整时，需要进行中间拆装。因此，若结构能便于装拆和调整，就能节省装配时间，提高生产率。具有正确的装配基准也是便于装配的条件之一。下面再举几个便于装拆和调整的实例。

(1)图 5-16(a)所示结构是轴承座的两段外圆柱面(装配基准)同时进入壳体的两配合孔内，由于不易同时对准两圆柱孔，所以装配较困难；图 5-16(b)所示结构是当轴承座右端外圆柱面进入壳体的配合孔中 3 mm，并具有良好的导向后，左端外圆柱面再进入配合，所以装配较方便，工艺性好。

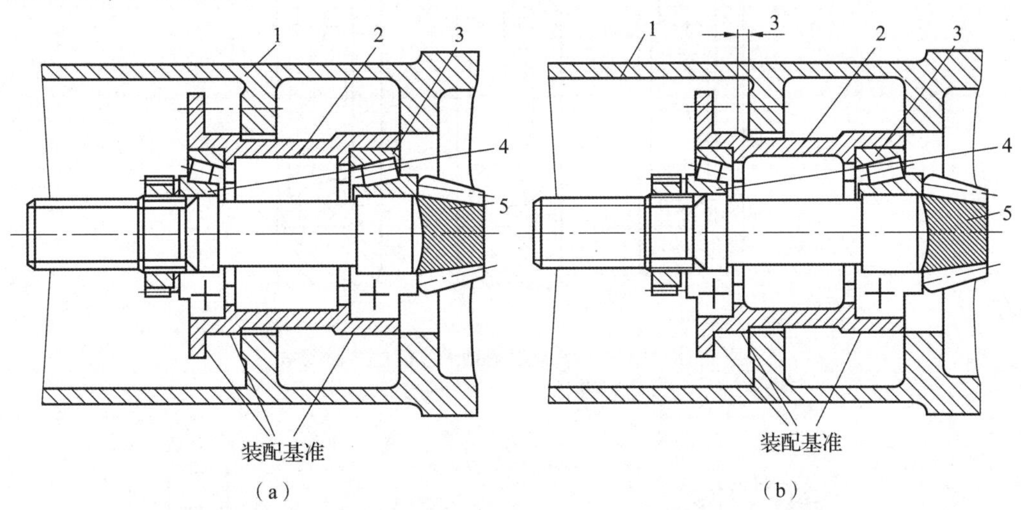

1—壳体；2—轴承座；3—前轴承；4—后轴承；5—锥齿轮轴。

图 5-16　轴承座组件的装配基准及两种设计方案

(a)具有正确的装配基准，但不易装配；(b)具有正确的装配基准，且易装配

(2)图 5-17(a)所示为定位销和底板孔过盈配合的结构，因没有通气孔，故当销子压入时内存空气不易排出而影响装配工作。合理的结构是在销子上开孔或在底板上开槽，也可采用图 5-17(b)所示结构，将底板孔钻通，孔钻通后还有利于销子的拆卸。当底板不能开通孔时，则可用带螺孔的定位销，以便需要时用取销器取出定位销。

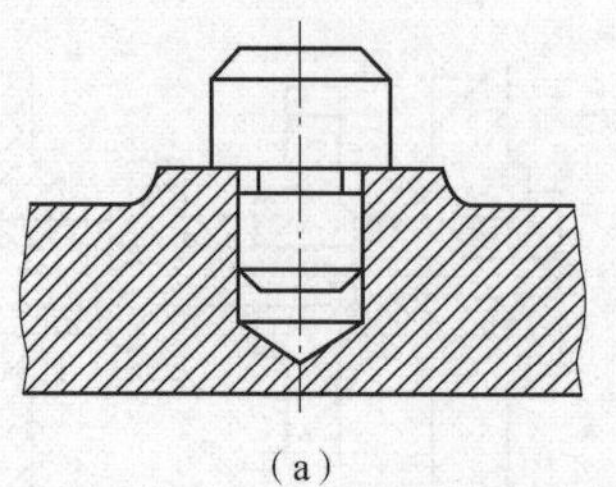
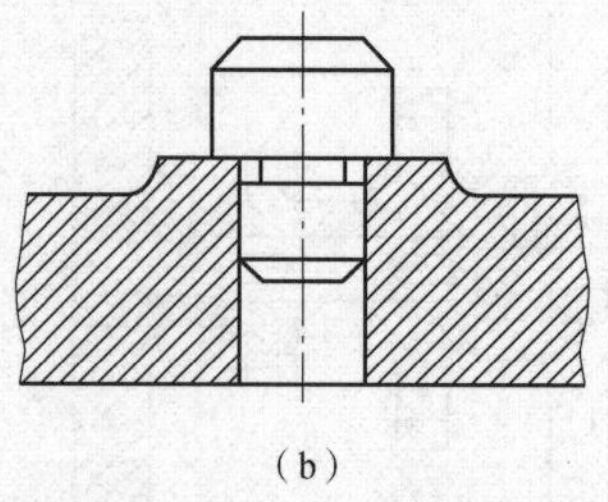

（a）　　（b）

图 5-17　定位销和底板孔过盈配合的两种结构

(a)装拆不便；(b)装拆方便

(3)图 5-18 所示为箱体上圆锥滚子轴承靠肩的 3 种形式。图 5-18(a)所示的靠肩内径小于轴承外围的最小直径，轴承压入后，外围就无法卸下。图 5-18(b)所示的靠肩内径大于轴承外围的最小直径，图 5-18(c)所示将靠肩做出 2~4 个缺口的结构，都能方便地拆卸外围，所以工艺性好。

(4)图 5-19 所示为端面有调整垫片(补偿环)并带有便于拆卸螺孔的锥齿轮结构。为了便于拆卸，在锥齿轮上加工两个螺孔，旋入螺栓即可拆卸锥齿轮。

(5)图 5-20 所示为卧式车床床鞍后部的两种固定板结构。图 5-20(a)所示的结构靠修磨或刮研来保证床鞍与床身的间隙，装配时调整费时。图 5-20(b)所示的结构采用了调整垫块，在装配和使用中都可方便地进行调整，工艺性好。

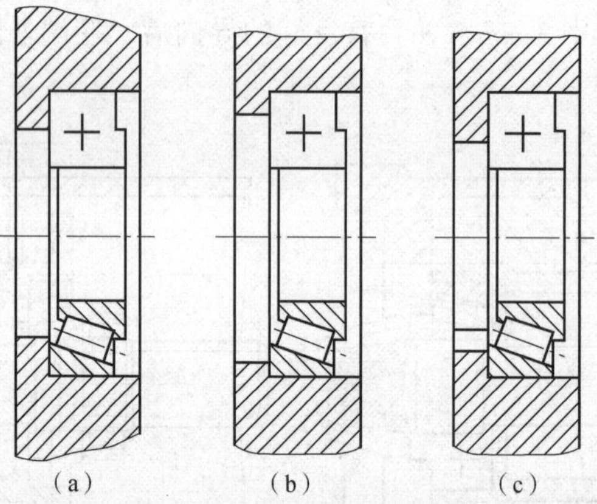

图 5-18　箱体上圆锥滚子轴承靠肩的 3 种形式

(a)不便拆卸；(b)、(c)便于拆卸

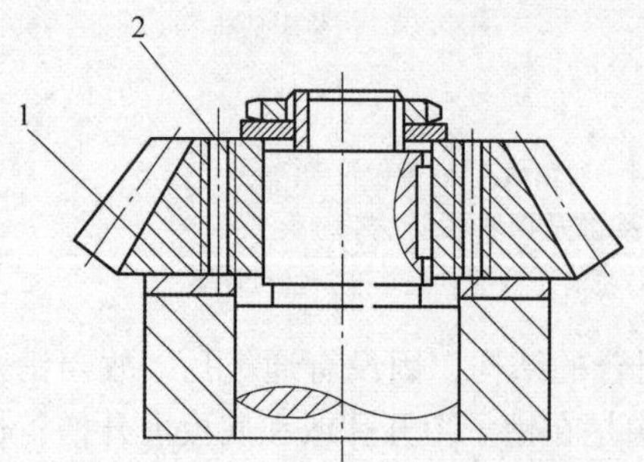

1—调整垫片；2—锥齿轮上的拆卸用螺孔。

图 5-19　带有便于拆卸螺孔的锥齿轮结构

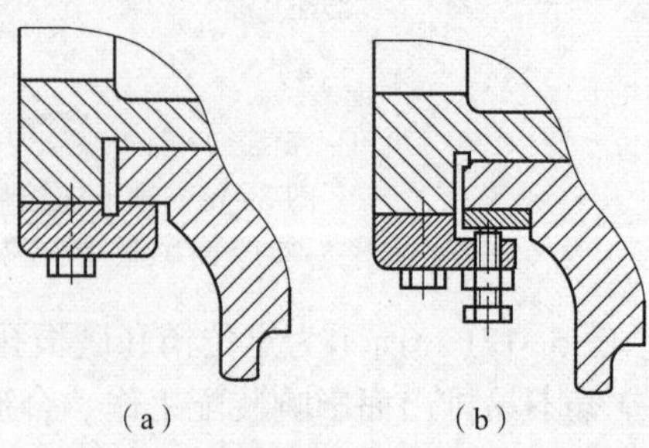

图 5-20　卧式车床床鞍后部的两种固定板结构

(a)不易调整间隙；(b)用调整垫块调整间隙

(6)图 5-21 所示是车床丝杠的装配简图。丝杠装在进给箱、溜板箱和托架的相应孔中，要求三孔同轴，且轴线要与床身导轨面平行。装配时，垂直位置以溜板箱为基准，先调整进给箱的位置使丝杠成水平，然后再调整托架的位置保证三者等高；水平位置一般以进给箱为基准，先调整溜板箱的位置使丝杠与床身导轨平行，再调整托架的位置保证三者一致。调整的补偿环是螺栓光孔与固定螺栓中的间隙，全部调整好后，打上定位销。光杠和操纵杆的装配方法和丝杠相同。

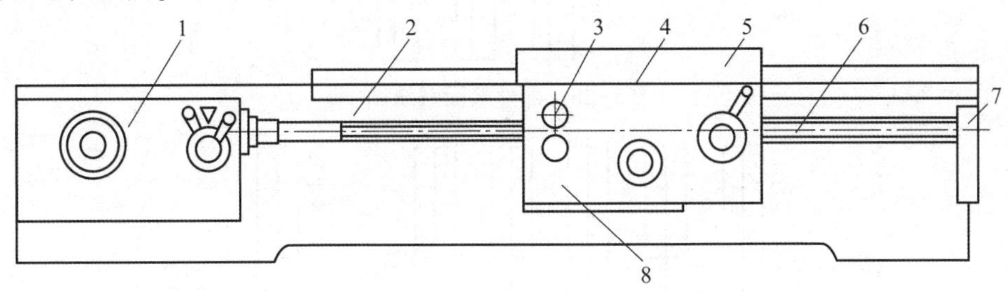

1—进给箱；2—床身；3—偏心轴；4—垫片；5—床鞍；6—丝杠；7—托架；8—溜板箱。

图 5-21　车床丝杠的装配简图

当车床中修时，床身导轨因磨损而重新磨削后，床鞍和溜板箱的垂直位置也将下移，丝杠就装不上了。为此，将在床鞍和溜板箱之间增设的垫片减薄，就能保证丝杠孔的中心位置。此外，溜板箱中一齿轮与床身上齿条相啮合，以便移动床鞍做进给运动，其啮合间隙则用偏心轴调整，这些都是便于调整的实例。

5.3.4　装配系统图

在装配工艺规程设计中，常用装配系统图表示零、部件的装配流程和零、部件间相互装配关系。在装配系统图上，每个单元用一个长方形框表示，标明零件、套件、组件和部件的名称、编号及数量，如图 5-22 所示。这个方框不仅可以表示零件，也可以表示套件、组件和部件等装配单元。

名称	
编号	数量

图 5-22　装配单元的表示图

图 5-23~图 5-26 分别给出了套件、组件、部件和机器的装配系统图。在装配系统图上，装配工作由基准件开始沿水平线自左向右进行，一般将零件画在上方，套件、组件、部件画在下方，其排列次序就是装配工作的先后次序。

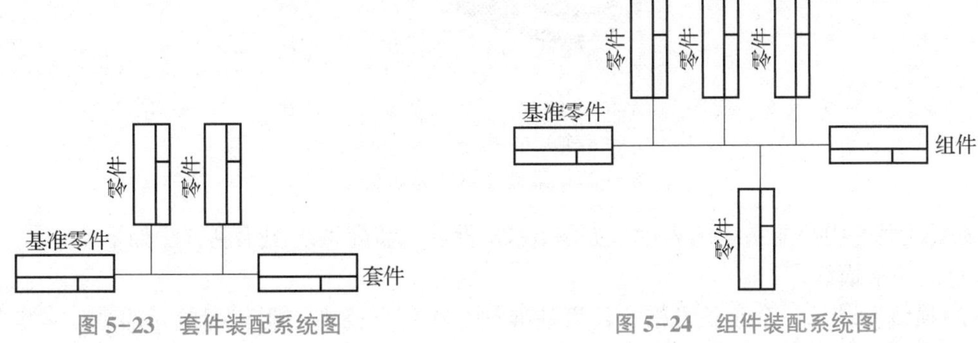

图 5-23　套件装配系统图

图 5-24　组件装配系统图

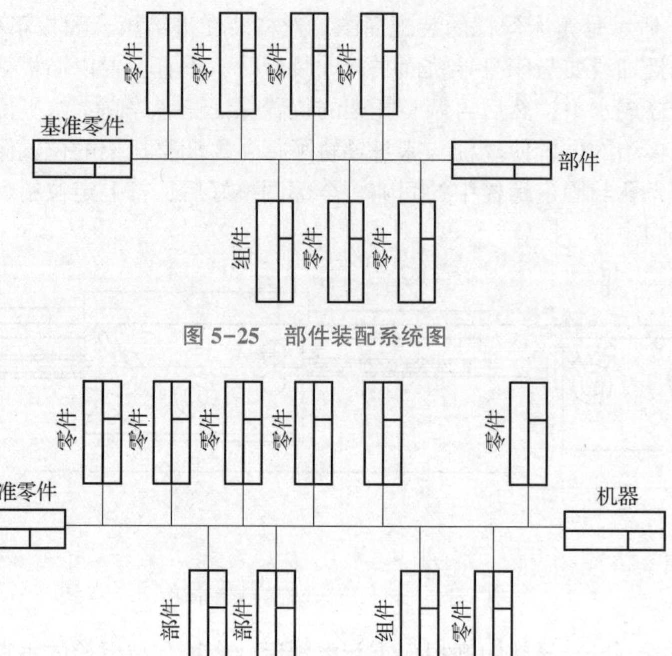

图 5-25　部件装配系统图

图 5-26　机器装配系统图

装配系统图是用图解法说明产品零件、组件和部件的装配顺序，以及各装配单元的组成零件。在设计装配车间时可以根据它来组织装配单元的平行装配，并可以合理地按照装配顺序布置工作地点，将装配过程的运输工作减至最少。

现以图 5-27 所示的某减速器低速轴组件为例，说明它的装配过程。

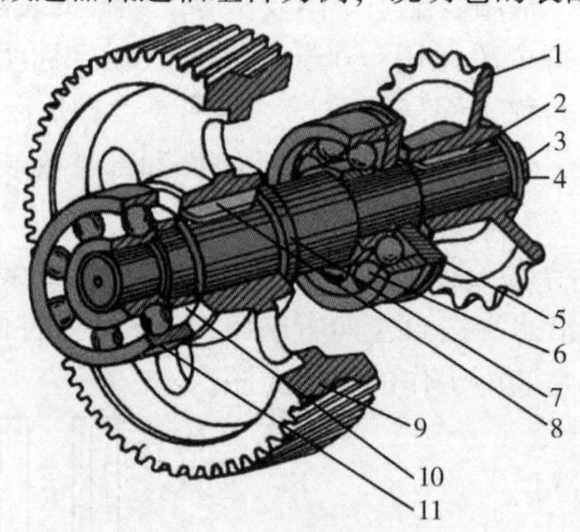

1—链轮；2—键；3—轴端挡圈；4—螺栓；5—可通盖；6—滚珠轴承；7—低速轴；
8—键；9—齿轮；10—套筒；11—滚珠轴承。

图 5-27　某减速器低速轴组件

装配过程可用装配系统图表示，如图 5-28 所示。装配系统图绘制方法如下。

(1) 画一条横线。

(2) 横线左端画一个小长方格，代表基准件。在长方格中注明装配单元的名称、编号和数量。

(3) 横线的右端也画一个小长方格，代表装配的成品。

(4)横线自左至右表示装配的顺序。直接进行装配的零件画在横线的上面，组件画在横线下面。

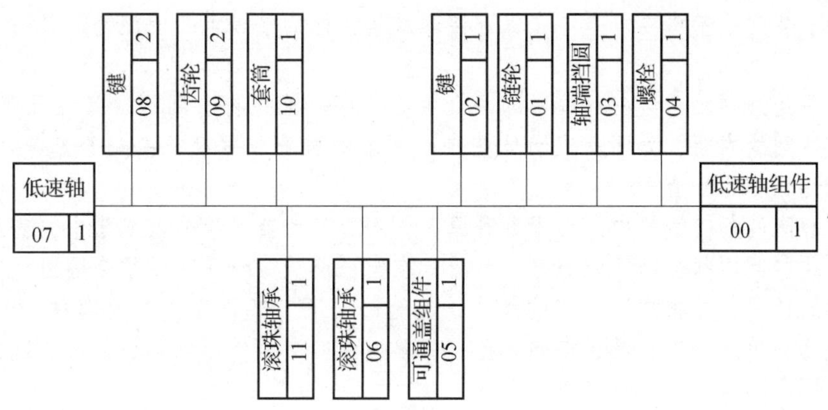

图 5-28　某减速器低速轴组件装配系统图

由装配系统图可以清楚地看出成品的装配顺序，以及装配所需零件的名称、编号和数量，因此可起到指导和组织装配工艺的作用。

本章知识小结

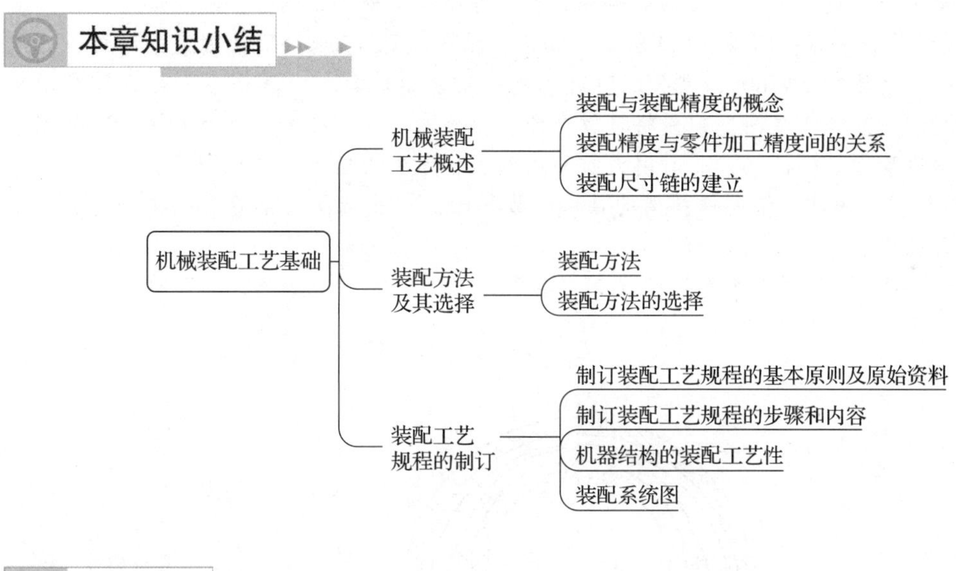

知识拓展

滚动轴承的装配

滚动轴承的装配质量指标，即装配精度要求主要是径向游隙和宽度。轴向游隙和径向游隙之间有一定的函数关系。因此，可以通过控制径向游隙来间接控制轴向游隙。影响滚动轴承径向游隙或宽度的因素主要是内、外套圈滚道的直径偏差及滚动体的直径偏差等。滚动轴承工作的重要性，使对其游隙值或宽度公差要求十分严格。在我国，滚动轴承的径向游隙及宽度公差大部分已经标准化。以中小型深沟球轴承为例，其径向游隙公差范围只有 0. 01 ~ 0. 02 mm。

对于深沟球轴承、圆柱滚子轴承、调心球轴承和调心滚子轴承，主要控制径向游隙。对于推力球轴承、推力滚子轴承和圆锥滚子轴承，主要控制高度和宽度。

滚动轴承装配的基本要求是：在保证装配质量指标的前提下，使配套率最高，一般应在95%以上。

配套工序是滚动轴承装配过程中的一个主要工序。首先将套圈沟道直径尺寸选别分组，然后将各种组别的内圈、外圈及滚动体按轴承要求的游隙或宽度公差配合起来成为“一套”轴承。这一过程称为配套。

在轴承套圈的加工过程中，由于种种原因，沟道尺寸会过于分散或集中，甚至超出公差带的范围。这些问题都会降低配套率。为此，在配套前，应对库存轴承套圈进行初选，掌握其沟道尺寸的情况，并根据滚动体的尺寸情况及时向磨工工段提出配套零件(内圈或外圈)加工公差的订制单。磨工工段在接到公差订制单后，应严格按照订制公差尺寸进行加工。这样，就可以提高轴承装配的配套率。

一般类型滚动轴承的装配工艺路线如下：零件退磁–清洗、擦净、防锈–库存零件初选–配套零件公差制订、选别(滚动体在滚动体车间进行)–配套–检查游隙–装配(紧固保持架)–外观检查–退磁清洗–成品检查–涂防锈油、包装。轴承零件的组装方法分深沟球轴承组装工艺和圆锥滚子轴承组装工艺来讨论。

这里仅简单介绍典型的深沟球轴承组装工艺，主要有下列3个内容。

(1)装填最后一个球：如图5–29所示，如果轴承的填球角$\varphi<186°$，则装配时可以一次将钢球装足；如填球角$\varphi>186°$，则装配时就不能一次将钢球装足，其最后一个钢球需用机械方法压装到内、外套沟之间，即先将其放在内、外套圈之间，在图中A点加力P，外圈因受力而发生弹性变形呈椭圆状，此时用力拉动内圈至轴承中心位置，填球即可完成。

(2)装铆钉：使用冲压浪型保持架的轴承，装配时，在铆接保持架前需先将铆钉装入半保持架的铆钉孔中。

(3)铆接保持架：采用专用的装配模具，在压力机上使铆钉头成形，从而将两片保持架铆紧。

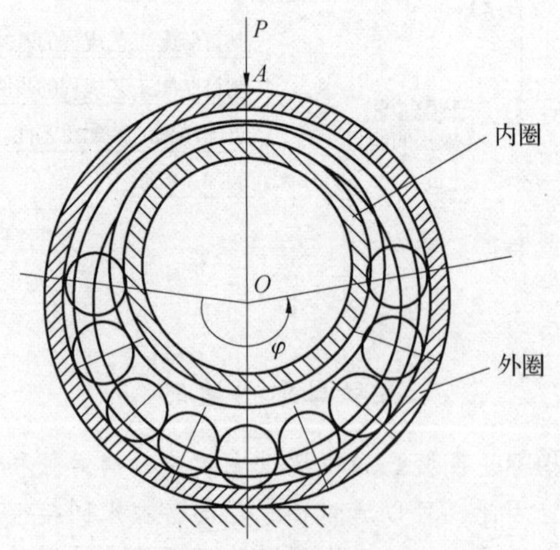

图5–29　深沟球轴承的填球角

制造故事

探秘深海渔场“深蓝1号”：助国产三文鱼养殖实现零突破

“深蓝1号”(图5-30)是中国首座自主研制的大型全潜式深海智能渔业养殖装备，由日照市万泽丰渔业有限公司(现山东万泽丰海洋开发集团有限公司)出资，中国海洋大学与湖北海洋工程装备研究院联合设计，青岛武船重工有限公司建造，是全世界最大的全潜式智能网箱，它装备于黄海冷水团中，相当于40个标准游泳池大小、质量超过1 500 t，总投资1.15亿元。

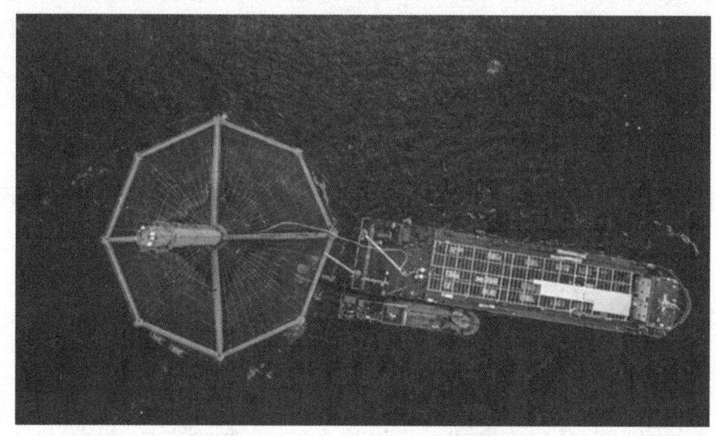

图5-30 “深蓝1号”俯拍全景图

“深蓝1号”所在的黄海冷水团，是国家深远海绿色养殖试验区，由山东深远海绿色养殖有限公司建设，是农业农村部批复的全国首个国家级深远海绿色养殖试验区。目前，该项目已纳入国家“蓝色粮仓科技创新”、山东省“十四五”规划和山东省重点研发计划。试验区分为甲、乙两个区域，总面积553.6 km^2，底层海水温度常年保持在12 ℃以下，适宜鲑鳟鱼、三文鱼等的生长。项目按照“专业化聚集、集群化推进、园区化承载”的发展思路，以陆上、近海、远海接力养殖为基础，建设全球首创的“陆基产业园区+深远海产业园区”陆海产业集群式发展的新模式。

2021年6月，超过700 t的国产高品质三文鱼，从捕捞到被端上老百姓的餐桌，用了不到30 h。这是“深蓝1号”网箱首次实施规模化收鱼，单鱼平均质量超过4 kg，成活率达到80%，共收三文鱼15.6万尾，品质达到欧盟出口标准，这标志着我国首次规模化养殖高价值鱼类取得成功，让国民吃上国产高品质三文鱼不再是一个遥远的梦想。

“深蓝1号”是中国第一个深远海渔业养殖装备，也是全球第一座全潜式深海渔业养殖装备。“深蓝1号”成功建成交付，是中国水产养殖业现代化进程中具有重要影响力的一件大事，必将开启中国深远海渔业养殖新征程。

研发过程中，突破全潜式养殖装备总体设计、沉浮控制、鲨鱼防护、氧气补充、死鱼回收、鱼群监控等多项核心技术，标志着我国在深远海渔业养殖装备的自主设计及研发上取得重大突破。“深蓝1号”的启用，将养殖战线向外推进了130海里，打破了传统养殖业“望洋兴叹”的局面。

习题

5-1　简述机器装配的基本概念。

5-2　什么是装配精度？装配精度与零件精度的关系如何？

5-3　保证装配精度的方法有哪些？试述其特点和使用场合。

5-4　题 5-4 图所示的齿轮箱部件，根据使用要求，齿轮轴肩与轴承端面间的轴向间隙应在 1~1.75 mm 范围内。若已知各零件的基本尺寸为 $A_1=101$ mm，$A_2=50$ mm，$A_3=A_5=5$ mm，$A_4=140$ mm。

(1) 试确定当采用完全互换装配法装配时，各组成环尺寸的公差及极限偏差。

(2) 试确定当采用大数互换装配法装配时，各组成环尺寸的公差及极限偏差。

5-5　题 5-5 图所示的装配中，要求保证轴向间隙 $A_0=0.1\sim0.35$ mm，已知：$A_1=30$ mm，$A_2=5$ mm，$A_3=43$ mm，$A_4=3_{-0.05}^{\ 0}$ mm（标准件），$A_5=5_{-0.04}^{\ 0}$ mm

(1) 采用修配装配法装配时，选 A_5 为修配环，试确定修配环的尺寸及上、下极限偏差。

(2) 采用固定调整法装配时，选 A_5 为调整环，求 A_5 的分组数及其尺寸系列。

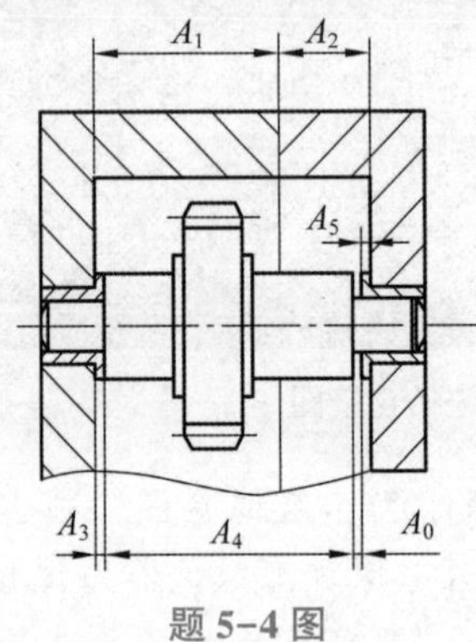

题 5-4 图

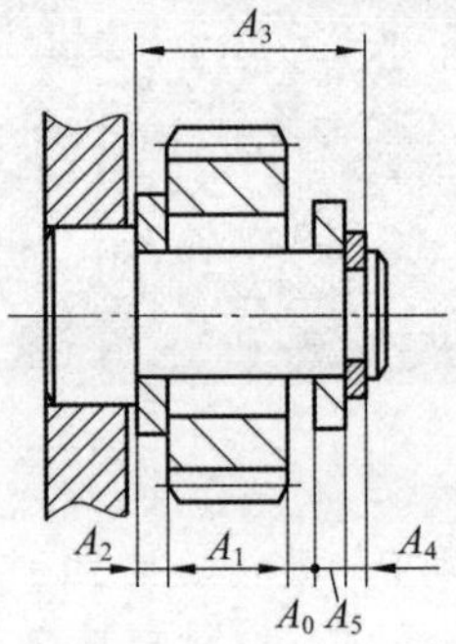

题 5-5 图

5-6　试述制订装配工艺规程的意义、内容、方法和步骤。

5-7　装配工艺规程包括哪些主要内容？经过哪些步骤制订的？

5-8　什么是装配单元？为什么要把机器划分成许多独立装配单元？

第 6 章 机械加工精度及其控制

本章导读

加工精度是加工质量的重要组成部分，它直接影响机器的工作性能和寿命，随着科学技术的发展，对加工精度的要求也越来越高。因此，为了保证达到工件所要求的加工精度，加工时必须判断、分析影响加工精度的因素及其规律，并采取适当的措施减小加工误差，这是机械加工技术的主要任务之一。

本章知识目标

(1) 掌握机械加工精度、加工误差的概念，了解加工精度的获得方法及研究加工精度的方法。

(2) 掌握原始误差的来源及误差敏感方向。

(3) 正确理解几何误差对加工精度的影响。

(4) 正确理解工艺系统的受力变形、受热变形对加工精度的影响。

(5) 掌握加工精度的统计分析方法。

(6) 掌握提高加工精度的措施。

本章能力目标

(1) 能正确分析原始误差对加工精度的影响。

(2) 能初步分析和研判生产中一般工艺技术和质量问题，并提出改进措施。

(3) 能运用误差统计分析法分析加工中造成误差的原因，并提出较为合理解决方案。

引　例

作为精密的机械元件，滚动轴承的工作性能直接影响主机的工作性能；甚至于某些装在主机关键部位的轴承的工作性能，几乎决定了该主机的工作性能。例如，用于精密光学坐标镗床主轴上的圆锥滚子轴承，其径向摆动达到 0.001~0.002 5 mm，轴向摆动达到 0.002~0.003 mm。这就在很大程度上决定了该机床主轴的回转精度，即主机的主要工作性能指标。

除这种高精密级轴承外，像耐高温、耐低温、防锈、防振、高速、高真空和耐腐蚀等具有特殊性能要求的轴承的质量指标也都是十分严格的。

一般来说，滚动轴承应具有高的寿命、低的噪声、小的旋转力矩和高的可靠性这些基本性能。要达到这些要求，就必须在机械加工工艺上确保轴承零件的以下指标。

(1) 旋转精度：要求轴承各零件的几何形状精度和位置精度在几微米之内。

(2) 尺寸精度：要求各零件的尺寸精度在几微米之内。

(3) 表面粗糙度：安装表面粗糙度 Ra 不大于 0.63 μm、0.32 μm；滚道要求更高，表面粗糙度 Ra 小于 0.16 μm。

(4) 尺寸稳定性：在长期存放和工作时，没有明显的尺寸和形状改变。

(5) 防锈能力：零件不允许生锈。

(6) 振动及噪声：轴承振动及噪声要限制在一定的范围内，这要求轴承零件的各种质量应尽可能高。

(7) 残磁：轴承的残磁应控制在 0.6 mT、0.8 mT 以下。

6.1 概　述

6.1.1 基本概念

1. 加工精度

加工精度是指零件加工后的实际几何参数(包括尺寸、形状和位置)与理想几何参数相符合的程度。符合程度越好，加工精度越高。

2. 加工误差

零件在加工过程中，由于各种因素影响，实际几何参数与理想几何参数总会有一些偏差，这个差值称为加工误差。加工误差越小，加工精度越高。可见，加工误差也可反映加工精度的高低。在实际生产中，大都是使用加工误差的大小来控制加工精度的。加工精度和加工误差只是评定零件几何参数准确程度的两种不同提法。

6.1.2 尺寸、形状和位置精度及其关系

机械加工精度包括尺寸精度、形状精度和位置精度。尺寸精度是指实际尺寸与理论正确尺寸之间的符合程度，如平面间的距离、孔间距、圆柱面的直径和圆锥面的锥角等。形状精度是指实际几何形状与理想几何形状之间的符合程度，如平面度、圆度、圆柱度和轮廓度等。位置精度是指加工后表面间的实际相互位置与理想相互位置之间的符合程度，如表面间的平行度、垂直度和对称度等。

这三者之间是有联系的：一般当尺寸精度要求较高时，相应的形状精度和位置精度要求也较高；但当形状精度或(和)位置精度要求较高时，相应的尺寸精度要求却不一定高。这与工件的使用性能要求有关。

6.1.3　获得加工精度的方法

1. 尺寸精度的获得方法

1)试切法

试切法是指先在工件上试切出很小部分的加工表面并测量，按照加工要求适当调整刀具相对工件加工表面的位置，然后试切、测量、调整，当达到所要求的尺寸精度后，切削整个待加工表面的方法。试切法的生产率较低，对操作工的技术水平要求较高，主要用于单件小批生产。

2)调整法

调整法是指预先调整好刀具相对于工件加工表面的位置，并在加工过程中保持这一位置不变，从而获得工件所要求的尺寸精度的方法。调整法的生产率较高，对操作工的技术水平要求不高，但对调整工的技术水平要求较高，主要用于成批、大量生产。

3)定尺寸刀具法

定尺寸刀具法是指用具有一定尺寸精度的刀具来保证工件被加工部位尺寸精度的方法。定尺寸刀具法操作方便，生产率高，加工精度稳定，几乎与操作工的技术水平无关，主要用于孔、螺纹和成形表面的加工。

4)自动控制法

自动控制法是指通过由测量装置、进给机构和控制系统等组成的自动加工系统，自动完成加工过程中的尺寸测量、刀具补偿调整、切削加工及机床停车等一系列工作，从而获得所要求的尺寸精度的方法。

自动控制法生产率高，加工精度稳定，加工柔性好，能适应多品种生产，是目前机械制造的发展方向和计算机辅助制造(Computer-Aided Manufacturing，CAM)的基础。

2. 形状精度的获得方法

1)成形运动法

成形运动法是指使刀具相对于工件做有规律的切削成形运动，从而获得所要求形状精度的方法，包括轨迹法、成形法、展成法和相切法等。成形运动法主要用于加工圆柱面、圆锥面、平面、球面、回转曲面、螺旋面和齿形面等。

2)非成形运动法

非成形运动法是指通过对加工表面形状的检测，由操作工对其进行相应的修整加工，以获得所要求形状精度的方法。非成形运动法生产率较低，但当零件形状精度要求很高或表面形状较复杂时，常采用此方法。

3. 位置精度的获得方法

位置精度的获得方法包括找正安装法、夹具安装法和机床控制法。其中，机床控制法是指利用机床本身所设置的保证相对位置精度的机构来保证工件位置精度的方法。

6.1.4　原始误差及分类

在机械加工中，机床、夹具、刀具和工件组成了一个完整的系统，称之为工艺系统。工艺系统的各个环节存在着种种误差，这些误差在具体加工条件下，将以不同的程度和方式影响零件的加工精度。由此可见，工艺系统的误差是工件产生加工误差的根源，因此就把工艺系统的误差称为原始误差。

原始误差主要来源于两方面：一方面是工艺系统本身的几何误差，包括加工方法的原理误差、机床的几何误差、调整误差、刀具和夹具的制造误差、工件的安装误差等。另一方面是与加工过程有关的动误差，包括工艺系统的受力变形、受热变形、磨损等引起的误差，以及工件残余应力所引起的误差等。

6.1.5 误差敏感方向

由于各种原始误差的大小和方向各不相同，其对加工精度的影响也不相同。

以外圆车削为例，如图 6-1 所示，车削时刀尖正确位置在 A 点，工件加工半径为 $R_0=\overline{OA}$。设某一瞬时由于原始误差影响，刀尖移到 A'点，则工件加工后的半径变为 $R=\overline{OA'}$。$\overline{AA'}$ 即为原始误差 δ，设 δ 与 OA 间夹角为 φ，则半径上的加工误差 ΔR 为

$$\Delta R=\overline{OA'}-\overline{OA}=\sqrt{R_0{}^2+\delta^2+2R_0\delta\cos\varphi}-R_0$$

$$\approx\delta\cos\varphi+\frac{\delta^2}{2R_0}$$

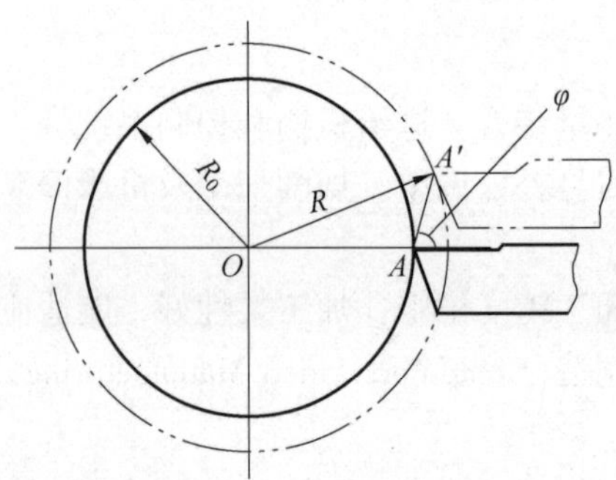

图 6-1 误差敏感方向

当 $\varphi=0°$ 时，$\Delta R_{max}\approx\delta$；当 $\varphi=90°$ 时，$\Delta R_{min}\approx\dfrac{\delta^2}{2R_0}$。

由上式可知：如果原始误差的方向为通过切削刃的加工表面的法线方向，其对加工精度的影响最大，$\Delta R_{max}\approx\delta$，把这个方向称为误差敏感方向；如果原始误差的方向为加工表面的切线方向，其对加工精度的影响最小，$\Delta R_{min}\approx\dfrac{\delta^2}{2R_0}$，称为误差非敏感方向。

6.1.6 研究加工精度的方法

1. 单因素分析法

这种方法只研究某一确定因素对加工精度的影响，一般不考虑其他因素的同时作用。通过分析、计算，或测试、实验，得出该因素与加工误差之间的关系。

2. 统计分析法

这种方法以现场观察和实测所得的数据为基础，用概率论和数理统计的方法进行处理和分析，从而揭示各种因素对加工精度的综合影响。

6.2　工艺系统几何误差对加工精度的影响

6.2.1　加工原理误差

加工原理误差是指由于采用了近似的成形运动或近似的切削刃轮廓进行加工而产生的误差。

例如，用齿轮滚刀加工渐开线齿轮就有两种原理误差：一是由于制造上的困难，滚刀采用阿基米德蜗杆代替渐开线蜗杆，所加工的渐开线齿轮都存在近似造形误差；二是由于滚刀刀齿数有限，实际上加工出来的齿形并非是光滑渐开线，而是一条折线，所以滚齿是一种近似的加工方法。又如，成形齿轮铣刀加工齿轮，为了减少铣刀数量，用一把铣刀加工具有一定齿数范围的齿轮；在数控加工中，刀具相对于工件做近似的成形运动，用加工出来的直线或圆弧去代替空间曲线或曲面，这些都会造成加工原理误差。

采用近似的加工方法或近似的切削刃轮廓，虽然会带来加工原理误差，但往往可以简化机床和刀具的设计和制造，提高生产率，降低加工成本。因此，只要其误差不超过规定的加工精度要求，在生产中仍得到广泛使用。

6.2.2　机床几何误差

机床几何误差包括机床本身各部件的制造误差、安装误差和使用过程中的磨损。其中，对加工精度影响较大的有主轴回转误差、导轨误差和传动链误差。

1. 主轴回转误差

1) 概述

机床主轴是用来安装工件或刀具并传递动力的重要部件，它的回转精度对工件加工精度影响最大，是机床主要精度指标之一。

机床主轴回转时，理想回转轴线的空间位置应当稳定不变，但实际上由于种种因素影响，主轴在每一瞬时回转轴线的空间位置都是变动的，理想回转轴线的位置很难确定，通常用平均回转轴线即主轴各瞬时回转轴线的平均位置来代替。那么，主轴的回转误差就是指主轴实际回转轴线相对于平均回转轴线的最大偏离值。最大偏离值越小，回转精度越高，反之越低。

2) 主轴回转误差对加工精度的影响

主轴回转误差可分解为纯轴向窜动、纯径向圆跳动和纯角度摆动 3 种基本形式，如图 6-2 所示。

纯轴向窜动是指瞬时回转轴线沿平均回转轴线的轴向运动，如图 6-2(a) 所示。在车削时，它对内、外圆柱面加工没有影响，但会使车出的工件端面与圆柱面不垂直。当加工螺纹时，将使导程产生周期性误差。因此，精密车床的该项误差控制很严。

纯径向圆跳动是指瞬时回转轴线平行于平均回转轴线的径向运动，如图 6-2(b) 所示。车削时，它主要影响加工工件的圆度和圆柱度。

纯角度摆动是指瞬时回转轴线与平均回转轴线成一倾斜角度，但其交点位置固定不变的运动，如图 6-2(c)所示。此时，对于车削加工能够得到一个圆的工件，但工件成锥形；镗孔时，将镗出椭圆形孔。

上述是指单纯的主轴回转运动误差，实际情况中常常是上述几种运动的合成运动。

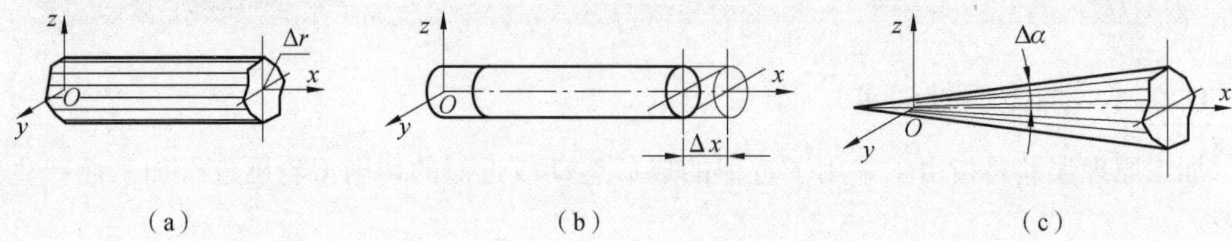

图 6-2　主轴回转误差的基本形式

(a)纯轴向窜动；(b)纯径向圆跳动；(c)纯角度摆动

3)影响主轴回转误差的因素

影响主轴回转误差的因素主要有主轴制造误差(包括主轴支承轴颈的圆度误差、同轴度误差)、轴承误差和轴承间隙等。

当主轴采用滑动轴承支承时，主轴以轴颈在轴承内回转，对于工件回转类机床(车床、外圆磨床)，因切削力方向不变，主轴回转时作用在支承上的作用力方向也不变，此时，主轴的支承轴颈的圆度误差影响较大，而轴承孔圆度误差影响较小，如图 6-3(a)所示；对于刀具回转类机床(钻、铣、镗床)，切削力方向随旋转方向而改变，此时，主轴的支承轴颈的圆度误差影响较小，而轴承孔圆度误差影响较大，如图 6-3(b)所示。

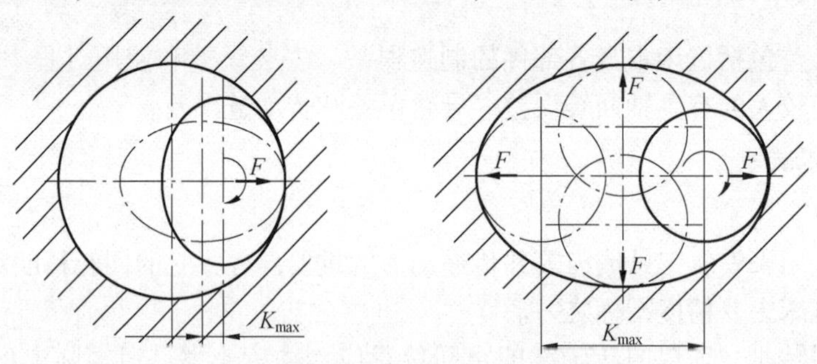

图 6-3　主轴采用滑动轴承的径向圆跳动

(a)工件回转类机床；(b)刀具回转类机床

当主轴用滚动轴承支承时，内、外圈滚道的圆度误差、同轴度误差，以及滚动体的尺寸误差和圆度误差等都对主轴的回转精度有影响。此外，主轴轴承间隙对回转精度也有影响，轴承间隙过大会使径向圆跳动量与轴向窜动量增大。

4)提高主轴回转精度的措施

(1)提高主轴部件的制造精度。提高轴承精度，如选用高精度的滚动轴承，或采用高精度的多油楔动压轴承和静压轴承；提高箱体支承孔、主轴轴颈和与轴承相配合表面的加工精度等。

(2)对滚动轴承适当预紧。对滚动轴承进行预紧的目的是消除间隙，这样做既增加了轴承刚度，又对轴承内、外圈滚道和滚动体的误差起均化作用，因而可提高主轴的回转精度。

(3)采取措施使回转精度不依赖主轴，即工件的回转成形运动不依赖机床主轴的运动实现，而是靠工件的定位基准或被加工面本身与夹具定位元件组成的回转运动副来实现。如图

6-4 所示，采用死顶尖磨外圆。工件以其顶尖孔支承在不动的前后顶尖上，用拨销带动回转，这时工件的回转轴线由两个死顶尖决定。那么，两个顶尖和顶尖孔的形状误差和同轴度误差将影响工件的回转精度，而提高顶尖和顶尖孔的精度要比提高主轴部件的精度容易且经济得多。

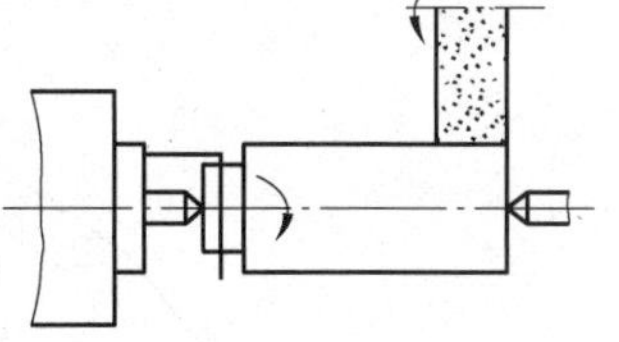
图 6-4　用死顶尖磨外圆

2. 导轨误差

机床导轨误差是指机床导轨副运动件的实际运动方向与理想运动方向之间的偏差，如图 6-5 所示。它一般包括导轨在水平面内的直线度误差 Δy、导轨在垂直面内的直线度误差 Δz、前后导轨的平行度误差 δ。

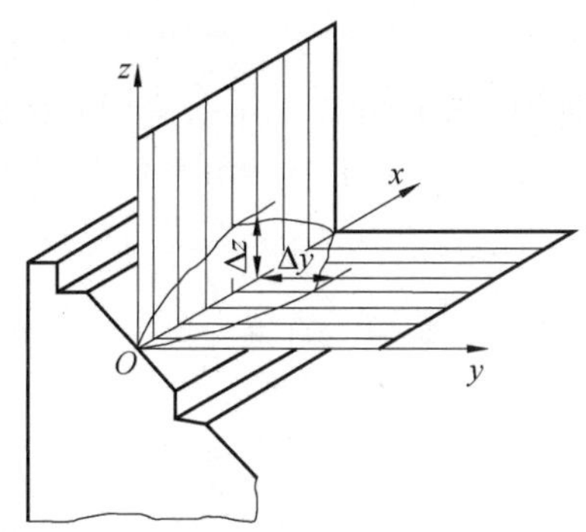

图 6-5　机床导轨误差

1) 导轨在水平面内的直线度误差 Δy

如图 6-6 所示，导轨在水平面内存在误差 Δy，此项误差对于普通车床和外圆磨床，将作用在被加工工件表面的法线方向，即误差敏感方向，使刀尖在水平面内产生位移，引起工件在半径方向上的误差 $\Delta R_y \approx \Delta y$，对加工精度影响很大，使工件产生圆柱度误差。

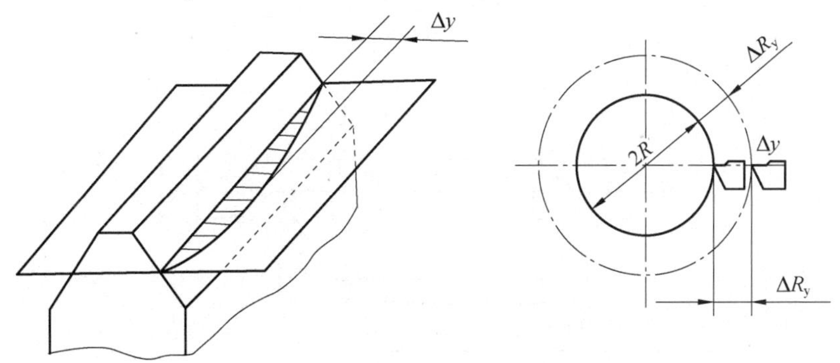

图 6-6　导轨在水平面内的直线度误差对加工精度的影响

2) 导轨在垂直面内的直线度误差 Δz

如图 6-7 所示，导轨在垂直面内存在误差 Δz，此项误差对于普通车床和外圆磨床，作用在被加工工件表面的切线方向，即误差非敏感方向，引起工件产生圆柱度误差 $\Delta R_z \approx \frac{\Delta z^2}{2R}$，其值很小，对加工精度影响不大。但是，对平面磨床、龙门刨床、铣床等法线方向的位移，将直接反映到工件的加工形状上，造成形状误差。

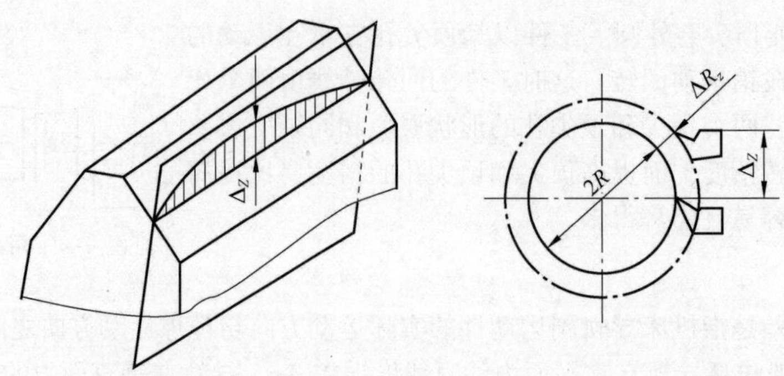

图 6-7　导轨在垂直面内的直线度误差对加工精度的影响

3) 两导轨间平行度误差 δ

此时，导轨发生了扭曲。例如，车床导轨的平行度误差使床鞍产生横向倾斜，刀具产生位移，因而引起工件形状误差，如图 6-8 所示。由几何关系可知，在某一截面内，工件加工半径误差为

$$\Delta R \approx \Delta y = \frac{H}{B}\delta$$

式中，H——车床中心高；

δ——前后导轨的扭曲量；

B——导轨宽度。

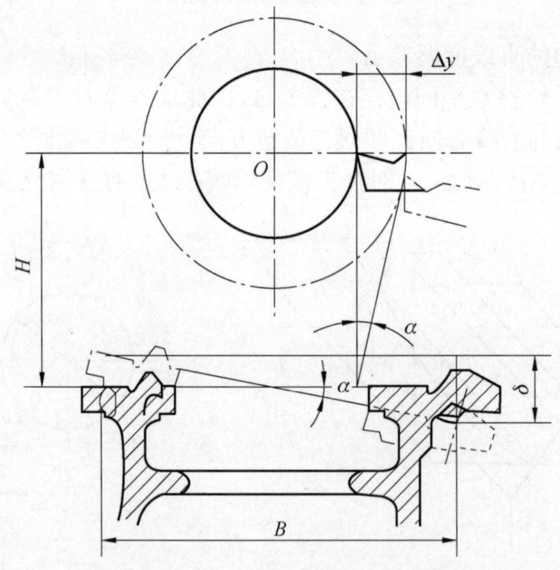

图 6-8　车床导轨扭曲引起的误差

除导轨制造精度外，在使用时导轨的不均匀磨损和机床的安装对导轨的原有精度影响也很大，尤其是刚性较差的长床身，在自重的作用下很容易变形，因此除提高导轨制造精度外，还应注意机床的安装和调整，并应提高导轨的耐磨性。

3. 传动链误差

对于某些加工方法，如螺纹加工、螺旋面加工及用展成法加工齿轮等，为保证工件加工

精度，要求刀具和工件之间具有准确的传动比。例如，车螺纹时，要求工件旋转一周，刀具应移动一个导程；滚齿时，要求滚刀转一周，工件转过的齿数应等于滚刀的头数。这些成形运动的传动关系都是由机床内联系传动链来保证的，由于传动链中各传动元件都有制造误差、装配误差(几何偏心)和磨损，因此会破坏正确的运动关系，使工件产生误差。机床内联系传动链始末两端传动元件之间相对运动的误差称为传动链误差，一般用传动链末端元件的转角误差来评定。

减少传动链误差的措施如下。

(1)减少传动元件，缩短传动链，以减少误差来源。

(2)提高各传动元件，特别是末端传动元件的制造、安装精度。

(3)在传动链中按降速比递增的原则分配各传动副的传动比。传动链末端传动副的降速比取得越大，则传动链中其余各传动元件误差的影响就越小。

(4)采用误差校正装置。误差校正装置是在原传动链中人为加入一误差，其大小与传动链本身的误差相等而方向相反，从而使之互相抵消。

6.2.3　工艺系统其他几何误差

1. 刀具误差

刀具误差主要是刀具的制造误差和磨损，它们对加工精度的影响随刀具种类的不同而不同。

一般刀具(如车刀、铣刀、镗刀等)的制造精度对加工精度无直接影响，因为加工面的形状由机床运动精度保证，尺寸由调整决定。但是，刀具磨损后对工件的加工精度有一定影响。

定尺寸刀具(如钻头、铰刀、孔拉刀、镗刀块等)的制造误差及磨损均直接影响加工面的尺寸精度。

成形刀具(如成形车刀、成形铣刀等)的形状误差直接影响工件的形状精度。

展成刀具(如齿轮滚刀、插齿刀、剃齿刀等)切削刃的形状误差，以及刃磨、安装、调整的不正确都将影响加工面的形状精度。

2. 夹具误差

夹具误差包括工件的定位误差、夹紧误差，夹具的安装误差、对刀误差和磨损等。除定位误差中的基准不重合误差外，其他误差均与夹具的制造精度有关。关于这方面内容详见第5章。

3. 调整误差

在机械加工的每一道工序中，为了保证加工面的加工精度，总要对机床、刀具和夹具进行调整。由于调整不可能绝对准确，因此难免带来一些原始误差，这就是调整误差。调整误差的来源随不同的加工方式而不同。工艺系统的调整有试切法和调整法两种基本形式。

1)试切法

采用试切法调整时，影响调整误差的因素主要如下。

(1)量具本身的误差、测量方法或使用条件等造成的测量误差。

(2)试切与正式切削时切削厚度不一致而引起加工误差。

(3)在试切时，微量调整刀具位置常会使机床进给机构出现“爬行”现象，使刀具的实际

位移与刻度盘的显示值不一致，从而造成加工误差。

2)调整法

调整法调整是以试切为依据的，影响试切法调整误差的因素也对调整法调整误差有影响。除此之外，以下因素也会影响调整法调整误差。

(1)成批生产中，定程机构的制造和调整误差，以及它们的受力变形和它们配合使用的电气、液压和气动元件的灵敏度等会成为调整误差的主要来源。

(2)样件或样板的制造误差、安装误差和对刀误差等。

(3)试切工件的平均尺寸与总体平均尺寸不能完全符合而造成的加工误差。

6.3 工艺系统受力变形对加工精度的影响

6.3.1 工艺系统刚度

机械加工中，由机床、刀具、夹具和工件所组成的工艺系统，在切削力、夹紧力、重力、传动力及惯性力等的作用下，会产生相应的变形，从而破坏刀具与工件之间已获得的准确位置，产生加工误差。例如，图 6-9(a)所示车削细长轴时，在切削力的作用下，工件因弹性变形而出现“让刀”现象，结果使工件产生腰鼓形的圆柱度误差；图 6-9(b)所示在内圆磨床上横向切入磨孔时，由于内圆磨头主轴受力弯曲变形，磨出的孔呈锥形。又如，磨削加工时，磨削力引起系统的弹性变形，最后阶段砂轮虽停止进刀，但磨削时仍有火花出现，需通过多次无进给磨削以消除系统的受力变形，保证加工精度。

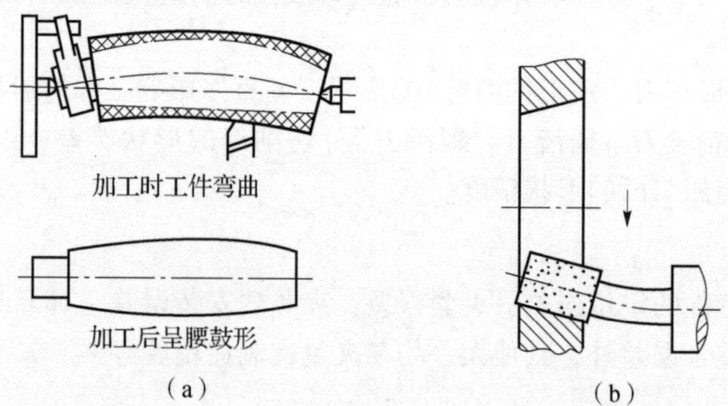

图 6-9　工艺系统的受力变形引起的加工误差

任何一个物体受力后总要产生一定的变形，作用力 F 与其作用下产生的变形量 y 的比值 $k=\dfrac{F}{y}$，称为物体的刚度。而工艺系统抵抗外力欲使其变形的能力即称为工艺系统刚度。对于机械加工系统，从影响机械加工精度方面考虑，被加工表面法线方向(误差敏感方向)的变形对加工精度影响最大，因此工艺系统刚度定义为被加工表面法线方向上作用的切削分力 F_p 与该方向上刀具、工件的相对位移 y 的比值，即

$$k=\frac{F_p}{y} \tag{6-1}$$

式中，k——工艺系统的刚度(N/mm)；

F_p——切削表面法线方向的总切削分力(N)；

y——刀具在法线方向的位移(mm)。

注意，式中的 y 不只是 F_p 作用的结果，而是 F_c、F_p、F_f 同时作用下的综合结果。

工艺系统是由机床、刀具、夹具和工件所组成的，因此工艺系统在某一处受力变形量应是各组成环节变形量的叠加，即 $y = y_{jc} + y_{dj} + y_{jj} + y_g$，其中，$y_{jc}$、$y_{dj}$、$y_{jj}$、$y_g$ 分别为机床、刀具、夹具、工件的变形量。

而

$$k_{jc} = \frac{F_p}{y_{jc}},\ k_{dj} = \frac{F_p}{y_{dj}},\ k_{jj} = \frac{F_p}{y_{jj}},\ k_g = \frac{F_p}{y_g}$$

所以

$$\frac{1}{k} = \frac{1}{k_{jc}} + \frac{1}{k_{dj}} + \frac{1}{k_{jj}} + \frac{1}{k_g} \tag{6-2}$$

上式表明，工艺系统的刚度倒数等于各组成环节的刚度倒数之和。

工件和刀具的刚度可按材料力学中有关公式求得。

由于机床和夹具由许多零、部件组成，因此受力与变形之间关系比较复杂。机床部件的刚度远比想象的小，这是因为零件除了本身的变形，零件与零件之间接触面上也有变形，即接触变形。把零件抵抗接触面上变形的能力，称为接触刚度。由于零件表面存在宏观的几何形状误差和微观的表面粗糙度，所以零件之间实际接触面积远远小于理论接触面积，真正接触的只是一些凸峰。在外力作用下，因接触点处产生较大的接触应力而产生接触变形，其随接触表面间名义压强的增加而增大，但不成线性关系。接触刚度 k_j 就定义为名义压强的增量 dp 与接触变形增量 dy 之比，即

$$k_j = \frac{dp}{dy} \tag{6-3}$$

接触刚度与接触表面的材料、硬度、表面粗糙度、表面几何形状误差等有关，并随载荷的增加而增大。

6.3.2　工艺系统受力变形引起的加工误差

1. 切削力大小变化引起的加工误差

在加工过程中，被加工表面的几何形状误差较大使加工余量不均或材料硬度的不均匀，都会引起切削力大小发生变化，从而造成工件的尺寸误差和形状误差。

如图6-10所示，车削有圆度误差的毛坯，车削前将刀尖调整到图中双点画线的位置。毛坯的形状误差，使得工件在每一转中，背吃刀量在最大值 a_{p1} 和最小值 a_{p2} 之间变化，假设毛坯硬度均匀，则背向力将随背吃刀量的变化而变化，相应的变形量也在变化，即在 a_{p1} 处背向力变为最大，相应变形量 y_1 也为最大，在 a_{p2} 处背向力变为最小，相应变形量 y_2 也为最小。因此，车削后的工件仍具有圆度误差。这种现象称为误差复映，误差复映的程度可用刚度计算公式求得。

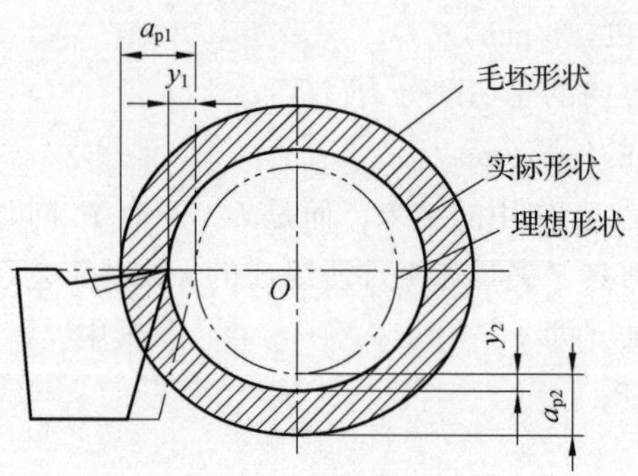

图 6-10　车削时的误差复映

毛坯圆度误差

$$\Delta_m = a_{p1} - a_{p2}$$

车削后工件产生的圆度误差

$$\Delta_g = y_1 - y_2$$

设工艺系统刚度为 k，则

$$y_1 = \frac{F_{p1}}{k} \quad y_2 = \frac{F_{p2}}{k}$$

由切削力计算公式(1-22)及查表 1-3 可得

$$F_p = C_{F_p} a_p f^{0.75}$$

所以

$$y_1 = \frac{C_{F_p} a_{p1} f^{0.75}}{k}, \ y_2 = \frac{C_{F_p} a_{p2} f^{0.75}}{k}$$

则

$$\Delta_g = y_1 - y_2 = \frac{C_{F_p} f^{0.75}}{k}(a_{p1} - a_{p2}) = \frac{C_{F_p} f^{0.75}}{k}\Delta_m$$

令

$$\varepsilon = \frac{\Delta_g}{\Delta_m} = \frac{C_{F_p} f^{0.75}}{k} \tag{6-4}$$

表示加工误差于毛坯误差之间的比例关系，说明了误差复映的规律，称为误差复映系数。它定量地反映了工件经加工后毛坯误差减小的程度。ε 越小，复映到工件上的误差越小，加工后精度越高。

由上式可知，一方面可提高工艺系统刚度减小误差复映。另一方面当毛坯误差较大，一次走刀不能满足加工精度要求时，可增加走刀次数来减小误差复映，设每次进给的复映系数为 ε_1、ε_2、ε_3、…、ε_n，则总的复映系数 $\varepsilon_{总} = \varepsilon_1 \varepsilon_2 \varepsilon_3 \cdots \varepsilon_n$，因为 ε 是个小于 1 的正数，多次走刀后 $\varepsilon_{总}$ 成了一个远远小于 1 的数，故可大大提高加工精度，但也意味着生产率的降低。

当加工精度要求较高时，工件的毛坯误差可通过多次走刀加工，使加工误差逐渐减小到工件公差所允许的范围之内。

2. 切削力作用点位置变化引起的形状误差

(1)在两顶尖间车削短而粗的光轴，如图6-11(a)所示。由于工件刚度较大，受力变形可忽略不计。此时，工艺系统的总变形取决于机床头架、尾座(包括顶尖)和刀架的变形。

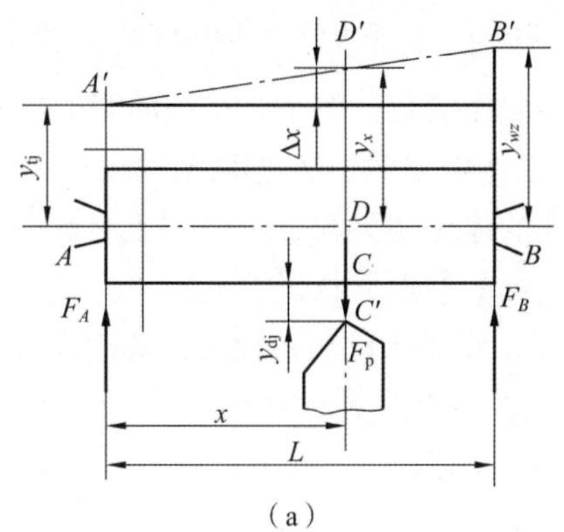

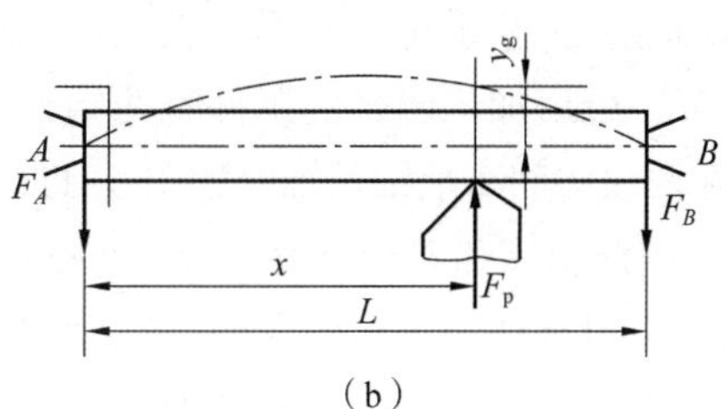

图6-11　切削力作用点位置变化引起的形状误差

(a)短而粗的光轴；(b)细长轴

当加工中刀具处于图示位置时，在背向力 F_p 的作用下，头架由 A 点移到 A'点，尾座由 B 点移到 B'点，刀架由 C 点移到 C'点，它们的位移量分别为 y_{tj}、y_{wz}、y_{dj}。而工件轴线 AB 位移到 $A'B'$，在刀具切削点处，工件轴线位移量 y_x 为

$$y_x = y_{tj} + \Delta x$$

即

$$y_x = y_{tj} + (y_{wz} - y_{tj})\frac{x}{L} \tag{6-5}$$

式中，x——车刀至主轴箱距离(mm)；

L——工件长度(mm)。

设 F_A、F_B 为 F_p 所引起的头架、尾座处的作用力，则

$$y_{tj} = \frac{F_A}{k_{tj}} = \frac{F_p}{k_{tj}}\left(\frac{L-x}{L}\right),\quad y_{wz} = \frac{F_B}{k_{wz}} = \frac{F_p}{k_{wz}}\frac{x}{L} \tag{6-6}$$

将式(6-6)代入式(6-5)得

$$y_x = \frac{F_p}{k_{tj}}\left(\frac{L-x}{L}\right)^2 + \frac{F_p}{k_{wz}}\left(\frac{x}{L}\right)^2$$

工艺系统总变形量为

$$y_{xt} = y_x + y_{dj} = F_p\left[\frac{1}{k_{dj}} + \frac{1}{k_{tj}}\left(\frac{L-x}{L}\right)^2 + \frac{1}{k_{wz}}\left(\frac{x}{L}\right)^2\right] \tag{6-7}$$

当 $x=0$ 时，$y_{xt} = F_p\left[\frac{1}{k_{dj}} + \frac{1}{k_{tj}}\right]$； 当 $x=L/2$ 时，$y_{xt} = F_p\left[\frac{1}{k_{dj}} + \frac{1}{4k_{tj}} + \frac{1}{4k_{wz}}\right]$； 当 $x=L$ 时，$y_{xt} = F_p\left[\frac{1}{k_{dj}} + \frac{1}{k_{wz}}\right]$。

如设 $F_p=300$ N，$k_{tj}=6\times10^4$ N/mm，$k_{wz}=5\times10^4$ N/mm，$k_{dj}=4\times10^4$ N/mm，$L=600$ mm，

则工艺系统沿工件长度方向上的变形量如表 6-1 所示。

表 6-1　工艺系统沿工件长度方向上的变形量

x	0(主轴箱前顶尖处)	$L/6$	$L/3$	$L/2$(工件中点)	$2L/3$	$5L/6$	L(尾座顶尖处)
y_{xt}/mm	0.012 5	0.011 1	0.010 4	0.010 3	0.010 7	0.010 8	0.013 5

由此可见，工艺系统刚度随着力点位置的变化而变化，使工艺系统的变形量也随之发生变化。由表 6-1 可以看出，切削力作用点处于工件中点时，工艺系统的变形量最小；处于工件两端时，工艺系统的变形量较大。变形量大的地方切去的金属少，变形量小的地方切去的金属多，最后加工出来的工件呈两端粗、中间细的鞍形形状误差。

(2)在两顶尖间车削细长轴，如图 6-11(b)所示。由于工件长径比大，其刚度远远低于机床和刀具，因此机床和刀具受力变形可忽略不计，工艺系统的变形完全取决于工件的变形。

当加工中刀具处于图示位置时，在背向力 F_p 的作用下，工件轴心线产生弯曲变形。由材料力学计算公式，在切削点处的变形量为

$$y_g = \frac{F_p}{3EI}\frac{(L-x)^2x^2}{L} \tag{6-8}$$

式中，E——材料的弹性模量(N/mm²)；

I——工件的断面惯性矩。

当 $x=0$ 或 $x=L$ 时，$y_g=0$；当 $x=L/2$ 时，$y_g=\dfrac{F_pL^3}{48EI}$。

如设 $F_p=300$ N，$E=2\times10^5$ N/mm²，$I=\pi d^4/64$，工件的尺寸为 $\phi30$ mm × 600 mm，则工件沿长度方向上的变形量如表 6-2 所示。

表 6-2　工件沿长度方向上的变形量

x	0(主轴箱前顶尖处)	$L/6$	$L/3$	$L/2$(工件中点)	$2L/3$	$5L/6$	L(尾座顶尖处)
y_g/mm	0	0.052	0.132	0.17	0.132	0.052	0

由表 6-2 可以看出，切削力作用点处于工件中点时，工艺系统的变形量最大；处于工件两端时，工艺系统的变形量为零。因此，加工后工件会呈腰鼓形。

(3)工艺系统的总变形。当同时考虑机床、刀具和工件的变形时，工艺系统的总变形量 y_{xt} 为两者的叠加，其计算公式为：

$$y_{xt} = y_{jc} + y_{dj} + y_g = F_p\left[\frac{1}{k_{tj}}\left(\frac{L-x}{L}\right)^2 + \frac{1}{k_{wz}}\left(\frac{x}{L}\right)^2 + \frac{1}{k_{dj}} + \frac{(L-x)^2x^2}{3EIL}\right] \tag{6-9}$$

由上式可以看出，工艺系统的总变形量是随着切削力作用点位置的变化而变化的，加工后工件会产生形状误差。

工艺系统受力变形随切削力作用点变化而变化的例子很多，如图 6-12 所示，其分析方法基本与上述例子一样。

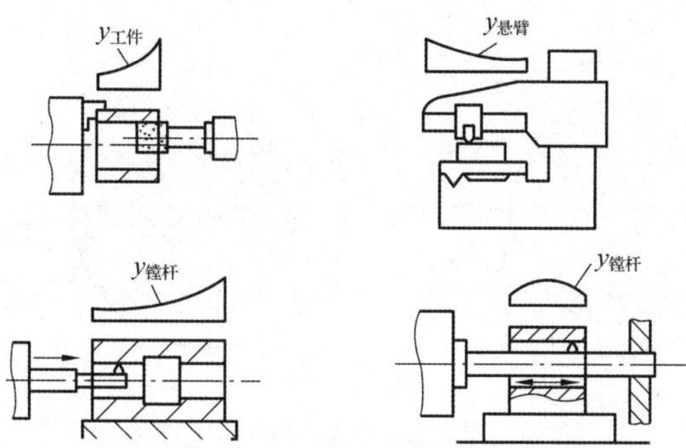

图 6-12　工艺系统受力变形随切削力作用点变化而变化的几个例子

3. 其他作用力引起的加工误差

在加工过程中，工艺系统还受到夹紧力、重力、惯性力等的作用，在这些力的作用下，工艺系统也将产生变形，进而影响工件的加工精度。

1) 夹紧力对加工精度的影响

工件装夹时，零件的刚度比较差或夹紧力着力点不当，会使工件产生变形，造成形状误差。例如，在车床或内圆磨床上，用三爪自定心卡盘夹紧薄壁套筒加工其内孔。夹紧后套筒内孔呈三棱形，如图 6-13(a) 所示。虽然镗出的孔成正圆形[图 6-13(b)]，但是松开后因弹性恢复，该孔又变成三棱形，如图 6-13(c) 所示。为减少此种集中夹紧力引起的变形，生产中常采用加大三爪的各自接触面积使夹紧力均匀分布在薄壁套筒上[图 6-13(d)]，或在套筒外加一薄壁的开口过渡环[图 6-13(e)]等方法来减少变形，减少加工误差。

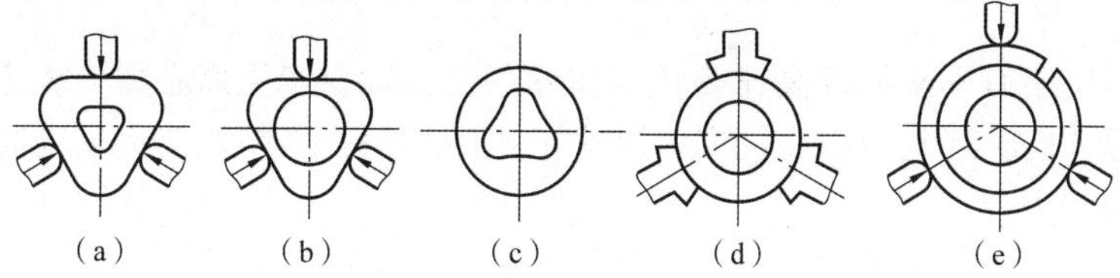

图 6-13　夹紧力引起的零件变形

2) 传动力和惯性力对加工精度的影响

如图 6-14 所示，当在车床或磨床类机床上用单爪拨盘带动工件回转时，传动力的方向在拨盘的每一转中不断改变；如图 6-15 所示，对于高速回转的工件，如果其质量不平衡，将会产生离心惯性力，它的方向在工件的转动中也不断改变。这样，工件在回转过程中，由于所受外力方向不断变化，会造成加工误差。

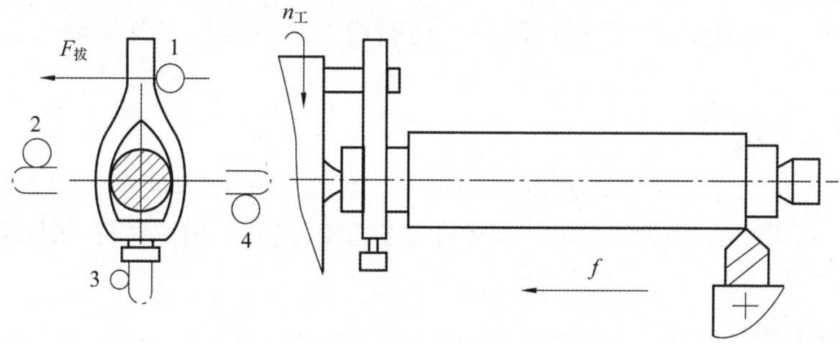

图 6-14　传动力引起的加工误差

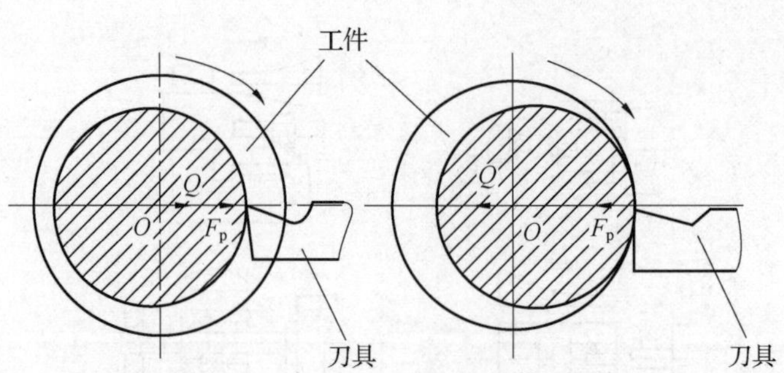

图 6-15　惯性力引起的加工误差

3)重力对加工精度的影响

在工艺系统中，零、部件的自重也会产生变形，造成加工误差。例如，龙门铣床、龙门刨床刀架横梁的变形，摇臂钻床的摇臂在主轴箱自重影响而下垂变形等，都会造成加工误差。如图 6-16 所示，龙门刨床在刀架自重作用下引起横梁的变形，使工件产生端面的平面度误差。

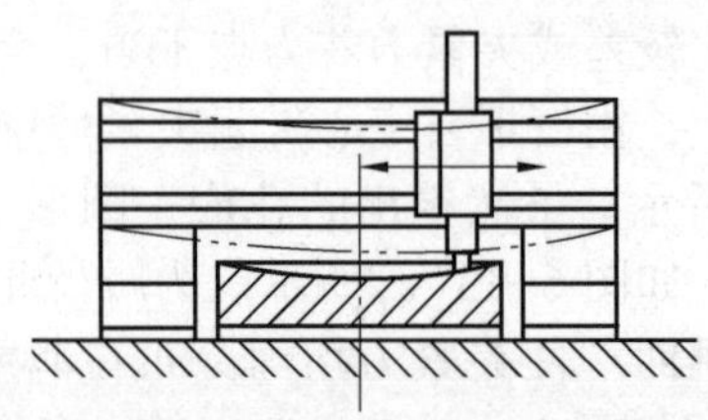

图 6-16　由刀架自重引起的加工误差

如果工艺系统中有不平衡的高速旋转的构件存在，就会产生离心力。离心力在工件的每一转中不断变更方向，当与背向力同向时减小了实际切深，当与背向力反向时增加了实际切深，因此产生加工误差。

6.3.3　减少工艺系统受力变形的主要措施

1. 提高接触刚度

一般部件的接触刚度大大低于零件本身的刚度，所以提高接触刚度是提高工艺系统刚度的关键。常用方法如下。

(1)减小接触面间的表面粗糙度值，改善零件接触面的配合质量。例如，机床导轨副的刮研，精密轴类零件的顶尖孔多次研磨加工等，以增加实际接触面积，减小接触变形。

(2)预加载荷，可消除配合面间的间隙，还能增大接触面积。各类轴承、滚珠丝杠副的调整常用此法。

2. 提高薄弱环节的刚度

薄弱环节的刚度对整个系统的刚度影响很大，可采用增加辅助支承的方法解决。例如，车削细长轴时，利用中心架或跟刀架；箱体孔系加工时，为了增加镗杆的刚度使用各种支承镗套。

3. 采用合理的装夹方式

如前所述的薄壁套筒的装夹。又如车削细长轴时，一般采用一夹一顶的装夹方式，尾座

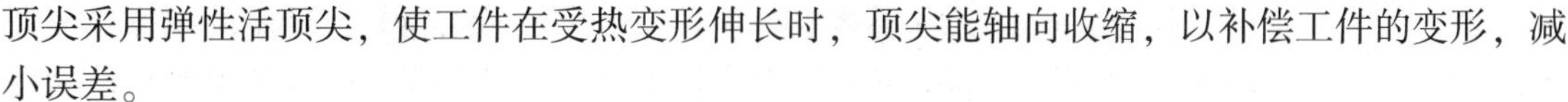

顶尖采用弹性活顶尖，使工件在受热变形伸长时，顶尖能轴向收缩，以补偿工件的变形，减小误差。

4. 合理的结构设计

在设计机床或夹具时，尽量减少其组成零件数，以减少总的接触变形量。注意刚度匹配，防止低刚度环节出现。

5. 采用补偿变形方法

为减小机床部件自身重力作用对机床结构变形的影响，可采用加配重和人为制造变形反方向误差的方法来补偿或抵消变形。

6. 控制载荷及其变化

采取适当的工艺措施，如合理选择刀具几何参数和切削用量以减小切削力；将毛坯合理分组，使每次调整中加工的毛坯余量比较均匀，能减小切削力的变化。

6.4　工艺系统受热变形对加工精度的影响

工艺系统在各种热源的作用下，常发生复杂的热变形，破坏了工件与刀具的相对位置和运动的准确性，从而产生加工误差。

6.4.1　概述

1. 工艺系统的热源

工艺系统的热源，大致可分为以下两类。

(1)内部热源：包括工艺系统内部产生的切削热(由切削层金属的弹性、塑性变形及刀具与工件、切屑间的摩擦所产生的热量)和摩擦热(由机床和液压系统中的运动部分如电动机、轴承、齿轮等传动副、导轨副、液压泵等产生的摩擦热量)。

(2)外部热量：主要指环境温度(如气温变化、冷热风、地基温度变化等)和各种热辐射(如阳光、照明灯、暖气设备等)，对大型和精密工件的加工精度影响很大。

2. 工艺系统的热平衡

工艺系统在各种热源作用下，温度逐渐升高，同时它们以各种传热方式向周围的介质散发热量。当单位时间内传入热量和散发热量趋于相等时，则认为工艺系统达到了热平衡状态。在热平衡状态下，工艺系统各部分的温度相对稳定，此时的温度场就是较稳定的，其热变形也趋于稳定，引起的加工误差是有规律的。可见，稳定的温度场对保证加工精度具有重要意义。因此，精密、大型工件一般在工艺系统达到热平衡后才进行加工。

6.4.2　机床的热变形

由于机床结构的复杂性以及在工作中受多种热源的影响，机床的热变形较为复杂。各部件热源不同，将形成不均匀的温度场，使机床各部件之间的相对位置发生变化，破坏了机床的几何精度和位置关系，从而造成加工误差。

对于车、铣、钻、镗类机床，其主要热源是主轴箱。主轴箱中齿轮、轴承的摩擦热，使主轴箱及与之相连的床身或立柱的温度升高而产生较大变形。例如，主轴箱的温升将使主轴抬起；主轴前轴承的温升高于后轴承又使主轴倾斜；主轴箱的热量又传给床身，同时床身导轨副之间的磨擦使床身导轨向上凸起，又进一步使主轴倾斜，最终导致主轴回转轴线与导轨的平行度误差，使加工后的工件产生圆柱度误差，如图 6-17(a)、(e)所示。

对于各类磨床，液压系统和高速磨头的摩擦热，以及切削液带来的磨削热都是其主要热源，热变形主要表现为砂轮架的位移，工件头架的位移和导轨的凸起等，如图 6-17(c)、(d)所示。由于磨床是精加工机床，且多用液压传动系统，因此热变形是不容忽视的问题。

对大型机床如导轨磨床、龙门铣(或刨)床等长床身部件，热变形主要在导轨上。因导轨的摩擦热甚至环境温度的影响，使导轨面与床身底面有温差，即使温差很小，也会产生较大的弯曲变形，因此床身热变形是影响加工精度的主要因素，如图 6-17(b)所示。

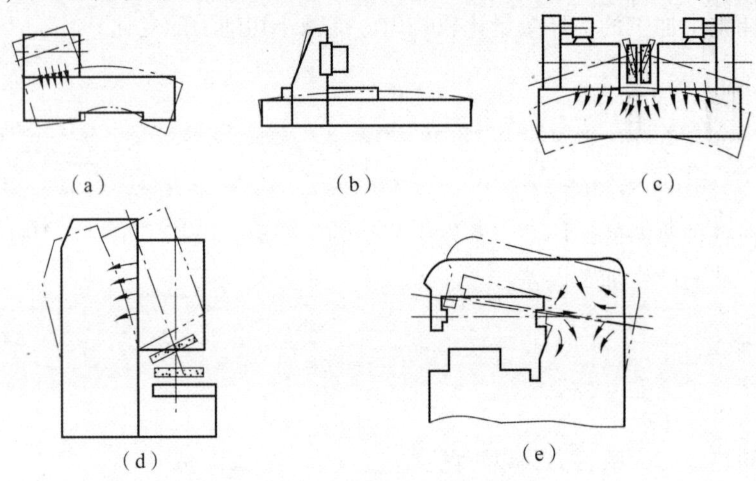

图 6-17　几种机床热变形的趋势

(a)车床；(b)导轨磨床；(c)双端面磨床；(d)立式平面磨床；(e)铣床

6.4.3　工件的热变形

切削加工时，工件的热变形主要是切削热引起的。因工件加工方式、形状及受热体积不同，切削热传入工件的比例也不一致，其温升和热变形对加工精度的影响也不尽相同。

轴类零件在车削或磨削时，一般是均匀受热，由于热胀冷缩，加工后会形成圆柱度和直径尺寸的误差。

细长轴在顶尖间车削时，热变形将使工件伸长，导致弯曲变形而产生圆柱度误差。

精密丝杠磨削时，工件的热伸长会引起螺距累积误差。例如，3 m 长的丝杠，每磨一刀温度要升高 3 ℃，工件伸长量 $\Delta=300\times11.4\times10^{-6}\times3\ \text{mm}=0.1\ \text{mm}$($11.4\times10^{-6}$是碳钢的平均线膨胀系数)；而 6 级精度丝杠的螺距累积误差，按规定在全长上不许超过 0.02 mm，可见受热变形的严重性。

床身导轨面的磨削加工，由于单面受热，与底面产生温差而引起热变形，影响导轨的直线度。

当粗、精加工间隔时间较短时，粗加工的热变形将影响到精加工，所以划分加工阶段有利于保证加工质量。

6.4.4　刀具的热变形

刀具所受的热源主要是切削热。由第 4 章可知，切削热传给刀具的热量较少，但由于刀头体积小，所以仍具有很高的温度和热变形。图 6-18 所示的是车刀热伸长与切削时间的关系。图中，曲线 1 是刀具连续切削时的热变形曲线，开始切削时刀具热伸长较快，之后温升逐渐减缓达到热平衡。曲线 3 为切削停止后，刀具冷却变形过程。一般车刀是间断切削的，此时车刀温度忽升忽降所形成的变形曲线如图中曲线 2。由此可见，间断车削车刀的总的热变形比连续切削小一些，最后在 δ 范围内变动。

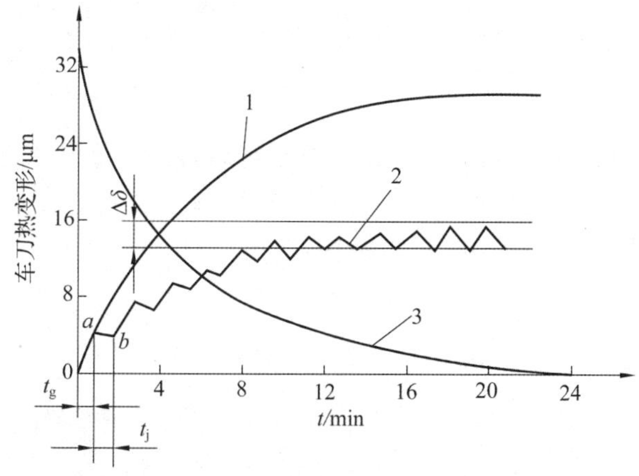

图 6-18　车刀热伸长与切削时间的关系

6.4.5　减少工艺系统热变形的措施

1. 减少热源的发热

(1)采用低速、小切削用量，减少切削热。

(2)从结构、润滑方面改善摩擦特性，减少摩擦热，如采用静压轴承、静压导轨，改用低黏度润滑油、锂基润滑脂等措施。

2. 控制热源的影响

(1)分离热源。对可以分离出去的热源(如电动机、液压系统等)均应移出。

(2)隔离热源。不能分离的热源可用隔热材料将其和机床大件(如床身、立柱等)隔离开来。

(3)有效的冷却措施。对发热量大的热源，可采取有效的冷却措施，如增加散热面积或使用强制式的风冷、水冷、循环润滑等。大型数控机床、加工中心普遍采用冷冻机，对润滑油、切削液进行强制冷却，提高冷却效果。

3. 用热补偿的方法均衡温度场

图 6-19 所示平面磨床采用热空气加热温度较低的立柱后壁，以减小立柱前、后壁的温度差，减少立柱的弯曲变形。图中热空气从电动机风扇排出，通过特设的软管引向防护罩和

立柱的后壁空间。采取这种措施后，磨削平面的平面度误差可降到原来的 1/4~1/3。

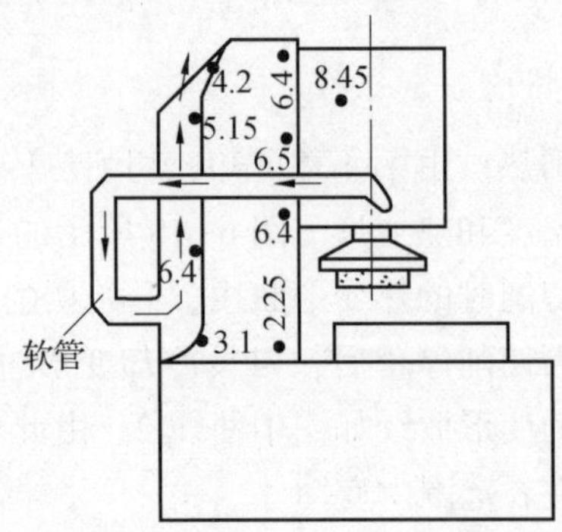

图 6-19　均衡立柱前后壁的温度场

4. 保持系统的热平衡状态

让机床高速空转一段时间，在达到或接近热平衡后再进行加工，也可人为给机床加热，缩短达到热平衡时间。精密零件加工应尽量避免中途停车，以免破坏其热平衡。

另外，合理的机床结构设计(如采用热对称结构)也可减小热变形。对于精密机床，还应控制环境温度。

6.5　工件残余应力对加工精度的影响

6.5.1　残余应力产生的原因

残余应力是指在外部载荷去除后，仍残存在零件内部的应力，也称内应力。具有残余应力的零件，总是处于一种不稳定的状态，其内部组织有强烈的倾向要恢复到一个稳定的、没有应力的状态，所以即使在常温下，工件的形状也会逐渐变化，直至丧失原有的精度。

1. 毛坯制造中产生的残余应力

在铸、锻、焊及热处理等毛坯加工中，由于毛坯各部分受热不均匀或冷却速度不等，以及金相组织的转变都会引起金属不均匀的体积变化，从而在其内部产生较大的残余应力。如图 6-20(a)所示，一内、外壁厚不均的铸件，当浇铸后冷却时，由于壁 1 和 2 较薄，冷却速度快，而壁 3 较厚，冷却较慢，因此当壁 1 和壁 2 从塑性状态冷却到弹性状态时，壁 3 还处于塑性状态，所以壁 1 和壁 2 收缩时并未受到壁 3 的阻碍，铸件内部不产生残余应力。但是，当壁 3 也冷却到弹性状态时，壁 1、壁 2 已达到基本冷却的状态，所以壁 3 收缩时受到了壁 1、壁 2 的阻碍，使壁 3 内部产生残余拉应力，壁 1、壁 2 产生残余压应力，形成相互平衡状态。如果在壁 2 上开一个缺口，则壁 2 的压应力消失，壁 1、壁 3 分别在各自的压、拉应力作用下产生伸长和收缩变形，直到内应力重新分布达到新的平衡，如图 6-20(b)所示。可见，毛坯的结构越复杂，壁厚越不均匀，散热的条件差别越大，产生的残余应力也就越大。

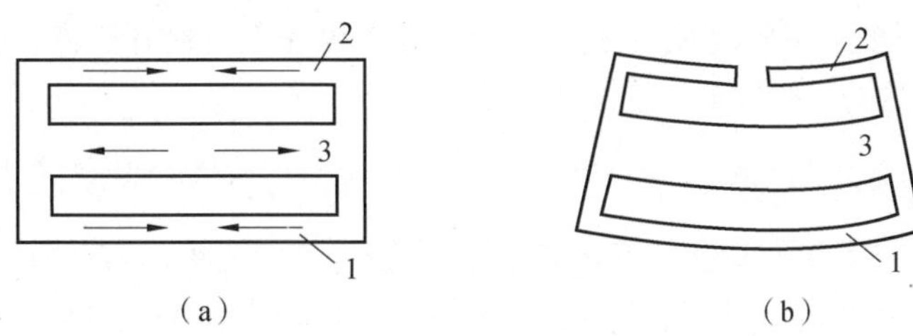

图 6-20　铸件残余应力引起的变形

(a)毛坯；(b)切后变形

2. 冷校直带来的残余应力

细长的轴类零件在加工中很容易弯曲变形，因此需要冷校直，即在弯曲的反方向加外力 F，如图 6-21(a)所示。在外力 F 作用下，工件内部应力分布如图 6-21(b)所示，在轴心线以上产生压应力(用“-”表示)，轴心线以下产生拉应力(用“+”表示)。在两条虚线之间是弹性变形区，虚线之外是塑性变形区。当去掉外力 F 后，内层的弹性变形要恢复，但受到外层的塑性变形阻碍，致使残余应力重新分布，如图 6-21(c)所示。由此可见，冷校直虽减小了弯曲变形，但工件内部却产生了残余应力，使工件处于不稳定状态。如再次加工，工件又产生新的变形。

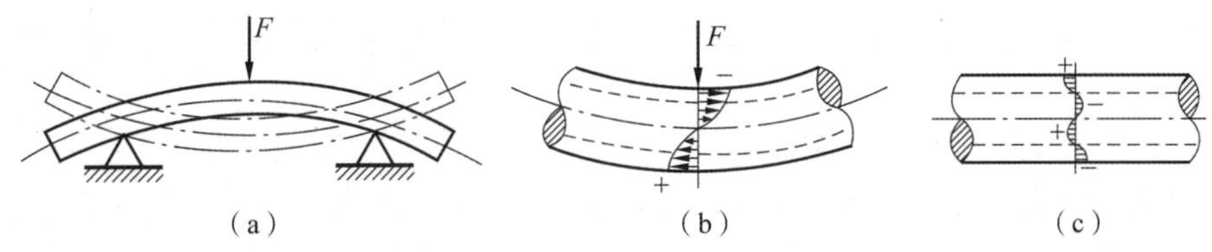

图 6-21　冷校直带来的残余应力

3. 切削加工中产生的残余应力

切削加工时，引起残余应力的因素主要是切削力和切削热。

工件表层金属在切削力的作用下会产生塑性变形，体积膨胀，但由于受到里层金属的阻碍，表层会产生压应力，而里层产生与之平衡的拉应力。

工件表层金属在切削热的作用下会产生热塑性变形，加工完毕冷却时，表层温度下降快，收缩大，但由于受到里层金属的阻碍，表层会产生拉应力，而里层产生与之平衡的压应力。

多数情况下，切削热的作用大于切削力的作用。在磨削加工中，切削热作用引起的表层拉应力可能会使工件表面产生裂纹。

6.5.2　减少残余应力的措施

减少残余应力的措施如下。

(1)合理设计零件结构。零件结构要简单，壁厚要均匀。

(2)安排适当的热处理工序。例如，对铸、锻、焊接件进行退火、正火或时效处理，若精度要求较高，在粗加工和半精加工后还要进行时效处理，以消除残余应力。

(3)划分加工阶段。将粗、精加工分开在不同的工序中进行，保证工件充分变形。对于

粗、精加工需要在一个工序中完成的大型工件，应在粗加工后松开工件，使工件的变形恢复后，再用较小的夹紧力夹紧工件，进行精加工。

6.6 提高加工精度的方法

本节主要介绍在生产实践中提高加工精度的一些方法，以便对加工精度有一个全面了解。

1. 直接减少原始误差法

这种方法在生产中应用较广，就是在查明产生加工误差的主要因素后，设法对其直接进行消除或减小。例如，薄壁套筒采用开口过渡环或专用卡爪减少夹紧力引起的变形。又如，细长轴加工，力和热的影响使工件产生变形，为此生产中采用跟刀架或中心架提高工件刚性；采用90°偏刀、反向进给方式和弹性顶尖等减小工件弯曲变形。这些措施都可以直接地减少原始误差的影响。

2. 误差补偿法

误差补偿法，就是人为地造出一种新的原始误差，去抵消原来工艺系统中固有的原始误差。显然两种误差要尽量大小相等、方向相反，才能达到减小甚至完全消除原始误差的目的。

例如，磨床导轨结构狭长，刚性较差，装配后受部件自重影响而容易产生变形。为此，生产中采用预加载荷的方法，即在加工导轨时采取用“配重”代替部件重量，或者先将部件装好再进行加工，从而补偿装配后产生的变形。此外，用校正机构提高丝杠车床传动链精度也属于误差补偿法。

3. 均分和均化原始误差法

(1)当上道工序的“毛坯”误差变化较大时，有时即使本道工序能力足够，加工精度稳定，但定位误差太大或误差复映的影响，仍会使本工序的加工误差扩大。如果提高上道工序的加工精度不经济，就可采用分组调整均分误差的方法：把毛坯按误差的大小分为 n 组，每组误差范围就缩小为原来的 $1/n$，然后按各组误差分别调整加工，这样就可大大缩小整批工件的尺寸分散范围。

(2)对于配合精度要求很高的表面，常常用研磨的方法进行加工。研磨时，尽管研具本身精度不高，但它在和工件作相对运动的过程中，与工件上各点不断接触，并对工件进行微量切削，使工件的一些凸峰被磨去，逐渐达到很高的精度。在此过程中，研具也会被磨去一部分，精度也会提高。这就是均化原始误差法，即利用有密切联系的表面相互比较，相互修正，让局部较大的误差比较均匀地影响到整个加工表面，使工件被加工表面的误差不断缩小均化。

4. 转移原始误差法

转移原始误差法就是将影响加工精度的原始误差转移到不影响(或少影响)加工精度的方向或其他零、部件上去。例如，用死顶尖磨外圆(图 6-4)，工件的回转轴线由两个死顶尖决定，机床的主轴回转精度不再影响加工精度，而改为用夹具来保证。又如，在普通镗床上用坐标法镗孔时，就是采用精密的量具来精确定位，保证了孔系的位置精度，而机床误差不会反映到工件的定位精度上去。通过转移原始误差的方法，可以达到以低精度设备来加工高精度工件的目的。

5. 就地加工法

在加工和装配中，有些精度问题牵涉到很多零、部件的相互关系，如果仅仅依靠提高零部件本身的精度来满足要求，有时不但不能达到，即使达到也很不经济。此时，采用就地加工法就可以解决这一难题。

例如，在转塔车床制造中，转塔上有 6 个安装刀架的大孔，要求保证大孔的轴心线和机床主轴的回转中心线重合，还要保证大孔的端面与主轴中心线垂直。如果把转塔作为单独零件加工出这些表面，那么在装配后要达到上述两项要求是很困难的。因而在实际生产中采用就地加工法，即将转塔装配到机床上以后，在主轴上分别装上镗刀杆和径向进给的小刀架，先后精加工出 6 个内孔表面和端面。由于孔的轴心线是根据主轴的回转中心线加工出来的，这样就很容易满足同轴度和垂直度要求。又如牛头刨床，为了满足滑枕和工作台面的平行度要求，也是在装配好后在自身机床上加工工作台面。此外，膜片卡盘定位面的修正、自磨主轴顶尖等都属于就地加工法。

本章知识小结

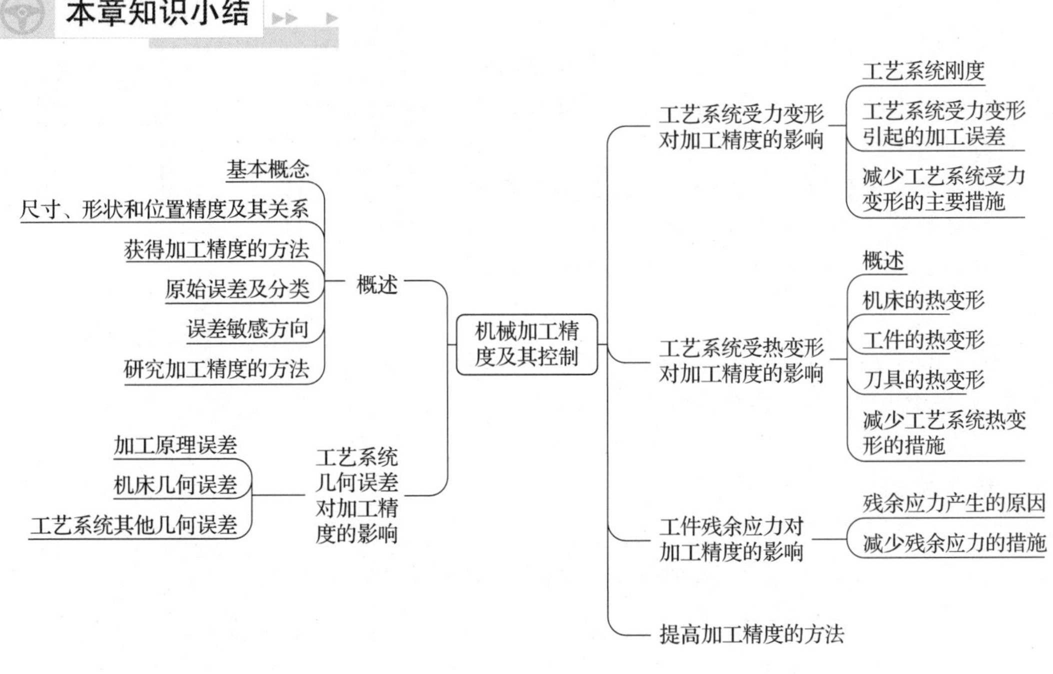

知识拓展

套圈滚动表面的超精研加工

套圈滚动表面的质量直接影响轴承的工作性能和寿命，而磨削时由于磨床的精度，磨削时的振动、变形、高温，以及高生产率的影响，一般不易达到滚动表面所限定的表面粗糙度、允许的波纹度、要求的几何形状精度和表面层的物理力学性能。因此，套圈滚动表面经磨削加工后仍需要进行光整加工。超精研加工是光整加工方法之一。

先说明一下“油石”，油石是超精研加工的专用(必用)磨具，它主要是由很细的粒状磨料经结合剂黏结，并进行蜡烧而制成的，具有一些独到的特点。超精研加工，简称超精加工，是指在良好的润滑冷却条件下，被加工工件按规定的速度旋转，油石按规定(较低)压力弹性地压在工件加工表面上，并在垂直于工件旋转方向按一定规律做往复振荡运动的一种能够自动完结的光整加工方法。

要实现超精加工工艺，必须满足以下工艺条件。

(1)油石具有合适的工作性能，在一定条件下能够“自锐”(自动变得锋利，并保持锋利状态)，具有较强的切削能力；而在另一条件下又能够“自钝”(工作面逐渐地自动钝化)，具有光整能力。同时，油石还要具有一定的工作面积。

(2)油石要做规定的往复振荡运动，并按一定的压力规律作用在工件加工表面上。

(3)套圈要按一定的速度变化规律做有固定轴线的旋转运动。

(4)要有良好的润滑冷却条件。

图6-22是套圈超精加工示意图，它显示了超精加工所必须的基本运动和压力。

(1)工件旋转运动：是加工完整的回转表面所必须的。

(2)油石的振荡运动：①使油石工作面上的磨粒和工件表面上的凸点(波峰)受到多方面变化的切削作用力，利于提高油石的“自锐”能力，加强切削作用；②与工件的旋转运动配合，在工件加工表面上形成交叉网纹；③因油石与工件有一定的作用面积，有振荡运动，便于排除磨屑和加强润滑冷却作用。

(3)油石压力：①产生超精加工所需的切削力；②使油石“自锐”→钝化，使切削过程自动完结。

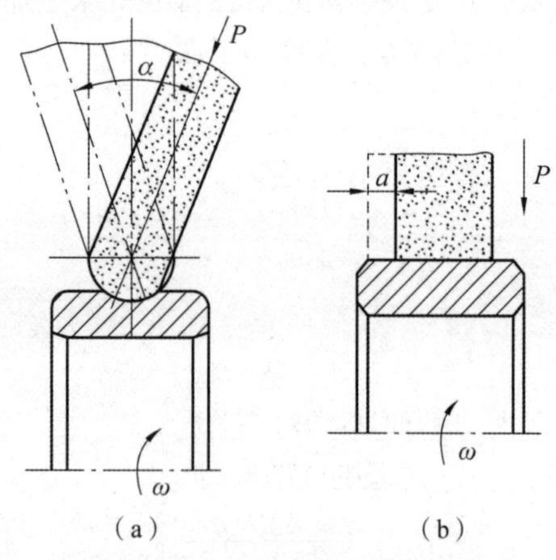

图6-22　套圈超精加工示意图

(a)超精加工沟道；(b)超精加工滚道

敬业执着，成就“大国工匠”

宁允展，男，1972年3月出生，中共党员，中车青岛四方机车车辆股份有限公司(以下简称中车四方股份)车辆钳工高级技师，一名生产工人，主要从事转向架研磨、装配工作。中国中车技能专家，被誉为高铁首席研磨师。

从1991年进入公司以来，他扎根一线，立足本职岗位，刻苦钻研、爱岗敬业，用自己精湛的操作技能和高度的责任心，攻克了动车组转向架多道制造难题。他所制造的产品创造了10余年无次品的纪录，为高铁列车的顺利生产作出了突出贡献。他发明的工装每年可为公司节约创效近100万元。

2004年，中车四方股份引进200 km/h高速动车组。产品进入试制阶段，转向架上的定位臂成了困扰转向架制造的“拦路虎”。转向架是高速动车组九大关键技术之一。如果把高铁列车比作一位长跑运动员，转向架就是它的“腿脚”，高铁能否跑得“又快又稳”关键看它。定位臂则是转向架上构架与车轮之间的接触部位，相当于人的“脚踝”。

普通机客车对定位臂的接触面精度要求不高，但高速动车组以超过 200 km/h 的速度飞奔时，不足 10 cm^2 的接触面，承受的冲击力达到 200~300 kN，要求定位臂与轮对节点必须严丝合缝，否则会影响到行车安全。按要求，必须保证 75%以上的接触面间隙小于 0.05 mm，相当于一根细头发丝的间距。

这要靠纯手工研磨来实现。磨小了，精度达不到要求，稍有不慎磨大了，价值十几万元的构架就会报废。宁允展主动请缨，挑战这项难度极高的研磨技术。平时的深厚积累加上夜以继日的潜心琢磨，不到一个星期，他研磨出的定位臂，连外方专家都啧啧称奇，向他竖起大拇指。

在高速动车组进入大批大量制造阶段后，转向架研磨跟不上生产进度。凭借多年的研磨经验，宁允展意识到，按照外方的研磨工艺，不仅效率低，而且精度难保证，他将目光瞄向研磨工艺的创新。

经过两个多月的摸索和试验，宁允展发明了风动砂轮纯手工研磨操作法，采用分层、交错、叠加式研磨，像绣花一样，将接触面织成一张纹路细密、摩擦力超强的“网”。宁允展的这项绝活，使原来的研磨效率提高了 1 倍多，精度也大为提高，很快被纳入工艺文件应用到现场生产中，破解了生产“瓶颈”难题。

多年来，宁允展如同一名“画师”，以钢铁为画板，打磨机为笔，在细如发丝的空间里施雕作画。而他对自己的“作品”，有着严苛的要求。工艺标准上 75%的贴合率，宁允展总会研磨到 90%以上。同事们常说，出自宁允展手里的定位臂，不啻为艺术品。

宁允展还是一位全面复合型技能操作人员，在焊接方面也是造诣颇深。针对转向架检修时，精度要求高的加工部位损伤后难以修复的问题，他发明了精加工面缺陷焊修方法，能够有效还原加工部位的完整光洁。

如果每一件中国制造的背后，都有像宁允展这样追求极致完美的工匠，中国制造就能够跨越“品质”这道门槛，跃升为“优质制造”，让更多的中国产品在全球市场绽放出更耀眼的光芒！

习 题

6-1 什么是加工精度、加工误差？它们之间有什么区别？

6-2 什么是原始误差？包括哪些内容？原始误差与加工误差有什么关系？

6-3 对卧式车床床身导轨在水平面内的直线度和在垂直面内的直线度哪一项要求较高？为什么？对平面磨床呢？

6-4 试说明磨削外圆时，使用死顶尖的目的是什么？哪些因素将引起工件的形状误差？

6-5 什么是误差复映？设已知一工艺系统的误差复映系数为 0.25，工件在本工序前有椭圆度误差 0.45 mm。若本工序形状精度规定允差为 0.01 mm，至少应走几次刀方能使形状精度合格？

6-6 在车床上用顶尖安装工件，车削细长轴时，出现题 6-6 图所示形状，试分析误差

产生的原因。

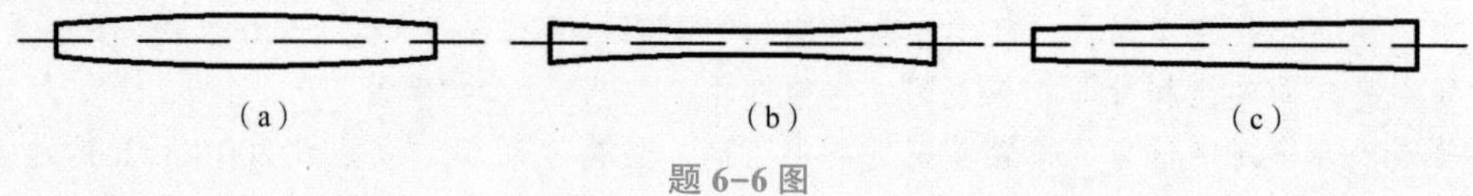

题 6-6 图

6-7　在卧式镗床上镗削箱体孔时，试分析：(1)采用刚性镗杆；(2)采用浮动镗杆和镗模夹具，影响镗杆回转精度的主要因素各有哪些？

6-8　车削细长轴时，工人经常车削一刀后，将后顶尖松一下再车下一刀。试分析其原因。

6-9　简述工件热变形对加工精度的影响。

6-10　磨削一批直径 $d=12_{-0.043}^{-0.017}$ mm 的销轴，工件尺寸呈正态分布，标准差 $\sigma=0.05$ mm，公差带中心小于尺寸分布中心 0.003 mm。试计算工件的尺寸分散范围及不合格品率，并确定工序能力等级。

第 7 章 机械加工表面质量及其控制

本章导读

随着机械技术朝着高速化、精密化方向发展，对机械零件表面质量的要求越来越高，因为在高速、高应力和高温的情况下，表面层的任何缺陷不仅会直接影响零件的工作性能，而且会引起应力集中、应力腐蚀等现象，从而加速零件的失效。研究机械加工表面质量的任务就是要掌握机械加工过程中各种因素对零件表面加工质量的影响规律，通过这些规律规范加工过程，从而提高零件的表面加工质量，提高产品的使用性能。

本章知识目标

(1) 掌握机械加工表面质量的含义及其对零件使用性能的影响。
(2) 掌握影响表面粗糙度的因素。
(3) 掌握影响表面层物理及机械性能的因素。
(4) 熟悉受迫振动和自激振动的概念、特征及减小措施。

本章能力目标

能提出改善表面质量的措施。

引　例

滚动轴承的主要失效形式是疲劳和磨损，而疲劳和磨损总是发生在表面层，因此滚动体和套圈的表面质量是影响滚动轴承寿命的主要因素之一。表面粗糙度值过大或过小都会加剧磨损，不利于提高轴承寿命，所以轴承接触表面应当有适当的表面粗糙度值。滚动体和套圈的表面处理技术可以改变滚子表层的硬度、残余应力分布和材料的整体强度，从而提高轴承寿命。对于高频淬火、激光淬火、渗碳硬化处理的滚子，硬化层越深，滚子疲劳强度不一定越大，而是存在一个最优硬化深度。对于氮化、软氮化的滚子，滚子疲劳强度随着硬化深度的加大而增加。此外，表面硬化处理还应考虑表面粗糙度和残余应力的影响。

7.1 概 述

零件的机械加工质量不仅包括加工精度的影响，还包括表面质量的影响。零件的表面质量对于产品的工作性能、可靠性和寿命有很大程度上的影响与决定性。机械零件的磨损、腐蚀和疲劳破坏等都是从零件表面开始的，因此零件的表面质量会直接影响零件的工作性能。

7.1.1 机械加工表面质量的含义

机械加工表面质量，指零件在机械加工后表面层的微观几何形状误差和物理力学性能。

1. 表面的几何特征

(1)表面粗糙度：指加工表面的微观几何形状误差，如图 7-1 所示，其波长 L_3 与波高 H_3 的比值一般小于 50。

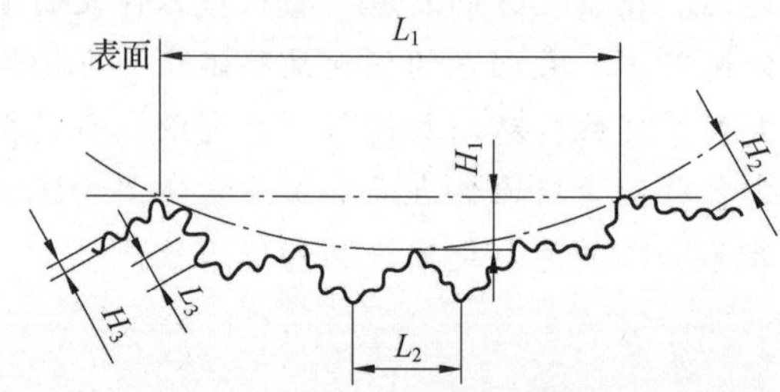

图 7-1 形状误差、表面粗糙度及表面波度的示意关系

(2)表面波度：介于形状误差（L_1/H_1 > 1 000）与表面粗糙度之间（L_3/H_3 < 50）的周期性的几何形状误差。图 7 - 1 所示的波长 L_2 与波高 H_2 的比值一般在 50~1 000 之间。

(3)表面纹理方向：表面刀纹的方向，它取决于表面形成所采用的机械加工方法。一般对运动副或密封件要求表面纹理方向。

2. 表面层物理力学性能

表面层物理力学性能，主要有三方面内容：表面层的冷硬、表面层的金相组织变化、表面层的残余应力。

7.1.2 表面质量对零件使用性能的影响

1. 表面质量对零件耐磨性的影响

零件的耐磨性不仅和材料、润滑条件有关，而且与零件的表面质量有关。当两个表面接触时，开始在接触面上实际是一些凸峰相接触，因此实际接触面积比理论接触面积要小得多。在外力作用下，凸峰处将产生很大的压强。当零件之间做相对运动时，接触处的部分凸峰就会产生塑性变形被磨损掉。表面越粗糙，凸峰的压力越大，磨损就越快。但是，这不等于说零件表面粗糙度值越小越耐磨。如果表面粗糙度值过小，将使紧密接触的两个光滑表面间贮油能力变差，润滑能力恶化，两表面将会发生分子黏合现象而咬合起来，加剧磨损。因此，表面粗糙度值与初期磨损量之间存在一个最佳值，如图 7-2 所示。能获得最小初期磨损量的表面粗糙度值为零件的最佳表面粗糙度值。

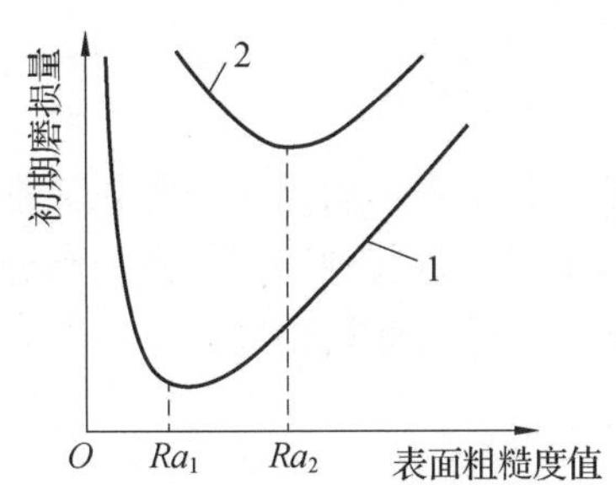

1—轻载荷；2—重载荷。

图 7-2　表面粗糙度值与初期磨损量的关系曲线

从图中还可知，重载荷情况下零件的最佳表面粗糙度值要比轻载荷情况下的最佳表面粗糙度值大。显然，在不同的工作条件下，零件的最佳表面粗糙度值是不同的。

表面层的冷硬使零件表面层的硬度提高，有利于提高零件的耐磨性。但是，过度冷硬会使零件表面层金属变脆，组织疏松，甚至产生剥落现象，使零件耐磨性下降。因此，零件表面层硬化深度有一个最佳值，可使零件耐磨性最好。

2. 表面质量对零件疲劳强度的影响

在交变载荷作用下，零件表面微观的凹谷处容易引起应力集中而产生疲劳裂纹，造成零件的疲劳破坏。因此，减小表面粗糙度值可以提高零件的疲劳强度。

零件表面层的残余应力性质对疲劳强度影响也大。当表面层残余应力为拉应力时，在拉应力作用下，会使零件表面的裂纹扩大，而降低零件的疲劳强度；相反，残余应力为压应力时，可以延缓疲劳裂纹的扩展，提高零件的疲劳强度。

表面的冷硬能阻碍疲劳裂纹的出现，但冷硬程度过大反而会降低零件的疲劳强度。

3. 表面质量对零件耐腐蚀性能的影响

零件表面粗糙度对零件耐腐蚀性能的影响很大。因为表面的微观凹谷处容易积聚腐蚀性物质，表面越粗糙，凹谷越深，腐蚀与渗透作用越强烈。

表面残余应力对零件的耐腐蚀性能也有一定影响。残余压应力使零件表面紧密，腐蚀性物质不容易进入，提高零件的耐腐蚀性能；而残余压应力会降低零件的耐腐蚀性能。

4. 表面质量对零件配合性质的影响

对间隙配合来说，如果表面太粗糙，会使配合表面很快磨损而增大配合间隙，降低配合精度；对过盈配合来说，如果表面太粗糙，在装配时配合表面的波峰会被挤平，减小了实际过盈量，降低配合件间的连接强度，影响配合的可靠性。因此，对于有配合的表面应减小表面粗糙度值。

7.2　影响表面粗糙度的工艺因素及改善措施

切削加工表面粗糙度的形成及影响因素在第 1 章的 1.6 节已经介绍了，这里不再赘述。下面主要介绍影响磨削加工表面粗糙度的工艺因素及改善措施。

7.2.1 磨削加工表面粗糙度的形成

由于砂轮的磨粒形状不规则，分布不均匀，每个磨粒又都有较大的钝圆半径，而且磨削厚度很小，因此在磨削过程中每个磨粒将起到切削、刻划和抛光的综合作用，从而在加工表面刻划出细微的沟痕和塑性隆起，形成表面粗糙度。

7.2.2 影响磨削加工表面粗糙度的工艺因素

1. 磨削用量的影响

(1)砂轮速度 v_s。提高砂轮速度 v_s，使磨粒单位时间内在工件单位面积上磨削次数增加，刻痕增加，还能使表层金属因来不及充分变形，塑性隆起减小，所以使表面粗糙度值减小。

(2)工件速度 v_w。工件速度 v_w 增加，将使塑性变形增加，表面粗糙度值增加。

(3)进给量。轴向进给量 f_a 和径向进给量 f_r 增加，磨削厚度会增加，磨削表面的塑性变形的程度增大，表面粗糙度值增大。

2. 砂轮的影响

(1)粒度。砂轮的磨粒越细，单位面积上的磨粒数量越多，刻划的沟痕越细密，表面粗糙度值越小。但是，磨粒过细，砂轮易糊塞，磨削性能下降，磨削力和磨削温度增加，反而使表面粗糙度值增大，甚至出现烧伤现象。

(2)硬度。砂轮硬度应适中，延长砂轮的半钝化期，因为半钝化的微刃切削作用降低，摩擦抛光作用显著，使工件表面获得的表面粗糙度值更小。

(3)砂轮的修整。砂轮的修整质量是改善磨削表面的表面粗糙度的重要因素。砂轮修整的质量越好，砂轮表面磨粒的等高性越好，磨削表面的表面粗糙度值越小。

3. 工件材料的影响

若工件材料的硬度太高，磨粒易磨钝，不易提高表面质量；若工件材料的塑性、韧性较大，则塑性变形较大，而且易糊塞砂轮，也得不到较小的表面粗糙度值。

7.2.3 改善磨削加工表面粗糙度的措施

综上所述，减小磨削加工表面粗糙度值的措施归纳如下。

(1)合理地选择磨削用量，即提高磨削速度，降低工件线速度、轴向进给量和径向进给量，都有利于减小磨削表面的表面粗糙度值。

(2)合理选择砂轮的粒度号、硬度，以及磨料、结合剂等。

(3)提高砂轮修整质量，尤其在精磨或超精磨时，必须采用锋利的金刚石刀精细修整砂轮，以提高磨粒微刃的等高性。

(4)改善磨床性能。砂轮主轴的径向跳动量要小，动刚性要好；而且磨床在低速时，无爬行现象。

此外，合理地使用切削液，改善工件材料的性能，也能降低表面粗糙度值。

7.3　影响表面力学性能的工艺因素及改善措施

7.3.1　表面层的冷硬

1. 冷硬的产生

机械加工时，工件表面层金属受到切削力的作用产生强烈的塑性变形，使晶格扭曲、畸变，晶粒间产生滑移剪切，晶粒被拉长、纤维化甚至碎化，从而使得表面层的硬度增加、塑性降低，这种现象称为冷硬。

此外，机械加工时产生的切削热提高了工件表层金属的温度，当温度高到一定程度时，已强化的金属会回复到正常状态。回复作用的速度大小取决于温度的高低、温度持续时间的长短。冷硬实际上是硬化作用与回复作用综合作用的结果。

2. 表面层冷硬的衡量指标

衡量表面层冷硬程度的指标有下列 3 项：表面层的显微硬度 HV、硬化层深度 H、硬化程度 N，且有

$$N = \frac{H - HV_0}{HV_0} \times 100\% \tag{7-1}$$

式中，HV_0——金属原来的显微硬度。

3. 影响表面层冷硬的因素

影响表面层冷硬的因素可以从以下 4 个方面来分析。

(1) 塑性变形越大，切削力越大，冷硬越严重。因此，提高切削速度、减小进给量和背吃刀量，可以减小切削变形和切削力，减轻冷硬程度。

(2) 增大刀具前角、后角，减小刃口钝圆半径，提高刀具的锋利性，也可减小挤压变形和切削力，减轻冷硬程度。

(3) 合理使用切削液，减小刀具后刀面与加工表面的摩擦，也可减轻冷硬程度。

(4) 工件材料硬度越低、塑性越好，加工时表面层的塑性变形越大，冷硬越严重。

7.3.2　表面层的残余应力

1. 表面层残余应力的产生

产生表面层残余应力的原因主要包括冷态塑性变形、热态塑性变形和金相组织变化 3 方面。

1) 冷态塑性变形

切削加工时，加工表面在切削力的作用下产生强烈的塑性变形，表层金属体积膨胀，但由于受到里层金属的阻碍，从而在表层产生了残余压应力，里层产生了残余拉应力。

此外，由于加工表面受到刀具后刀面的挤压和摩擦作用，表层产生拉伸塑性变形，但其也会受到里层金属的阻碍，从而也会在表层产生残余压应力，里层产生残余拉应力。

2)热态塑性变形

切削加工时，加工表面在切削热的作用下产生热膨胀，但由于里层金属温度较低，会对表层金属的热膨胀产生阻碍作用，从而使表层产生热压缩应力。当热压缩应力超过材料的热屈服点时，会使表层金属产生压缩塑性变形。当加工结束后，表层温度下降，体积收缩时又会受到里层金属的阻碍，最终会在表层产生残余拉应力，里层产生残余压应力。

3)金相组织变化

切削加工时，若加工表面的温度超过相变临界点温度，工件表层将会产生组织转变。由于不同金相组织的密度不同，表层金相组织的变化将会引起表层体积的变化。表层体积膨胀时，由于受到里层金属的阻碍，会产生残余压应力；反之，会产生残余拉应力。例如，马氏体密度为$\rho=7.75\ g/cm^3$，奥氏体密度为$\rho=7.96\ g/cm^3$，珠光体密度为$\rho=7.78\ g/cm^3$，铁素体密度为$\rho=7.88\ g/cm^3$。以淬火钢磨削为例，淬火钢原来的组织是马氏体，磨削加工后，表层可能产生回火，马氏体变为接近珠光体的托氏体或索氏体，密度增大而体积减小，工件表层将产生残余拉应力。

2. 磨削裂纹的产生

磨削裂纹和残余应力有着十分密切的关系。在磨削过程中，当工件表层产生的残余拉应力超过工件材料的强度极限时，工件表面就会产生裂纹。磨削裂纹的产生会使零件承受交变载荷的能力大大降低。

3. 影响表面残余应力的主要因素

如上所述，机械加工后工件表面层的残余应力是冷态塑性变形、热态塑性变形和金相组织变化三者综合作用的结果。在不同的加工条件下，残余应力的大小、符号及分布规律可能有明显的差别。切削加工时，起主要作用的往往是冷态塑性变形，工件表面层常产生残余压应力。切削加工时，通常热态塑性变形或金相组织变化引起的体积变化是产生残余应力的主要因素，所以工件表面层常存有残余拉应力。

7.3.3 表面层金相组织的变化与磨削烧伤

1. 金相组织变化与磨削烧伤的产生

在机械加工中，切削热的作用使工件加工区附近温度升高，当温度超过相变临界点温度时，金相组织就会发生变化。磨削加工中，由于大多数磨粒的负前角切削所产生的磨削热比一般切削所产生的磨削热大得多，加之磨削时70%以上的热量传给工件，因此加工表面层有很高的温度，极易在金属表层产生金相组织的变化，使表层金属强度和硬度降低，产生残余应力，甚至出现微观裂纹，这种现象被称为磨削烧伤。淬火钢在磨削时，由于磨削条件不同，产生的磨削烧伤可分成以下3种形式。

1)淬火烧伤

磨削时，如果工件表面层温度超过相变临界点温度Ac_3(一般中碳钢为720 ℃)，则马氏体转变为奥氏体。若此时有充分的切削液冷却，则工件最外层金属会出现二次淬火马氏体组织。其硬度比原来的回火马氏体高，但很薄，只有几微米厚，其下为硬度较低的回火索氏体和托氏体。由于二次淬火层极薄，表面层总的硬度是降低的，这种现象被称为淬火烧伤。

2)回火烧伤

磨削时，如果工件表面层温度未超过相变临界点温度Ac_3，但超过马氏体的转变温度

（一般中碳钢为 300 ℃），这时，马氏体将转变为硬度较低的回火托氏体或索氏体，这种现象称为回火烧伤。

3）退火烧伤

在磨削时，如果工件表面层温度超过相变临界点温度 Ac_3，马氏体转变为奥氏体，但此时无切削液，表层金属在空气中缓慢冷却形成退火组织，硬度和强度均大幅下降，这种现象称为退火烧伤。

出现磨削烧伤后，工件表面会呈现黄、褐、紫、青等烧伤色，这是工件表面在瞬时高温下产生的氧化膜颜色。不同的烧伤色表示不同的烧伤程度。较深的烧伤层，虽然可在加工后期采用无进给磨削除掉烧伤色，但烧伤层并未除掉，会成为将来使用中的隐患。

2. 影响磨削烧伤的因素

凡影响磨削温度的因素都影响磨削烧伤。

1）磨削用量

当径向进给量 f_r 增加时，消耗的能量增加，工件表面及里层的温度都将提高，容易造成烧伤，故 f_r 不宜取得太大。

当轴向进给量 f_a 增加时，砂轮与工件接触面积减少，改善了散热条件，磨削温度降低，可减轻烧伤。但是，f_a 增加会导致表面粗糙度值变大，可采用较宽的砂轮弥补。

当工件速度 v_w 增加时，磨削区虽然温度会上升，但此时热源作用时间减少，因而可减轻烧伤。为了弥补因 v_w 增加导致表面粗糙度值变大的缺陷，可提高砂轮速度。实践证明，同时提高工件速度 v_w 和砂轮速度 v_s 既可减轻表面的烧伤，又不致降低生产率。

2）砂轮特性

砂轮硬度太高，磨钝的磨粒不易脱落，使磨削温度升高，容易造成烧伤。砂轮组织紧密，气孔率小，易糊塞砂轮，容易造成烧伤。总之，采用硬度较软、组织疏松、粗粒度及弹性好的结合剂的砂轮有利于减轻烧伤现象。

3）冷却方法

采用切削液能有效地降低切削温度，减轻烧伤。然而，普通的冷却方法效果较差，实际上没有多少切削液进入磨削区。如图 7-3 所示，切削液不宜进入磨削区 AB，且大量倾注在已经离开磨削区的加工面上，这时烧伤已经产生。因此，应采取有效的冷却方法。生产中常采用以下措施来提高冷却效果。

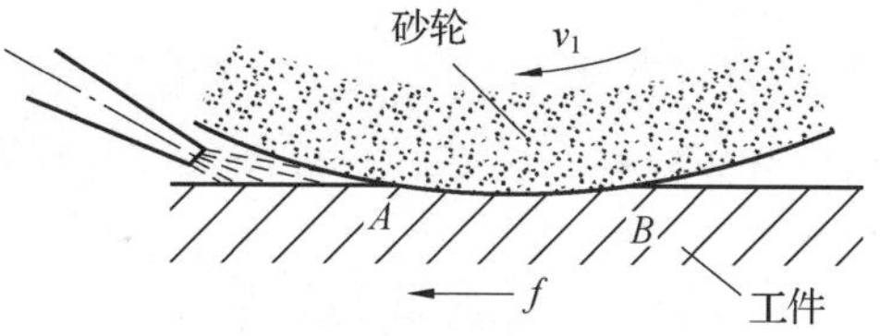

图 7-3　常用的冷却方法

（1）采用内冷却砂轮。如图 7-4 所示，将切削液引入砂轮的中心腔内，由于离心力的作用，切削液经过砂轮内部的孔隙从砂轮四周的边缘甩出，可直接进入磨削区，发挥有效的冷却作用。

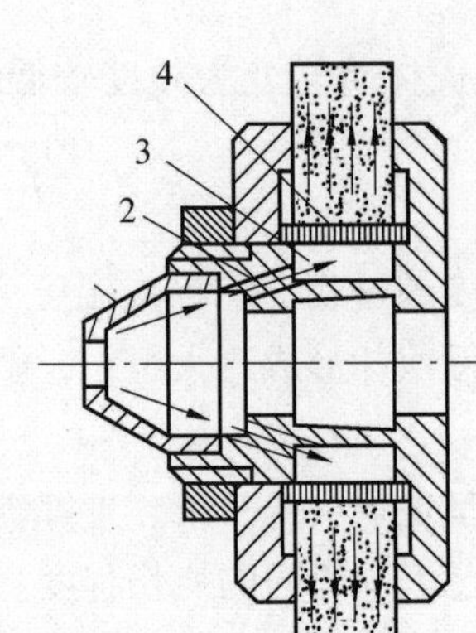

1—锥形盖；2—切削液通孔；3—砂轮中心腔；4—有径向小孔的薄壁套。

图 7-4　内冷却砂轮结构

(2)改进切削液喷嘴和增加切削液流量。因高速磨削产生的强大的气流使切削液不宜进入切削区，为弥补这一不足，一般可增加切削液的流量和压力，并采用在砂轮上安装带有空气挡板的切削液喷嘴，如图 7-5 所示。喷嘴上有一块横板紧贴砂轮圆周，使强大的气流沿板上面流出，避免气流进入磨削区，两侧的挡板可防止切削液向两旁飞溅。这对于高速磨削冷却效果显著。

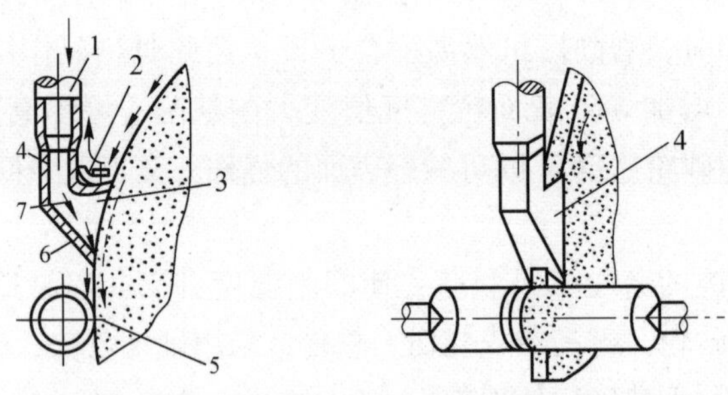

1—液流导管；2—可调气流挡板；3—空腔区；4—喷嘴罩；5—磨削区；6—排液区；7—液嘴。

图 7-5　带有空气挡板的切削液喷嘴

(3)采用浸油砂轮。把砂轮放在熔化的硬脂酸溶液中浸透，取出后冷却即为浸油砂轮。磨削时，磨削区热源使砂轮边缘部分硬脂酸熔化而进入磨削区，从而起到冷却和润滑作用。

7.4　机械加工中的振动

7.4.1　机械振动现象及其对表面质量的影响

切削加工中，由机床、工件、刀具和夹具组成的工艺系统是一个弹性系统。当系统受到干扰时，就会产生振动。工艺系统的振动会对工件加工产生极为不利的影响，具体表现在以下方面。

(1)振动使工艺系统的各种成形运动受到干扰和破坏，使加工表面出现振纹，增大表面粗糙度值，恶化加工表面质量。

(2)振动还可能引起切削刃崩裂，引起机床、夹具连接部分松动，缩短刀具、机床及夹具的寿命。

(3)振动限制了切削用量的进一步提高，降低切削加工的生产率，严重时甚至还会使切削加工无法继续进行。

(4)振动所发出的噪声会污染环境，有害工人的身心健康。

因此，探索切削振动的规律，找到消除和控制振动的途径，对提高机械加工的质量和生产率具有非常重要的意义。

7.4.2 机械振动的类型

1. 自由振动

在初始干扰力作用下，工艺系统的平衡被破坏后，仅靠弹性恢复力来维持的振动，称为自由振动。机械加工过程中的自由振动往往是由切削力突然变化或由外界偶然因素引起的。因为振动系统存在阻尼，这种振动一般可以迅速衰减，因此对机械加工的影响不大。

2. 受迫振动

工艺系统在周期性变化的激振力持续作用下所产生的振动称为受迫振动。由于外界激振力不断给系统输入能量，受迫振动不会衰减。

3. 自激振动

工艺系统在一定条件下，在没有周期性干扰力作用的情况下，由系统本身产生的交变力所激发和维持的振动，称为自激振动。切削过程中产生的自激振动是频率较高的强烈振动，通常又称为颤振。

受迫振动和自激振动都属于不衰减的振动，对机械加工的影响较大，以下分别加以论述。

7.4.3 机械加工中的受迫振动

1. 受迫振动产生的原因

(1)系统外部的周期性干扰力。例如，机床附近的振动源通过地基引起工艺系统的振动。

(2)机床运动零件的惯性力。例如，电动机皮带轮、齿轮、传动轴、砂轮等的质量偏心在高速回转时产生离心力，往复运动部件换向时的冲击等都将成为引起振动的激振力。

(3)机床传动件的缺陷。例如，齿轮啮合时的冲击、平带接头、滚动轴承滚动体的误差、液压系统中的冲击现象等均可能引起振动。

(4)切削过程的不连续。例如，铣、拉、滚齿等加工，将导致切削力的周期性改变，从而产生振动。

2. 受迫振动的特征

(1)受迫振动是由周期性激振力的作用产生的一种不衰减的稳定振动。

(2)受迫振动的频率与激振力的频率相同(或整数倍)，而与工艺系统本身的固有频率无关。

(3)它的振幅 A 取决于激振力 F、阻尼比 ξ 和频率比 λ。当激振力频率接近工艺系统固有频率时，就会发生共振，对工艺系统危害最严重。

3. 控制和消除受迫振动的途径

控制受迫振动的途径，首先要找出引起受迫振动的振源。由于受迫振动的频率 ω 与激振力的频率相同或成倍数，因此可将实测的振动频率与各个可能激振的频率进行比较，确定振源后，可以采取以下措施来控制或消除振动。

1)减少激振力

对工艺系统中的高速回转零件必须进行静平衡甚至动平衡后使用；尽量减小传动机构的缺陷，提高带传动、链传动、齿轮传动及其他传动装置的稳定性；对于往复运动部件，应采用较平稳的换向机构。

2)提高工艺系统的刚度和阻尼

提高刚度、增大阻尼是增强工艺系统抗振能力的基本措施，如提高连接部件的接触刚度、预加载荷减小滚动轴承的间隙、采用内阻尼较大的材料制造某些零件都能达到较好的效果。

3)调节振源频率，避开共振区

调整刀具或工件转速，使其远离工艺系统各部件的固有频率，避开共振区，以免共振。

4)消振和隔振

消振最有效的方法是找出振源并将其去除。若不能去除则可采用隔振，即在振动传递路线上设置隔振材料，使由内、外振源所激起的振动不能传到刀具和工件上去。例如，电动机用隔振橡皮与机床分开；油泵用软管连接后，安装在机床外部。为了消除工艺系统外的振源，常在机床周围挖防振沟。工艺系统本身的振源，如工件余量不均匀或材质不均匀，加工表面不连续或刀齿的断续切削等引起的冲击振动等，可采用阻尼器或吸振器减轻。

7.4.4 机械加工中的自激振动

切削加工时，在没有周期性外力作用的情况下，刀具与工件之间也可能产生强烈的相对振动，并在工件的加工表面残留明显的、有规律的振纹。这种由工艺系统本身产生的交变力激发和维持的振动称为自激振动，通常也称为颤振。

1. 自激振动产生的原因

实际切削过程中，工艺系统受到干扰力作用产生自由振动后，必然要引起刀具和工件相对位置的变化，这一变化如果又引起切削力的波动，则会使工艺系统产生波动，因此通常将自激振动看成是由调节系统(切削过程)和振动系统(工艺系统)两个环节组成的一个闭环系统。调节系统把持续工作所用的能源能量转变为交变力对振动系统进行激振，振动系统的振动又控制切削过程产生激振力，来反馈制约进入振动系统的能量。

机械加工中的自激振动原理如图 7-6 所示。切削过程产生交变力，使工艺系统的弹性元件产生振动；工艺系统振动产生的位移再反馈给切削过程，从而使切削过程产生持续的交变力。

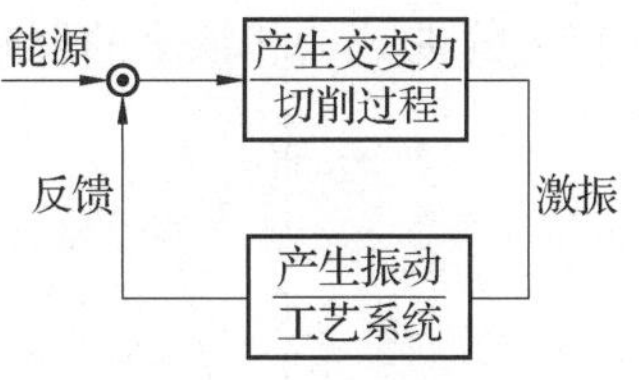

图 7-6　自激振动原理

激励工艺系统产生振动的交变力是由切削过程产生的，而切削过程同时又受到工艺系统振动运动的影响。如果切削过程很平稳，即使工艺系统存在产生自激振动的条件，也因切削过程没有交变切削力，从而不会产生自激振动。但是，在实际加工过程中，偶然性的外界干扰总是存在的，这种偶然性的外界干扰所产生的切削力的变化，作用在工艺系统上，会使工艺系统产生振动。工艺系统的振动将引起工件、刀具间的相对位置发生周期性变化，使切削过程产生维持振动运动的动态切削力。此时，如果工艺系统不存在产生自激振动的条件，将因系统存在阻尼使由偶然性外界干扰引发的振动逐渐衰减；如果工艺系统存在产生自激振动的条件，就会使工艺系统产生持续的振动。

2. 自激振动的特征

自激振动是由工艺系统内部的激振力引起的自激振动。与受迫振动不同，自激振动是在工艺系统内部交变激振力作用下产生的，切削停止时，即使机床仍继续空转，自激振动也会停止。外界干扰力只可能在最初触发振动时起作用，但它不是产生自激振动的真正原因。

自激振动是一种不衰减振动。自激振动与自由振动不同，两者虽都是在没有外界干扰力周期性作用下产生的，但自由振动在阻尼作用下逐渐衰减而消失；而自激振动系统中，一方面阻尼要消耗能量，另一方面系统本身的反馈特性又向系统不断输入能量。如果工艺系统吸收的能量等于或大于消耗的能量，将处于稳定的或不断加强的不衰减振动状态。

自激振动的频率接近或等于工艺系统的固有频率，即频率由工艺系统本身的参数所决定。

7.4.5　机械加工中振动的控制

机械加工中控制振动的途径有 3 个方面：一是消除或减弱产生振动的条件(包括合理选择切削用量和合理选择刀具的几何参数)；二是增强工艺系统的抗振性和稳定性；三是采取各种减振装置。

1. 合理选择切削用量

在中等切削速度时(如车削时 $v_c=20\sim60$ m/min)最容易发生颤振，因此选择高速或低速切削可避免颤振。一般多采用高速，既可避免振动，又可提高生产率和降低表面粗糙度值。增大进给量可使振幅减小，因此在加工表面粗糙度允许的情况下，选择较大的进给量有利于抑制颤振。选择背吃刀量时要注意切削宽度对振动的影响，取较小的背吃刀量可减小自激振动。图 7-7 所示是切削速度与振幅的关系曲线。从图中可看出，在低速或高速切削时，振动较小。图 7-8 和图 7-9 所示分别是进给量和背吃刀量度与振幅的关系曲线。它们表明，选较大的进给量和较小的背吃刀量有利于减小振动。

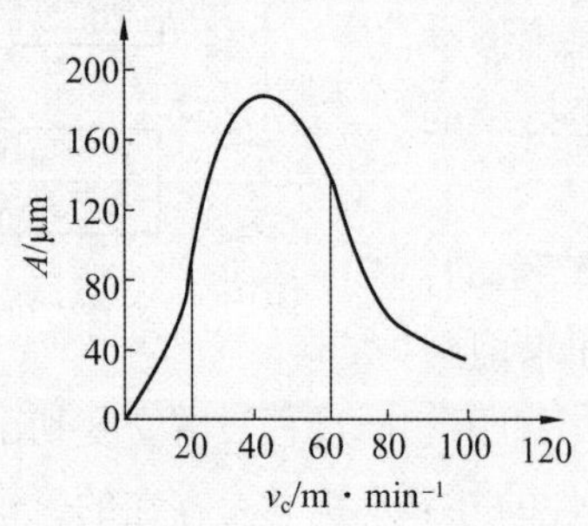

图 7-7 切削速度与振幅的关系曲线

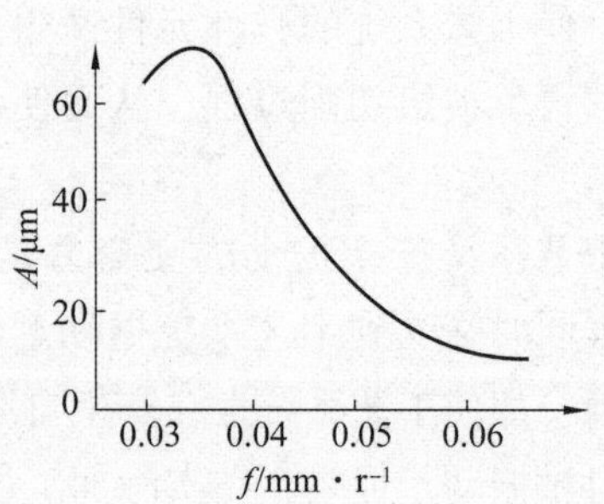

图 7-8 进给量与振幅的关系曲线

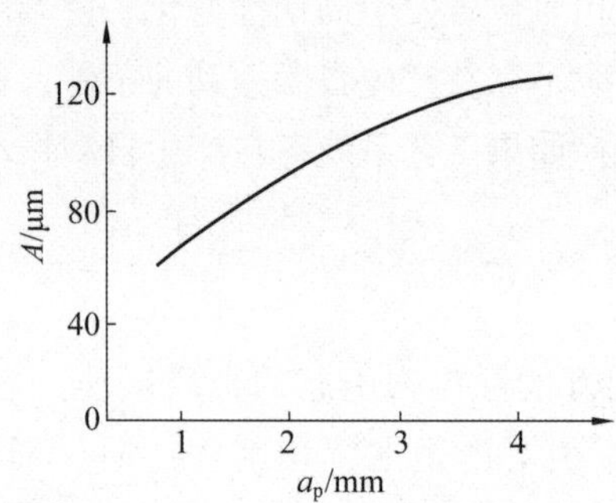

图 7-9 背吃刀量与振幅的关系曲线

2. 合理选择刀具的几何参数

适当地增大前角 γ_o、主偏角 κ_r，能减小振动。但是，当 $\kappa_r>90°$ 后，振幅又有所增大。后角减小使振动有明显地减弱，但不能太小，以免后刀面与加工表面之间产生摩擦，反而引起振动。刀尖圆弧半径增大时切削力随之增大，因此为减小振动，应取较小的刀尖圆弧半径，但这会使刀具寿命降低和表面粗糙度值增大，所以需要综合考虑。

3. 增强工艺系统的抗振性

机床的抗振性往往是占主导地位的，可以从改善机床刚性、合理安排各部件的固有频率、增大其阻尼，以及提高加工和装配的质量等方面来提高其抗振性。提高刀具的抗振性，应使刀具具有较高的弯曲与扭转刚度、高的阻尼系数和弹性模数。提高工件安装刚性，其关键是选择合理的装夹方法，如在细长轴加工时，采用跟刀架或中心架等。

4. 采用各种减振装置

在采用上述各种措施后，仍达不到减振效果时，可使用减振装置。它通常附加在工艺系统中，用来吸收或消耗振动能量，但并不能提高工艺系统的刚度。该装置对受迫振动和自激振动同样有效，现已广泛应用。

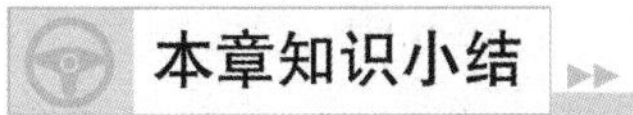

本章知识小结

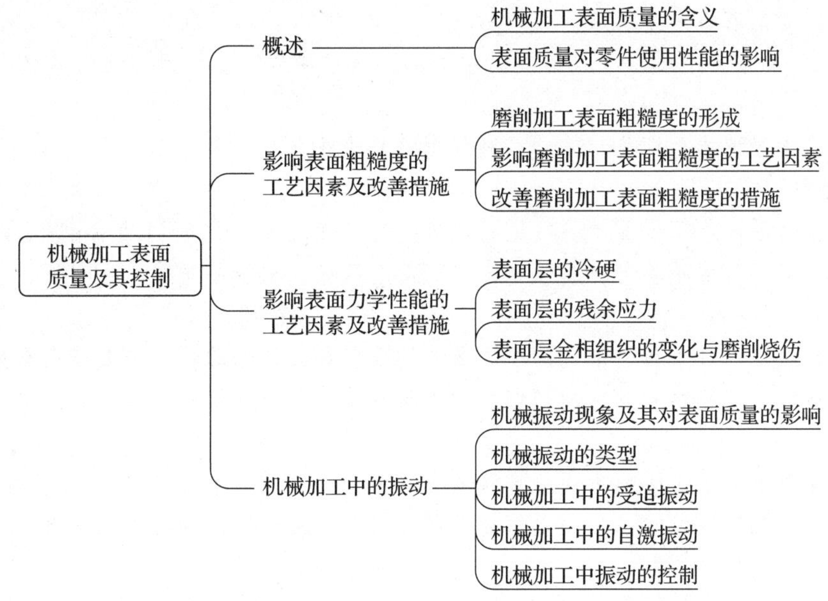

知识拓展

轴承套圈超精加工的表面质量分析

轴承套圈(以下简称套圈)滚动表面超精加工之后要进行表面粗糙度和外观的检查。

1. 表面粗糙度

实际生产中，采用表面粗糙度仪进行检测的零件数量很有限，绝大多数主要是靠人工肉眼直接观察，凭经验判断是否合格。超精加工的表面粗糙度不好的原因主要有：①超精磨时间太短；②超精磨油石压力过高；③油石有问题；④超精磨工件转速过低；⑤冷却润滑液有问题；⑥油石包角过大等。

2. 超精瘤(白点、黑点)

它是指超精磨后，被加工表面形成的大小、形状不同的白色或黑暗灰色的凸起颗粒。经光谱分析，白色瘤是研屑微粒在瞬间高温高压下烧结而成的，而黑暗灰色瘤为油石中的金刚砂微粒的烧结物。它的存在使成品轴承振动、噪声猛增，增值多在 5~15 dB，并大大影响轴承的寿命。

产生的原因主要是：①油石压力大；②超精磨前表面粗糙度值太大；③超精磨采用的是白刚玉油石；④工件转速高；⑤切削液不充分或机油含量太多；⑥套圈磨削加工的残磁大等。

3. 砂轮花

它是超精磨后被加工表面沿圆周方向留下的白色磨痕，它对轴承振动、噪声有直接影响，必须严格控制。砂轮花有 3 种形式，主要的产生原因如下。

(1) 整个沟道均有砂轮花：①粗超时工件转速太高；②粗超时间太短；③油石太硬，粗超油石压力太小；④油石黏铁；⑤切削液有杂质等。

(2) 沟道两边有砂轮花：①油石摆动中心低于沟道中心；②油石摆角过小；③油石夹持不紧有间隙；④油石宽度不够等。

(3) 沟道一边有砂轮花：①油石摆动中心偏离沟道中心；②摆动偏重；③油石夹持不正或松动等。

有针对性地采取措施即可有效地控制和消除砂轮花。

4. 丝子

它是超精磨后被加工表面出现的线状浅划痕，其深度一般为 1~1.5 μm。它的产生多因油石含杂质，磨料粒度不均匀，有硬粒，切削液有杂质，冲洗不足等。

5. 瘤子

它是超精磨后被加工表面形成的深度很浅的暗色条纹。它的形成主要是油石被堵塞后处于半切削状态时，较粗磨粒及铁屑划伤所致。正确使用油石和切削液可将其消除。

6. 亮带

它是超精磨后被加工表面呈现的带状发亮部分。它主要是由表面有少量黏结物造成的。解决办法是去除油石黏结点，适当缩短超精磨时间，降低切削液中的机油比例。

7. 蝌蚪痕

它是超精磨后被加工表面出现形似蝌蚪状的伤痕，形成原因主要是在超精磨时，油石上坚硬的磨粒脱落后被压入工件表面。它对轴承振动影响很大，解决办法主要是正确选择油石和降低油石压力。

我国直径最大盾构机主轴承研制成功

我国超大型盾构机用直径 8 m 主轴承研制成功。该主轴承重达 41 t，是目前我国制造的直径最大、单重最大的盾构机用主轴承，将安装在直径 16 m 的超大型盾构机上，用于隧道工程挖掘。

此前，我国虽已实现了盾构机的国产化，但核心关键部件——主轴承却仍依赖进口。盾构机掘进过程中，主轴承“手持”刀盘，旋转切削开挖工作面并为刀盘提供旋转支撑。期间，直径 8 m 的主轴承运转时的最大轴向力将达 1×10^8 N。

该主轴承由中国科学院金属研究所李殿中研究员、李依依院士团队牵头研制，标志着我国已掌握盾构机主轴承的自主设计、材料制备、精密加工、安装调试和检测评价等集成技术。“如果一头成年亚洲象重 4 t，那主轴承的轴向最大会受到相当于 2 500 头亚洲象体重的作用力”。李殿中比喻道，8 m 直径的主轴承是最大的直径等级，并且，盾构机一旦开始挖掘就不能“开倒车”，即只能前进，不能后退，一旦轴承失效，损失将是巨大的。

这样的高承载能力和高可靠性标准，要求制造主轴承的轴承钢要高纯净、高均质、高强韧、高耐磨，同时对主轴承成套设计、加工精度、润滑脂等都提出了很高的要求。此前，我国在轴承研制上一直面临着两个主要问题：一是制造轴承的材料和大型滚子的加工精度不过关；二是全流程技术链条不贯通。

8 m级主轴承是我国首台套直径最大、单重最大的盾构机用主轴承，其多项指标优于国外同类产品。国家轴承质量检验检测中心检测和专家组评审认为，该主轴承各项技术性能指标与进口同类主轴承相当，满足超大型盾构机装机应用需求。

习　题

7-1　加工表面的几何形状特征包括哪些方面？

7-2　表面质量对零件的使用性能有什么影响？

7-3　影响磨削加工表面粗糙度的因素主要有哪些？

7-4　影响磨削烧伤的因素有哪些？

7-5　什么是受迫振动？产生受迫振动的原因有哪些？受迫振动有哪些特征？

第8章 现代制造技术的发展

本章导读

现代制造技术的发展速度是惊人的，为赢得日益激烈的市场竞争，满足不断增长的多样化和个性化需求，建立跨世纪的现代先进企业的新形象，现代制造企业已开始将生产过程直接延伸到用户处，出现了以“TQCFE”的综合指标为宗旨的全新的制造方式：T(Time to Market)是指响应市场的时间，尽量缩短产品的开发制造周期，适时推出新产品，使其以最短的时间上市；Q(Quality)是指产品的质量，即必须以最好的产品送至用户手中，企业必须以传统的质量控制和管理模式转换为完整的和可靠的质量保证体系；C(Cost)是指产品费用，应包括生产成本、运输费用和维护费用等，即用户不仅在购买产品时是便宜的，而且在使用、维护直至废弃的全过程中也是最经济的，使产品具有最佳的性能价格比；F(Flexibility)是指产品的适应性，包括适应现代生产环境及市场的动态变化、灵活的柔性生产满足不断增长的多样化需求；E(Environment)是指环境，包括保护环境、节省资源及可持续性发展的问题，未来设计制造的产品必须具有全寿命周期无污染、低资源消耗和可回收利用等特点。目前，“TQCFE”已成为现代企业赢得市场竞争的主要手段和现代制造技术发展的基本出发点。

本章知识目标

(1)了解现代制造技术的内容。

(2)了解特种加工技术、增材制造、超精密加工技术、微细加工技术等分类、工作原理、特点及应用。

(3)了解制造系统的功能结构、自动化技术等基本内容。

(4)了解成组技术的概念、零件的分类编码系统及成组技术的意义和应用。

本章能力目标

(1)了解集资额制造技术的发展。

(2)了解现代制造中的先进制造理念、先进制造方法，能进一步开阔视野，能在专业实践和今后的工作岗位中合理正确的应用，提高创新能力和创新意识。

滚动体钢球在球轴承中作为滚动体是承受负荷并与轴承的动态性能直接相关的零件。在工作中，轴承内的每一个钢球都随着轴承保持架的转动而周期地通过轴承受载区。随着制造技术的发展，发现陶瓷球具有多种优于钢球的良好性能。在高速条件下，陶瓷球密度低，离心力小，球与内圈的接触角增大较少，而与外圈接触角减小得也少，这样陶瓷球轴承内圈和外圈接触角之差在高速下比钢制球轴承小得多。陶瓷球轴承和钢制球轴承在各转速条件下，内圈油膜厚度相差不大，外圈油膜厚度只在250 000 r/min 时，有0.013 μm 的差别。尽管两者的油膜厚度相差不大，但由于陶瓷材料硬度高，加工出的表面粗糙度值比钢球小，所以陶瓷球轴承的油膜参数仍比钢制球轴承有较大提高。另外，陶瓷材料耐磨损，在边界润滑或干运转下，陶瓷球轴承的寿命明显高于钢球轴承。

8.1 现代制造技术

8.1.1 现代制造技术的内容

现代制造技术是一个涉及范围非常广泛、技术领域非常繁多的复杂系统。为便于学生学习与掌握制造技术的基本体系和主要内容，本章从制造技术的功能性角度，将现代制造技术简明地分为以下五大类型，并以此基本顺序，对现代制造技术的主要内容分别进行介绍。

1. 现代设计技术

现代设计技术是现代制造技术的基础。随着以微电子技术、信息技术、材料科学、系统科学、设计与制造科学、优化理论、人机工程等为代表的新一代科学技术的迅猛发展，现代设计技术的发展可谓日新月异，新的设计理念不断涌现，新的设计方法不断诞生，现代设计技术的深度和广度得到了空前的拓展，先后出现了优化设计、计算机辅助装配工艺设计、计算机辅助夹具设计、反求工程、面向产品全生命周期的设计、基于网络技术的异地设计、智能设计、虚拟设计、绿色设计等。

2. 现代加工技术

现代制造技术的发展包含了机械制造工艺与加工方法的变革与发展，因为机械制造工艺与加工方法是制造技术的核心和基础。现代加工技术主要涉及先进切削加工技术、成形加工技术、变形加工技术、表面工程技术及特种加工技术等。其中特种加工技术是相对于常规加工而言的，与传统的金属切削加工不同，其不要求工具材料比工件材料硬，也不需要在加工过程中施加明显的作用力。特种加工主要用于难切削材料的加工(如高强度、高韧性、高硬度、高脆性、耐高温的材料及磁性材料等)和精密细小和复杂形状零件的加工。

随着机械制造工艺技术水平的提高，加工制造精度也在不断提高，目前工业发达国家在加工精度方面已达到纳米级；超高速切削、超高速磨削技术的实际应用，以及车、铣、镗、钻、磨等不同工序和粗、精加工的不同工序的集成，极大地提高了机械加工的效率；制造材料如超硬材料、超塑材料、高分子材料、复合材料、工程陶瓷、非晶微晶合金、功能材料等不断推陈出新，扩展了加工对象，同时促进了崭新加工技术的出现；新的制造工艺理念的突破，也诞生了快速原型等新型加工模式。

3. 制造自动化技术

制造自动化技术可以说是现代制造技术最显著的特征。制造自动化技术经历了一个长期的发展过程，从早期的刚性自动化、数控加工等阶段，发展到柔性制造、计算机集成制造等阶段。其中，最为重要的内容，包括数控加工技术、工业机器人技术、柔性制造技术和计算机集成制造技术等。数控加工技术是制造自动化技术的基础及关键单元技术，又是精密、高效、高可靠性加工技术的支撑；机器人是一种高柔性化的自动化设备，未来的典型制造工厂将是计算机网络控制的包含机器人加工单元的分布式自主制造系统；柔性制造适用于多品种、中批、单件小批的生产，主要涉及柔性制造单元、柔性制造系统、柔性加工线、制造过程监控技术等；计算机集成制造的特征是强调制造全过程的系统性和集成性，它涉及的学科技术非常广泛，包括现代制造技术、管理技术、计算机技术、信息技术、自动化技术和系统工程技术等。

4. 制造管理技术

广义地讲，制造系统是由加工对象、制造装备及人员组织等构成的一个有机整体。其中，企业的战略决策、组织构架、人力资源、信息流、物流等的管理与控制，也是非常重要的方面。纵观制造技术的发展历程可以发现，在制造技术不断发展的同时，也伴随着制造管理技术的同步发展。20 世纪初期，出现了大批大量生产方式及“流水生产线”管理技术；20 世纪 50 年代以后，在制造领域先后出现了成组技术、全面质量管理、物流需求规划、即时生产、精益生产、企业资源规划等科学的管理思想和管理方法；近十年来，在并行工程、敏捷制造、虚拟制造、绿色制造等先进制造技术中，更是蕴藏了丰富的管理科学理念和新型管理模式。

5. 先进制造技术

为了迎接知识经济时代的到来以及经济全球化的挑战，以信息技术为代表的高新技术被广泛应用于制造业，美国、日本及欧洲国家对先进制造技术进行了大量研究，提出许多制造技术的新概念、新思想和新模式，先后诞生了计算机集成制造系统、并行工程、精益生产、敏捷制造、虚拟制造、绿色制造等先进制造技术。通常，将这些制造技术和制造模式称为先进制造技术(Advanced Manufacturing Technology，AMT)。AMT 是制造技术、计算机技术、通信技术、自动化技术及管理科学等多学科技术综合运用于制造工程而形成的一个学科体系。进入 21 世纪后，AMT 正在向着柔性化、集成化、网络化、虚拟化、清洁化等方向发展。

现介绍一下现代加工技术中的特种加工技术、增材制造技术、超精密加工技术、微细加工技术等。

8.1.2 特种加工技术

特种加工技术，一般是指直接利用电能、化学能、光能、声能、热能等或其与机械能的组合等形式来去除工件材料的多余部分，使其达到一定的尺寸精度和表面粗糙度要求的加工方法。

1. 特种加工方法的种类

特种加工方法的种类很多，根据加工原理和所采用的能源，可以分为以下几类。

(1) 力学加工。应用机械能来进行加工，如超声波加工、喷射加工、喷水加工等。

(2) 电物理加工。利用电能转换为热能、机械能或光能等进行加工，如电火花成形加工、电火花线切割加工、电子束加工、离子束加工等。

(3) 电化学加工。利用电能转换为化学能进行加工，如电解加工、电镀、刷镀、镀膜和电铸加工等。

(4) 激光加工。利用激光光能转化为热能进行加工，如激光束加工。

(5) 化学加工。利用化学能或光能转换为化学能来进行加工，如化学铁削和化学刻蚀(即光刻加工)等。

(6) 复合加工。将机械加工和特种加工叠加在一起就形成了复合加工，如电解磨削、超声电解磨削等。最多有四种加工方法叠加在一起的复合加工，如超声电火花电解磨削等。

2. 特种加工的特点及应用范围

(1) 特种加工不是依靠刀具和磨料来进行切削和磨削，而是利用电能、光能、声能、热能和化学能来去除金属和非金属材料，因此工件和工具之间并无明显的切削力，只有微小的作用力，在机理上与传统加工有很大不同。

(2) 特种加工的内容包括去除加工和结合加工。去除加工即分离加工，如电火花成形加工等是从工件上去除一部分材料。结合加工又可分为附着加工、注入加工和结合加工。附着加工是使工件被加工表面覆盖一层材料，如镀膜等；注入加工是将某些元素离子注入工件表层，以改变工件表层的材料结构，达到所要求的物理力学性能，如离子束注入、化学镀、氧化等；结合加工是使两个工件或两种材料接合在一起，如激光焊接、化学黏结等。因此，特种加工的概念又有了很大的扩展。

(3) 在特种加工中，工具的硬度和强度可以低于工件的硬度和强度，因为它不是靠机械力来切削，同时工具的损耗很小，甚至无损耗，如激光加工、电子束加工、离子束加工等，故适于加工脆性材料、高硬材料，以及精密微细零件、薄壁零件、弹性零件等易变形的零件。

(4) 加工中的能量易于转换和控制。工件一次装夹可实现粗、精加工，有利于保证加工质量，提高生产率。

8.1.3　特种加工方法

1. 电火花加工

在一定的介质中，通过工具电极和工件电极之间的脉冲放电的电蚀作用，对工件进行加工的方法，称为电火花加工(Electrical Discharge Machining，EDM)，又称电蚀加工。

电火花加工的基本原理如图 8-1 所示，进行电火花加工时，工具和工件都浸在具有一定绝缘度的液体介质(常用煤油或矿物油)中，脉冲电源的一极接工具电极，另一极接工件电极。自动调节进给装置使工具与工件之间保持一定的放电间隙(0.01~0.20 mm)。当脉冲电压升高时，使两极间产生火花放电，放电通道的电流密度为 $10^5 \sim 10^6$ A/cm^2，放电区的瞬时高温达 10 000 ℃以上，使工具和工件表面都蚀除微量的材料。当电压下降时，工作液恢复绝缘。这种放电循环每秒钟数千到数万次，使工件表面形成许多非常小的凹坑，称为电蚀现象。如此高频率的循环，加上工具电极不断地向工件进给，它的形状最终就复制在工件上，形成所需要的加工表面。

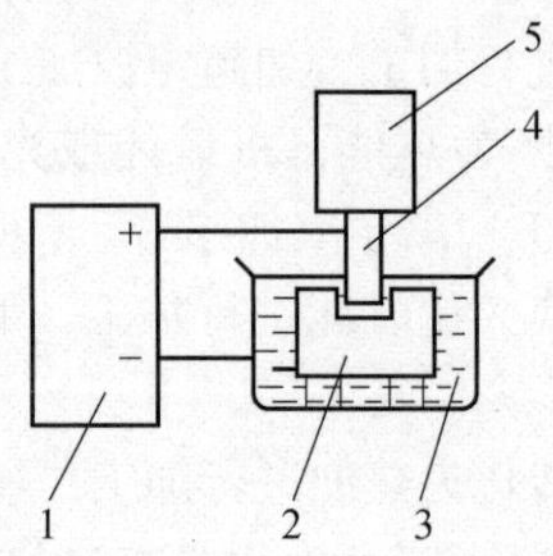

1—直流脉冲电源；2—工件；3—工作液；4—工具电极；5—自动进给调节装置。

图 8-1　电火花加工的基本原理

电火花加工的类型主要有电火花成形加工、电火花线切割加工、电火花回转加工、电火花表面强化和电火花刻字等。目前，电火花线切割机床已经数控化。数控电火花线切割机床具有多维切割、重复切割、丝径补偿、图形缩放、移位、偏转、镜像、显示、加工跟踪、仿真等功能。

电火花加工适合加工任何导电的形状复杂、难机械加工的材料。若加工低刚度零件，电火花加工过程中因工具与工件不直接接触不会引起零件变形。但是，电火花加工效率较低，而且工具电极存在损耗，电极损耗将会影响加工精度。因此，需要控制电极损耗数值。

2. 电解加工

电解加工(Electrochemical Machining，ECM)是利用金属工件在电解液中产生阳极溶解的电化学反应原理，将工件加工成形的一种加工技术，又称为电化学加工。其基本原理如图 8-2 所示。工件接直流电源的正极，工具接负极，两极间保持一定间隙(0.1~0.8 mm)。电解液以一定的压力(0.5~2 MPa)和速度(5~50 m/s)从间隙间流过。当接通直流电源时(电压为 5~20 V，电流密度为 10~100 A/cm^2)，工件与阴极接近的表面金属开始电解。工具以一定的速度(0.5~3 mm/min)向工件进给，逐渐使工具的形状复印到工件上，得到所需要的加工形状。

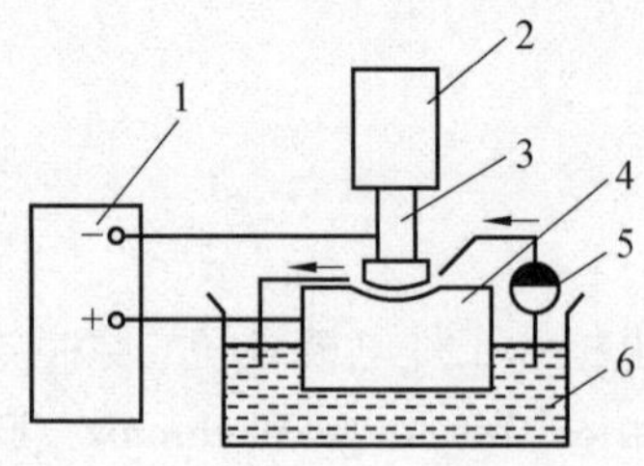

1—直流电源；2—进给机构；3—工具；4—工件；5—电解液泵；6—电解液。

图 8-2　电解加工的基本原理

电解加工加工过程不受材料硬度的限制，能加工任何高硬度、高韧性的导电材料，并能用简单的进给运动加工出形状复杂的型面和型腔。加工效率高，电解加工型面和型腔的效率比电火花加工型面和型腔的效率高 5~10 倍。电解加工表面无毛刺、残余应力和变形层，表面质量好，加工过程中阴极(工具电极)损耗小；但加工设备投资较大，电解液易污染环境，电解液及其挥发物具有腐蚀性，有污染环境隐患，需加以防护。

电解加工目前已广泛应用于模具的型腔加工，枪炮的膛线加工，发动机的叶片加工，花键孔、内齿轮、深孔加工，以及电解抛光、倒棱、去毛刺、刻印和制作标牌等。

3. 超声波加工

超声波加工(Ultrasonic Machining，USM)是利用超声频振动(16 kHz 以上)的工具冲击磨料，使工作液中的悬浮磨粒对工件撞击、抛磨来实现加工的一种方法。其基本原理如图 8-3 所示。超声波发生器将工频交流电能转变为有一定功率输出的超声频电振荡，通过换能器将超声频电振荡转变为超声频机械振动，其振幅一般只有 5~10 μm，再通过一个上粗下细的振幅扩大棒，使振幅扩大到 10~100 μm，固定在振幅扩大棒端头的工具即产生超声频振动。

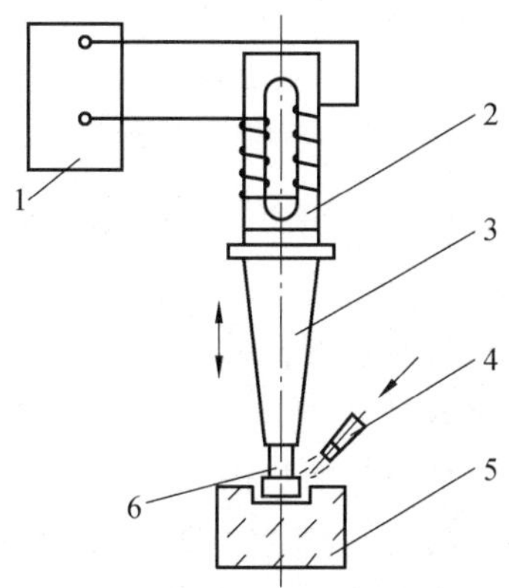

1—超声发生器；2—换能器；3—振幅扩大棒；4—工作液；5—工件；6—工具。

图 8-3　超声波加工的基本原理

超声波加工不仅能加工高熔点的硬质合金、淬火钢等金属硬脆材料，而且更适合加工不导电的非金属硬脆材料和半导体材料，如玻璃、陶瓷、玛瑙、宝石、金刚石及锗和硅等；加工精度高，尺寸精度达 0.02 mm，表面粗糙度为 Ra 0.4~0.1 μm，表面无残余应力，无金相组织变化及烧伤破坏层；机床简单，操作维修方便。

目前，超声波加工主要用于硬脆材料的孔加工、套料、切割、雕刻及研磨金刚石拉丝模等。此外，超声波还可用于超声清洗、超声焊接、超声测距和探伤等。

4. 电子束加工

电子束加工(Electron-Beam Machining，EBM)是利用高能电子束流轰击工件材料，使动能转化为热能，利用热效应实现加工的技术。

如图 8-4 所示，在真空条件下，利用电流加热阴极发射电子束，经控制栅极初步聚焦后，由加速阳极加速，并通过电磁透镜聚焦装置进一步聚焦，使能量密度集中在直径为 5~10 μm 的斑点内。高速而能量密集的电子束轰击到工件上，使被轰击部分的材料温度在几分之一微秒内升高到几千摄氏度以上，这时热量还来不及向周围扩散就可以把局部区域的材料瞬时熔化、气化，甚至蒸发而去除。

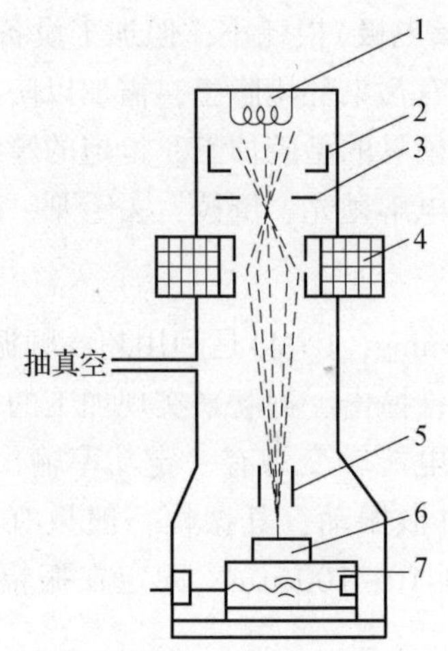

1—发射电子阴极；2—控制栅极；3—加速阳极；4—聚焦装置；5—偏转装置；
6—工件；7—工作台位移装置。

图 8-4　电子束加工的基本原理

电子束加工可以加工特硬、难熔金属和非金属材料，还能加工微细深孔、窄缝、半导体集成电路等。电子束加工是非接触式加工，工件不受机械力作用，不产生宏观的应力和变形，加工精度高，表面质量好，可控性能好，易于实现自动化，生产率高；但需要一套专用设备、真空设备和真空系统，价格较高。

此外，电子束加工可用来在不锈钢、耐热钢、合金钢、陶瓷、玻璃和宝石等材料上打圆孔、异形孔和槽，最小孔径或缝宽可达 0.02~0.03 mm；还可用来焊接难熔金属、化学性能活泼的金属，以及碳钢、不锈钢、铝合金、合金等。

5. 离子束加工

离子束加工(Ion Beam Machining，IBM)是利用高能离子束轰击工件材料表面时的微观机械撞击能对工件实现成形或改性的加工方法。

其基本原理如图 8-5 所示。离子束加工是在真空条件下，采用离子源将 Ar、Kr、Xe 等惰性气体电离产生离子束，并经过加速、集束、聚焦后，投射到工件表面的加工部位，以实现去除材料加工。

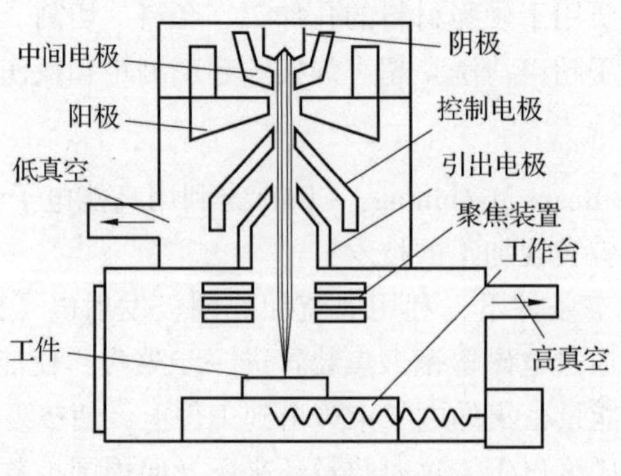

图 8-5　离子束加工的基本原理

离子束加工与电子束加工的不同是离子的质量比电子的质量大成千上万倍。例如，最小的氢离子，其质量是电子质量的1 840倍，氖离子的质量是电子质量的7.2万倍。由于离子的质量大，故在同样的速度下，离子束比电子束具有更大的能量。电子束加工中高速电子撞击工件材料时，因电子质量小、速度大，动能几乎全部转化为热能，使工件材料局部熔化、气化，通过热效应进行加工。而离子束加工中离子本身质量较大，速度较低，撞击工件材料时，将引起变形、分离、破坏等机械作用。离子束加工依靠微观机械撞击能量，而不依靠机械能转变成热能进行加工。

离子束加工是在真空中进行的，离子的纯度比较高，因此特别适用于加工易氧化的金属、合金和半导体材料等。但是，离子束加工设备昂贵，加工成本高、加工效率低。

6. 激光加工

激光加工(Laser Beam Mmachining，LBM)是利用激光经过透镜聚焦后，在焦点处达到极高能量密度，依靠光热效应来加工材料的方法。其基本工作原理如图8-6所示。

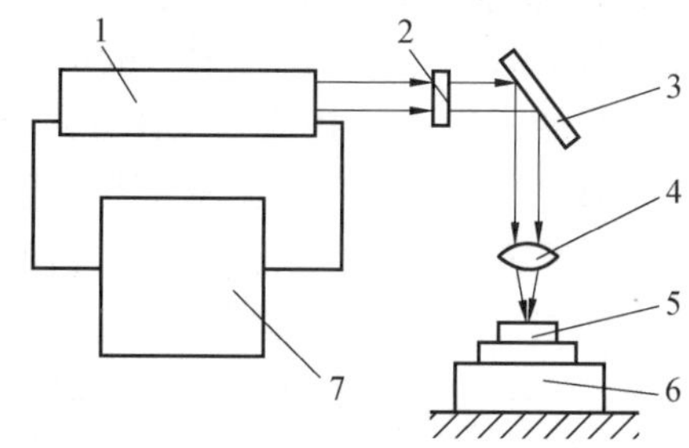

1—激光器；2—激光束；3—反射镜；4—聚焦镜；5—工件；6—工作台；7—激光电源系统。

图8-6　激光加工的基本工作原理

由于激光具有准直性好、功率大等特点，聚焦后可以形成截面积很小、能量密度很高的细激光束。细激光束能量密度可高达$10^8 \sim 10^{10}$ W/cm^2。当光能转化为热能时，上述激光束几乎可以熔化和气化任何材料。

激光加工不需要加工工具、加工效率高、表面变形小，可以加工各种材料，特别适用于加工高硬合金、耐热合金、陶瓷、石英、金刚石等硬脆材料，也可加工易变形的薄板和橡胶等弹性零件，在生产实践中显示出优越性；但加工设备复杂，一次性投资较大。

8.1.4　增材制造技术

增材制造(Additive Manufacturing，AM)技术是基于全新的制造概念，采用材料逐渐增加的方法制造实体零件的一类技术。它也有其他称谓，如快速原型制造(快速成形)、立体印刷(立体打印、3D打印)、实体自由制造等。

1. 增材制造技术的特点

(1)增材制造技术也称快速原型制造技术，是增材加工方法，与其他加工方法有很大不同。其他加工方法大都是去材加工方法。

(2)不需要模型或模具。增材制造技术基于材料叠加的方法制造零件，可以不用模具制造出形状结构复杂的零件、模具型腔件等，如叶轮、壳体、医用骨骼与牙齿等。

(3)技术复杂程度高。增材制造技术是机械加工技术领域的一次重大突破，快速原型制造技术是计算机图形技术、数据采集与处理技术、材料技术，以及机电加工与控制技术的综合体现。因此，增材制造技术是科技含量极高的制造技术。

(4)制造快捷。与传统加工技术相比较，用增材制造技术可以大大缩短样品的制造时间。在新产品开发过程中，增材制造技术可以发挥极大的作用。一般地，从计算机的三维立体造型开始直至制造出实体零件，只需要几个小时或几十个小时，这是传统制造方法很难做到的。

(5)可以实现远程制造。通过计算机网络，增材制造技术可以在异地制造出零件实物。

(6)材料利用率高。各种增材制造技术仅产生少量边角料等废弃物。由于增材制造技术具有以上特点，所以在新产品设计开发等工业应用中得到迅速发展。

2. 增材制造技术的类型

近年来，增材制造技术取得了快速的发展。目前，比较成熟的增材制造技术主要有光敏树脂液相固化成形、熔丝沉积成形、分层实体制造、激光选区烧结等常用类型。

1)光敏树脂液相固化成形

光敏树脂液相固化成形(Stereolithography，SL)是基于液态光敏树脂的光聚合原理工作的。这种液态材料在一定波长和功率的紫外激光的照射下能迅速发生光聚合反应，相对分子质量急剧增大，材料也就从液态转变成固态。其基本工作原理如图 8-7 所示。液槽中盛有紫外激光固化液态树脂，开始成形时，工作台台面在液面下一层高度，聚焦的紫外激光光束在液面上按该层图样进行扫描，被照射的地方就被固化，未被照射的地方仍然是液态树脂。然后升降台带动工作台下降一层高度，第二层上布满了液态树脂，再按第二层图样进行扫描，新固化的一层被牢固地粘接在前一层上，如此重复直至零件成形完毕。

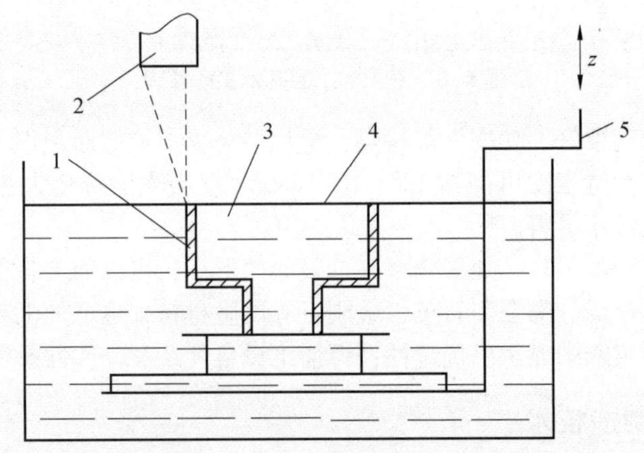

1—成形零件；2—紫外激光器；3—环氧或丙烯酸光敏树脂；4—液面；5—升降台。

图 8-7　光敏树脂液相固化成形的基本工作原理

光敏树脂液相固化成形可以直接制作各种树脂功能件，用于结构验证和功能测试；可以制作比较精细和复杂的零件；可以制造出有透明效果的制件；制作出来的原型件可快速翻制各种模具，如硅橡胶模、金属冷喷模、陶瓷模、合金模、电铸模、环氧树脂模等。

2)熔丝沉积成形

熔丝沉积成形(Fused Deposition Modeling，FDM)是发展较快的增材制造技术之一，是利用热塑性材料的热熔性、黏结性，使用专用设备在计算机控制下层层堆积成立体造型。其基本工作原理如图 8-8 所示。将丝状热熔性材料，通过一个熔化器加热，由一个喷头挤压出，按层面图样要求沉积出一个层面，然后用同样的方法生成下一个层面，并与前一个层面熔接在一起，这样层层扫描堆成一个三维零件。这种方法无须激光系统，设备简单，成本较低。

其热熔性材料也比较广泛，如工业用蜡、尼龙、塑料等高分子材料，以及低熔点合金等，特别适用于大型、薄壁、薄壳成形件，可节省大量的填充过程。它的关键技术是要控制好从喷头挤出的熔丝温度，使其处于半流动状态，既可形成层面，又能与前一层层面熔结。当然，还需控制层厚。

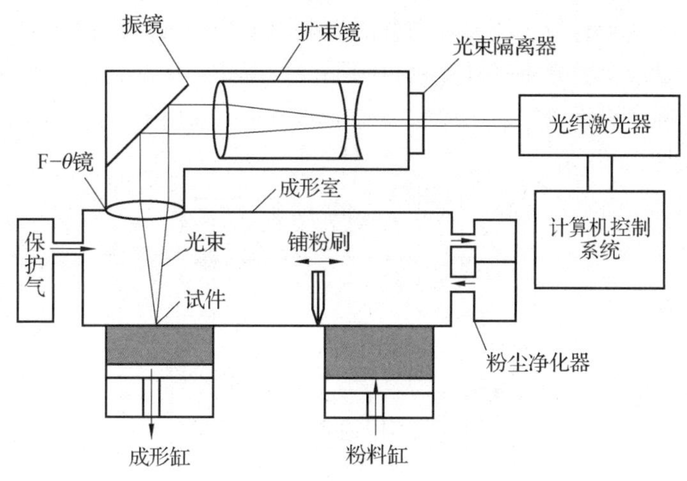

图 8-8　熔丝沉积成形的基本工作原理

熔丝沉积成形技术可以成形任意复杂程度的零件，经常用于成形具有很复杂的内腔、孔等的零件，也用来制造熔模铸造用的蜡烛，具有立体外观样件，以及某些材料的单件或小批量零件实物。

3)分层实体制造

分层实体制造(Laminated Object Manufacturing，LOM)工艺又称薄材叠层快速成形，采用具有一定截面形状的薄片材料，层层黏结成立体造型。其基本工作原理如图 8-9 所示。用激光束在已黏结的新层上切割出零件截面轮廓和工件外框，并在激光系统截面轮廓与外框之间多余的区域内切割出上下对齐的网格；激光切割完成后，工作台带动已成形的工件下降，与带状片材(料带)分离；供料机构转动收料辊和供料辊，带动料带移动，使新层移到加工区域；工作台上升到加工平面；热压辊热压加工平面，工件的层数增加一层，高度增加一个料厚；再在新层上切割截面轮廓。如此反复，直至零件的所有截面切割、黏结完，制造出三维的实体零件。

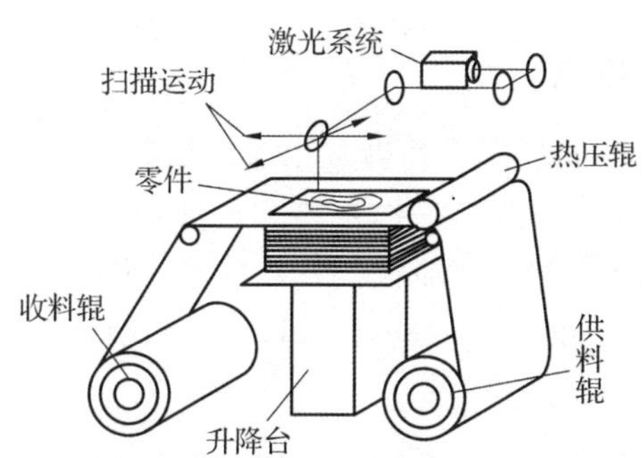

图 8-9　分层实体制造的基本工作原理

分层实体制造的成形材料较便宜，运行成本和设备投资较低，故获得了一定的应用，可以用来制作汽车发动机曲轴、连杆、各类箱体、盖板等零、部件的原形样件。

4)激光选区烧结

激光选区烧结(Selective Laser Sintering, SLS)工艺是使用专用设备在计算机控制下将粉末材料(金属粉末或非金属粉末)层层烧结堆积成立体造型。其基本工作原理如图 8-10 所示。送粉器提供粉末造型材料，铺粉辊向升降台表面上均匀铺一层很薄(0.1~0.2 mm)的粉末。采用激光器作能源，激光束在计算机控制下按照零件分层轮廓有选择性地进行烧结，一层完成后升降台下降，再进行下一层烧结。全部烧结完后去掉多余的粉末，再进行打磨、烘干等处理便获得零件。

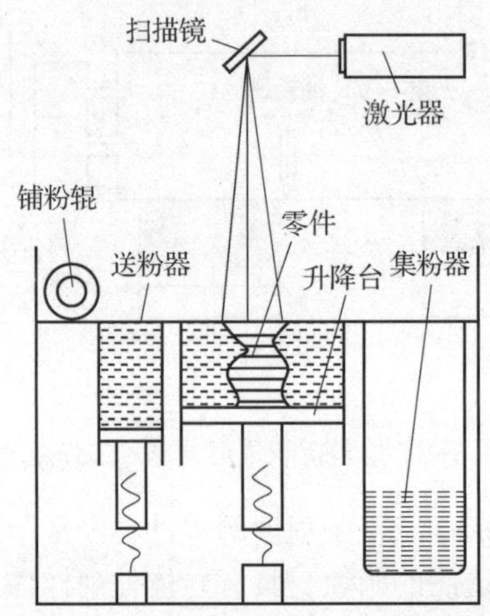

图 8-10　激光选区烧结的基本工作原理

激光选区烧结工艺的特点是材料适应面广，不仅能制造塑料零件，还能制造陶瓷、石蜡等材料的零件。特别是可以直接制造金属零件，这使激光选区烧结工艺颇具吸引力。激光选区烧结工艺的另一特点是无须增加支撑，因为没有被烧结的粉末起到了支撑的作用。因此，激光选区烧结工艺可以制造空心、多层镂空的复杂零件。任何受热黏结的粉末都有被用作激光选区烧结原材料的可能性，原则上说激光选区烧结原材料包括塑料、陶瓷、金属粉末及它们的复合粉。

激光选区烧结的应用范围与光敏树脂液相固化成形工艺类似，可直接制作各种高分子粉末材料的功能件，用作结构验证和功能测试，并可能直接制造金属或陶瓷材料样机。

8.1.5　超精密加工技术

超精密加工技术是指按照超稳定、超微量切除等原则实现加工尺寸误差和形状误差在 0.1 μm 以下的加工技术。超精密加工技术是 20 世纪 60 年代发展和完善起来的，已经成为现代制造技术的一个重要组成部分，受到人们日益普遍的关注。

超精密加工技术的范围相当广泛，最具代表性的是超精密切削加工和超精密磨料加工。

1. 超精密切削加工

超精密切削加工是极薄切削，其背吃刀量可能小于晶粒的直径，切削就在晶粒内进行。这时，切削力一定要超过晶体内部非常大的原子、分子结合力，切削刃上所承受的切应力会急速增加并变得非常大。例如，在切削低碳钢时，其应力值将接近该材料的抗剪强度。因此，切削刃将会受到很大的应力，同时产生很大的热量，切削刃切削处的温度将极高，要求刀具材料有很高的高温强度和硬度。金刚石刀具不仅有很高的高温强度和硬度，而且由于金刚石材料本身质地细密，经过精细研磨，切削刃钝圆半径可达 0.005～0.02 μm，切削刃的几何形状可以加工得很好，表面粗糙度值可以很小，因此能够进行表面粗糙度为 *Ra* 0.008～0.05 μm 的镜面切削，并达到比较理想的效果。

通常，精密切削和超精密切削都是在低速、低压、低温下进行的，这样切削力很小，切削温度很低，工件被加工表面塑性变形小，加工精度高，表面粗糙度值小，尺寸稳定性好。金刚石刀具超精密切削是在高速、小背吃刀量、小进给量，以及高应力、高温下进行的，由于极薄切削，切速高，不会波及工件内层，因此塑性变形小，同样可以获得高精度，小表面粗糙度值的加工表面。

目前，金刚石刀具主要用来切削铜、铝及其合金。当切削钢铁材料时，由于会产生亲和作用，不仅刀具易于磨损，而且影响加工质量，切削效果不理想。

2. 超精密磨料加工

金刚石刀具超精密切削加工对铜、铝等非铁金属及其合金是行之有效的，但对钢铁类铁碳合金进行切削加工时，由于加工时的局部高温，将使金刚石刀具中的碳原子很容易扩散到铁素体中，从而造成刀具的扩散磨损；在对非金属脆性材料进行切削加工时，由于金刚石刀具微量切削时切应力很大，剪切能量密度也很高，这样，切削刃口处的局部高应力、高温将使刀具很快产生机械磨损。因此，对钢铁材料、非金属硬脆材料等的超精密加工，一般采用超精密磨料加工。

超精密磨料加工是利用细粒度的磨粒或微粉，主要对钢铁及其合金、非金属硬脆材料等进行加工的方法。根据加工中磨料的状态，一般可分为固结磨料超精密加工和游离磨料超精密加工两大类。

1）固结磨料超精密加工

它是将麻料或微粉与结合剂黏结在一起，形成具有一定形状和强度的加工工具（如砂轮、砂带、磨石等），利用这类工具与工件之间的相对运动来实现超精密加工。其中，最具代表性的是金刚石砂轮超精密磨削，主要应用于玻璃、陶瓷等非金属硬脆材料的加工，可实现精密镜面磨削。对钢铁材料则可采用立方氮化硼砂轮精密磨削。

金刚石砂轮超精密磨削由于金刚石磨料的硬度极高，故砂轮耐磨性好，寿命长，磨削能力强，磨削效率高，且磨削力较小，磨削温度低，可获得极好的加工表面质量。

影响金刚石砂轮超精密磨削的因素很多，其中砂轮的影响作用尤其明显。由于金刚石的硬度及其稀有性，对金刚石砂轮的合理修整已成为当前人们普遍关注和致力研究的课题。目前已出现了多种行之有效的金刚石砂轮修整技术，其中 20 世纪 80 年代末由日本人大森整发明的 ELID（Electrolytic In-Process Dressing，在线电解磨削/修整）法效果突出。

ELID 法是一种利用金属基金刚石砂轮，在进行磨削加工的同时，利用电解作用对砂轮进行修整，从而实现对超硬合金、非金属硬脆材料的镜面磨削的新方法。影响 ELID 法质量的因素很多，如对砂轮的电解作用（修整）不能太强，否则会使砂轮的损耗过快，且影响加工精度；所使用的电解液不应对被加工材料产生腐蚀作用，否则会影响加工表面质量等。

2）游离磨料超精密加工

游离磨料超精密加工时，磨料不是固结在一起，而是处于游离状态的。在加工过程中，工具与被加工表面之间存在一定大小的间隙，间隙中充满了一定粒度和浓度的磨料，依靠磨料与工件表面之间的相对运动来实现加工的目的。游离磨料超精密加工的典型代表是超精密研磨与抛光。

传统的研磨抛光技术是在工具和工件之间添入磨料，工具与工件在接触状态下，通过两者的相对运动带动磨料而对工件表面进行去除加工的。这种接触式研磨抛光有很多缺点，如由于工具的磨损而引起工件加工误差，由于磨粒的微切削作用而引起的加工表面变质层等。为克服接触式研磨抛光的缺陷，满足现代宇航、电子技术发展的需要，目前已经出现了诸如弹性发射加工法、流体动压浮动研磨、磁流体抛光、电涌动抛光等一系列新的超精密浮动研磨抛光法。

8.1.6 微细加工技术

1. 微细加工技术的概念及其特点

微细加工技术是指制造微小尺寸零件的生产加工技术。从广义的角度来说，微细加工包含了各种传统的精密加工方法(如切削加工、磨料加工等)和特种加工方法(如外延生产光刻加工、电铸、激光束加工、电子束加工、离子束加工等)，它属于精密加工和超精密加工范畴；从狭义的角度来说，微细加工主要指半导体集成电路制造技术，因为微细加工技术的出现和发展与大规模集成电路有密切关系，其主要技术有外延生产、氧化、光刻、选择扩散和真空镀膜等。

微细加工和一般尺寸加工是不同的，主要表现在精度的表示方法上。一般尺寸加工时，精度是用加工误差与加工尺寸的比值来表示的。在现行的公差标准中，公差单位是计算标准公差的基本单位，它是公称尺寸的函数。公称尺寸越大，公差单位也越大，因此属于同一公差等级的公差，公差单位数相同，但对于不同的公称尺寸，其公差数值就不同。在微细加工时，由于加工尺寸很小，精度用尺寸的绝对值来表示，即用去除的一块材料的大小来表示，从而引入了加工单位尺寸(简称加工单位)的概念。加工单位就是去除的一块材料的大小。

微细加工的特点与精密加工类似，可参考精密加工和超精密加工部分的论述。目前，通过各种微细加工方法，在集成电路基片上制造出的各种各样的微型机械，发展得十分迅速。

2. 常用的微细加工技术

目前，常用的微细加工技术主要分为以下几种。

(1)微细机械加工。采用微型化的定形整体刀具或非定型磨具实现微细机械加工，如车削、钻削、铣削和磨削，可加工平面、内腔、孔和外圆表面等。微细切削加工多采用单晶金刚石刀具，由于刀具具有清晰明显的轮廓形状，因此可以方便地定义刀具路径，加工出各种三维形状的轮廓。

(2)微细电加工。对于一些特别微小和刚度小的零件，用机械加工的方法很难实现，必须采用电加工、光刻化学加工或生物加工的方法，如微细电火花加工、线放电磨削加工、线电化磨削、电化加工等。

(3)微细高能束加工。采用光、电子、离子等形式的高密度的能量流直接对工件材料进行去除或表面处理，以实现微细加工，如微细激光束加工、微细电子束加工、微细离子束加工等。

(4)光刻加工。光刻加工是微细加工中广泛使用的一种加工方法，主要用于制作半导体集成电路。

目前，微细加工技术在特种新型器件、电子零件和电子装置、机械零件和装置、生物工程、表面分析、材料改性等诸多领域发挥着越来越重要的作用。

8.1.7　纳米技术

纳米技术是当前先进制造技术发展的热点和重点，它通常是指纳米级(0.1~100 nm)材料、产品的设计、加工、检测、控制等一系列技术。它是科技发展的一个新兴领域，不是简单的“精度提高”和“尺寸缩小”，而是从物理的宏观领域进入微观领域，一些宏观的几何学、力学、热力学、电磁学等都不能正常描述纳米级的工程现象与规律。

纳米技术主要包括纳米材料、纳米级精度制造技术、纳米级精度和表面质量检测、纳米级微传感器和控制技术、微型机电系统和纳米生物学等。

微型机电系统(Micro Electro Mechanical Systems，MEMS)是指集微型结构、微型传感器、微型执行器、信号处理、控制电路、接口、通信、电源等于一体的微型机电器件或综合体。它是美国的惯用词，日本仍习惯地称为微型机械(Micromachine)，欧洲称为微型系统(Microsystem)，现在大多称为微型机电系统。微型机电系统可由输入、传感器、信号处理、执行器等独立的功能单位组成，其输入是力、光、声、温度、化学等物化信号，通过传感器转换为电信号，经过模拟或数字信号处理后，由执行器与外界作用。各个微型机电系统可以采用光、磁等物理量的数字或模拟信号，通过接口与其他微型机电系统进行通信，尺寸为1~10 mm的小型机械以及将来利用生物工程和分子组装可实现的1nm~1μm的纳米机械或分子机械，均属于微型机械范畴。

微型机电系统在生物医学、航空航天、国防、工业、农业、交通、信息等多个部门均有广泛的应用前景，已有微型传感器、微型齿轮泵、微型电动机、电极探针、微型喷嘴等多种微型机械问世。今后将在精细外科手术、微卫星的微惯导装置、狭窄空间及特殊工况下的维修机器人、微型仪表、农业基因工程等各个方面显现出巨大潜力。

目前，微型机电系统的发展前沿主要有微型机械学研究、微型结构加工技术(高深度比多层微结构的表面加工和体加工技术)、微装配技术、微键合技术、微封装技术、微测试技术、典型微器件、微机械的设计制造技术等。

8.2　制造系统

8.2.1　概述

自动化技术是现代制造技术的重要特征和内容。其形式已由20世纪初形成的单一或少品种自动线向多品种自动线发展，也即由刚性自动化向柔性自动化发展，这是人们对产品提出了多样化和个性化要求所致。为了适应柔性自动化发展的需要，现代制造业也必须突破原有的生产组织形式，用制造系统的观点来研究现代制造技术。

1. 制造系统的功能结构

图8-11所示为制造系统的功能结构图。该图将制造系统按功能归纳为若干个子系统。

(1)经营管理子系统：确定企业经营方针和发展方向，进行战略规划与决策。

(2)市场与销售子系统：进行市场调研、分析和预测，制订销售计划，开展销售与售后服务。

(3)产品(工程)研究与开发子系统：制订开发计划，进行产品开发。

(4)工程设计子系统：进行产品设计、工艺设计、工程分析、样机试制、实验与评价，以及制订质量保证计划。

(5)生产管理子系统：制订生产计划、作业计划，进行库存管理、成本管理、设备管理、工具管理、能源管理、环境管理和生产过程控制。

(6)物料采购供应子系统：原材料及外购件等物料的采购、验收和存储。

(7)车间生产子系统：零件生产、部件与产品装配、检验、输送和存储等。

(8)质量控制子系统：收集用户需求与反馈信息，进行质量监控和统计过程控制。

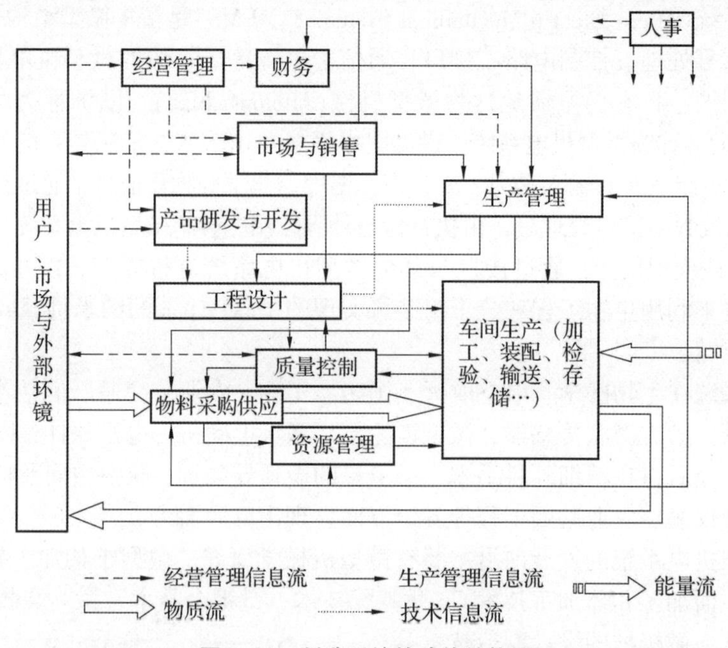

图 8-11　制造系统的功能结构图

除此之外，整个制造系统还包括财务、人事、资源管理等子系统。各个子系统既相互联系又相互制约，形成一个有机的整体，从而实现从用户订货到产品发送的制造全过程。

从图 8-11 可见，制造技术的研究范围更广了，这也是当前科学技术发展的需要和方向。此外，从图 8-11 中不仅应看到物质的流动过程，更应注重控制物流的信息流，如经营管理信息流、生产管理信息流、技术信息流。制造过程中的能量消耗及其流程，构成了系统的能量流。

2. 制造系统的自动化技术

把机械制造的全过程看成一个有机的整体，以制造系统的观点进行分析和研究，能对整个制造过程实施最有效的管理和控制，进而取得最佳的整体利益。同时，制造系统具有充分的灵活性和适应性，也能对多变的市场状况做出迅捷而准确的反应，这就是所说的柔性。它们代表了当代机械制造业发展的主流。为了提高制造系统的柔性和自动化效率，一般可以从以下两个途径入手并相互结合：第一，采用成组(相似)技术，扩大和应用相似性原理，如从利用零件形状和生产相似(使单件小批生产扩大到大批大量生产)，逐步扩大到工艺设计、产品设计、生产管理、信息控制，最后到制造系统中的模块和子系统的广义相似；第二，采用数控技术，提高加工设备、生产线和制造系统的柔性，使其能高效、自动化地加工不同的零件，生产出不同的产品，快速响应市场和用户的需求。

8.2.2　成组技术

1. 成组技术的基本概念

市场需求多样化和多变性的不断增长，迫使机械企业必须加快产品的更新和开发，向多品种生产方向发展。而传统的多品种，尤其是单件小批生产存在着产量小、生产准备工作量大、生产率低，以及不利于生产的协调计划、组织管理等缺陷。人们对这种生产类型生产的产品进行了研究。统计分析表明，任何一种机器产品中的组成零件都可以分为 3 类，即标准件(简单件)、相似件和专用件(复杂件、关键件)。图 8-12 所示是这 3 类零件在产品中所占的百分比。可以看出，在一般产品中，相似件出现的概率高达 65%～70%。因此，如果能充分利用这一特点，就可将不同产品的零件按相似性原理划分为具有共性特征的一组，在加工中以群体为基础集中对待，从而有可能将多品种、单件小批生产转化为类似于大批大量的生产类型。利用零件的相似性原理，将零件分类成组，这就是成组技术产生的基本出发点。

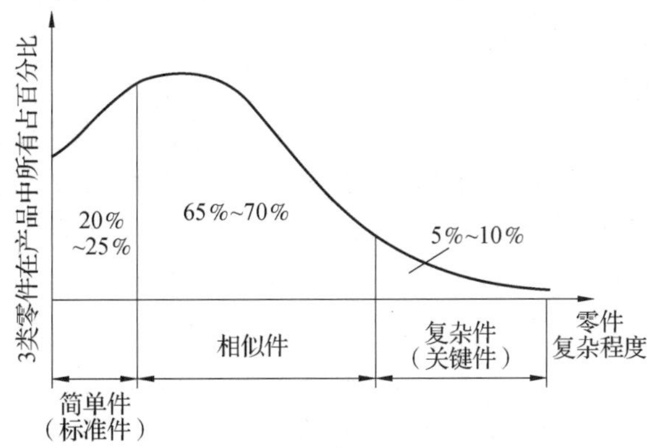

图 8-12　3 类零件在产品中所占的百分比

所谓成组技术(Group Technology，GT)，就是研究和利用有关事物的相似性，将企业生产的多种产品，按一定的相似性准则分类成组，并以这些组为基础，组织生产的各个环节，从而实现多品种、中批、单件小批生产的产品设计、制造和管理的合理化。

2. 零件的分类编码系统

1)零件分类编码的基本原理

把与生产活动有关的事物(如零件、材料、工艺、产品等)按一定的规则进行分类成组，是实施成组技术的关键，分类的理论基础是相似性原理。而零件是生产活动中最基本的事物，所以，首先研究零件的相似性。图 8-13 所示是零件的特征相似图。由图可见，功能相似是设计的第一信息，根据其作用、类型和名称相似进行分类。然后才有设计信息中的结构相似和材料相似。最后才派生出工艺信息中的加工工艺、加工设备和工艺装备相似。

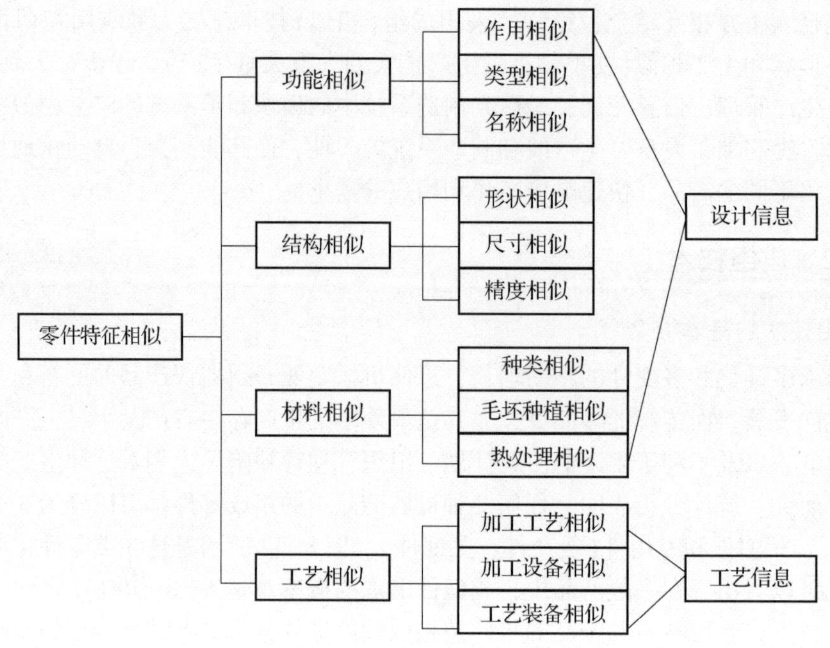

图 8-13　零件的特征相似图

因此，要实施成组技术必须首先建立相应的零件分类编码系统，然后用其相应的字符(数字、字母、符号)来标识和描述零件的结构特征，使这些信息代码化，并据此对零件进行分类成组，以便进一步按成组的方式组织生产。

代表零件特征的每一个字符称为特征码，所有特征码有规律的组合，就是零件的编码。由于每一个字符代表的是零件的一个特征，而不是一个具体的参数，因此每种零件的编码并非是唯一的，即相似的零件可以拥有相同或相近的代码。利用零件的编码，就可以较方便地划分出特征相似的零件组来。零件还有件号或图号，这是零件的识别码，它是唯一的，是为了生产组织和管理的需要而设置的。

为了对编码的含义有统一的认识，就必须对其所代表的意义作出规定和说明，这就是编码系统。目前世界上已有数十种编码系统，而其中早期较为典型的编码系统是德国的 Opitz 编码系统。这套编码系统对世界各国的分类编码系统产生了一定的影响，我国的 JLBM(机械零件分类编码)系统也是在此基础上研制开发的。

2) Opitz 编码系统简介

Opitz 编码系统由九位十进制数字组成，前五位为主码，用于描述零件的结构形状，又称为形状码；后四位为辅助码，用于描述零件的尺寸、材料、毛坯性状及加工精度。每一个码位有 10 个特征码(0~9)分别表示 10 种特征。图 8-14 所示为 Opitz 编码系统的基本结构。

第一码位表示零件的类型。10 个特征码(0~9)分别表示 10 种基本零件类型，特征码0~5 代表 5 种回转体零件，如盘、套、轴等；特征码 6~9 代表 4 种非回转体零件，如板、杆(条)、块(箱体)等。其中，D 为回转体的最大直径，L 为其轴向长度；A、B、C($A>B>C$)分别表示非回转体零件的长度、宽度和厚度。第二码位表示零件外表面或主要形状及其要素。第三码位表示一般回转体的内表面形状及其要素和其他几类零件的回转加工、内外形状要素、主要孔等特征。第四码位和第五码位分别表示平面加工和辅助孔、齿形及成形面加工。第六码位表示零件主要尺寸(D 或 A)。第七码位表示零件材料的种类、强度及热处理等状况。第八码位表示零件加工前的原始状况。第九码位表示零件上有高精度要求的表面所在的码位。

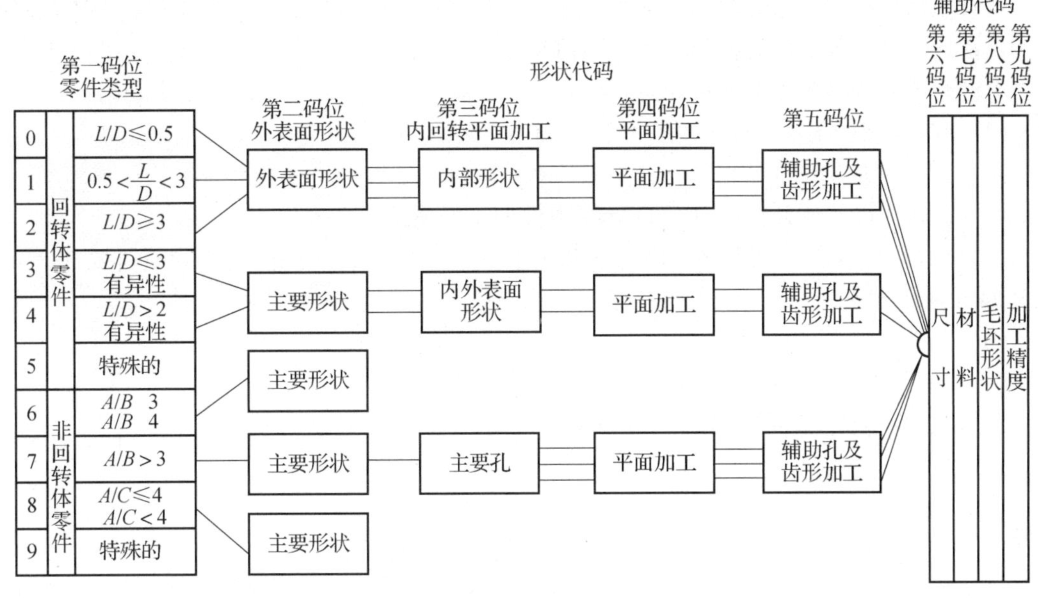

图 8-14　Opitz 编码系统的基本结构

3. 成组技术的意义和应用

成组技术揭示和利用了制造系统中的相似性，它把零件按相似性原理进行分类成组，并在设计、制造和管理中利用它们的相似性。在多品种、中批、单件小批量生产中全面推行成组技术，以相似产品零件的“叠加批量”取代原来的单一品种批量，采用近似于大批大量生产中的高效工艺、设备及生产组织形式来进行生产，除了使产品设计和工艺设计工作合理化、标准化，节约设计时间和费用，还扩大了零件的成组年产量，使生产技术水平和管理效率大为提高。因此，成组技术的出现，为现代企业在多品种生产中实施计算机辅助设计(Computer Aided Design，CAD)、计算机辅助工艺设计(Computer Aided Process Planning，CAPP)、计算机辅助制造等现代化高新技术提供了强有力的技术支持，尤其是它将大量的信息分类成组并使之规格化、标准化，使信息大量压缩，有利于信息的储存和流动，有可能用计算机使信息得到迅速的检索、分析和处理，这对生产计划(如最佳的机床负荷和调度等)的制订等生产管理工作是极为有利的。近期，相似性的研究在进一步扩大，提出了广义相似性。它的主要特点是利用各种制造系统中的木块和子系统的相似性(结合)，这和信息的研究等都是成组技术的最大意义和作用。

8.2.3　柔性制造系统

柔性制造系统(Flexible Manufacturing System，FMS)是 20 世纪 60 年代出现的新技术。传统的多品种、小批量生产方式，如采用普通机床、数控机床等进行加工，虽然具有较好的柔性(适应性)，但生产率低，成本高；而传统的少品种、大批大量生产方式，如采用专用设备的刚性流水线进行加工，虽然能提高生产率和降低成本，但却缺乏柔性。FMS 正是综合了上述两种生产方式的优点，兼顾了生产率和柔性，是一种全新的、适用于多品种、中批、单件小批量生产的自动化制造系统。柔性制造系统的适应范围如图 7-17 所示。

广义地说，柔性制造系统是利用计算机控制系统和物流输送系统，把若干台设备联系起来，没有固定的加工顺序和节拍，在加工完一定批量的某种工件后，能在不停机调整的情况下，自动地向另一种工件转换的自动化制造系统。

柔性制造系统具有以下几个特点：

(1)具有高度的柔性，能实现有多种不同工艺要求的不同“类”的零件加工，进行自动更换工件、夹具、刀具和自动装夹，有很强的系统软件功能。为了简化系统结构，提高加工效率，降低成本，最好还是构成进行同“类”零件加工的系统。

(2)具有高度的自动化程度、稳定性和可靠性，能实现长时间的无人自动连续工作(如连续 24 h 工作)。

(3)提高设备利用率，减少调整、准备和终结等辅助时间。

(4)具有很高的生产率。

(5)降低直接劳动费用，增加经济收益。

本章知识小结

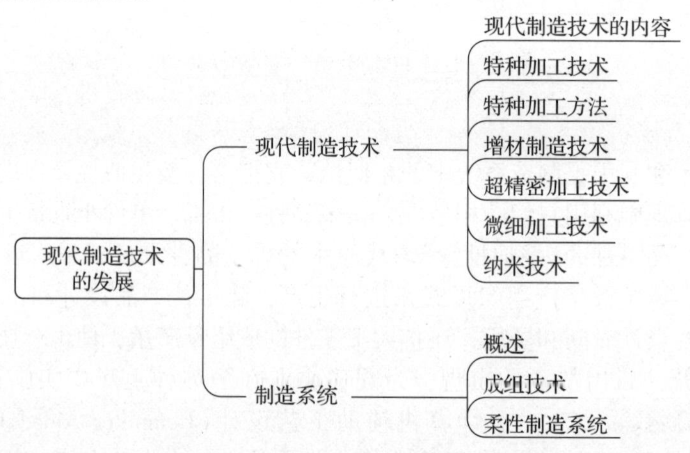

知识拓展

陶瓷球循环加工方法

由于陶瓷球材料硬度高达 1 600 HV 以上，是钢球硬度的 2 倍，因此，钢球的加工工艺和磨料不适合陶瓷球加工。陶瓷球加工存在如下主要问题：陶瓷球表面能低，研磨介质和磨料附着性差，影响陶瓷球加工效率、球表面粗糙度和加工球批直径变动量；陶瓷球在研磨盘沟道中自转性差，影响陶瓷球的加工精度(特别是球形误差)；因大多加工设备是基于钢球加工设计制造的，需对其进行改造，磨料种类和研磨板及其技术条件要进行合理选择，批量加工工艺参数要进行优化。加工陶瓷球的技术关键和难点是：

①提高研磨介质及磨料的附着能力；

②提高陶瓷球的自转性能；

③批量加工工艺参数的优化确定；

④批量加工在线检测和质量控制。

陶瓷球加工方法之一是陶瓷球循环加工方法，该方法分为粗磨加工和研磨加工，研磨加工又包括初研和精研。陶瓷球粗磨加工在循环机床上进行，所用砂轮为金刚石砂轮，研磨盘材料采用高硬铸铁。粗磨加工后陶瓷球表面粗糙度 *Ra* 为 1.98 μm，球形误差高达72.5 μm，粗磨后陶瓷球表面粗糙。

初研加工采用碳化硅、碳化硼、刚玉和人造金刚石磨料，精研采用氧化锡、氧化铁、人造金刚石微粉磨料；研磨盘采用铸铁盘，硬度为 140～220 HB。严格选择磨料的粒度、种类、形状、浓度及破碎特性，研磨液由煤油、脂、机油、蜡和水基乳化剂的混合液组成，控制研磨液的黏度、承载特性及各种添加剂的含量，同时控制温度、压力和转速等工艺参数。精研后的陶瓷球表面粗糙度为 0.008 μm，球形误差 0.008 μm。

该方法可实现陶瓷球批量稳定加工，易于进行工业化生产和质量控制，是陶瓷球加工技术的发展方向 。

“中国制造”闪耀巴黎奥运

第三十三届夏季奥林匹克运动会在法国巴黎举行，中国运动健儿们在奥运赛场上奋力拼搏、为国争光，越来越多“走出去”的中国制造体育器材，也成为不容忽视的“中国力量”。

作为一场盛大的体育赛事，2024 年巴黎奥运会也是全球企业比拼实力的大舞台，“中国制造”向世界展现了强大的创新力。

“科技与浪漫”交融的乒乓球台、植入芯片的足球内胆、采用纳米防污抗菌涂层技术的地垫、可以“凝固”时间的“子弹时间”AI 技术、可回收地板、全球同级最轻的国家队“战车”……这些“中国制造”都有力支撑和服务巴黎奥运会。巴黎奥运赛场上的中国品牌最大亮点就是“高科技”。

“中国制造”在早年间，大家可能首先想到的就是价格比较便宜，后边才晋升到了物美价廉、高性价比。而现在，我们已经在向更高层次去晋升，那就是高科技含量、环保等(因素)的应用。这一次巴黎奥运会，也是从以前的物美价廉向高质量、高科技、环保因素等叠加的转变过程。乒乓球桌、摔跤垫、篮球地板、足球内胆等，材料、工艺都有了较大提升。所以，这一次是在保证价格的基础之上，有真正的高科技应用。应该说是质量优先，价格反而不是一个最重要的因素。

如今，中国运动品牌已实现从籍籍无名，到弯道超车、打破国际垄断的跨越，走进奥运现场的“主赛道”。这背后，主打的还是一个“产品实力”。就拿吊环为例，按照国际标准，它的极限拉力最少不能低于 4 000 N。但是，国内一些公司(产品)的极限拉力都能达到 10 000 N甚至 14 000 N 以上，安全系数就会高很多。当我们的产品能够满足国际标准，甚至可以去超越通行的国际标准之后，会逐步成为新的国际赛事标准。这对于未来整个体育产业的发展都有非常大的好处。从单纯的物美价廉，到不断迭代升级的高质量、高科技产品。可以说，与经济社会发展、体育事业发展相伴，中国体育产业一直处于稳步前行的状态。而正是一届又一届的奥运会，构筑起中国企业打造高品质品牌形象的舞台。

从比赛用品到吉祥物，以及品种多样的奥运纪念商品，再到高端的LED大屏幕、霓虹灯等高科技用品，处处都彰显出了“中国制造”的强大实力和精湛工艺。中国制造业也正凭借强大的产业链整合能力和创新能力，在探索一条新路径，不断拓展着赛事经济的边界。

习　题

8-1　试分析制造工艺的重要性。

8-2　简述电火花加工的基本原理和工艺特点。

8-3　简述电解加工的基本原理、特点和应用。

8-4　试比较电子束加工和离子束加工的原理、特点和应用范围。

8-5　超精密切削加工对刀具有何要求？在当前的超精密切削加工中为什么普遍采用金刚石刀具？

8-6　简述纳米技术的含义。

8-7　简述成组技术的基本概念和应用领域。

参考文献

[1]陆剑中. 金属切削原理与刀具[M]. 5版. 北京：机械工业出版社，2023.
[2]庞学慧. 金属切削机床与刀具[M]. 北京：国防工业出版社，2015.
[3]王先逵. 机械制造工艺学[M]. 3版. 北京：清华大学出版社，2021.
[4]高莉莉，包玉华. 机械制造技术[M]. 3版. 上海：上海交通大学出版社，2019.
[5]邹青. 机械制造技术基础课程设计指导教程[M]. 2版. 北京：机械工业出版社，2023.
[6]卢秉恒. 机械制造技术基础[M]. 4版. 北京：机械工业出版社，2023.
[7]郑修本. 机械制造工艺学[M]. 3版. 北京：机械工业出版社，2024.
[8]徐嘉元，曾家驹. 机械制造工艺学(含机床夹具设计)[M]. 北京：机械工业出版社，2020.
[9]陈星，李明辉. 机械制造工艺学原理与技术研究[M]. 北京：中国水利水电出版社，2019.
[10]黄明吉. 数字化成形与先进制造技术[M]. 北京：机械工业出版社，2020.
[11]白雪宁. 金属切削机床及应用[M]. 北京：机械工业出版社，2023.
[12]陈爱华. 机床夹具设计(含习题册)[M]. 北京：机械工业出版社，2019.
[13]王伯平. 互换性与测量技术基础[M]. 4版. 北京：机械工业出版社，2022.
[14]黄卫东，周宏甫. 机械制造技术基础[M]. 3版. 北京：高等教育出版社，2021.
[15]黄如林. 切削加工简明实用手册[M]. 2版. 北京：化学工业出版社，2010.
[16]刘俊义. 机械制造工程训练[M]. 南京：东南大学出版社，2013.
[17]马胜梅，高美兰. 金工实习[M]. 北京：化学工业出版社，2021.
[18]闻邦椿. 特种加工[M]. 3版. 北京：机械工业出版社，2020.